Enke

Michael Fehr
Anja Ewringmann
Martina Warschau

Frettchen

Heimtier und Patient

143 Abbildungen

Enke Verlag · Stuttgart

Bibliografische Information der Deutschen Nationalbibliothek

Die Deutsche Nationalbibliothek verzeichnet diese Publikation in der Deutschen Nationalbibliografie; detaillierte bibliografische Daten sind im Internet über http://dnb.d-nb.de abrufbar.

Oswald-Hesse-Str. 50
70469 Stuttgart
Deutschland

www.enke.de

Printed in Germany

Zeichnungen: Angelika Brauner, Hohenpeißenberg
Umschlaggestaltung: Thieme Verlagsgruppe
Umschlagfoto: Fotolia©namahage
Satz: SOMMER media GmbH & Co. KG, Feuchtwangen
gesetzt in Arbortext APP-Desktop 9.1 Unicode M180
Druck: AZ Druck und Datentechnik GmbH, Kempten

ISBN 978-3-8304-1247-2 1 2 3 4 5 6

Auch erhältlich als E-Book:
eISBN (PDF) 978-3-8304-1248-9
eISBN (epub) 978-3-8304-1249-6

Vorwort

Jahrhundertelang wurden Frettchen als nützliche Jagdhelfer verwendet, später erkannte man die besonderen Einsatzbereiche dieser Tierart als Versuchstier. Seit mehr als 30 Jahren werden Frettchen auch zunehmend als Heimtier gehalten und mittlerweile in den verschiedensten Fell- und Farbvarianten gezüchtet.

Frettchen werden häufig in der tierärztlichen Praxis vorgestellt: im Erkrankungsfall, zur Prophylaxe (v. a. zur Impfung), bei Zuchtproblemen oder auch, um unerwünschten Nachwuchs zu vermeiden. Eine adäquate Behandlung der Tiere und Beratung der Besitzer ist nur möglich, wenn eine Kenntnis der tierartlichen Besonderheiten vorhanden ist.

Frettchen unterscheiden sich bereits in ihren Verhaltensweisen deutlich von anderen Kleinsäugern. Ihr Jagdtrieb auf alles, was sich bewegt, ist ungebrochen. Sie lassen sich nur eingeschränkt erziehen, werden auch nur bedingt stubenrein, sind extrem neugierig und untersuchen so jede Ecke der Wohnung. Die Unterschiede gegenüber anderen Tierarten beziehen sich jedoch nicht nur auf das Verhalten, sondern auch auf die Anatomie, die Physiologie sowie auf das Erkrankungsspektrum.

Zahlreiche Hinweise und Anfragen aus der Kollegenschaft nach einem aktuellen, sich mit Frettchen und deren Erkrankungen befassenden Fachbuch waren Anlass und Antrieb, sich dieser Aufgabe anzunehmen. Das Buch richtet sich primär an in der tierärztlichen Praxis tätige VeterinärmedizinerInnen. Es fasst den zugänglichen aktuellen Wissensstand mit den eigenen Erfahrungen zusammen. Eine Vielzahl an praxisrelevanten Abbildungen und die tabellarische Darstellung wichtiger Referenzwerte und Medikamente sollen dem Praktiker als rasch verfügbare Hilfestellung bei der Allgemeinuntersuchung, beim Erkennen von typischen Symptomen, der Diagnostik von Erkrankungen und der Wahl einer geeigneten Therapie dienen.

Auch interessierte Frettchenbesitzer erhalten in diesem Buch wichtige Informationen zur geeigneten Haltung und Ernährung ihrer Tiere. Zudem soll die verständliche Beschreibung von Symptomen und typischen Erkrankungen den Tierhaltern helfen, pathologische Veränderungen ihrer Frettchen frühzeitig wahrzunehmen, um diese rechtzeitig in der tierärztlichen Praxis vorstellen zu können.

Ein herzliches Dankeschön gilt dem Heimtierteam der Klinik für Heimtiere, Reptilien, Zier- und Wildvögel der TiHo Hannover, Dr. Nikola Pantchev, Peter Wenzel, Kay und Simone Succar und Birgit Köbernik für die Anfertigung bzw. Bereitstellung von Fotos sowie Ursula Warschau für ihr unermüdliches Korrekturlesen.

Mit Unterstützung des Enke Verlags wurde dieses Vorhaben realisiert, dabei gilt unser Dank insbesondere Frau Gesina Abraham für die professionelle und jederzeit hilfreiche Zusammenarbeit.

Hannover und Berlin 2014

Michael Fehr, Anja Ewringmann, Martina Warschau

Inhaltsverzeichnis

Teil 2

Diagnostik und Erkrankungen

Teil 3
Narkose und OP

Teil 4
Anhang

Symbole im Buch
- Z Zoonose
- [M] meldepflichtig
- [A] anzeigepflichtig

Anschriften

Prof. Dr. med. vet. Michael **Fehr**
Stiftung Tierärztliche Hochschule Hannover
Klinik für Heimtiere, Reptilien,
Zier- und Wildvögel
Bünteweg 9
30559 Hannover
Deutschland

Dr. med. vet. Anja **Ewringmann**
Praxis für kleine Heimtiere
Potsdamer Str. 1
12205 Berlin
Deutschland

Dr. med. vet. Martina **Warschau**
Stiftung Tierärztliche Hochschule Hannover
Klinik für Heimtiere, Reptilien,
Zier- und Wildvögel
Bünteweg 9
30559 Hannover
Deutschland

Autorenvorstellung

Sein Studium der Veterinärmedizin absolvierte Universitätsprofessor **Dr. med. vet. Michael Fehr** von 1974–1979 an der Tierärztlichen Hochschule Hannover. 1979 erfolgte die Approbation, im Jahr 1983 wurde er promoviert. 1985 legte er die Prüfung zum Fachtierarzt für Kleintiere ab. Seit Mitte 1980 war er zunächst als wissenschaftlicher Assistent, später als Oberassistent an der Klinik für Kleintiere der Tierärztlichen Hochschule (TiHo) Hannover tätig. Im Jahr 1984 erfolgte die Habilitation, 1996 die Berufung zum C3-Professor für Kleintierkrankheiten. Im November 2006 wurde er vom Senat der TiHo zum Direktor der neu gegründeten Klinik für Heimtiere, Reptilien, Zier- und Wildvögel berufen und konnte 2011 mit seinem Team den Klinikneubau am Bünteweg beziehen.

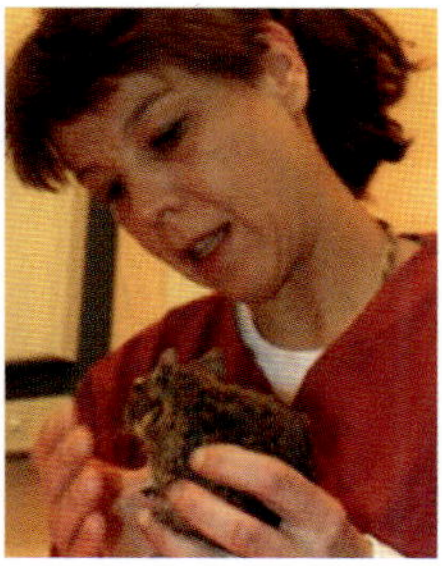

Nach dem Studium der Veterinärmedizin in Budapest und Berlin von 1989–1995 war **Dr. med. vet. Anja Ewringmann** bis 2000 in der Arbeitsgruppe für kleine Heimtiere, Exoten und Wildtiere der Kleintierklinik der FU Berlin tätig und promovierte dort 1998. Durch Assistenzarzttätigkeiten in verschiedenen Tierarztpraxen und -kliniken erwarb sie 2007 die Zusatzbezeichnung „Heimtiere“ und ließ sich in eigener Praxis für kleine Heimtiere nieder.

An der Universität Leipzig absolvierte **Dr. med. vet. Martina Warschau**, geb. Thomann, von 2000–2006 ihr Studium der Veterinärmedizin. Seit 2006 arbeitet sie an der Tierärztlichen Hochschule Hannover, an der sie 2008 an der Klinik für Kleintiere promovierte und anschließend ein 1-jähriges Internship an der Klinik für Heimtiere, Reptilien, Zier- und Wildvögel anschloss. Seitdem ist die Tierärztin mit der Zusatzbezeichnung „Heimtiere“ neben ihrer kurativen Tätigkeit und der Ausbildung der Studenten insbesondere für die wissenschaftliche Arbeit im Heimtierbereich zuständig.

Teil 1
Das Frettchen als Heimtier

1 Einführung

Martina Warschau

1.1 Domestikation

Das Frettchen (lateinisch Mustela putorius furo) stammt vermutlich vom europäischen Iltis (syn. Waldiltis, Mustela putorius) ab, der in nahezu ganz Europa verbreitet ist (▶ **Abb. 1.1**). Ebenfalls als Vorfahre diskutiert wird der Steppeniltis (Mustela eversmanni), der in Osteuropa und Asien beheimatet ist. Abzugrenzen ist das amerikanische Schwarzfußfrettchen (Mustela nigripes). Es zählt ebenfalls zur Familie Mustelidae und ist eine Wildform, die in Nordamerika heimisch und stark gefährdet ist.

Die Domestikation des Frettchens begann wahrscheinlich bereits im 1. Jahrtausend v. Chr. im Mittelmeergebiet. Die Tiere werden in den Schriften der Griechen Aristophanes (446–368 v. Chr.) und Aristoteles (384–322 v. Chr.) erwähnt. Ca. 400 Jahre später wurden sie von den Römern vermutlich zur Jagd auf Kaninchen und andere kleine Säuger eingesetzt. Allerdings ist in frühen Werken oft nicht eindeutig übersetzt, ob wirklich das Frettchen oder ein ihm ähnliches Tier wie etwa ein Wiesel oder Marder gemeint ist.

In den ersten Jahrhunderten n. Chr. wurde das sogenannte Frettieren näher beschrieben. Die Frettchen wurden zu diesem Zweck gezüchtet und mit Maulkorb versehen in die Erdbauten geschickt, um die Kaninchen ihren Jägern entgegenzutreiben. Später wurde die Frettchenjagd dann mit der Beizjagd kombiniert.

Vermutlich fand parallel zur nordwärts verlaufenden Weiterverbreitung von Kaninchen als Nahrungsquelle für den Menschen, die Verbreitung der Frettchen statt. Etwa ab 1200 n. Chr. wurde auch in Deutschland, England und Asien von ihnen berichtet. Historische Berühmtheiten dieser Zeit, denen die Haltung bzw. Nutzung von Frettchen zugeschrieben wurde, sind beispielsweise der mongolische Eroberer Dschingis Khan und der deutsche König Friedrich II.

▶ **Abb. 1.1** Europäischer Iltis. (Peter Wenzel, Frankenberg)

Im 19. Jahrhundert wurden die Tiere mit Schiffen nach Amerika gebracht, auf denen sie als Rattenfänger gehalten wurden. In der Rolle als Mäuse- oder Rattenfänger wurden sie schließlich durch die vermehrt als Heimtier gehaltene Katze abgelöst.

Neben der jagdlichen Nutzung und der Schädlingsbekämpfung wurden Frettchen in vielen Ländern zur Gewinnung ihres Pelzes (fitch) in Farmen gezüchtet. Dies ist insbesondere in nordeuropäischen Ländern auch heute noch der Fall.

Ein häufiges Einsatzgebiet des Frettchens war und ist seit vielen Jahrzehnten die biomedizinische Forschung. Es fungiert beispielsweise durch einen sehr ähnlichen Krankheitsverlauf als lange etabliertes Tiermodell in der Erforschung der humanen Influenza. Weitere aktuelle Forschungsgebiete sind die Physiologie, Toxikologie und Endokrinologie.

In den letzten Jahrzehnten ist die Beliebtheit des Frettchens als Heimtier kontinuierlich gestiegen. Die Tiere werden aufgrund ihrer quirligen, verspielten Art geschätzt. Frettchen können sehr zahm werden, haben sich aber dennoch, ähnlich der Katze, eine gewisse Wildheit bewahrt.

2 Arten, Rassen und Farben

Anja Ewringmann

2.1 Häufige Zuchtformen

Bei Frettchen existieren keine unterschiedlichen Rassen, sondern lediglich verschiedene **Zuchtformen**, die sich nach Länge und Beschaffenheit des Felles unterscheiden. Zudem existieren verschiedene Farbschläge.

Bezüglich der Felllänge werden Kurzhaar-, Halblanghaar- und Langhaar-Frettchen unterschieden. Die Langhaar-Frettchen besitzen keine Unterwolle, sondern nur das längere Deckhaar. Sowohl Kurzhaar- als auch Halblanghaar-Frettchen haben Unterwolle und Deckhaare, wobei die Deckhaare bei den Halblanghaar-Tieren länger ausgebildet sind.

Die verschiedenen Farbschläge unterscheiden sich bezüglich ihrer Fellfärbung sowie der Fellzeichnung:

- **Iltis hell/dunkel:** Das Iltis-Frettchen ähnelt seinem Vorfahren, dem Europäischen Iltis, am meisten. Kopf, Hals, Rücken, Beine, Pfoten (Branten) und Schwanz sind schwarz-braun (▶ Abb. 2.1a). Zudem haben Iltis-Frettchen eine dunkle, gut abgesetzte Maske sowie einen dunklen Streifen am Bauch. An den Seiten und am Unterbauch ist das Fell deutlich heller und es scheint die weißlich-gelbe Unterwolle hervor. Die Nase muss einheitlich hell sein. Beim dunklen Iltis-Frettchen ist das gesamte Erscheinungsbild dunkler, sodass die Maske nicht mehr deutlich abgesetzt erscheint und auch der dunkle Bauchstrich nicht mehr sichtbar ist.
- **Albino:** Albino-Frettchen haben ein einheitlich weißes bis leicht gelbliches Fell. Die Augen sind rot, die Nase muss rosa und ohne Flecken sein (▶ Abb. 2.1b).
- **Dark Eyed White/Blue Eyed White:** Dark Eyed White (DEW) und Blue Eyed White (BEW) Frettchen haben die gleichen Merkmale wie Albinos, aber schwarze bzw. blaue Augen.
- **Silver:** Silver-Frettchen besitzen eine helle (weiß bis cremefarben) Unterwolle und silbriges Deckhaar, das mit zunehmendem Alter oftmals immer heller wird. Die Augen sind schwarz oder burgunderfarben. Die Nase ist meist rosa, kann aber auch braun oder schwarz sein. Sie darf zudem gepunktet oder gefleckt sein.
- **Siam/Zimt:** Siam- und Zimtfrettchen sind beige oder cremefarben. Wie beim Iltis-Frettchen sind auch hier Kopf, Hals, Rücken, Beine, Branten, Schwanz und Maske dunkler als Flanken und Bauch. Die Augen sind schwarz oder burgunderfarben, die Nase muss rosa sein (▶ Abb. 2.1c).
- **Chocolate/Dark Chocolate:** Chocolate-Frettchen sind dunkel ohne Maske. Das Deckhaar ist zimt- oder schokofarben, die Unterwolle deutlich heller. Dark-Chocolate-Frettchen besitzen ein dunkleres, eher mokkafarbenes Deckhaar. Bei beiden Farbschlägen sind die Augen schwarz oder burgunderrot, die Nase soll einheitlich gefärbt und ohne Flecken sein.

▶ **Abb. 2.1**
a Iltis-Frettchen. (Birgit Köbernik, Berlin)
b Albino-Frettchen. (Dr. Anja Ewringmann, Berlin)
c Siam-Frettchen. (Birgit Köbernik, Berlin)
d Blacksolid-Frettchen. (Dr. Anja Ewringmann, Berlin)
e Harlekin-Frettchen. (Simone Fiebig-Succar und Kay Succar, Berlin)

- **Blackself:** Blackself-Frettchen sind schwarz. Sie haben schwarze Deckhaare sowie eine schwarze oder dunkelgraue Unterwolle. Die Ohrränder sind hell abgesetzt und die Schnauze ist, von der Nase über die Maulwinkel bis zum Kinn, weiß gefärbt (Milchmäulchen). Die Nase ist schwarz und ohne Flecken.
- **Blacksolid:** Die Blacksolid-Frettchen ähneln den Blackself, allerdings erstreckt sich die Weißfärbung des Felles an der Schnauze nur am Kinn von einem Maulwinkel zum anderen (▶ **Abb. 2.1d**).
- **Harlekin:** Harlekin bezeichnet eine symmetrische Fellzeichnung unabhängig von der Fellfarbe. An der Kehle haben Harlekin-Frettchen einen weißen Kehlfleck (▶ **Abb. 2.1e**), zudem sollen die Tiere an den Vorderpfoten weiße „Schuhe" oder „Strümpfe" haben, die gleichhoch abgesetzt sind sowie weiß abgesetzte „Blinker" an den Hinterbeinen. Eine weiße Schwanzspitze ist nicht erlaubt. Die Augen sind schwarz bis burgunderrot. Die Nase darf verschiedene Farben haben und auch gefleckt oder gepunktet sein.
- **Badger (Dachs):** Dachs-Frettchen haben einen weißen Streifen auf dem Kopf. Weitere Merkmale sind ähnlich dem Harlekin: weißer Latz, weiße Socken und weiße Blinker. Die Fellfärbung kann variieren.
- **Panda:** Panda-Frettchen sind überwiegend weiß mit ebenfalls weißer oder heller cremefarbener Unterwolle, besitzen aber einige dunkle Grannenhaare auf dem Rücken oder an den Seiten. Die Augen sind schwarz oder burgunderfarben. Die Nase ist einfarbig rosa, braun oder schwarz.
- **Pinto Panda:** Kopf, Latz und Hals sind weiß. Die übrige Fellzeichnung entspricht dem Iltis-, Zimt- oder Siam-Frettchen. Die Augen sind schwarz bis burgunderrot, die Nase ist rosa.
- **Spotted:** Spotted-Frettchen sind Schecken unterschiedlicher Fellfärbungen, wobei die Scheckung unterschiedlich stark ausgeprägt und unterschiedlich lokalisiert sein kann.
- **Sonderfarbe hell/dunkel:** Frettchen mit hellem bzw. dunklem Erscheinungsbild, die sich keiner bestimmten Färbung zuordnen lassen. Die Fellzeichnung muss dennoch symmetrisch sein.

3 Haltung

Anja Ewringmann

3.1 Haltungsformen

Frettchen sind sehr beliebte Heimtiere, allerdings sind die quirligen Tiere hinsichtlich ihrer Haltungsanforderungen recht anspruchsvoll.

Frettchen sollten, da sie äußerst soziale Tiere sind, nicht alleine gehalten werden. Sie benötigen zudem ein ausreichend großes Platzangebot sowie genügend Auslauf und abwechslungsreiche Beschäftigungsmöglichkeiten.

3.1.1 Innenhaltung

Der überwiegende Teil der Heimtierfrettchen wird in der Wohnung gehalten. Hierbei überwiegen die Haltung in Käfigen oder Volieren mit beaufsichtigtem Freilauf sowie die Haltung in eigens für die Tiere eingerichteten Zimmern. Vereinzelt dürfen sich Frettchen jedoch auch dauerhaft frei in der Wohnung bewegen.

Beim Freilauf in der Wohnung ist generell zu beachten, dass viele Gefahren lauern können. Da Frettchen extrem agile Tiere sind, die aufgrund ihrer geringen Größe und ihrer schlanken Körperform in jeden Winkel gelangen können und zudem noch gut klettern können, ist es äußerst schwierig, eine Wohnung tatsächlich frettchensicher zu gestalten. Als Gefahrenquellen müssen z. B. Giftpflanzen oder Stromkabel ausgeschaltet werden, die von den Tieren angefressen werden können. Arznei-, Wasch- oder Reinigungsmittel müssen verschlossen werden und auch Herdplatten, Backöfen oder Waschmaschinen stellen potenzielle Gefahren dar. Zudem haben Frettchen eine extrem hohe Affinität zu Gummi. Gegenstände aus diesem Material (z. B. Ohrstöpsel, Unterlagen, die als Gleitschutz für Teppiche dienen) werden gerne angefressen und verschluckt, woraus nicht selten ein Fremdkörperileus (S. 192) resultiert.

Käfighaltung

Für die Käfighaltung von Frettchen sollte eine Grundfläche von 2 m^2/Tier nicht unterschritten werden. Selbst wenn diese Anforderung erfüllt ist, muss den bewegungsaktiven Tieren dennoch ausreichend zusätzlicher Freilauf gewährt werden.

Im Zoofachhandel erhältliche Frettchenkäfige sind ungeeignet, da sie viel zu klein sind, sodass Frettchenhalter in den meisten Fällen Eigenbauten herstellen. Gut geeignet sind hierfür insbesondere ausgediente Kleiderschränke. Diese sind von 3 Seiten geschlossen; an der Vorderseite können mit Vierkantdraht vergitterte Türen angebracht werden. Alternativ können große Vogelvolieren als Frettchenkäfig umfunktioniert werden.

Ein Frettchenkäfig sollte mit mehreren Etagen ausgestattet sein, die über Rampen oder Röhren miteinander verbunden sind (► **Abb. 3.1**). Besonders bewährt haben sich

▶ **Abb. 3.1** Frettchenvoliere. (Simone Fiebig-Succar und Kay Succar, Berlin)

Röhren, die außerhalb des Käfigs entlanglaufen, um die Ebenen miteinander zu verbinden. Auf diese Weise wird kein Platz für Verbindungslöcher zwischen den Etagen verschwendet und ein Herunterfallen von Einrichtungsgegenständen kann verhindert werden.

Jede Ebene sollte eine Höhe von etwa 50 cm aufweisen, damit sich die Tiere aufrichten können. Der Etagenboden sowie die bodennahen Seitenwände sollten verfliest oder mit stabilem PVC-Boden ausgelegt sein, um eine gute Reinigung zu ermöglichen.

Für jedes Frettchen sollte mindestens eine Schlafmöglichkeit zur Verfügung stehen. Hierzu eignen sich beispielsweise Holzhäuser, stabile Pappkartons oder Hängematten, die mit zusätzlichen kleinen Decken oder Tüchern versehen werden, damit sich die Tiere einkuscheln können (▶ **Abb. 3.2**).

Der Käfig muss zudem mit einer ausreichenden Anzahl an Toiletten versehen werden. Hier können Katzenklos mit Katzenstreu verwendet werden.

Futter- und Wassernäpfe (S. 34) müssen aus stabilem und gut zu reinigendem Material (z. B. Ton, Keramik) bestehen. Sie sollten, falls die oberen Ebenen durch Einstieglöcher zu erreichen sind, in der untersten Käfigetage platziert werden, damit sie nicht herunterfallen können. Gut geeignet sind zudem Metallnäpfe, die mit Halterungen an der Gittertür befestigt werden können (Papageienbedarf). Um Streitigkeiten bei der Fütterung zu verhindern, hat es sich bewährt, pro Tier einen Futternapf zur Verfügung zu stellen.

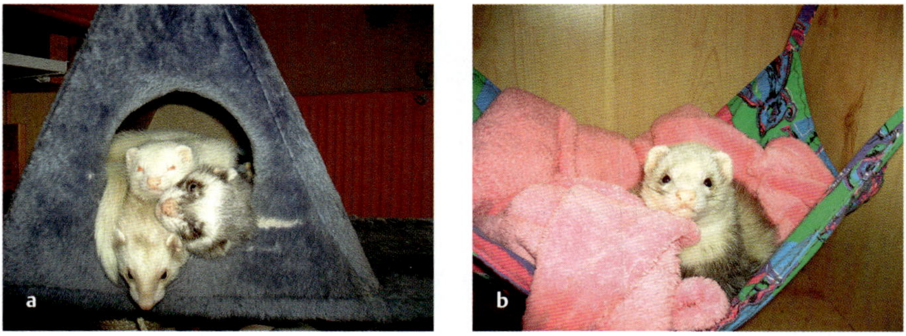

▶ **Abb. 3.2** Schlafplätze. (Birgit Köbernik, Berlin)

Haltung im Frettchenzimmer

Die Haltung von Frettchen in eigenen Zimmern bietet den Tieren ein Optimum an Bewegung. Ein Frettchenzimmer sollte mit einem gut zu reinigenden Bodenbelag ausgestattet sein. Es sollte zudem hell sein, sich aber insbesondere in den Sommermonaten nicht zu stark erwärmen, da Frettchen Hitze (S. 176) nicht gut tolerieren.

In dem Zimmer sollte ein Käfig (S. 25) als Rückzugsmöglichkeit zur Verfügung stehen. Dieser wird wie oben beschrieben ausgestattet. Das übrige Zimmer kann beliebig als „Spielwiese" gestaltet werden. Zum Klettern eignen sich beispielsweise Kratzbäume für Katzen oder selbstgebaute Klettergerüste aus Holz. Als Versteckmöglichkeiten dienen Röhren (z. B. flexible Drainageröhren aus dem Baumarkt, Durchmesser mindestens 20 cm), Holzhäuser oder Pappkartons.

3.1.2 Außenhaltung

Eine ganzjährige Haltung von Frettchen im Freien ist möglich. Voraussetzung ist jedoch, dass die Tiere mindestens zu zweit gehalten werden und sich in einem guten Gesundheitszustand befinden. Zudem sollten die Frettchen bereits im späten Frühjahr in ein Außengehege einziehen, damit sie sich an die klimatischen Bedingungen gewöhnen können.

Ein Außengehege muss eine ausreichend große Grundfläche besitzen, wobei pro Tier 3 m^2 veranschlagt werden. Das Gehege/die Voliere sollte sich an einem Standort befinden, der vor direkter Sonneneinstrahlung geschützt ist. Zumindest ein Teil des Geheges sollte überdacht sein, um ihn vor Regen und Schnee zu schützen. In diesem trockenen Bereich kann dann eine kombinierte Schlaf- und Futterhütte aufgestellt werden. Zu beachten ist weiterhin, dass das Gehege so gesichert sein muss, dass die Frettchen weder ausbrechen, noch andere Tiere hineingelangen können. Da Frettchen gerne buddeln, muss daher auch der Untergrund abgesichert werden.

Als Schutzhütte können doppelwandige Holzhäuser dienen, zwischen deren Holzschichten Styropor als Isolationsmaterial eingefügt wurde. Hierbei ist wichtig, dass das Isoliermaterial vollständig abgedeckt ist, damit es von den Frettchen nicht angefressen und verschluckt werden kann. Als „Nistmaterial" für das Schlafhaus eignen sich v. a. Tücher und kleine Decken. Heu und Stroh neigen sehr leicht zur Schimmelbildung, wenn sie feucht werden.

Die Ausstattung eines Außengeheges kann prinzipiell so gestaltet werden wie die eines Frettchenzimmers (S. 27), wobei als Klettermöglichkeiten auch große Wurzeln, dicke Äste oder Baumstämme verwendet werden können.

3.1.3 Gesellschaft und Vergesellschaftung

! Frettchen sind, im Gegensatz zu ihrem Vorfahren, dem Europäischen Iltis, keine Einzelgänger, sondern sehr soziale und gesellige Tiere. Sie sollten daher nicht einzeln, sondern mindestens paarweise oder auch in Gruppen gehalten werden.

Zwar können der Mensch oder auch andere Haustiere – Frettchen sind oft gut an Hunde oder Katzen zu gewöhnen – als Spielpartner dienen, sie können jedoch auf Dauer keine Artgenossen mit frettcheneigenem Sozialverhalten ersetzen.

Bei der Neuanschaffung von Frettchen empfiehlt es sich, direkt mindestens 2 Tiere aufzunehmen. Am einfachsten ist hier die Anschaffung von Welpen, die dann in der Regel problemlos miteinander aufwachsen. Ist bereits ein einzelnes Frettchen vorhanden, das einen neuen Partner bekommen soll oder werden 2 halbwüchsige oder ausgewachsene Tiere aufgenommen, so muss eine beaufsichtigte Vergesellschaftung durchgeführt werden.

Für die Vergesellschaftung von Frettchen gibt es keine allgemeingültigen Regeln, die auf alle Tiere anwendbar sind. Der Verlauf und der Erfolg einer Vergesellschaftung sind individuell sehr unterschiedlich und hängen von den bisherigen Erfahrungen, dem Verhalten und dem Charakter der beteiligten Tiere ab. Prinzipiell gilt jedoch, dass eine Vergesellschaftung von Welpen und Jungtieren bis zu etwa 1 Jahr sowie von gut sozialisierten älteren Frettchen meist deutlich unkomplizierter ist als von älteren Frettchen, die bereits lange Zeit keinen Kontakt mehr zu Artgenossen hatten.

Eine Vergesellschaftung sollte immer möglichst auf neutralem Boden erfolgen, sodass keines der Tiere das Bedürfnis hat, sein Revier verteidigen zu müssen. Folgende Szenarien sind hierbei möglich:

- Nach kurzem Beschnuppern fangen die Frettchen sofort an miteinander zu spielen. Dies ist insbesondere bei der Zusammenführung von Welpen, von einem Welpen mit einem Jungtier oder von 2 Jungtieren zu beobachten, sofern diese gut sozialisiert sind.
- Nach erstem „Schnupperkontakt" ignorieren sich die Tiere und gehen sich aus dem Weg. Hier kann es im Laufe der nächsten Wochen völlig unproblematisch zu einer dicken Freundschaft kommen. Es können jedoch auch Rangordnungskämpfe auftreten. Diese müssen sehr sorgfältig beobachtet werden, um zu entscheiden, ob die Tiere die Situation selbstständig klären oder ob eine Trennung erfolgen muss.
- Nach erstem Kontakt geht ein Frettchen auf das andere los und lässt nicht von ihm ab oder rennt immer wieder hinter ihm her und greift es an. In einem solchen Fall sollten die Tiere zunächst getrennt und noch einmal ein erneuter Versuch am nächsten Tag unternommen werden. Zeigt sich das angreifende Frettchen weiterhin aggressiv, so sollte eine Vergesellschaftung mit einem anderen Tier oder einer Gruppe in Erwägung gezogen werden.
- Bei Erstkontakt verhält sich eines der Tiere panisch, drückt sich schreiend in eine Ecke und kotet und uriniert vor Angst. Auch hier sollte zunächst wieder eine Trennung vorgenommen und später ein erneuter Versuch unternommen werden. Hält das panische Verhalten des einen Tieres an, muss die Vergesellschaftung mit einem anderen Partner überlegt werden.
- Beide Frettchen gehen direkt aufeinander los. Hier sollte zunächst kurz abgewartet werden, was passiert. Oftmals kehrt nach kurzer Keilerei und lautem Geschrei schnell Ruhe ein und die Rangordnung ist geklärt. Sollten die Tiere nicht voneinander ablassen und sollte es sogar zu Verletzungen kommen, muss eine Trennung erfolgen. In einem solchen Fall muss gut abgewogen werden, ob ein weiterer Versuch der Vergesellschaftung sinnvoll erscheint.

! Grundsätzlich gilt, dass es keine Frettchen gibt, die nicht vergesellschaftet werden können oder „lieber alleine" sind.

Diese Aussagen werden gelegentlich von Besitzern getroffen, wenn eine Vergesellschaftung nicht unmittelbar funktioniert hat. Natürlich ist bei manchen Tieren eine Vergesellschaftung langwierig, insbesondere wenn ein Frettchen bereits lange Zeit alleine gelebt hat und schlecht sozialisiert ist. Bei solchen Tieren müssen eventuell auch verschiedene Partner „ausprobiert“ werden, bis der richtige gefunden wird. Hier hängt eine erfolgreiche Vergesellschaftung dann v. a. von der Bereitschaft und der Geduld des Besitzers ab.

3.1.4 Auslauf und Beschäftigung

Frettchen sind von Natur aus sehr agile und neugierige Tiere. Um ihrem großen Bewegungsdrang Rechnung zu tragen, muss ihnen ausreichend Auslauf ermöglicht werden. In einem Frettchenzimmer (S. 27) oder einem größeren Außengehege können die Tiere ihrem Bewegungsdrang bereits gut nachkommen. Bei Käfighaltung (S. 25) muss jedoch mehrfach täglich zusätzlicher Auslauf gewährt werden.

Frettchen können auch an der Leine zu Spaziergängen ausgeführt werden (▶ **Abb. 3.3**). Geschirre für Frettchen sind im Zoofachhandel erhältlich. An diese sollten die Tiere zunächst in der Wohnung gewöhnt werden.

Zur Beschäftigung des Frettchens eignen sich eine Vielzahl von Dingen, die entweder im Zoofachhandel erworben oder selber hergestellt werden können:

- Zum Klettern eignen sich Kratzbäume für Katzen ebenso wie selbstgebaute Klettergerüste aus Holz. Zudem können geriffelte Drainageröhren aus Kunststoff (erhältlich im Baumarkt, Durchmesser mindestens 20 cm) als Klettermöglichkeit verwendet werden, z. B. um verschiedene Ebenen im Käfig miteinander zu verbinden.
- Um den Tieren ein Buddeln zu ermöglichen, können große Wannen mit Sand oder Erde gefüllt werden, aber auch Pappkartons mit Papierschnipseln erfüllen diesen Zweck.
- Zum Verstecken eignen sich Holzhäuser, Stofftunnel, Röhren oder Pappkartons.
- Besonders beliebt als Spielzeug sind Gegenstände, die Geräusche machen. Als Beispiel sind hier „Klingelbälle“ oder „Quietschtiere“ für Hunde und Katzen zu nennen. Bei solchen Spielzeugen ist allerdings problematisch, dass sie oft aus zerbeißbarem Gummi bestehen und Anteile verschluckt werden können. Daher sollten die Tiere mit solchen Gegenständen nur unter strenger Aufsicht spielen oder es muss auf unbedenkliche Materialien ausgewichen werden. Spielzeuge können auch selbst hergestellt werden. So können z. B. alte Socken mit einem Glöckchen und knisterndem Papier (z. B. Backpapier) gefüllt werden. Damit Spielzeug nicht langweilig wird, sollte es nicht dauerhaft im Käfig oder Zimmer vorhanden sein, sondern von Zeit zu Zeit

▶ **Abb. 3.3** Frettchen an der Leine. (Birgit Köbernik, Berlin)

neu zur Verfügung gestellt werden, wodurch es immer wieder einen neuen Reiz für die Tiere bekommt.

3.1.5 Häufige Haltungsfehler

Die häufigsten Fehler in der Frettchenhaltung beziehen sich auf ungenügende Bewegungs- und Beschäftigungsmöglichkeiten sowie eine Einzelhaltung der Tiere.

Mangelnde Bewegung kann zu Adipositas (S. 102) führen, was nachfolgende Probleme wie Herz-Kreislauf-Erkrankungen (S. 174), Leberverfettung (S. 205) und degenerative Erkrankungen des Bewegungsapparats auslösen kann. Sowohl Bewegungs- als auch Beschäftigungsmangel führen bei vielen Frettchen zu Verhaltensstörungen, v. a. zu Aggressivität.

Bei Einzelhaltung von Frettchen weisen die Tiere oft ein unzureichendes Sozialverhalten (S. 37) auf. Dies kommt umso mehr zum Tragen, je früher die Tiere vom Muttertier getrennt wurden und je länger die Tiere bereits ohne Kontakt zu Artgenossen gelebt haben. Probleme treten v. a. dann auf, wenn solche Frettchen vergesellschaftet werden sollen, da sie gegenüber Artgenossen oft mit Angst oder Aggressionen reagieren, sodass Vergesellschaftungen (S. 27) meist wesentlich länger dauern als bei ausreichend sozialisierten Tieren.

4 Ernährung

Michael Fehr

4.1 Allgemeines

Frettchen gehören wie die anderen Mitglieder der Familie der Mustelidae Iltis, Nerz, Otter und Wiesel zu den obligaten Fleischfressern. Frettchen stammen vermutlich vom Iltis ab, sie sollen aus albinotischen Iltis-Formen hervorgegangen sein. Deshalb orientieren sich die Fütterungsempfehlungen auch an dessen Ernährungsweise. Die Hauptnahrung Europäischer Iltisse besteht zu etwa 60 % aus Kleinsäugern (Nager, Insektenfresser, Kaninchen), zu 18 % aus anderen Wirbeltieren, zu 14 % aus Vögeln und zu 12 % aus Insekten. Daneben werden auch Früchte, Reptilien und Amphibien aufgenommen. Die Beutetiere werden meist durch Bisse in Nase und Kopf oder durch Nackenbisse getötet. Eier werden mit den Pfoten herumgerollt und mit den Zähnen bearbeitet, bis ein Sprung oder ein Loch in der Schale entstanden ist. Das Gehirn und blutgefüllte Organe wie Leber, Milz und Lunge werden zuerst gefressen, danach wird der Körper des Beutetiers zerlegt und das gesamte Tier verspeist.

Auch wenn sich die Erkenntnisse des Ernährungsbedarfs der Frettchen bisher überwiegend auf Erfahrungswerte von Züchtern und Haltern stützen und nur wenige wissenschaftliche Studien zur Fütterung vorliegen, so besteht doch übereinstimmend die Ansicht, dass eine proteinreiche, fettreiche, rohfaserarme Diät auf Fleischbasis notwendig ist, um eine optimale Gesundheit zu gewährleisten. Dies wird deutlich durch die festgestellte hohe Verdaulichkeit von Rohprotein von 90,2 % und Rohfett von 80,1 %.

Zahlreiche Hundefertigfutter enthalten Proteine auf Cerealienbasis, sodass deren Fütterung abgelehnt wird oder nur in Ausnahmefällen angeraten ist.

! Qualitativ hochwertiges Katzenfertigfutter gilt als akzeptabel, zudem sind spezielle Frettchenfertigfutter erhältlich.

Frettchen weisen einen kurzen Darmtrakt (S. 50) auf, ein Blinddarm fehlt. Für die Passage der aufgenommenen Nahrung werden Zeitangaben von 3–4 Stunden angegeben. Der kurze Verdauungstrakt in Verbindung mit einem hohen Energiebedarf von etwa 300 kcal/kg KM täglich (ca. 500 kJ ME/kg $KM^{0,75}$) unterstreicht die Bedeutung einer schmackhaften, qualitativ hochwertigen Nahrungszufuhr. Fütterung und Verdauung sind deshalb überwiegend auf die Zufuhr von leicht verdaulichem Fett und Eiweiß gerichtet. Das Fehlen einer funktionsfähigen Magen-/Darmflora ist Ursache der mangelnden Fähigkeit, komplexe Kohlenhydrate oder Rohfaser aufzuspalten. Als Proteinbedarf werden 30 % Rohprotein in der Trockensubstanz genannt.

4.2 Futtermittel

4.2.1 Einzelfuttermittel

Als wesentliche Einzelkomponenten des Futters gelten rohes oder gekochtes Puten-, Rind-, Pferde- oder Wildfleisch. Von der Schweinefleischfütterung wird aufgrund der Gefahr einer möglichen Übertragung von Infektionskrankheiten abgeraten. Die gelegentliche Gabe von Innereien, v. a. von Herz und Leber, erweitert das Nahrungsspektrum. Mineralstoffe und Vitaminpasten ergänzen die Nahrung. Auch Eier werden von Frettchen geliebt, sie können roh oder in gekochtem Zustand angeboten werden, allerdings empfiehlt es sich dann, die Eischale vorher zu entfernen.

Zahlreiche Frettchenliebhaber füttern auch Eintagsküken, Mäuse, Ratten, Hamster oder andere Nagetiere, die im gefrorenen Zustand in Zoofachgeschäften oder im Internethandel bestellt werden können. Auf diese Weise werden idealerweise die benötigten Futterbestandteile zugeführt.

BARF-Fütterung

Eine „Biologisch-Artgerechte-Roh-Fütterung“ (born-again-row-feeder, biologically appropriate raw food) wird auch für Frettchen, ähnlich wie sie für den Hund konzipiert wurde, von manchen Frettchenhaltern favorisiert. Dabei verweisen die Befürworter dieser Fütterungsmethode darauf, dass eine Ernährung mit Frischfleisch eine Darmflora unterstützt, die gegen eine Reihe von Infektionskrankheiten wie Salmonellose schützt. Andererseits muss beim BARFen das Risiko einer möglichen Übertragung von z. B. einer Salmonella-Infektion (S. 121) durch Fütterung von rohem Schweinefleisch und die Gefahren, die durch Verschlucken zu großer Knochenstücke auftreten könnten, bedacht werden.

Bei reiner Fleischfütterung (z. B. Herz) sollte stets zusätzlich ein Mineralfutterzusatz gegeben werden. Insbesondere wenn häufiger Leber verfüttert wird, ist auf den Vitamin-A-Gehalt vitaminisierter Mineralfutterzusatzmischungen zu achten, da besonders in diesen Fällen die Gefahr einer Hypervitaminose A entsteht.

4.2.2 Kommerzielle Mischfutter

Kommerziell erhältliche Mischfutter werden ähnlich wie bei anderen Kleintieren aus denselben Gründen auch bei Frettchen häufig gefüttert: Einerseits wird die Gabe von ganzen Futtertieren oder auch die Fleischfütterung aus grundsätzlichen oder hygienischen Gründen abgelehnt, andererseits erleichtern Fertigfuttermittel die bedarfsgerechte Ernährung und vereinfachen die Haltung von Heimsäugern.

Kommerziell erhältlich sind speziell für Frettchen hergestellte Trocken- oder Dosenfeuchtfuttermittel, daneben können auch für Katzen konzipierte Trocken- oder Dosenfuttermischungen angeboten werden. Der Frettchenhalter sollte stets die Inhaltsangaben des kommerziellen Mischfutters insbesondere im Hinblick auf die Proteinzusammensetzung und den Proteingehalt überprüfen. Die zugesetzten Mineralstoff- und Vitaminmischungen garantieren im Allgemeinen die bedarfsgerechte Versorgung.

Nerz-Fertigmischfutter wird aufgrund des häufig hohen Fischanteils v. a. von älteren Frettchen oft abgelehnt.

Cave

Auf keinen Fall sollte Hundefertigfutter an wachsende oder trächtige Frettchen gefüttert werden, da diese den Bedarf dieser Tiere nicht annähernd decken können.

Eine langdauernde Dosenfütterung wird auch für die Ausbildung von Zahnstein (S. 105) beim Frettchen verantwortlich gemacht.

4.3 Bedarfsangaben

4.3.1 Jungtiere

Frettchen, die zu früh von Muttertier und Wurfgeschwistern getrennt werden

Frettchen sollten frühestens im Alter von 8 Wochen von der Mutter und den Wurfgeschwistern getrennt werden, da erst dann die wichtige Prägephase abgeschlossen ist und die Tiere wichtige Verhaltensregeln für das Sozialverhalten erlernt haben. In diesem Alter ist auch der Zahnwechsel weitgehend abgeschlossen, die Fleisch- und Wasseraufnahme aus den Tränkesystemen ist dann erlernt. Werden Frettchen zu früh von Muttertier und Wurfgeschwistern getrennt oder verstirbt das Muttertier frühzeitig nach der Geburt, ist eine Handaufzucht die einzige Möglichkeit, das Leben der Jungfrettchen zu sichern. Dabei gilt grundsätzlich, dass die Überlebenschancen deutlich erhöht sind, wenn die Tiere bereits ein Alter erreicht haben, in dem die Augen geöffnet sind.

Als Aufzuchtnahrung können insbesondere für Katzen konzipierte Milchersatzprodukte, z. B. GIMPET Cat-Milk, Fa. Gimborn, Emmerich, KMR-Milch, Fa. Albrecht, oder CIMI-Lac Aufzuchtmilch R, Fa. Selectavet, Weyarn-Holzolling, eingesetzt werden. Im Notfall kann auch fettreiche Ziegenmilch oder Kuhmilch, die mit Sahne im Verhältnis 2:1 angereichert wurde, verabreicht werden. So soll der Fettgehalt von Frettchenmilch während der 4. Laktationswoche immerhin 20 % betragen. Als reiner Appetitanreger kann auch ein angewärmter Baby-Milchbrei erfolgreich sein.

Grundsätzlich sollte stets dieselbe Welpenersatzmilch verabreicht werden, um Verdauungsstörungen zu vermeiden. Handelt es sich um exsikkotische Welpen, dann kann auch zunächst ein mit Traubenzucker und Kochsalz je 1 Teelöffel versetzter schwarzer Tee (1 Teelöffel auf 1 l Wasser) eingegeben werden. In den ersten beiden Lebenswochen wird angeraten mindestens 10 ×/Tag zu füttern, in der Nacht kann eine ca. 6-stündige Pause eingelegt werden. Die Fütterungsfrequenz kann danach im 2-Wochenabstand um 2 Mahlzeiten reduziert werden.

Nach der 2. Lebenswoche kann 1 × wöchentlich eine Mahlzeit durch eine 2:1-Mischung aus Wasser und pürierter Leber (durch ein Sieb streichen) ersetzt werden. Zusätzlich können fein zerkleinerte Mäuse, Küken etc. angeboten werden. Diese werden mittels Mixer zerteilt, dazu sollten zuvor das Fell, die Pfoten und der Schwanz entfernt werden. Zudem sollten ab demselben Alter auch haarlose Mäusebabies (Pinkies) angeboten werden. Diese können später durch leicht behaarte Mäuse (Fuzzies) (mit ca. 2–6 g KM) ersetzt werden. Die Futteraufnahme soll durch Zugabe warmen Wassers erleichtert werden. Wichtig ist auch, dass das Futter leicht erreichbar ist, deshalb werden flache, randlose Futterschalen favorisiert.

4.3.2 Bedarfsangaben erwachsener Frettchen

Exakte Untersuchungen zum Energie-, Protein- und Mineralstoffbedarf der Frettchen liegen nicht vor, allgemein wird darauf hingewiesen, dass sich dieser an dem anderer Fleischfresser orientiert. Daneben fließen Fütterungserfahrungen in der Iltis- und Nerzhaltung in die Bedarfsangaben ein. Grundsätzlich werden die **Ad-libitum-Fütterung** und der ungehinderte Zugang zu Wasser angeraten.

Frettchenfuttermischungen bzw. Premium-Katzenfuttermittel werden als Trocken- oder Nassfutter mit einem Fettgehalt von mindestens 15 % und einem Fleischproteingehalt von mindestens 30 % favorisiert. Der Kohlenhydratatanteil sollte weniger als 30 % betragen.

Bedarfsangaben für erwachsene Frettchen

- Proteingehalt: mindestens 30 %
- Kohlenhydratgehalt: maximal 30 %
- Fettgehalt: mindestens 15 %
- Energiebedarf: 200–300 kcal/kg KG

Es wird von einem Energiebedarf von 200–300 kcal/kg Körpergewicht täglich ausgegangen. Dies bedeutet, dass je nach Energiegehalt des Futters täglich 25–50 g Trockenfutter bzw. 100–200 g Feuchtfutter für Katzen täglich angeboten werden sollten. Das Körpergewicht und individuelle Präferenzen beeinflussen jedoch diese Mengenangabe.

In Phasen erhöhter Bedarfssituationen wie Trächtigkeit und Laktation wird auf die Notwendigkeit einer ausreichend großen, hochwertigen, schmackhaften Diät und die Zufuhr von Mineralstoffen, z. B. Kalzium, hingewiesen.

4.4 Trinkwasser

Frettchen sollte stets **frisches Wasser ad libitum** zur Verfügung stehen. Üblicherweise wird das Wasser über einen Napf, der möglichst aus Edelstahl oder Keramik bestehen sollte, angeboten. Nippeltränken, die auch für Nager konzipiert sind, werden ebenfalls von vielen Frettchen angenommen. Auf diese Weise wird verhindert, dass Wasser verspritzt und der Käfig und seine Ausstattung nass werden. Andererseits raten Frettchenhalter teilweise auch von Nippeltränken bei Frettchen, die eine Trockenfütterung erhalten, ab, da die üblichen Nippeltränkensysteme aufgrund zu dünner Auslassrohre nicht die nötigen Mengen an Wasser freigeben. Durch Umbau und Einsetzen von großlumigeren Auslassrohren kann dieser Nachteil kompensiert werden. Andere Frettchenliebhaber bewerten auch einen Kitty-Trinkbrunnen sehr positiv. Dieser für Katzen konzipierte, kommerziell erhältliche Brunnen erlaubt das Trinken von fließendem Wasser. Frettchen oder Marder, die in freier Natur leben, bevorzugen diese Form der Wasseraufnahme, indem sie Wassertropfen von Pflanzen oder aus Rinnsalen aufnehmen.

Wird die Wasseraufnahme verweigert, kann alternativ auch Kitten-Milch oder Joghurt angeboten werden, die von vielen Frettchen bevorzugt aufgenommen werden. Auch die Gabe von eingeweichtem Brot oder Trockenfutter kann der Flüssigkeitszufuhr dienen.

Zur Wasseraufnahmemenge werden für männliche Frettchen 39 (± 6) ml und für weibliche Frettchen 17 (± 2) ml täglich genannt, wenn Milch ad libitum zur Verfügung stand. Andererseits wird die Wasseraufnahme auch von der Zusammensetzung des Futters beeinflusst, sodass bei Gabe von Trockenfutter mit 75–100 ml täglich zu rechnen ist.

4.5 Grundregeln der Fütterung

Eine abwechslungsreiche Fütterung fördert das Wohlbefinden der Frettchen und trägt wesentlich zu deren Gesundheit bei. Frettchen prüfen im Allgemeinen neugierig alle neuen Futterangebote, auch wenn diese unangenehm schmecken, ungenießbar, giftig bzw. gesundheitsschädlich sind. Diese Neugierde muss also stets in der Wohnung und auch im Wohnungsumfeld bedacht werden, um mögliche Gefahren erkennen zu können.

Nicht gefressenes Futter muss täglich entfernt werden, um die Aufnahme verdorbener Futterbestandteile zu vermeiden. Dabei muss beachtet werden, dass Frettchen gern Futterdepots, u. a. im Schlafhäuschen, anlegen – auch dort ist deshalb eine Kontrolle durchzuführen. Insbesondere Beutetiere werden als Vorrat deponiert und dann nach und nach verzehrt.

Zu den Grundregeln gehört – mit Ausnahme der Nahrungsaufnahme von Jungtieren, die bei einer Ad-libitum-Fütterung 9–10 Mahlzeiten/Tag aufnehmen – die 2–3 × tägliche Fütterung zu unterschiedlichen Tageszeiten. Wenn die Fütterung nicht stets zur gleichen Uhrzeit erfolgt, entspricht dies eher dem natürlichen Nahrungsaufnahmerhythmus, der von der Erbeutung von Futtertieren oder dem Auffinden pflanzlicher Nahrungsquellen abhängt. Spieltrieb (S. 29) und Beutefangverhalten können miteinander verbunden werden, wenn Futter in beweglichen Behältnissen wie einem Karton, einer einseitg verschlossenen Pappröhre oder einem Katzenball versteckt wird. Dies gilt auch z. B. für Fische und Küken, die in einer mit Wasser befüllten Schale angeboten werden, aus der das Futter herausgeangelt werden muss.

Die Spiel- und Futteraktivtitäten nach längeren Schlafphasen erfordern einen hohen Energiebedarf.

4.6 Häufige Fütterungsfehler

Reine Fütterungsfehler basieren auf einer der Bedarfssituation nicht entsprechenden, mangelhaften Kohlenhydrat-, Protein- und Vitaminzufuhr, d. h. auf echten **Defiziten** (S. 33) **in der Diät**.

Mit der Nahrungsaufnahme und der Haltung zusammenhängende Fehler basieren auch auf dem **Neugierverhalten** der Frettchen und deren Vorliebe, zunächst alles Neue mit dem Maul zu untersuchen, auch zu bekauen und eventuell abzuschlucken. Frettchen sollten deshalb keine Möglichkeit haben, Essensreste, Süssigkeiten oder andere Dinge, die in der Wohnung vorhanden sind, aufzunehmen. Der Frettchenhalter muss die Frettchen beim Freilauf deshalb beobachten oder die Wohnung auf frei zugängliche Lebensmittel, spielanregende Gegenstände und unverschlossene Mülleimer überprüfen.

Nährstoffmangel bei erwachsenen Frettchen Mangelzustände entstehen in folgenden Situationen:

- Bei Zufuhr von Protein auf rein pflanzlicher Basis steigt offensichtlich die Harnsteinbildung (S. 106), weil durch den alkalischeren Urin (pH-Wert > 6,4) leicht Struvitkristalle entstehen können.
- Ein Thiaminmangel (Hypovitaminose B_1) entsteht durch eine fischreiche Diät mit Fischen, die einen hohen Thiaminasegehalt aufweisen. Die Entwicklung eines sekundären Thiaminmangels wird durch Fütterung von Fischarten wie Karpfen, Makrele und Hering begünstigt. Im ZNS können in der Folge Blutungen, Neuronenverluste und Nekrosen auftreten.
- Ein Biotin-Mangel (Vitamin-H) kann nach frequenterer Verfütterung roher Eier auftreten. Er entsteht durch Avidin im Hühnereiweiß, dieses bindet Biotin und verhindert so den Abbau durch die Verdauungsenzyme.
- Ein Vitamin-E-Mangel kann zur Steatose, Gelbfettkrankheit (Yellow fat disease (S. 103)), durch tägliche Aufnahme größerer Mengen von ranzigem Fischöl oder Pferdefett führen.
- Eine Hypovitaminose A kommt selten vor, weil Frettchen im Gegensatz zur Katze eine Carotinase besitzen, die zur Vitamin-A-Bildung aus β-Carotin-haltigen pflanzlichen Futtermitteln notwendig ist. Die Carotinase kann in Kombination mit einer zu hohen Vitamin-A-Zufuhr von mehr als 1000 IE/Tag auch Ursache einer Hypervitaminose A sein.
- Trächtige und laktierende Frettchen haben einen höheren Energie- und Proteinbedarf.

Nährstoffmangel bei Jungfrettchen Eine unzureichende Kalzium-, Phosphor- oder Vitamin-D-Versorgung bei gleichzeitig reiner Fleischfütterung kann bei Jungfrettchen im Alter von 3–4 Monaten zu einer Knochenerkrankung führen. Neben Auftreibungen an Rippen und Gelenken imponieren später die Verbiegungen der Knochen aufgrund einer Ossifikationsstörung, speziell auch eine Verkrümmung der Gliedmaßen. Eine Verformung des Brustkorbs kann im späteren Stadium Atembeschwerden hervorrufen, zudem können Entwicklungsstörungen an der Wirbelsäule auftreten. Jungfrettchen fallen als Kümmerer auf, das Fell ist dünn und glanzlos. Wenn nicht rechtzeitig behandelt wird, verenden die Jungtiere nach mehreren Wochen.

5 Verhalten

Anja Ewringmann

5.1 Sozialverhalten

Im Gegensatz zum Europäischen Iltis, der als Einzelgänger lebt, besitzen Frettchen ein ausgeprägtes Sozialverhalten. Dieses wird besonders intensiv im Alter von 4–10 Wochen geprägt. Daher ist es wünschenswert, dass Welpen mindestens 8 Wochen lang mit ihrer Mutter und den Geschwistern aufwachsen, um die „Frettchensprache" und das arteigene (Sozial-)Verhalten zu erlernen. Während dieser ersten Lebenswochen sollte zudem ein regelmäßiges und liebevolles Handling erfolgen, um die Tiere an den Umgang mit dem Menschen zu gewöhnen.

Frettchen, die zu früh von Muttertier und Wurfgeschwistern getrennt werden und dann als Einzeltiere aufwachsen, weisen ein mangelndes Sozialverhalten auf und sind später deutlich schwieriger zu vergesellschaften. Fehlender menschlicher Umgang oder rüdes Handling in der Sozialisierungsphase sind oftmals für ein späteres erhöhtes Aggressionspotenzial gegenüber dem Menschen verantwortlich.

5.2 Aktivitäts- und Ruheverhalten

Üblicherweise verbringen Frettchen etwa 12–16 Stunden des Tages schlafend. Das Schlafbedürfnis steigt mit zunehmendem Alter. Schlaf- und Aktivitätsphasen wechseln sich ab, wobei sich der Rhythmus der domestizierten Frettchen den Lebensgewohnheiten des Besitzers anpasst.

Während der Schlafphasen sind Herz- und Atmungsfrequenz reduziert, die Muskulatur ist völlig entspannt. Insbesondere bei älteren Tieren bedarf es oft lauter Ansprache oder Berührungen, um sie zu wecken.

Meist haben Frettchen bevorzugte Schlafplätze (▶ **Abb. 3.2**), in denen sie sich zurückziehen, ebenso wie individuell bevorzugte Schlafpositionen (z. B. ausgestreckt auf dem Rücken, zusammengerollt).

Abweichungen bezüglich der Schlafgewohnheiten, z. B. deutlich verlängerte Schlafzeiten, veränderte Schlafplätze oder Schlafpositionen, können Anzeichen für Erkrankungen sein und sollten, wenn sie anamnestisch erwähnt werden, stets ernst genommen werden. Gleiches gilt, wenn schlafende Frettchen nur schwer geweckt werden können. Dies ist in vielen Fällen Symptom einer Herzerkrankung (S. 177) oder auch eines hypoglykämischen Zustands, z. B. beim Insulinom (S. 228).

5.3 Spielverhalten

Eine Aufforderung zum Spielen erfolgt, besonders bei Welpen, oft dadurch, dass sie das Partnertier leicht kneifen und dann wegrennen.

Das Spielverhalten der Frettchen erscheint für den menschlichen Beobachter sehr rüde. Es ist gekennzeichnet durch wilde Verfolgungsjagden und Ringkämpfe (▶ **Abb. 5.1**). Die Tiere springen mit aufgekrümmtem Rücken aufeinander zu, schwenken den Kopf hin und her und reißen den Fang weit auf, sodass die Zähne entblößt werden. Sie zwicken sich auch gegenseitig, wobei oftmals aufgeregte Lautäußerungen zu vernehmen sind. Dieses Verhalten wird im englischen Sprachgebrauch als „dance of joy" oder „weasel war dance" bezeichnet.

Bei einzeln gehaltenen Frettchen wird das Spielverhalten auch auf den Besitzer oder auf andere Haustiere übertragen.

Nach intensivem Spiel lassen sich Frettchen oft plötzlich flach auf den Boden fallen und verharren mit geöffneten Augen, nach hinten ausgestreckten Beinen und abgelegtem Kopf bewegungslos (▶ **Abb. 5.2**). Diese Ruhephasen dauern oft nur einige Sekunden oder wenige Minuten, bevor die Tiere wieder aufspringen und erneut mit ihrem Spiel beginnen. Bei älteren Frettchen sind solche Spielpausen häufiger und auch in längerer Ausprägung zu beobachten als bei Welpen und Jungtieren.

▶ **Abb. 5.1** Spielverhalten. (Birgit Köbernik, Berlin)

▶ **Abb. 5.2** Ruhephase beim Spiel. (Simone Fiebig-Succar und Kay Succar, Berlin)

5.4 Aggressionsverhalten

Spiel- und Aggressionsverhalten sind, insbesondere bei sehr intensivem und wildem Spiel, oft nicht leicht voneinander zu trennen und können fließende Übergänge aufweisen. Vermehrte Aggression äußert sich v. a. in zunehmender Lautäußerung, vermehrtem Beißen (v. a. intensive Nackenbisse) und dem Aufstellen der Schwanzhaare (Flaschenbürsten-Schwanz).

Unabhängig vom Spielverhalten werden Aggressionen, aber auch Angst durch ähnliche Anzeichen sichtbar: Aufstellen der Schwanzhaare, steifer Gang (oft mit leicht aufgekrümmtem Rücken), Lautäußerungen.

Ein erhöhtes Aggressionspotenzial wird häufig bei unkastrierten Tieren während der Ranzzeit beobachtet, ebenso wie bei Fähen mit Jungtieren, sehr ängstlichen Frettchen oder bei Tieren mit Schmerzen.

5.5 Kommunikation

Frettchen kommunizieren über verschiedene Stimmäußerungen, ihre Körpersprache sowie Geruchsmarkierungen miteinander.

5.5.1 Geruch und Markierverhalten

Frettchen besitzen einen extrem gut ausgebildeten Geruchssinn und verbringen einen Großteil ihrer Wachphasen damit, herumzuschnüffeln. Besonders ausgeprägt ist dieses Verhalten in neuen Umgebungen. Bei diesem intensiven Schnüffeln wird gelegentlich auch Staub eingeatmet, sodass die Tiere zu niesen beginnen.

Das Begrüßungsverhalten von Frettchen ist dem von Hunden ähnlich. Fremde Frettchen beschnüffeln zunächst die Analregion sowie den Nacken- und Schulterbereich des Artgenossen. Dort befinden sich Duftdrüsen, deren Sekret Informationen zur Identität des Tieres liefert. Dem Beschnüffeln können ein Nackenbiss sowie ein kurzes Kampfverhalten folgen, um die Rangordnung zu klären. Dies kann auch bei sehr unsicheren, ängstlichen und schlecht sozialisierten Frettchen beobachtet werden.

Ein Markierverhalten, bei dem Sekret aus den Analdrüsen entleert wird, oft begleitet durch den tröpfelnden Absatz von Urin, wird v. a. bei unkastrierten Rüden beobachtet.

5.5.2 Lautäußerungen

Frettchen sind normalerweise sehr stille Tiere, die nur ein relativ eingeschränktes Lauterepertoire von sich geben:

- Zischende Laute signalisieren Angst oder Ungeduld und werden als Warngeräusche ausgestoßen.
- Laute pfeifende oder zwitschernde Töne sind meist Ausdruck starker Aufregung oder Angst.

- Hohe Schreie zeigen sich bei extremen Angst- oder auch Schmerzzuständen und können auch während Krampfanfällen beobachtet werden.
- Winselnde oder stöhnende Geräusche sind stets ein Anzeichen von Schmerzen.

5.5.3 Körpersprache

Entspannte Frettchen sind in ihren Aktivitätsphasen in ständiger Bewegung, schnüffeln herum und spielen oder erkunden ihre Umgebung (▶ **Abb. 5.3**). Reize, z. B. unbekannte Gerüche oder Geräusche, können die Tiere in erhöhte Aufmerksamkeit oder Alarmbereitschaft versetzen, die sich durch eine erhöhte Körperspannung äußert. Das Frettchen steht aufrecht und völlig still mit weit geöffneten Augen.

Nervosität oder Ängstlichkeit machen sich meist durch hektische und abgehackte Bewegungen bemerkbar; ein Aufstellen der Schwanzhaare (Flaschenbürsten-Schwanz) signalisiert ein erhöhtes Aggressionspotenzial.

▶ **Abb. 5.3** Erkundungsverhalten. (Birgit Köbernik, Berlin)

6 Fortpflanzung

Michael Fehr

6.1 Einfluss der Tageslichtlänge

Die über das Jahr stattfindenden Veränderungen im Hormonhaushalt der Frettchen hängen eng mit der Dauer der Fotoperiode zusammen. Bei zunehmender Tageslichtlänge und damit verbundenen sinkenden Melatoninspiegeln kommt es zum Anstieg der Sexualhormone und zur Steigerung der sexuellen Aktivität.

6.2 Weiblicher Geschlechtszyklus

Frettchenfähen haben einen saisonal polyöstrischen Zyklus. Außerhalb des Östrus ist die Vulva kaum erkennbar und zeigt sich lediglich als schmaler Spalt unterhalb des Anus (► **Abb. 8.5**). Zu Beginn des Jahres gelangen die Tiere in den etwa 2–3 Wochen andauernden Proöstrus, der bereits mit einer geringen Schwellung und Rosafärbung der Vulva einhergehen kann. Vaginalzytologisch sind in dieser Zyklusphase, ebenso wie im Östrus, insbesondere oberflächliche Superfizialzellen erkennbar.

Die Brunstsaison beginnt Ende März und zieht sich bis Anfang August hin. Bei einem Teil der Tiere machen sich während dieser Zeit ein geringeres Schlafbedürfnis, eine verminderte Futteraufnahme sowie eine verstärkte Reizbarkeit bemerkbar. Im Gegensatz dazu wurde ebenso von einer ausgeprägten Anhänglichkeit einiger Fähen berichtet.

Während der Ranz nimmt der Körpergeruch der weiblichen Frettchen zu und die Vulva schwillt durch den Anstieg an Östrogenen bis zur Kirschgröße an und ist gerötet und feucht (► **Abb. 6.1**). Das Fell von Schwanz und Hintergliedmaßen kann durch abfließende Sekrete verklebt sein. In den Ovarien bilden sich Follikel aus und es kommt zu einer Verdickung des Endometriums.

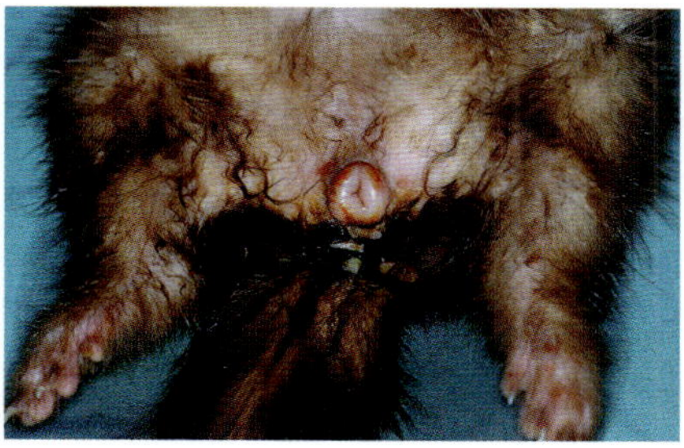

► **Abb. 6.1** Frettchen in der Ranz.

Etwa 7–10 Tage nach der maximalen Vulvaschwellung liegt die höchste Östrogenkonzentration im Blut vor. Die Chancen einer erfolgreichen Bedeckung sind zu diesem Zeitpunkt am besten. In der Vaginalzytologie ist die verstärkte Keratinisierung der Superfizialzellen erkennbar.

Nach der Kopulation kommt es bei der Fähe etwa nach 30–40 Stunden infolge der LH-Ausschüttung zu einer induzierten Ovulation. Die Oozysten bleiben etwa 30–36 Stunden befruchtungsfähig. Etwa 3–4 Tage später verringert sich mit sinkendem Hormonspiegel auch die Schwellung der Vulva und sie erreicht ca. 2–3 Wochen später wieder ihre ursprüngliche Größe. In der zytologischen Untersuchung eines vaginalen Abstrichs kann nach der Ovulation ein deutlicher Rückgang der oberflächlichen Superfizialzellen festgestellt werden.

Wurde die Fähe befruchtet, schließt sich an den Deckakt eine Trächtigkeit (S. 43) **von 41–42 Tagen** an. Der nächste Östrus setzt ca. 2 Wochen nach Absetzen der Jungtiere ein. Blieb die Empfängnis aus, gelangen die Tiere in eine Scheinträchtigkeit von gleicher Dauer. Der folgende Östrus findet etwa 8 Wochen später statt.

Cave

Kommt es während der Ranz nicht zum Deckakt, sind die Fähen durch die ausbleibende Ovulation stark gefährdet, in eine Dauerranz zu gelangen, die sich über die komplette Fortpflanzungsperiode hinziehen kann. Schätzungen gehen davon aus, dass etwa 50 % der weiblichen Tiere davon betroffen sind. Bereits eine 4-wöchige Ranz kann zu einem persistierenden, lebensbedrohlichen Hyperöstrogenismus (S. 231) führen.

6.3 Männliche Fortpflanzung

Frettchenrüden werden mit 4–10 Monaten geschlechtsreif. Die erste Fortpflanzungssaison beginnt im ersten Frühjahr nach der Geburt. Analog zu den Vorgängen bei den Fähen steigt auch bei den männlichen Frettchen die sexuelle Aktivität mit zunehmender Tageslänge an. Bereits ab Dezember ist eine verstärkte Spermiogenese vorhanden und morphologisch ist eine langsame Vergrößerung der Hoden erkennbar. Diese korreliert eng mit einer erhöhten Konzentration des männlichen Geschlechtshormons Testosteron. Der Eigengeruch der Tiere, insbesondere des Urins, und das Markierverhalten nehmen während der Fortpflanzungsperiode zu.

Während intakte Rüden außerhalb der Fortpflanzungsperiode meist problemlos in Gruppen gehalten werden können, ist dies bei gesteigertem Sexualtrieb aufgrund eines erhöhten Aggressionspotenzials deutlich schwieriger.

6.4 Paarung

Der Akt der Paarung ist bei Frettchen sehr ungestüm und wird von lauten Schreien der Fähe begleitet. Der Rüde verbeißt sich in den Nacken des Weibchens und schleift sie mit sich. Das sich zunächst noch wehrende weibliche Tier wird durch Umschlingen des Brustkorbs mit beiden Vorderpfoten fixiert. Sofern es paarungsbereit ist, kommt es zur kompletten Erschlaffung des Körpers, sodass dem Rüden die Penetration des Penis gelingt. Zwischen bis zu 3 Minuten andauernden Phasen, in denen der Rüde das Becken stoßartig bewegt, liegen immer wieder Pausen, in denen die Fähe das Männchen duldet oder sich spielerisch windet. Die Dauer des gesamten Deckakts liegt zwischen 15 Minuten und 3 Stunden (⌀ 1 Stunde). Ausgelöst durch den Druck auf die Zervix erfolgt bei der Fähe ca. 30–40 Stunden nach der Kopulation die induzierte Ovulation.

6.5 Trächtigkeit

Die Trächtigkeit dauert bei Frettchen durchschnittlich 41–42 Tage.

Erstgebärende Fähen werfen meist etwas früher (41. Tag). Bei kleinen Würfen von 1–2 Welpen kann es dagegen zu einer Übertragung kommen. Sind auch nach dem 43. Trächtigkeitstag keine Anzeichen für eine Geburt erkennbar, kommt es ohne tierärztliches Eingreifen meist zum Absterben der Welpen.

Während der Untersuchung des Abdomens können die Feten beim Frettchen ab der 2.–3. Woche als etwa walnussgroße Umfangsvermehrungen palpiert werden. Sonografisch ist die Bestätigung der Trächtigkeit bereits 12 Tage nach der Befruchtung möglich.

Auch das Verhalten der Fähen kann auf eine erfolgreiche Bedeckung hindeuten. Trächtige Tiere werden ruhiger, schlafen mehr und fressen häufig weniger. Es ist sinnvoll, den Frettchen eine kleine Box oder ein Körbchen mit weichem Untergrund (z. B. Decken) zur Verfügung zu stellen. Die Fähe sollte bequem hinein und heraussteigen können, für Welpen sollte die Box aber zunächst eine Begrenzung zur Umgebung darstellen. Da es in der Literatur Berichte über Komplikationen bei und nach der Geburt (beispielsweise eine unzureichende Laktation) gibt, die in Zusammenhang mit einer zu warmen Umgebung während des Geburtsvorgangs gebracht wurden, sollte die Box zum Zeitpunkt der Geburt nur mit leichten, nicht zu stark wärmenden Materialen ausgestattet sein.

Es ist wichtig, die tragenden Weibchen regelmäßig und vorsichtig zu handeln, da nur so auch ein problemloses Aufnehmen und Untersuchen der Jungtiere von der Fähe geduldet wird. Etwa 2–3 Wochen vor der Geburt wird die Fähe in eine ruhige Umgebung verbracht und bei Bedarf vorübergehend von den anderen Frettchen isoliert, um die Nervosität und damit das Risiko eines Kronismus so gering wie möglich zu halten.

6.6 Geburt

6.6.1 Geburtsanzeichen

Etwa 1½ Wochen vor der Geburt kann bei der Fähe ein deutlicher Haarverlust auftreten, insbesondere ringförmig im Bereich um die Zitzen. Ein sicheres Anzeichen für einen nahenden Geburtstermin ist außerdem das Anschwellen des Gesäuges in der letzten Woche der Trächtigkeit.

6.6.2 Geburtsvorgang

Die Geburt dauert bei Frettchen in der Regel 2–3 Stunden. Die Neonaten werden in der Regel einzeln und in regelmäßigen Abständen geboren.

Die Fähe kümmert sich meist erst um die Welpen, sobald alle Jungtiere (im Durchschnitt 8 Welpen) geboren sind. Sollte die Geburt länger dauern, muss vorsichtig kontrolliert werden, ob die bereits geborenen Neonaten eine ausreichende Körpertemperatur haben, da manche Fähen ausgekühlte Welpen verstoßen. Die Nabelschnur wird vom Muttertier zerbissen und die Plazenta gefressen. Durch Belecken des Felles der Neonaten werden diese getrocknet und gesäubert. Bei sehr schnell aufeinanderfolgenden Geburten kann es vorkommen, dass die Fähe die Nabelschnüre nicht schnell genug durchtrennen kann und sich diese ineinander verschlingen. Nach der Geburt aller Welpen muss die Fähe dann ggf. unterstützt und die Nabelschnüre müssen entwirrt und durchtrennt werden.

In den meisten Fällen finden die Geburten jedoch ohne Komplikationen statt und ein Eingreifen durch den Menschen ist nicht nötig. Ganz im Gegenteil ist bei physiologischem Geburtsverlauf darauf zu achten, der Fähe und den Welpen in den ersten Tagen nach der Geburt sehr viel Ruhe zu gönnen, um einem Kronismus oder einem Verstoßen der Welpen vorzubeugen.

6.7 Säugephase und Entwicklung der Neonaten

Frettchenwelpen sind Nesthocker. Sie sind zunächst haarlos, blind und taub. Innerhalb der ersten 2 Lebenswochen sind die Jungtiere noch nicht in der Lage, ihre Körpertemperatur zu stabilisieren und sollten daher in einer warmen Umgebung gehalten werden. Gesunde Welpen liegen immer nahe bei der Mutter, wo sie trinken und schlafen.

Die etwa 6–8 Wochen andauernde Säugephase (▸ **Tab. 6.1**) beginnt, sobald alle Welpen auf der Welt sind, mit der ersten Aufnahme des Kolostrums. Zur Ernährung stehen 8 Zitzen zur Verfügung. Die Jungtiere sollten ihr Geburtsgewicht in 5 Tagen etwa verdoppelt und in 10 Tagen verdreifacht haben. Innerhalb der 1. Woche liegen die Zunahmen bei ca. 2,5–3 g/Tag. In den kommenden Wochen sollten die Tageszunahmen dann bei 4–6 g liegen. Im Alter von 3 Wochen beginnen die Welpen vorsichtig die Umgebung zu erkunden und bereits etwas Feuchtfutter zu fressen. Die Augen öffnen sich meist zwischen dem 30. und 35. Tag. Mit dem Durchbruch der ersten Zähne 3–4 Wochen nach der Geburt erhöht sich auch die Verletzungsgefahr des Gesäuges. In dieser Zeit ist das Auftreten von Mastitiden (S. 223) nicht selten.

6.7.1 Mutterlose Aufzucht

In einigen Fällen produzieren Fähen mit kleinen Würfen oder infolge von Stress auch nach einem komplikationslosen Geburtsverlauf eine nicht ausreichende Milchmenge. Um dem Weibchen ausreichend Ruhe zu gönnen, sollte der Rüde erst nach der Säugeperiode wieder mit der Fähe und den Welpen zusammentreffen. Bei Mastitiden (S. 223) muss das Säugen zugunsten der Gesundheit des Muttertiers möglicherweise unterbrochen werden und die Tiere müssen alternativ aufgezogen werden. Näheres dazu findet sich im Kapitel Frettchen, die zu früh von Muttertier und Wurfgeschwistern getrennt werden (S. 33). Ein sehr schlechtes Allgemeinbefinden oder Versterben der Fähe infolge der Geburt oder einer Erkrankung, erfordert ebenfalls die Aufzucht von Hand oder durch ein Ammentier.

Prinzipiell ist die mutterlose Aufzucht von Frettchenwelpen extrem schwierig. Bessere Erfolgsaussichten sind bei der Verwendung eines Ammentiers gegeben, das jedoch in vielen Fällen nicht zur Verfügung steht. Von dieser Möglichkeit sollte bei ursächlich vorhandenen Mastitiden außerdem abgesehen werden, da die Keime durch die Welpen auf das Ammentier übertragen werden und somit die Gefahr einer Weiterleitung der Erkrankung besteht.

Die Welpen müssen zunächst gewärmt werden und erhalten noch vor der ersten Fütterung und, abhängig vom Hydratationsgrad, in den ersten Tagen warme Glukoselösung (2,5 %) subkutan oder intraperitoneal. Bei Verwendung eines Milchaustauschers anstelle von Frettchenmilch sind die Überlebenschancen für die Neonaten verschwindend gering. Von essenzieller Bedeutung ist hier, dass die Welpen zumindest vor Beginn der Handfütterung das Kolostrum aufnehmen können. Die Milch von Frettchenfähen ist, ähnlich der von Hunden, mit 8 % (und nach 3-wöchiger Laktation von bis zu 20 %) Fett deutlich gehaltvoller als beispielsweise die Milch von Kühen oder Katzen. Ist keine Frettchenmilch verfügbar, muss somit ein Milchaustauscher mit hohem Fettgehalt eingesetzt werden. Empfohlen werden beispielsweise Präparate für Katzenwelpen angereichert mit Sahne. Notfalls kann auch fettreiche Ziegen- oder Kuhmilch im Verhältnis 2:1 mit Sahne angereichert und verabreicht werden.

Wichtig für die Verträglichkeit und Akzeptanz ist das Erwärmen der Milch auf Körpertemperatur. Die Fütterungsfrequenz muss zu Beginn sehr hoch sein, um eine Ernährung der Neonaten gewährleisten zu können. Sie sind (auch nachts) alle 2 Stunden mit einer Pipette oder 1-ml-Spritze zu füttern. Beim Kot- und Urinabsatz werden die Jungtiere normalerweise vom Muttertier durch Belecken von Bauch und Anogenitalregion unterstützt. Bei mutterloser Aufzucht muss der Bauch vorsichtig mit 1 Finger oder Tuch massiert werden.

6.8
Fortpflanzungsdaten

▸ **Tab. 6.1** Wichtige (fortpflanzungs-)biologische Daten.

Parameter	**physiologischer Bereich**
Lebensalter	7–10 Jahre
Geschlechtsreife des Männchens	8–12 Monate, im 1. Frühjahr nach der Geburt
Geschlechtsreife des Weibchens	8–12 Monate, im 1. Frühjahr nach der Geburt
Brunstzyklus	saisonal polyöstrisch
Hochbrunst	7–10 Tage nach Beginn der Vulvaschwellung
Ovulation	induziert, 30–40 Stunden nach dem Deckakt
Nidation (Eieinbettung)	ab dem 5. Tag nach der Kopulation
Trächtigkeitsdauer	⌀ 41–42 Tage
Plazentatyp	endotheliochorialer Typ
Geburtsanzeichen	Schwellung der Mamma/Alopezie um die Zitzen
Wurfgröße	⌀ 8 (7–15)
durchschnittliches Geburtsgewicht	6–12 g
Öffnen der Augen	nach 28–34 Tagen
Säugezeit	6–8 Wochen
Absatzalter	nach 6–8 Wochen
1. Östrus post partum	ca. 8 Wochen nach der Geburt
Tagesgewichtszunahme der Neugeborenen	2,5–3 g/Tag in der 1. Woche
mögliche Anzahl der Würfe/Jahr	2

7 Anatomie und Physiologie

Anja Ewringmann

7.1 Haare, Haut und Hautanhangsdrüsen

Das Fell des Frettchens besteht aus feinem Unterhaar und längeren, gröberen Deckhaaren. Eine Ausnahme bilden Langhaarfrettchen, denen das Unterhaar fehlt. Das Fell unterliegt einem saisonalen Wechsel im Frühjahr und im Herbst. Es ist im Sommer dünner und oftmals auch heller. Beim Fellwechsel im Herbst wird das Haarkleid deutlich dichter und meist auch dunkler.

Die Haut ist relativ dick, v. a. im Nacken- und Schulterbereich. Talgdrüsen sind über die gesamte Haut verteilt. Ihr Sekret ist für den typischen Frettchengeruch verantwortlich. Die Drüsenaktivität ist bei unkastrierten Tieren, insbesondere während der Ranzzeit, besonders stark ausgeprägt. Dadurch entstehen gelbliche Verfärbungen der Haut und des Unterfells; das gesamte Haarkleid erscheint fettig.

Schweißdrüsen fehlen bei Frettchen, sodass die Tiere recht hitzeempfindlich sind.

Beidseits des Anus befinden sich die Analdrüsen, die ein flüssiges gelbliches und sehr intensiv riechendes Sekret produzieren, das in den Analkanal entleert wird. Die Öffnungen befinden sich bei etwa 4 und 8 Uhr. Eine chirurgische Entfernung der Analdrüsen ist aus Gründen des Tierschutzes in Deutschland prinzipiell nicht erlaubt und darf allenfalls bei medizinischer Indikation (Abszess, Tumor) durchgeführt werden. Eine Drüsenexstirpation hat ohnehin kaum Auswirkungen auf den intensiven Geruch des Frettchens, da dieser vorwiegend durch das Sekret der Talgdrüsen hervorgerufen wird.

7.2 Skelett

Frettchen haben einen schmalen, langgestreckten Körperbau, der es ihnen bei der Jagd ermöglicht auch in kleinste Spalten und Höhlen einzudringen. Die Wirbelsäule ist äußerst biegsam, wodurch eine hohe Wendigkeit erzielt wird. Sie besteht aus 7 Hals-, 15 Brust-, 5–7 Lenden-, 3 verschmolzenen Sakral- und 18 Schwanzwirbeln (▶ **Abb. 7.1**).

Der Thorax ist verhältnismäßig groß und langgezogen. Von den 15 Rippenpaaren sind 10 mit dem Brustbein verbunden, die übrigen verbinden sich distal zum Rippenbogen. Die letzten 1–2 Paare können aber auch kürzer sein und frei enden.

Die Extremitäten des Frettchens sind sehr kurz ausgebildet. Jede Pfote besitzt 5 Zehen mit kräftigen, scharfen Krallen, die nicht eingezogen werden können. Die 1. Zehe ist jeweils deutlich kürzer als die übrigen.

Der Schädel weist beim ausgewachsenen Frettchen keinerlei Nahtstellen mehr auf, sodass eine Abgrenzung der verschiedenen Knochen nicht möglich ist. Er hat eine langgezogene und dorsal etwas abgeplattete Form. Der Gesichtsschädel ist kurz und nimmt nur etwa ⅓ der Gesamtlänge ein; ⅔ entfallen auf den Hirnschädel. Ober- und Unterkie-

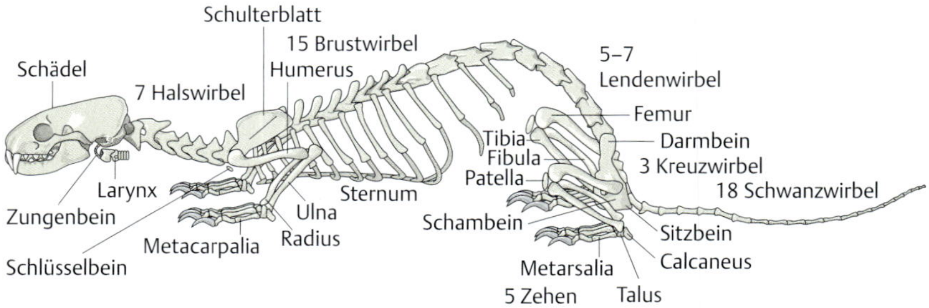

▶ **Abb. 7.1** Frettchenskelett.

fer sind relativ kurz ausgebildet. Das Kiefergelenk wird durch den Processus condylaris der Mandibula und eine quergestellte Gelenkfäche des Os temporale gebildet. Die Gelenkfläche weist unmittelbar hinter dem Gelenk einen kleinen Processus auf, der eine Gelenkluxation bei weitem Öffnen des Fanges verhindert. Die knöcherne Orbita hat eine konische Form und ist recht tief. Die kaudolaterale Begrenzung ist unvollständig.

7.3 Sinnesorgane

7.3.1 Augen

Die Augen des Frettchens öffnen sich erst mit etwa 4 Wochen. Die Augen sind klein und das Sehvermögen ist im Vergleich zu anderen Sinnesleistungen nur mäßig ausgebildet. Ein eingeschränktes Farbsehen scheint vorhanden zu sein. Eine Beobachtung von Objekten erfolgt bei Frettchen weniger durch Augenbewegungen als vielmehr durch ein Drehen des Kopfes in die entsprechende Richtung.

Die Netzhaut ist ähnlich der des Hundes und besitzt ein gut ausgebildetes Tapetum lucidum. Frettchen haben ein ausgeprägtes 3. Augenlid, eine horizontal elliptische Pupillenöffnung und eine kugelförmige Linse. Es gibt einen ventralen und einen dorsalen Tränenpunkt, wobei der dorsale kleiner ist.

Frettchen haben einen retrobulbären Venenplexus, der bei Labortieren häufiger zur Blutentnahme herangezogen wird.

Wie sonografische Untersuchungen an Frettchenaugen zeigen, liegen offenbar nur geringe biometrische Unterschiede in den Größenverhältnissen verschiedener Tiere vor. So beträgt die axiale zentrale Korneadicke 0,34 mm, die Linsendicke z. B. 3,2–3,7 mm und der Abstand von der vorderen Korneafläche zur Retina 6,4–7,7 mm. Die mittels Tonopen ermittelten Augeninnendruck-Referenzbereiche liegen in einer Studie bei 14,50 ± 3,27 mmHg, in einer weiteren Studie bei 22,8 ± 5,5 mmHg. Der Schirmer-Tränen-Test ergab 5,31 ± 1,32 mm/Minute. Bei Albinofrettchen liegt offensichtlich eine Beeinträchtigung des Sehfelds vor.

7.3.2 Gehör

Die Ohrmuscheln des Frettchens sind sehr klein. Allerdings haben die Tiere große Bullae tympanicae und dadurch ein sehr gutes Gehör. Frettchen können Frequenzen im Bereich von 4–15 kHz hören. Säugende Fähen sind sogar in der Lage, Rufe ihrer Jungen bis in den Bereich von 100 kHz wahrzunehmen. Welpen können etwa ab dem 32. Lebenstag hören.

7.3.3 Tastsinn

An der Schnauze befinden sich lange Tasthaare.

7.3.4 Geruchs- und Geschmackssinn

Frettchen haben einen ausgeprägten Geschmackssinn, der durch Papillae fungiformes, vallatae und foliatae der Zunge determiniert wird.

Der gut entwickelte Geruchssinn entspricht dem anderer Raubtiere. Bereits in den ersten Lebensmonaten scheinen sich geruchliche Präferenzen für Futter zu prägen, wodurch Futterumstellungen bei ausgewachsenen Tieren oft schwierig sind.

7.4 Muskulatur

Wie alle Raubtiere besitzen auch Frettchen eine besonders stark ausgebildete Kaumuskulatur, die ein kräftiges Zubeißen ermöglicht.

7.5 Respirationssystem

Die Trachea ist relativ weit und, aufgrund des langgezogenen Brustkorbs, sehr lang. Die Bifurkation befindet sich im Bereich des 5. Zwischenwirbelraums.

Die Lunge hat bei Frettchen eine relativ langgezogene Form. Die rechte Lunge besteht aus einem kranialen, mittleren, kaudalen und akzessorischen Lappen, die linke aus einem kranialen und einem kaudalen Lappen. Die Lunge hat, verglichen mit der Körpergröße, eine extrem hohe Füllungskapazität. Auf ihrer Oberfläche finden sich punktförmige, gelbliche Herde, die durch alveoläre Histiozytenansammlungen hervorgerufen werden und deren Bedeutung bisher ungeklärt ist.

7.6 Verdauungsorgane

7.6.1 Zähne und Maulhöhle

Frettchen besitzen ein typisches Raubtiergebiss. Die Schneidezähne sind sehr klein und 1-wurzelig. Die Inzisivi des Unterkiefers sind etwas größer als die des Oberkiefers. Bei geschlossenem Fang stehen die Schneidezähne des Oberkiefers vor denen des Unterkiefers. Im Oberkiefer ist der 3. Inzisivus etwas größer ausgebildet als der 1. und 2., im Unterkiefer ist der 1. Schneidezahn etwas kleiner als der 2. und 3.

Die Canini sind sehr lang und kräftig und weisen eine leichte Krümmung auf. Die oberen Canini sind etwas länger als die des Unterkiefers. Bei geschlossener Maulhöhle liegt der untere Caninus in der Lücke zwischen dem oberen Reißzahn und dem 3. Schneidezahn. Die oberen Canini ruhen auf der Unterlippe.

Die Prämolaren nehmen in ihrer Größe von rostral nach kaudal zu und besitzen 2 Wurzeln. Einzige Ausnahme bildet der P3 des Oberkiefers. Dieser ist der größte Backenzahn und hat 3 Wurzeln.

Der Molar im Oberkiefer ist 3-wurzelig und der 1. Molar im Unterkiefer ist 2-wurzelig ausgebildet. Der 2. Molar im Unterkiefer ist dagegen deutlich kleiner und besitzt lediglich 1 Wurzel.

Der überwiegende Anteil der Milchzähne bricht etwa im Alter von 2–3 Wochen durch (▶ **Tab. 7.1**).

Zahnformel

- Milchgebiss: I4 C 1 P3 M0/I3 C 1 P3 M0
- bleibendes Gebiss: I3 C 1 P3 M1/I3 C 1 P3 M2

Der Zahnwechsel beginnt etwa am 50. Tag mit den Canini und dem Durchbruch des 1. Molaren im Oberkiefer. Mit dem Durchbruch des 2. Molaren im Unterkiefer am 74. Lebenstag ist der Zahnwechsel abgeschlossen.

▶ **Tab. 7.1** Zahnwechsel bei Frettchen (nach Berkowitz u. Silverstone [6]).

Kiefer	Zahn	Durchbruch der Milchzähne (Tage nach der Geburt)	Durchbruch der bleibenden Zähne (Tage nach der Geburt)
Oberkiefer	C	4	50
	P2	20	60
	P3	20	60
	P4	10	60
	M1	10	53
Unterkiefer	C	4	50
	P2	20	60
	P3	20	67
	P4	20	74
	M1	4	50
	M2	37	74

Die Zunge des Frettchens ist lang und gut beweglich. Sie ist mit 4 verschiedenen Papillenarten besetzt. Die Papillae filiformes und fungiformes befinden sich in den rostralen ¾, die Papillae vallatae sind im Bereich der Zungenbasis V-förmig angesiedelt und die Papillae foliatae sind seitlich an der Zungenbasis zu finden.

7.6.2 Speicheldrüsen

Frettchen besitzen 5 paarige Speicheldrüsen:

- Glandula parotis
- Glandula submandibularis
- Glandula sublingualis
- Glandula molaris
- Glandula zygomatica

Wegen der schnellen, schlingenden Nahrungsaufnahme des Frettchens scheinen Speicheldrüsenenzyme für die Verdauung allerdings eine eher untergeordnete Rolle zu spielen, wie auch die fehlende Aktivität von Amylase in der Parotis und der Glandula submandibularis nahelegen. Vielmehr scheint der Speichel eher als Gleitmittel für das schnell abgeschluckte Futter zu dienen.

7.6.3 Ösophagus

Der Ösophagus hat eine Gesamtlänge von ca. 17–19 cm und wird in einen zervikalen (ca. 6,5 cm), einen thorakalen (ca. 11 cm) und einen abdomialen Anteil (ca.1,5 cm) gegliedert. Er besitzt über die gesamte Länge eine längsgestreifte Muskulatur. Seine Schleimhaut liegt in Längsfalten. Ein gastroösophagealer Sphinkter ist nicht ausgebildet, sodass Frettchen erbrechen können.

7.6.4 Magen

Der Magen (▶ **Abb. 7.2**, ▶ **Abb. 7.3**) des Frettchens ist einhöhlig, enorm dehnungsfähig und weist eine Krümmung (J-Form) auf. Er liegt linksseitig im kranialen Abdomen unter dem Rippenbogen und grenzt unmittelbar an die Leber und das Zwerchfell an.

7.6.5 Dünndarm

Der Dünndarm hat eine Gesamtlänge von etwa 182–198 cm. Das Duodenum ist nur etwa 10 cm lang. Jejunum und Ileum sind beim Frettchen nicht voneinander zu unterscheiden, sodass sie als Jejunoileum zusammengefasst werden.

7.6.6 Dickdarm

Der Dickdarm des Frettchens ist sehr kurz; seine Länge beträgt nur etwa 10 cm (▶ **Abb. 7.2**). Ein Zäkum ist nicht vorhanden. Daher besteht ein fließender Übergang vom Ileum in das Kolon. Dieser wird lediglich durch die A. jejunalis markiert, die am Übergang der beiden Darmanteile mit der A. ileocolica anastomosiert.

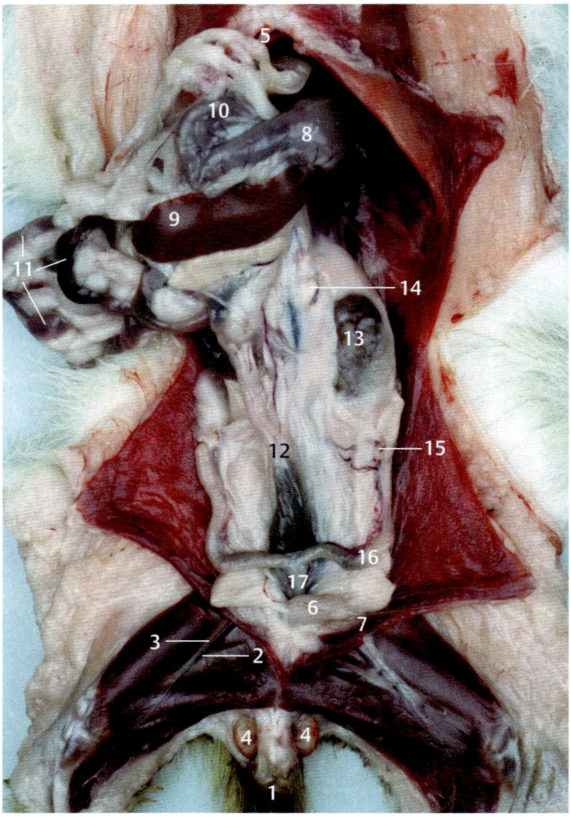

► **Abb. 7.2** Bauchsitus eines Frettchens, weiblich, Ansicht von ventral, Darmkonvolut nach rechts verlagert.
1. Pudendum femininum (Vulva)
2. V. femoralis
3. A. femoralis
4. Sinus paranalis
5. Proc. xiphoideus
6. Harnblase, Vesica urinaria
7. Lig. vesicae medianum
8. Magen, Ventriculus
9. Milz, Lien
10. Duodenum
11. Jejunum
12. Colon descendens
13. linke Niere, Ren sinister
14. linke Nebenniere, Gl. adrenalis sinistra
15. linkes Ovar
16. Cornu uteri sinistrum
17. Corpus uteri

(aus: Salomon F-V, Geyer H, Gille U. Anatomie für die Tiermedizin. 3. Auflage Stuttgart: Enke Verlag 2015)

Das Kolon ist in die 3 Teile Pars ascendens, Pars transversus und Pars descendens untergliedert. Die Pars descendens geht auf Höhe des Beckeneingangs in das kurze Rektum über. Der Anus hat einen inneren und einen äußeren Schließmuskel. Der externe Sphinkter ist für den Verschluss der Analdrüsen verantwortlich, die beidseits der Analöffnung lokalisiert sind.

7.6.7 Leber

Die Leber des Frettchens besteht aus 6 Lappen: Lobus sinister lateralis, Lobus sinister medialis, Lobus quadratus, Lobus dexter medialis, Lobus dexter lateralis und Lobus caudatus. Die Gallenblase befindet sich in einer Vertiefung zwischen dem Lobus quadratus und dem Lobus dexter medialis und weist eine Größe von ca. 1 × 2 cm auf. Linker, rechter und zentraler Ausführungsgang vereinen sich zum Hauptausführungsgang der Gallenblase.

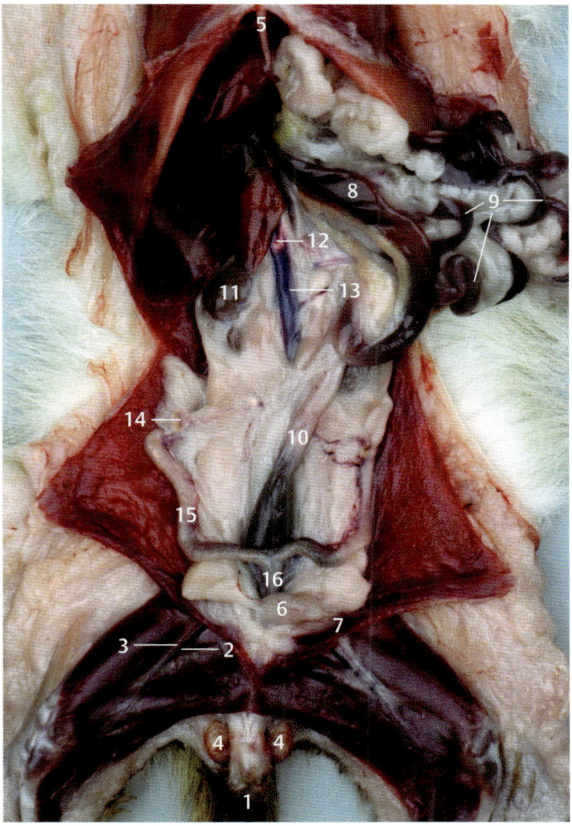

▶ **Abb. 7.3** Bauchsitus eines Frettchens, weiblich, Ansicht von ventral, Darmkonvolut nach links verlagert.
1. Pudendum femininum (Vulva)
2. V. femoralis
3. A. femoralis
4. Sinus paranalis
5. Proc. xiphoideus
6. Harnblase, Vesica urinaria
7. Lig. vesicae medianum
8. Duodenum
9. Jejunum
10. Colon descendens
11. rechte Niere, Ren dexter
12. rechte Nebenniere, Gl. adrenalis dextra
13. V. cava caudalis
14. rechtes Ovar
15. Cornu uteri dextrum
16. Corpus uteri

(aus: Salomon F-V, Geyer H, Gille U. Anatomie für die Tiermedizin. 3. Auflage Stuttgart: Enke Verlag 2015)

7.6.8 Pankreas

Die Bauchspeicheldrüse hat einen gelappten Aufbau, eine V-Form und eine rosa-rötliche Farbe. Das Organ wird eingeteilt in einen linken und einen rechten Lappen sowie einen Körper, der, eingebettet in das Mesoduodenum, dem Pylorus unmittelbar anliegt. Der linke Lappen erstreckt sich entlang der dorsokaudalen Magenwand und medial der Milz. Der rechte Lappen liegt dem Duodenum descendens eng an.

Die Ausführungsgänge des linken und rechten Pankreaslappens vereinigen sich im Körper zu einem Hauptausführungsgang, der sich mit dem Gallengang verbindet und ca. 3 cm kaudal der kranialen Duodenalflexur ins Lumen des Duodenums mündet.

7.6.9 Daten zur Verdauung

Wichtige Daten zur Verdauung des Frettchens finden sich in ▶ **Tab. 7.2**.

▶ **Tab. 7.2** Physiologische Daten zur Verdauung.

Parameter	physiologische Werte
Zahnformel • Milchgebiss • Dauergebiss	 • I4 C1 P3 M0/I3 C1 P3 M0 • I3 C1 P3 M1/I3 C1 P3 M2
Fassungsvermögen des Magens	50 ml/kg
pH-Wert im Magen	1,5–3,5 (nüchtern)
Länge Dünndarm	182–198 cm
Länge Dickdarm	10 cm
Magen-Darm-Passagezeit	2,5–3,5 Stunden (Flüssigkeiten ca. 1-Stunde)

7.7 Herz-Kreislauf-System

Das Herz liegt relativ weit kaudal im Thorax zwischen der 6. und 8. Rippe, mit nach links gelagerter Herzspitze. Das Herz-Zwerchfell-Band kann Fetteinlagerungen in unterschiedlicher Menge enthalten. Bei adipösen Tieren erscheint auf Röntgenaufnahmen die Herzkontur daher oftmals leicht vom Sternum abgehoben.

Aus der Aorta entspringt nur eine einzelne A. brachiocephalica, die sich in die linke und rechte A. carotis sowie die rechte A. subclavia aufzweigt. Es wird vermutet, dass diese anatomische Besonderheit auch bei extremen Drehungen des Halses eine kontinuierliche Blutversorgung des Gehirns gewährleisten soll.

7.8 Lymphatische Organe

Der Thymus befindet sich im kranialen Mediastinum. Er ist bei Jungtieren deutlich prominenter als bei ausgewachsenen Frettchen.

Die Milz (▶ **Abb. 7.2**) befindet sich linksseitig im kranialen Abdomen und verläuft entlang der großen Kurvatur des Magens. Als normale Größe werden eine Länge von ca. 5 cm und eine Breite von etwa 2 cm angegeben. Da es bei Frettchen jedoch sehr oft zu extramedullärer Hämatopoese kommt, kann das Organ hierdurch in unterschiedlichem Ausmaß vergrößert sein.

7.9 Harnapparat

Die Nieren sind bohnenförmig. Ihre Länge beträgt im Durchschnitt 2,4–3,0 cm, die Höhe 1,2–1,35 cm und die Dicke 1,1–1,35 cm. Beide Nieren liegen retroperitoneal und sind von einer dünnen peritonealen Membran überzogen. Der kraniale Pol der rechten Niere grenzt an eine Vertiefung des Lobus caudatus der Leber.

Die Harnleiter verlaufen vom Nierenbecken aus kaudal und erstrecken sich entlang der ventralen Anteile der Psoasmuskeln. Sie münden dorsolateral in die Harnblase im kaudalen Bereich des Blasenhalses.

Die Harnblase (▶ **Abb. 7.2**, ▶ **Abb. 7.3**) liegt im ventralen Abdomen, kranial des Beckeneingangs. Das Fassungsvermögen der Blase liegt bei bis zu 10 ml. Der physiologische pH-Wert des Harns beträgt 6,5–7,5.

Die Urethra ist bei Fähen nur kurz ausgebildet und mündet in einer kleinen Öffnung auf dem Scheidenboden. Bei Rüden ist die Harnröhre deutlich länger, verläuft mit einer Krümmung durch den Beckenbereich und mündet ca. 2–3 mm kaudoventral in der Penisspitze.

7.10 Geschlechtsorgane

7.10.1 Weiblicher Genitaltrakt

Die paarigen Ovarien liegen kaudal der Nieren unmittelbar der Bauchwand an (▶ **Abb. 7.2**, ▶ **Abb. 7.3**).

Der Uterus besteht aus 2 langen, nach kranial leicht spitz zulaufenden Hörnern, die sich zu einem kurzen Körper mit Zervix vereinigen. Die Vagina ist relativ kurz. Auf ihrem Boden mündet die Harnröhrenöffnung und die Scheide geht nach außen hin über in die Vulva, die aus Vestibulum, Klitoris und Schamlippen besteht.

Die Vulva befindet sich im Perineum unterhalb der Analöffnung; siehe auch Geschlechtsbestimmung (S. 64). Außerhalb des Östrus sowie bei kastrierten Fähen erscheint die Öffnung lediglich als schmaler Spalt. Während der Brunst schwillt die Vulva erheblich an und kann annähernd Kirschgröße erreichen, wobei zudem die Schleimhaut stark hyperämisiert und dadurch massiv gerötet ist. Bei Fähen mit Dauerranz bleibt die deutliche Vuvaschwellung bestehen. Mit länger anhaltendem Hyperöstrogenismus (S. 231) kommt es jedoch zu Anämien und damit auch zu einer deutlichen Abnahme der Hyperämisierung der Vulvaschleimhaut, sodass diese letztlich sehr blass erscheint.

7.10.2 Männlicher Genitaltrakt

Männliche Frettchen besitzen einen Penisknochen (▶ **Abb. 7.4**), dessen Spitze gebogen ist (J-Form), wodurch das Katheterisieren erschwert wird. Die Präputialöffnung befindet sich am ventralen Abdomen kaudal des Nabels; siehe auch Geschlechtsbestimmung (S. 64).

Das Skrotum liegt hinter dem kaudalen Ende des Os penis.

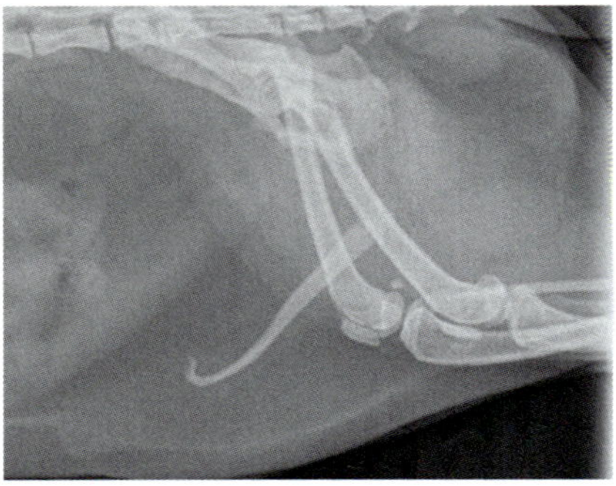

▶ **Abb. 7.4** Darstellung des Penisknochens im Röntgenbild.

Die Prostata ist die einzige akzessorische Geschlechtsdrüse des Frettchenrüden. Sie erstreckt sich um die proximale Urethra und besitzt eine Größe von etwa 1,5 × 0,6 cm. Die Ausführungsgänge münden in die Urethra.

7.11 Endokrine Organe

7.11.1 Nebennieren

Die Nebennieren liegen den Nieren kraniomedial eng an (▶ **Abb. 7.2**, ▶ **Abb. 7.3**), sind in Fettgewebe eingebettet und von Peritoneum überzogen (▶ **Abb. 7.5**). Die rechte Nebenniere befindet sich in unmittelbarer Nähe der V. cava caudalis, was bei Exstirpationen des Organs im Falle von Neoplasien oder Hyperlasien bedacht werden muss.

Den Nebennieren kommt eine entscheidende Bedeutung bei der Entstehung des Hyperadrenokortizismus (S. 233) beim Frettchen zu. Obwohl die exakte Pathogenese bisher nicht abschließend geklärt werden konnte, wird davon ausgegangen, dass LH-Rezeptoren in Zellen der Nebennierenrinde ausgebildet werden und es in diesen Zellen dadurch zu einer Produktion von Geschlechtshormonen kommt. Es wird vermutet, dass bei kastrierten Tieren LH (luteinisierendes Hormon) und FSH (follikelstimulierendes Hormon) zu einer permanenten Stimulation der Nebennierenrinde führen, da der negative Feed-back-Mechanismus von Geschlechtshormonen auf das GnRH (Gonadotropin-Releasing-Hormon) im Hypothalamus ausbleibt.

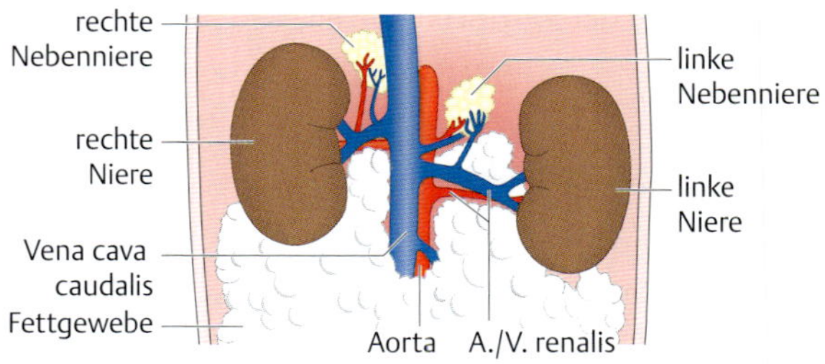

▶ **Abb. 7.5** Lage der Nebennieren beim Frettchen.

7.11.2 Schilddrüse und Nebenschilddrüse

Die Schilddrüse befindet sich mittig im ventralen Halsbereich zwischen dem 3. und 11. Trachealring. Die Nebenschilddrüse ist sehr klein, rosafarben und liegt den kranialen Anteilen der Schilddrüsenoberfläche medial an.

7.12 Physiologische Daten

Wichtige Daten zur Physiologie des Frettchens finden sich in ▶ **Tab. 7.3**.

▶ **Tab. 7.3** Wichtige physiologische Daten.

Parameter	physiologischer Bereich
Körpergewicht/-maße (m/w)	• unkastrierter Rüde 1–2 kg • unkastrierte Fähe 0,6–1 kg • beide Geschlechter (frühkastriert) 0,8–1,2 kg
Körpertemperatur (rektal)	• 37,8–38,8 °C
Atemfrequenz	• 33–36 Züge/min
Herzfrequenz	• 200–400 Schläge/min
Blutmenge	• ca. 40 ml/kg
mittlerer arterieller Blutdruck	• 161 mmHg (Rüde) • 133 mmHg (Fähe)
optimale Umgebungstemperatur	• 15–21 °C
Sehvermögen	• mäßig ausgebildet • an Nachtaktivität angepasst • eingeschränktes Farbsehen möglich
Hörvermögen	• sehr gut ausgebildet • 4–15(–100) kHz
Geruchssinn	• sehr gut ausgebildet
Lebenserwartung	• 7–8 Jahre (in Ausnahmefällen bis 11 Jahre)

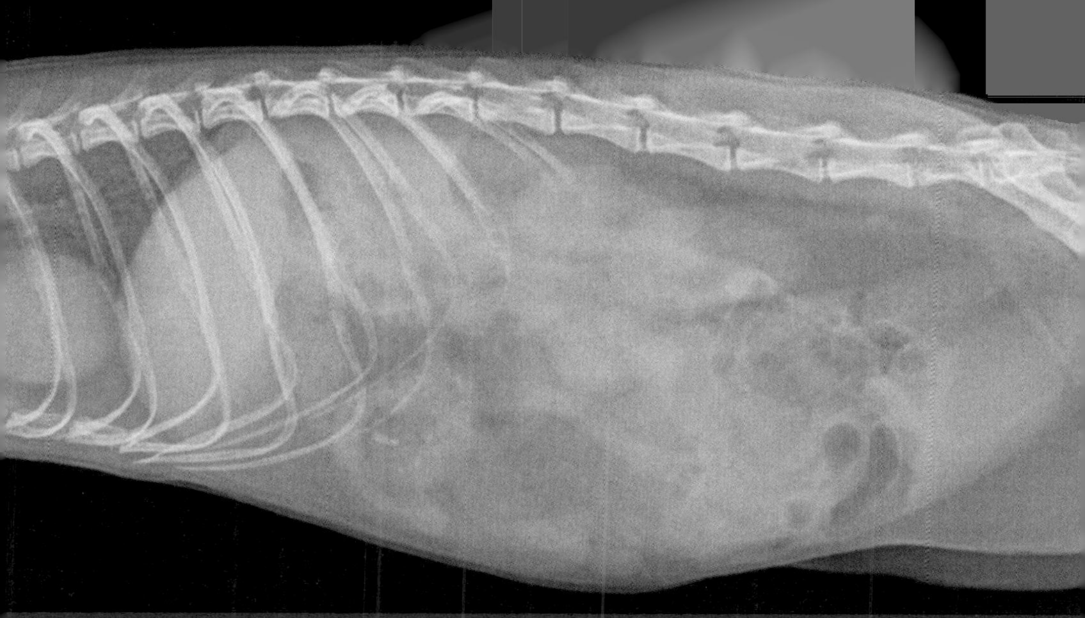

Teil 2
Diagnostik und Erkrankungen

8 Allgemeinuntersuchung

Anja Ewringmann, Martina Warschau

8.1 Transport

Frettchen können in handelsüblichen Transportboxen und -körben für Katzen transportiert werden. Ideal sind Boxen, die sowohl vorne als auch oben einen Eingriff haben.

Die Box sollte mit Papier ausgelegt und zudem mit einem Handtuch oder einer kleinen Decke ausgestattet sein, damit das Frettchen sich verstecken und einkuscheln kann. Bei längeren Transporten ist zudem ein Wassergefäß sinnvoll. Hier haben sich v. a. Näpfe bewährt, die am Türgitter befestigt werden können.

Bei Transporten im Sommer ist zu beachten, dass Frettchen sehr hitzeempfindlich sind. Steht für den Transport kein Auto mit Klimaanlage zu Verfügung, so muss zumindest auf eine ausreichende Luftzirkulation (heruntergekurbelte Fenster) geachtet werden. Zudem können Kühlakkus unter das Papier in der Transportbox gelegt werden, um eine Überhitzung (S. 110) zu vermeiden.

Muss das Tier im Winter bei sehr niedrigen Temperaturen transportiert werden, so kann eine Wärmflasche in die Transportbox gelegt und die Box zudem in eine Decke eingewickelt werden, um die Temperatur im Inneren zu erhalten sowie Zugluft zu verhindern.

8.2 Handling

Ein sicheres Handling ist wichtig, um dem Patienten so wenig Stress wie möglich zuzufügen, Verletzungen des Personals zu verhindern und diagnostische und therapeutische Eingriffe vernünftig durchführen zu können. In Einzelfällen kann es bei Frettchen erforderlich sein, Handschuhe zu tragen. Die meisten als Heimtiere gehaltenen Frettchen sind den Umgang mit Menschen jedoch gewöhnt und sehr umgänglich. Dennoch sollte der Besitzer stets nach einer eventuellen Bissigkeit befragt werden.

Um ein möglichst stressfreies Umfeld zu schaffen, sollte die Untersuchung von Frettchen möglichst in einem ruhigen Raum erfolgen. Es hat sich zudem bewährt, den Tieren eine rutschfeste Unterlage (Handtuch, Gummimatte) auf dem Behandlungstisch zu stellen, da sie sich dann deutlich ruhiger verhalten.

Prinzipiell sollte niemals einfach in die Transportbox gegriffen werden, da auch ansonsten friedliche Frettchen sich durch die fremde Hand bedroht fühlen können und dann möglicherweise zuschnappen. Besser ist es, die Tiere selbstständig aus der Box herauskommen zu lassen. Dies erfolgt bei den neugierigen Frettchen in aller Regel auch sehr zügig. Das Tier sollte dann die Möglichkeit haben, sich in seiner neuen Umgebung umzusehen und umherzuschnüffeln. Hierbei kann das Frettchen bereits beobachtet werden, um seine „Stimmung“ abzuschätzen. Hektische, abgehackte Bewegungen so-

▶ **Abb. 8.1** Handling.

wie ein Aufstellen der Schwanzhaare („Flaschenbürsten-Schwanz") sind Anzeichen von Ängstlichkeit und erhöhter Alarmbereitschaft. Es ist dann sinnvoll, dass der Besitzer das Tier kurzzeitig auf den Arm nimmt, um es zu beruhigen.

8.2.1 Fixationstechniken

Frettchen sind äußerst quirlige Tiere die, außer wenn sie schwer krank sind, selten ruhig sitzen. Der überwiegende Anteil der klinischen Untersuchung kann in der Regel dennoch ohne Fixation erfolgen, wenn den Tieren etwas **Vitaminpaste** angeboten wird (▶ Abb. 8.1).

Selbst subkutane Injektionen sind so oft möglich. Zur Absicherung kann **eine Hand locker von oben um den Hals/Nacken** des Tieres gelegt werden, sodass ein schnelles Umdrehen und Zubeißen unterbunden wird.

Manche Untersuchungen oder Eingriffe erfordern jedoch eine feste Fixierung. Hier stehen verschiedene Möglichkeiten zu Verfügung:

- Bei sehr friedlichen Frettchen reicht es oft bereits aus, wenn das Tier durch **Umgreifen des vorderen Brustbereichs** von unten her angehoben wird, sodass die Beine keinen Bodenkontakt mehr haben. Diese baumelnde Haltung scheint einen gewissen Entspannungseffekt zu haben, sodass die meisten Untersuchungen sowie bestimmte Eingriffe (z. B. Kürzen der Krallen, Injektionen) problemlos durchgeführt werden können. Auf diese Weise können die Tiere zudem ohne große Gegenwehr getragen werden.

! **Bei trächtigen Fähen dürfen die Beine niemals lose nach unten baumeln, sondern das Hinterteil muss durch eine zweite Hand sicher abgestützt werden (▶ Abb. 8.2)!**

- **Schultergriff:** Eine Hand greift von oben über den Schultergürtel, wobei die eine Schulter durch Daumen und Zeigefinger, die andere durch kleinen Finger und Ringfinger umschlossen wird. Das Frettchen wird dann wiederum aufrecht gehalten, ohne dass die Beine Bodenkontakt haben.
- **Nackengriff:** Bei widerspenstigeren Frettchen wird das Fell im Nackenbereich gegriffen und das Tier wiederum in eine „baumelnde Haltung" gebracht. Vollbringt das Tier in dieser Haltung noch Abwehrbewegungen, so werden zusätzlich die Hinterbeine fixiert (▶ Abb. 8.3).

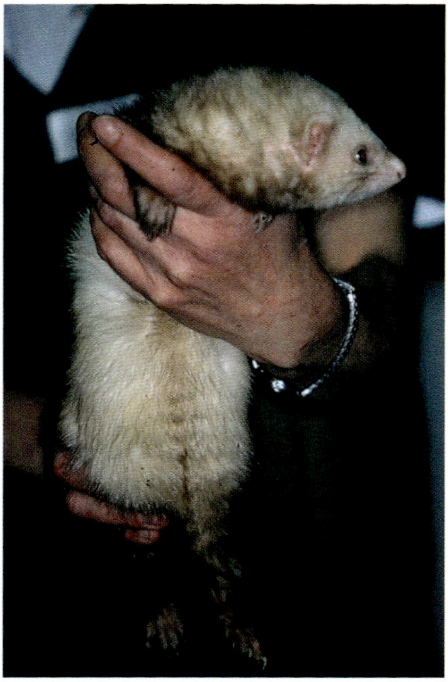

► **Abb. 8.2** Fixation eines trächtigen Weibchens.

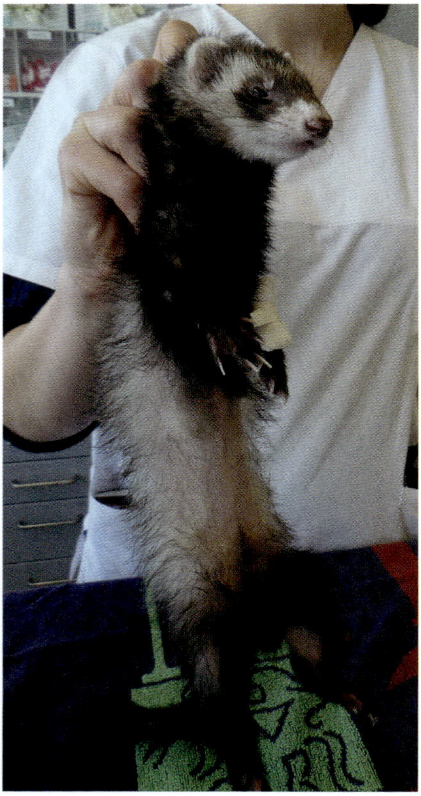

► **Abb. 8.3** Fixation im Nackengriff.

▶ **Abb. 8.4** Aufhalten des Maules.

8.2.2 Öffnen des Maules

Das Öffnen des Fanges erfolgt prinzipiell wie bei Hunden und Katzen. Daumen und Zeigefinger einer Hand werden von oben um die Lefzen des Oberkiefers gelegt, während Daumen und Zeigefinger der anderen Hand sich um den Unterkiefer legen. Mit leichtem Druck auf die Lefzen werden Ober- und Unterkiefer auseinandergezogen, um die Maulhöhle zu öffnen. Zum Offenhalten des Maules können Mullbinden verwendet werden (▶ **Abb. 8.4**).

8.2.3 Zwangsfütterung

Um im Falle einer Erkrankung mit Inappetenz ein Frettchen besser und mit möglichst geringem Widerstand zwangsfüttern zu können, hat es sich bewährt, wenn die Tiere von Welpenalter an trainiert werden und in regelmäßigen Abständen von den Besitzern Futter über eine Spritze erhalten.

Zur Zwangsernährung eignen sich insbesondere flüssige Futtermittel, die entweder über eine Nasen-Schlund-Sonde unmittelbar in den Magen eingespeist oder über eine Spritze oral gefüttert werden.

Um eine Nasensonde legen zu können, muss das Tier sediert werden. Für das Frettchen können feine Ernährungssonden verwendet werden. Zunächst muss ermittelt werden, wie weit die Sonde eingeführt werden darf, wobei die Länge vom Naseneingang bis zum Rippenbogen ausgemessen wird. Zum Schieben der Sonde wird der Kopf des Patienten nach ventral gebeugt. Der Hals sollte dabei möglichst gerade gelagert werden, um eine Kompression der Trachea zu verhindern. Die Sonde wird dann vorsichtig ventral in den Nasengang eingeführt und bis in den Magen vorgeschoben. Der richtige Sitz kann sowohl durch Aspiration von Mageninhalt als auch durch Röntgenaufnahmen kontrolliert werden.

Abhängig von der Größe des Frettchens, können prinzipiell pro Mahlzeit 15–25 ml Flüssigdiät verabreicht werden, wobei bezüglich der Menge aber die Bedarfsangaben des Herstellers beachtet werden sollten. Da Frettchen hohe Stoffwechselraten besitzen, sollte eine Fütterung bei vollständig inappetenten Patienten alle 4–6 Stunden erfolgen.

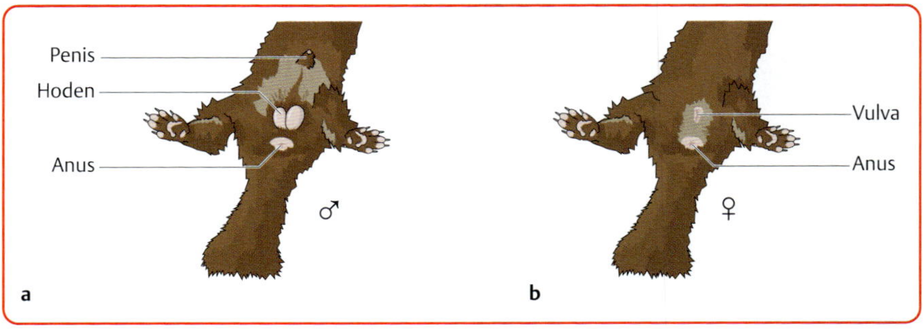

▶ **Abb. 8.5** Geschlechtsbestimmung.
a Männchen.
b Weibchen. Außerhalb des Östrus sowie bei kastrierten Fähen erscheint die Öffnung lediglich als schmaler Spalt.

Zur Zwangsfütterung eignen sich Flüssigdiäten für Katzen, wobei darauf zu achten ist, dass diese hohe Gehalte an Proteinen und Fetten und nur geringe Mengen an Kohlenhydraten und Rohfaser enthalten dürfen. Zudem existieren mittlerweile speziell für Frettchen erhältliche Präparate (Carnivore care®, Fa. Oxbow). Eine hohe Beliebtheit bei Frettchen haben zudem Vitaminpasten für Katzen (z. B. Nutrical®), die initial alleine verabreicht und später dann mit anderen Diäten vermischt werden können, um deren Akzeptanz zu erhöhen.

8.3 Geschlechtsbestimmung

Die Geschlechtsbestimmung ist bereits bei sehr jungen Tieren leicht möglich, da Rüden eine kaudal des Nabels befindliche Präputialöffnung besitzen (▶ **Abb. 8.5**).

Bei unkastrierten bzw. spät kastrierten Frettchen besteht oft ein ausgeprägter Geschlechtsdimorphismus hinsichtlich Größe und Gewicht. Während Fähen meist deutlich zierlicher sind und ein Gewicht von 1 kg nur in Ausnahmefällen überschreiten, bringen Rüden nicht selten bis zu 2 kg auf die Waage.

8.4 Altersbestimmung

Eine Altersbestimmung ist bei Jungfrettchen während des Durchbruchs der Milchzähne (S. 50) (▶ **Tab. 7.1**) sowie während des Wechsels vom Milch- zum Dauergebiss gut möglich. Nach Abschluss des Zahnwechsels gibt es jedoch keine zuverlässigen Parameter mehr, um das Alter exakt festlegen zu können.

8.5 Untersuchungsgang

8.5.1 Anamnese

Liegt ein Notfall vor, ist die Anamnese auf ein Minimum zu beschränken und erst nach Stabilisierung des Patienten aufzunehmen.

Allgemeine Anamnese

Bei Erhebung des Vorberichts sollte auf die folgenden Punkte geachtet werden:

- Alter und Geschlecht.
- Herkunft (Züchter, Zooladen) und wie lange ist das Tier in Besitz?
- Ist das Frettchen kastriert? Wann fand die Kastration statt?
- Handelt es sich um ein Zuchttier?
- Zeitpunkt der letzten Brunst, falls die Fähe nicht kastriert ist.
- Ist das Tier regelmäßig gegen Staupe und eventuell gegen Tollwut geimpft?
- Ist das Frettchen gekennzeichnet?
- Hat es Partnertiere (Frettchen) bzw. leben weitere Tiere (z. B. Hunde oder Katzen) mit im Haushalt? Gab es vor Kurzem Neuzugänge?
- Haltung (Wohnungshaltung, mit oder ohne Freigang, Außenhaltung)?
- Welches Futter erhält das Tier?
- Haben sich die Fress- oder Trinkgewohnheiten verändert?
- Sind Vorerkrankungen bekannt?
- Erhält das Tier regelmäßig Medikamente?

Zudem sollte der Grund der Vorstellung erfragt werden:

- Wurden Veränderungen des Körpergewichts (atypische oder typische im Jahresverlauf auftretende Schwankungen) beobachtet?
- Gibt es Schwierigkeiten beim Kot- oder Harnabsatz? Haben sich Menge, Farbe oder Konsistenz verändert?
- Welche Symptome treten auf? Seit wann? Zeigen Partnertiere, im Haushalt lebende Tiere oder der Mensch Symptome?
- Wurde das Tier durch den Patientenbesitzer oder einen Tierarzt vorbehandelt? Wie lange und mit welchen Medikamenten?

8.5.2 Allgemeinuntersuchung

Die körperliche Allgemeinuntersuchung ähnelt in vielen Punkten der von Hund und Katze. Sie sollte in einer ruhigen Umgebung stattfinden, da der Kontakt mit anderen Tieren einen bedeutenden Stressfaktor für die Frettchen darstellen und die Untersuchung erschweren kann.

Viele als Heimtiere gehaltene Frettchen sind das Handling (S. 60) gewohnt und lassen sich problemlos untersuchen. Dennoch ist grundsätzlich, insbesondere bei Jungtieren, Vorsicht geboten. Die Zähne und spitzen Krallen können tiefe Verletzungen verursachen.

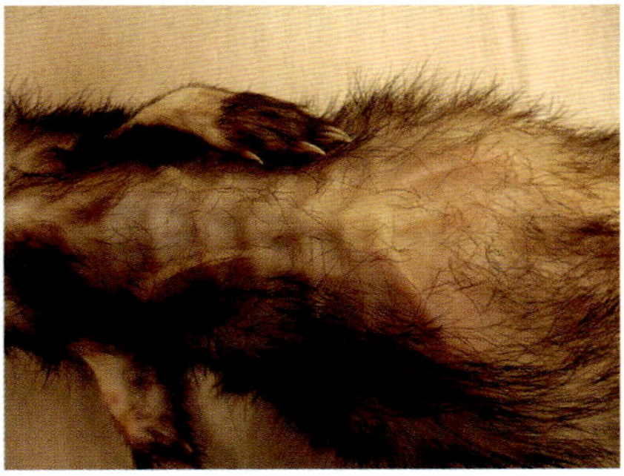

▸ **Abb. 8.6** Hervortretende Rippen aufgrund einer hochgradigen Kachexie.

Körpergewicht und Ernährungszustand

Zu Beginn der Untersuchung sollte jedes Tier gewogen werden. Hierbei ist jedoch zu beachten, dass das Körpergewicht von Frettchen abhängig von der Jahreszeit deutlichen Schwankungen unterliegen kann.

! Fähen wiegen zwischen 500 und 1000 g, Rüden zwischen 1000 und 2000 g.

Im Frühjahr und in den Sommermonaten sind die Tiere schlanker und leichter als in den kühleren Jahreszeiten. Zusätzlich zum Wiegen wird der körperliche Zustand durch Abtasten der Körperoberfläche geprüft. Rippen und Knochenvorsprünge stehen bei mageren Tieren deutlich hervor (▸ **Abb. 8.6**). Bei adipösen Frettchen sind sie nur schwer zu ertasten.

Körpertemperatur

Zeigt das Tier sich sehr schwach oder wird eine Infektionskrankheit vermutet, sollte die Körpertemperatur mit einem digitalen Fieberthermometer rektal gemessen werden.

! Die Körpertemperatur liegt bei Frettchen zwischen 37,8 und 38,8 °C.

Zu beachten ist, dass eine Erhöhung der Temperatur auch bei Stress beobachtet werden kann. Fieber kommt bei Frettchen relativ selten vor, ist aber u. a. in Zusammenhang mit akuten Infektionen wie viralen Erkrankungen (S. 111), bakteriellen Enteritiden (S. 196) oder Septikämien möglich. Tiere mit sehr schlechtem Allgemeinbefinden leiden häufig unter einer Hypothermie.

Hautturgor

Durch Ziehen einer Hautfalte im seitlichen Halsbereich wird der Hydratationszustand des Tieres geprüft.

▸ **Abb. 8.7** Anämisches Frettchen mit weißem Nasenspiegel und blassen Konjunktiven.

Schleimhäute

Die Maulschleimhaut und die Konjunktivalschleimhäute sollten bei intakter Kreislaufsituation blassrosa sein. Anämien (S. 93) treten bei Frettchen nicht selten in Zusammenhang mit einem Hyperöstrogenismus (S. 231) auf. Oftmals lässt bereits ein sehr blasser Nasenspiegel eine Blutarmut vermuten (▸ **Abb. 8.7**).

Verhalten

Die erste Adspektion des Tieres findet bereits während der Aufnahme der Anamnese in der Transportbox statt. Es kann festgestellt werden, ob sich das Tier ruhig und aufmerksam verhält. Typisch für die meisten Frettchen ist ein an der Umwelt interessiertes, neugieriges Verhalten (S. 37).

Auf dem Boden des Sprechzimmers oder auf dem mit einer rutschfesten Unterlage versehenen Untersuchungstisch können **Körperhaltung** und **Gang** des Tieres beobachtet werden. Eine Parese der Hinterhand (S. 98) ist ein relativ häufiges, aber meist unspezifisches Symptom. Es kann u. a. in Zusammenhang mit Störungen des Bewegungsapparats, Tumoren, Herz- und Kreislauferkrankungen oder Erkrankungen des endokrinen Systems auftreten.

Bewegungsapparat

Bei Adspektion der Extremitäten ist auf gleichmäßige Belastung aller Gliedmaßen zu achten. Analog zu anderen Tieren sollte die Muskulatur gut fühlbar und symmetrisch ausgebildet sein. Palpatorisch werden Vollzähligkeit und Unversehrtheit der Gliedmaßen, Krallen und Fußballen geprüft. Pododermatitiden (S. 151) sind eher selten, können aber in Zusammenhang mit eingespießten Fremdkörpern oder schwerwiegenden Erkrankungen wie Staupe (S. 112) oder Sarkoptesräude (S. 143) auftreten.

Pflegezustand

Frettchen sind im Allgemeinen sehr reinliche Tiere, die sich, ähnlich den Katzen, ausgiebig putzen. Struppiges, ungepflegtes Fell kann auf ein vermindertes Putzverhalten durch eine vorliegende Erkrankung hindeuten.

Vorwiegend in der Wohnung gehaltene Frettchen, insbesondere ältere und in der Bewegung eingeschränkte Tiere nutzen die Krallen oft nur unzureichend ab. Sie müssen regelmäßig durch Tierbesitzer oder Tierarzt gekürzt werden.

Augen, Nase und Ohren

Augen

Zunächst werden Symmetrie und Größenveränderungen der Bulbi beurteilt. Ein beidseitiger Exophtalmus kann mit dem Vorhandensein eines Lymphoms oder Thymoms (S. 241) zusammenhängen. Augenlider, Lidbindehäute und Nickhäute werden auf Schwellungen oder Verletzungen hin untersucht. Frettchen leiden nicht selten unter viral oder bakteriell bedingten Konjunktivitiden (S. 157). Bei Kornealäsionen wird zur Einschätzung des Schweregrads ein Fluoreszenztest durchgeführt. Die Linse darf keine Trübung aufweisen. Zu einer eingehenderen Untersuchung der Augen ist eine Spaltlampe empfehlenswert. Weiterführende Diagnostika wie intraokuläre Druckmessung und Ophthalmoskopie sind bei Bedarf analog zu Hund und Katze anzuwenden (▸ **Tab. 8.1**).

Nase

Bei Adspektion der Nase wird auf das Vorhandensein von Nasenausfluss geachtet. Meist liegen Infektionen der Atemwege (S. 170) vor. Frettchen sind insbesondere für Influenzaviren (S. 114) sehr empfänglich.

Ohr

Die Ohruntersuchung findet mithilfe des Otoskops statt. Frettchen leiden sehr häufig unter einem Befall mit der Ohrmilbe (S. 140) *Otodectes cynotis*. Die Lichtquelle sollte erst nach Einführen in den Gehörgang eingeschaltet werden, da sich die häufig vorkommende Ohrmilbe bei Helligkeit zurückzieht. Typisch für die Milbenerkrankung ist das kaffeesatzähnliche Sekret, das in den Gehörgängen zu finden ist. Da das Zerumen jedoch auch recht dunkel ist, ist die Unterscheidung oft erst mikroskopisch möglich.

▸ **Tab. 8.1** Ophthalmologische Referenzwerte.

Test	Referenzwerte
Augeninnendruck (Tonopen)	• 14,50 ± 3,27 mmHg (Montiani-Ferreira [84]) • 22,8 ± 5,5 mmHg (Sapienza et al. [105])
Schirmer-Tränen-Test	• 5,31 ± 1,32 mm/min (Montiani-Ferreira [84])

Fell, Haut, Körperoberfläche und Lymphknoten

Fell

Ein struppiges, mattes Fell ist ein unspezifisches Anzeichen für eine Erkrankung des Frettchens. Das gesamte Fell wird auf **Verklebungen** untersucht, die insbesondere im Bereich der Nase auf eine Erkrankung des Atmungstrakts (S. 170) hindeuten können. Verschmutzte oder verklebte Areale im Anogenitalbereich können ein Hinweis auf Pathologien des Gastrointestinaltrakts (S. 191) oder Harn- (S. 208) und Geschlechtstrakts (S. 218) sein.

Die **Fülle** des Felles ist jahreszeitlichen Schwankungen unterworfen. Während der Zuchtsaison zeigt sich das Fell von Schwanz und hinterer Körperregion insbesondere bei Rüden sehr schütter, wächst im Winter aber wieder nach.

Sehr häufig tritt eine **Alopezie** oder ein lichter werdendes Fell bei Frettchen in Zusammenhang mit einer Nebennierenerkrankung (S. 233) auf. Die Veränderungen beginnen im hinteren Körperbereich und schreiten nach kranial fort. Auch Dermatophytosen (S. 130) und Ektoparasiten (S. 140) können haarlose Stellen verursachen.

Erscheinen die Haare **brüchig**, kann dies auf eine Dermatophytose (S. 130) hindeuten. Zur Sicherung der Diagnose sollte eine Untersuchung mit der Wood'schen Lampe erfolgen und eine Pilzkultur angelegt werden. Ein Trichogramm kann zur Einschätzung des Haarwachstums ratsam sein. Die Haut wird auf **Verletzungen und Kratzspuren** untersucht. Juckreiz kann im Rahmen von Ektoparasitosen (S. 140), ab und zu auch von Dermatophytosen (S. 130) auftreten. Auch bei einer Nebennierenerkrankung (S. 233) ist bei etwa einem Drittel der Tiere mit Pruritus zu rechnen (▸ **Abb. 8.8**). An Hautstellen, an denen das Haarkleid gerade nachwächst, kann ein bläulicher Schimmer auftreten, der als Hinweis für beginnende Haarfollikelaktivität gilt.

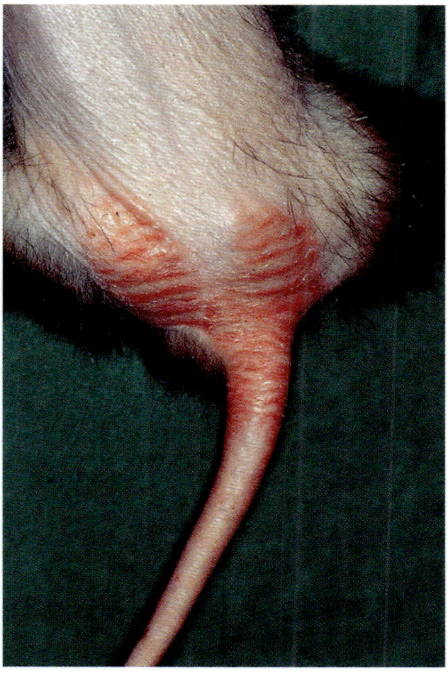

▸ **Abb. 8.8** Alopezie, Hautrötung und Juckreiz bei einem Frettchen mit Hyperadrenokortizismus.

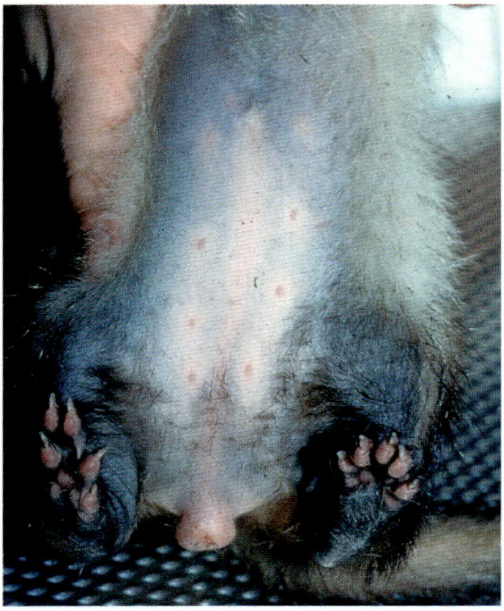

▸ **Abb. 8.9** Bläulicher Schimmer der Haut durch nachwachsendes Fell.

An Hautstellen, an denen das Haarkleid gerade nachwächst, ist ein bläulicher Schimmer physiologisch (▸ **Abb. 8.9**).

Körperoberfläche

Die gesamte Körperoberfläche sollte abgetastet werden, um auch kleinere, eventuell unter dem Fell nicht mit bloßem Auge erkennbare Veränderungen zu erfassen.

Lymphknoten

Die peripheren Lymphknoten werden analog zu Hund und Katze palpiert. Bei lokalen Infektionen können einzelne Lymphknoten vergrößert sein. Beim relativ häufig vorkommenden Lymphom (S. 241) sind die peripheren Lymphknoten eventuell generalisiert oder auch vereinzelt geschwollen. Zu beachten ist, dass die Lymphknoten auch bei adipösen Tieren durch Einlagerung von Fettgewebe deutlich vergrößert sein können. Bei mageren Tieren ist der Mediastinallymphknoten im mittleren Abdomen zu palpieren. Auch bei Infektionen des Gastrointestinaltrakts ist der Lymphknoten fühlbar.

Anogenitalregion

Zur eingehenderen Untersuchung der Anogenitalregion platziert man das Frettchen in Rückenlage und mit zum Boden hin geneigtem Kopf auf dem eigenen Schoß. Bei Fähen in der Brunst kann eine Schwellung der Vulva zu sehen sein. In Kombination mit bilateral symmetrischer Alopezie und blassen Schleimhäuten besteht der Verdacht des lebensbedrohlichen Hyperöstrogenismus (S. 231). Auch kastrierte Fähen können im Falle einer Nebennierenerkrankung (S. 233) oder (seltener) bei verbliebenem Ovarrestgewebe eine geschwollene Vulva aufweisen.

Präputium, Penis und Hoden werden auf Verletzungen und Umfangsvermehrungen hin untersucht.

Maulhöhle

In gleicher Position oder unter Mithilfe einer weiteren Person kann die Maulhöhle untersucht werden. Zunächst werden die Lippen vorsichtig nach oben bzw. unten gezogen, um Gingiva und Zähne zu beurteilen. Das Öffnen des Maules erfolgt manuell analog zu Hund und Katze. Zu achten ist auf Zahnstein, Zahnverfärbungen, Zahnfrakturen und Entzündungen des Zahnfleischs (S. 105). Für eine eingehendere Untersuchung einzelner Zähne und des Rachens sowie für Röntgenaufnahmen des Schädels kann eine kurze Narkose nötig sein.

Palpation des Abdomens

Die Palpation des Abdomens kann wichtige Hinweise auf diverse Symptome und Erkrankungen wie Fremdkörper (S. 192), Aszites, vergrößerte Organe oder Lymphknoten, tumoröse Veränderungen (S. 202), Urolithiasis (S. 106) oder Enteritiden (S. 196) liefern.

Für die Untersuchung eignet sich die hängende Position sehr gut. Die Tiere werden im Schulter- oder bei Bedarf im Nackengriff fixiert und das Abdomen wird mit der anderen Hand von kranial nach kaudal durchtastet. Die Hinterbeine können auf dem Schoß des Untersuchenden oder auf dem Tisch abgestützt werden bzw. bei unruhigen Tieren frei in der Luft hängen. Der **Bauchraum** sollte beim Durchtasten weich und schmerzfrei sein. Die einzelnen Organe sind beim Frettchen meist gut zu fühlen. Im Bereich des **Magens und Dünndarms** ist auf schmerzhafte oder verdickte Organwände, vermehrte Gasansammlungen und Fremdkörper zu achten.

Die **Milz** ist im linken mittleren Abdomen palpierbar und bei vielen Frettchen relativ groß. Reaktive Veränderungen sind häufig; seltener liegt ein tumoröses Geschehen vor. Weitere Hinweise auf die Art der Veränderung kann die Sonografie (S. 84) liefern.

Nieren und Harnblase sind beim Frettchen meist gut fühlbar. Schmerzhaftigkeiten bei Palpation der Organe sind stets ein Hinweis für ein krankhaftes Geschehen (S. 208).

Die kranial der Nieren liegenden **Nebennieren** (▸ **Abb. 7.5**) zeigen auch bei ausgeprägter Symptomatik häufig nur dezente Veränderungen und lassen sich meist nicht palpieren.

Bei männlichen Frettchen muss bei Palpation des Abdomens im Bereich kaudodorsal der Harnblase auf eine vergrößerte Prostata (S. 218) bzw. Prostatazysten (S. 274) geachtet werden. Dabei kommen Veränderungen nicht nur bei intakten Rüden vor, sondern insbesondere bei kastrierten Frettchen, die an einer Nebennierenerkrankung (S. 233) leiden. Liegt eine Prostatamegalie vor, muss vorsichtig überprüft werden, ob sie bereits eine Obstruktion des Harntrakts verursacht. Durch leichten Druck auf die Harnblase kann Urin gewonnen werden.

Cave

Bei sehr stark gefüllter Harnblase besteht bei unvorsichtiger Palpation die Gefahr eines Blasenrisses.

Bei weiblichen, intakten Fähen wird der Uterus vorsichtig abgetastet, um Hinweise auf pathologische Veränderungen (S. 221) oder eine Trächtigkeit (S. 43) zu erhalten.

Atmungstrakt

Bei Adspektion sollte sich die Atmung regelmäßig und gleichmäßig darstellen.

! Die Atemfrequenz liegt zwischen 33 und 36 Zügen/Minute.

Gestresste oder sehr kranke Frettchen mit sehr schlechtem Allgemeinbefinden und/ oder großen Schmerzen atmen sehr frequent und flach. Tiere mit Dyspnoe (S. 95) leiden häufig unter Infektionen des Atmungstrakts oder unter Herzerkrankungen.

Zur Auskultation von Lunge und Herz ist die Verwendung eines Pädiatriestethoskops sehr zu empfehlen, da es eine optimale Geräuschübertragung zulässt. Die Lunge sollte gut belüftet sein. Eine lokale Dämpfung der Lungengeräusche kann auf das Vorhandensein einer intrathorakalen Masse hindeuten. Pneumonien sind beim Frettchen relativ selten und gehen mit verstärkten Atemgeräuschen einher. Liegt ein Lungenödem vor, sind rasselnde Geräusche zu hören.

Herz

Frettchen leiden nicht selten unter Erkrankungen des Herzens (S. 174), z. B. Klappenveränderungen und Kardiomyopathien.

Durch die relativ hohe Herzfrequenz (200–400 Schläge/min) ist die Auskultation anspruchsvoll. Die Untersuchung sollte in jedem Fall in einer ruhigen Umgebung stattfinden.

! Das Herz liegt, im Vergleich zu Hund und Katze, etwas weiter kaudal im Thorax und kann zwischen 6. und 8. Rippe etwas linkerhand nahe des Sternums gut auskultiert werden.

Es ist auf Frequenz, Intensität, Regelmäßigkeit, Abgesetztheit und das Auftreten von Nebengeräuschen zu achten. Wie beim Hund ist auch beim Frettchen eine respiratorische Sinusarrhythmie physiologisch.

9 Spezielle Untersuchungsmethoden

Martina Warschau

9.1 Blutuntersuchung

9.1.1 Blutentnahme

Die Blutentnahme beim Frettchen gelingt in der Regel problemlos. Ist aufgrund der Wehrhaftigkeit des Tieres eine kurze Narkose notwendig, muss beachtet werden, dass unter dem Einsatz von Isofluran eine Beeinflussung einzelner Werte möglich ist. Nach Rasur und Desinfektion sind die Venen bei normalgewichtigen Tieren unter der hellen Haut meist gut erkennbar. Bei stark geschwächten Tieren fließt das Blut eventuell sehr langsam und gerinnt bereits im Konus. In diesen Fällen empfiehlt sich das vorsichtige Abbrechen des Konus vor der Punktion.

Zur Blutentnahme aus der **V. cephalica antebrachii** (0,7 × 30 mm Kanüle) wird das Frettchen in Bauchlage auf dem Untersuchungstisch positioniert. Eine Hand des Helfers fixiert das Tier am Hals und sichert eine Vordergliedmaße. Die andere Vordergliedmaße wird hinter dem Ellbogen mit der anderen Hand gestaut (▸ **Abb. 9.1**). Oft müssen zusätzlich die Hintergliedmaßen fixiert oder der hintere Körperbereich in ein Handtuch gewickelt werden.

Zur Punktion der **V. saphena lateralis** (0,7 × 30 mm Kanüle) werden Kopf, Vordergliedmaßen und eine Hintergliedmaße seitlich fixiert. Die andere Extremität wird, analog zur Technik bei Hund und Katze, kranial des Knies gestaut und die Vene seitlich proximal des Tarsus punktiert.

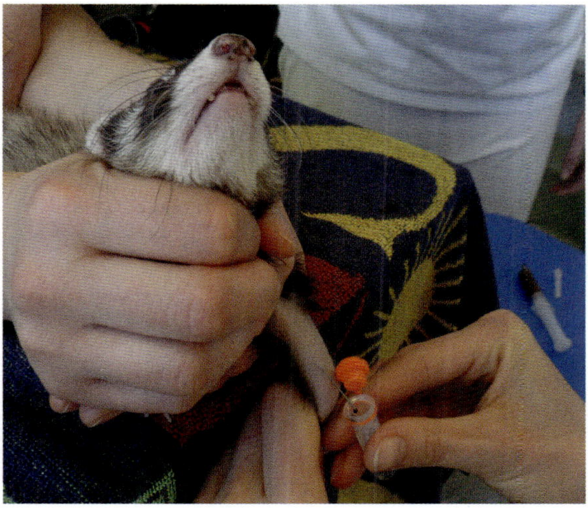

▸ **Abb. 9.1** Blutentnahme aus der V. cephalica antebrachii.

Um größere Blutmengen zu erhalten, können die V. jugularis oder V. cava cranialis punktiert werden. Dies erfordert Erfahrung und in vielen Fällen auch eine kurze Narkose. Zur Blutentnahme aus der **V. jugularis** (0,7 × 30 mm Kanüle) wird das Tier in Bauchlage mit nach vorne über die Tischkante gezogenen Vordergliedmaßen positioniert und der Hals senkrecht nach oben gestreckt. Durch sanften Druck seitlich des Brusteingangs wird das Gefäß gestaut. Ist die im Vergleich zu Hund und Katze relativ weit lateral gelegene Vene nicht eindeutig erkennbar, kann ein kleiner Hautschnitt hilfreich sein.

Die Entnahme aus der **V. cava cranialis** erfolgt in Rückenlage mit über die Tischkante nach unten gestrecktem Kopf und am Körper entlang nach kaudal gezogenen Vordergliedmaßen. Die Kanüle (0,55 × 25 mm) wird mit aufgesetzter Spritze im 45°-Winkel zwischen 1. Rippe und Manubrium sterni in Richtung des gegenüberliegenden Hinterbeins eingeführt und langsam fast bis zur Mitte des Thorax vorgeschoben. Anschließend wird unter vorsichtigem Zurückziehen von Spritze und Kanüle sanft aspiriert.

9.1.2 Labordiagnostische Referenzbereiche

Die Referenzbereiche des Frettchens werden in ▸ **Tab. 9.1**, ▸ **Tab. 9.2** und ▸ **Tab. 9.3** genannt.

▸ **Tab. 9.1** Blutbild (Normwerte nach Hein et al. [50]).

Parameter	Wert	Einheit
Erythrozyten	7,4–13,0	$T/1 = 10^{12}/l$
Hämoglobin	8,6–13,6	mmol/l
Hämatokrit	0,4–0,7	l/l
MCV	49,6–60,6	fl
MCHC	17,8–20,9	mmol/l
MCH	1–1,2	fmol/l
Leukozyten	3–16,7	$G/l = 10^9/l$
Thrombozyten	172–1281	$G/l = 10^9/l$
Basophile	0–1,4	%
Eosinophile	0–5,7	%
Pseudoeosinophile (Stabkernige)	0–1,2	%
Pseudoeosinophile (Segmentkernige)	17,2–81,9	%
Lymphozyten	12,6–80,6	%
Monozyten	0–6,5	%

► **Tab. 9.2** Klinisch-chemische Parameter (Normwerte nach Hein et al. [50] u. Quesenberry [96]).

Parameter	Wert	Einheit
Kalzium	2–2,6	mmol/l
Chlorid	108–119,9	mmol/l
Kalium	3,9–5,9	mmol/l
Natrium	140,1–169,7	mmol/l
anorganisches Phosphat	1,0–3,1	mmol/l
Magnesium	0,9–1,6	mmol/l
ALT (GPT)	49–242,8	U/l
AST (GOT)	40,1–142,7	U/l
GLDH	0–2,5	U/l
Albumin	28–43,9	g/l
Harnstoff	5,0–15,6	mmol/l
Kreatinin	23–76,7	µmol/l
Eiweiß, gesamt	54,7–77,9	g/l
Bilirubin, gesamt	0–3,3	µmol/l
Glukose	3,0–8,5	mmol/l

► **Tab. 9.3** Endokrinologische Parameter (Normwerte nach Hein et al. [50] u. Quesenberry [96]*).

Parameter	Wert	Einheit
Androstendion*	< 0,1–15	nmol/l
Progesteron	0–0,4	ng/ml
Östradiol	0–12,2	pg/ml

Besonderheiten des Blutbilds

Eine Besonderheit im roten Blutbild (► **Tab. 9.1**) von gesunden Frettchen ist der im Vergleich zu anderen Spezies sehr hohe Hämatokrit. Bei Jungtieren liegt der Wert im Vergleich zu den Adulten etwas niedriger.

Die Leukozytenzahl ist großen Schwankungen unterworfen. Während es unter Stress oder körperlicher Belastung zu einer Leukozytose kommen kann, ist bei Infektionen meist eher eine Linksverschiebung der neutrophilen Granulozyten zu erkennen. Wie bei Kaninchen und Meerschweinchen werden die neutrophilen Granulozyten bei Frettchen Pseudoeosinophile oder Heterophile genannt.

Das Differenzialblutbild ist bei Frettchen am häufigsten lymphozytär, in vielen Fällen aber auch granulozytär. Jungtiere und chronisch gestresste Tiere zeigen eine Lymphozytose, während in akuten Stresssituationen eher ein Abfall der Lymphozyten zu verzeichnen ist.

Bei den blutchemischen Parametern (► **Tab. 9.2**) gelten die Enzyme ALT und GLDH als leberspezifisch und sind daher gut für die Diagnostik von Lebererkrankungen (S. 204) geeignet. Die GLDH hat ihre höchste Aktivität im zentrilobulären Bereich der

Leber und zeigt bei Erhöhung das Vorhandensein akuter Leberschäden auf. In der englischsprachigen Literatur wurde sie bisher kaum beachtet. Weitere Details zu den Leberenzymen sind in ▶ **Tab. 12.2** zu finden.

Die Serumkonzentration von Kreatinin ist nicht nahrungsabhängig und daher für die Diagnostik von Nierenerkrankungen generell besser geeignet als Harnstoff. Auffällig ist, dass bei Frettchen, im Vergleich zu anderen Spezies, ein deutlich niedrigerer Referenzbereich von Kreatinin vorliegt. Für Hund und Katze noch physiologische Kreatininkonzentrationen können beim Frettchen bereits ein Anzeichen für eine Pathologie im Harnapparat (S. 208) sein. Es muss jedoch beachtet werden, dass bei Frettchen auch bei nachgewiesenen Nierenschäden nicht zwangsläufig eine signifikante Erhöhung der Nierenwerte stattfinden muss.

Die endokrinologischen Parameter (▶ **Tab. 9.3**) werden bei Verdacht auf eine Nebennierenerkrankung (S. 233) im Serum bestimmt.

9.2 Kotuntersuchung

Infektionen mit Endoparasiten (S. 133) sind bei Frettchen vergleichsweise selten.

Analog zu anderen Tierarten wird der Kot makroskopisch und mikroskopisch (nativ und bei Bedarf nach Flotationsmethode) nach Parasiten durchmustert. Bei Nematoden und Zestoden gelingt der Nachweis der Eier meist relativ einfach mittels Flotation, seltener durch Tesaabklatschpräparate.

Bei Kokzidien ist aufgrund der intermittierenden Ausscheidung der Oozysten eine Sammelkotprobe von mindestens 3 Tagen zu empfehlen. Zum Nachweis von Kryptosporidien ist meist eine Anreicherung mit Glukoselösung nötig.

Auch bei Giardien ist eine Sammelkotprobe zu empfehlen. Ein einfacher Kotausstrich reicht zur Diagnostik meist nicht aus. Stattdessen können modifizierte Sedimentationsverfahren oder kombinierte Sedimentations-Flotationsverfahren angewandt werden. Immunologische Verfahren wie der ELISA gelten als sehr sensitiv.

Mittels mikrobiologischer Untersuchung des Kotes können bakterielle Infektionskrankheiten diagnostiziert werden. Bei Verdacht auf eine Rotavirusinfektion kann eine Kotprobe per ELISA untersucht werden.

9.3 Harnuntersuchung

Die Lagerung von Harnproben sollte grundsätzlich so kurz wie möglich erfolgen. Ist dies nicht möglich, so sollten die Proben im Kühlschrank gelagert werden. Allerdings lösen sich dann Sedimentbestandteile leicht auf oder es fallen gelöste Stoffe aus. Eine Untersuchung sollte stets bei Zimmertemperatur vorgenommen werden; vorher ist der Harn vorsichtig zu mischen.

9.3.1 Harngewinnung

Die Uringewinnung kann durch **manuelle Kompression der Harnblase** und Auffangen des Urins in einer sauberen Schale erfolgen. Es muss sehr vorsichtig vorgegangen werden, um Verletzungen der dünnen Blasenwand zu vermeiden. Von Nachteil ist bei der Methode außerdem die hohe Kontaminationsgefahr durch Vagina, Präputium oder weitere Umweltkeime.

Eine **Katheterisierung der Harnröhre** ist beim männlichen Frettchen aufgrund der J-Form des Os penis und des sehr kleinen Durchmessers des distalen Anteils der Harnröhre relativ schwierig. Deutlich erschwert wird der Vorgang zusätzlich bei Vorliegen einer extraurethralen Kompression, z. B. bei Prostataerkrankungen (S. 218). Meist ist eine Muskelrelaxation durch Sedation oder Anästhesie Voraussetzung für den Eingriff. Zur Katheterisierung können kleine Katerkatheter (Tomcat 3,0–3,5 Fr) verwendet werden. Der Eingriff wird in Rückenlage vorgenommen. Bei Fähen sollten ein Spekulum und ein Mandrin zu Hilfe genommen werden. Der Harnröhreneingang liegt bei weiblichen Frettchen ca. 1–1,5 cm kranial der Fossa clitoris. Bei Rüden ist der Mandrin nicht notwendig. Nach Ausschachten des Penis ist die Öffnung der Urethra auf der Penisspitze in einer Vertiefung zwischen den Knochenvorsprüngen des Os penis erkennbar. Beim Einführen des Katheters sollte etwas steriles Gleitgel genutzt werden. Ist beim Vorschieben ein Widerstand zu spüren, kann eine vorsichtige Spülung mit Kochsalzlösung Abhilfe schaffen. Bleibt der Widerstand bestehen, sollte aufgrund der Verletzungsgefahr eine andere Methode der Harngewinnung gewählt werden.

Soll eine bakteriologische Untersuchung des Harns durchgeführt werden, ist die **Zystozentese** die Methode der Wahl. Die Blasenpunktion durch die Haut kann bei gut fixierbaren Tieren relativ einfach unter sonografischer Kontrolle durchgeführt werden. Ist die Harnblase sehr klein, kann eine subkutane Infusion (20 ml/kg) verabreicht werden. Die Blasenfüllung wird 30 Minuten nach der Injektion erneut überprüft. Vorsicht geboten ist bei sehr starker Füllung der Harnblase. Hier ist die Gefahr einer Verletzung der empfindlichen Wand deutlich erhöht.

9.3.2 Harnuntersuchung

Makroskopische Untersuchung

Der Urin von Frettchen sollte eine klare blass-gelbe bis gelbe Farbe haben. Spuren von Hämoglobin und Erythrozyten können Folge aller vorgestellten Entnahmetechniken sein.

Chemische Untersuchung

Mittels Harnstick (Combur®) kann ein erstes Screening des Harns erfolgen. Der Urin von Frettchen hat, typisch für Fleischfresser, einen sauren pH-Wert. Dieser variiert mit der Fütterung und sollte bei Angebot von hochwertigen Proteinen bei ca. 6,0–6,5 liegen. Eine dezente Proteinurie kommt physiologischerweise vor.

Physikalische Untersuchung

Die Bestimmung des spezifischen Gewichts kann mithilfe eines Refraktometers erfolgen. Der ermittelte Wert liefert Hinweise auf die Konzentrationsfähigkeit der Niere.

Die Referenzbereiche liegen bisher nur für nicht kastrierte Tiere vor [28]:
- Rüde: 1,034–1,070
- Fähe: 1,026–1,060

Mikroskopische Untersuchung des Harnsediments

Die Untersuchung des Sediments nach Zentrifugation des Urins kann Aussagen über Blutungen, Entzündungen oder bakterielle Infektionen liefern. Es ist auf das Vorkommen von Zellabnormitäten, Harnzylindern oder Bakterien zu achten. Sind Keime nachweisbar, ist eine mikrobiologische Untersuchung mit Antibiogramm einzuleiten. Ein vermehrtes Auftreten von Leukozyten deutet auf eine unspezifische Infektion des Harntrakts hin. Leukozyten- und Epithelzylinder können auf Nephritiden hinweisen.

Bakteriologische Untersuchung

Die Untersuchung ist bei Zystitiden und Nephritiden sinnvoll, um eine gezielte antibakterielle Therapie einleiten zu können. Für die mikrobiologische Untersuchung ist nur Zystozenteseharn geeignet, da die Kontamination der Probe mit der Methode so gering wie möglich gehalten werden kann.

9.4 Bildgebende Verfahren

9.4.1 Röntgenuntersuchung

Die röntgenologische Untersuchung gehört beim Frettchen zur Standarddiagnostik. In den meisten Fällen sind gut auswertbare Aufnahmen auch ohne Sedation möglich.

Indikationen

Häufige Indikationen beim Frettchen:
- Atemwegs- und Herzerkrankungen
- Erkrankungen des Magen-Darm-Trakts
- Erkrankungen des Harn- und Geschlechtstrakts
- tumoröse Veränderungen
- Erkrankungen der Wirbelsäule und der Gliedmaßen

Technische Voraussetzungen

Sehr von Vorteil ist bei Frettchen der Gebrauch feinzeichnender Film-Foliensysteme (z. B. Mammografie-Filme). Beim Röntgen sind grundsätzlich **kurze Belichtungszeiten** (≤ 0,02 s) und eine **niedrige Spannung** (zwischen 40 und 60 kV) empfehlenswert. Die Verwendung eines Rasters ist aufgrund der Tiergröße nicht erforderlich.

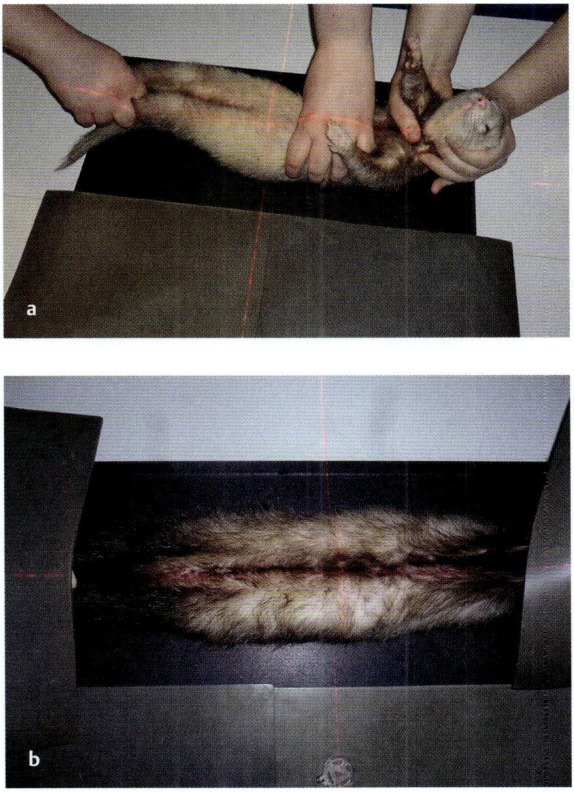

▶ **Abb. 9.2** Ventrodorsale Röntgenaufnahme.
a Lagerung des Frettchens bei halbgedeckter Platte.
b Aufnahme mit geschützten Händen.

Lagerung

Es hat sich bewährt die Tiere direkt auf der Röntgenplatte zu lagern (▶ **Abb. 9.2**).

Da Frettchen sehr schmal sind, reicht oft ein einziger Film für Aufnahmen in Seiten- und Rückenlage aus. Hierzu ist jeweils die halbe Röntgenplatte mit Bleiplatten vor der Belichtung zu schützen. Analog zu anderen Tierarten sind grundsätzlich Aufnahmen in beiden Ebenen (laterolateral [▶ **Abb. 9.3**] und ventrodorsal [▶ **Abb. 9.4**]) anzufertigen. Im Optimalfall fixiert eine Hilfsperson Kopf und Vordergliedmaßen und eine 2. Hilfsperson die Hintergliedmaßen. Um Überlagerungen zu vermeiden, müssen Schulter- und Beckengliedmaßen ausreichend weit nach kranial bzw. kaudal gestreckt werden.

! Je kleiner das Tier, desto näher sind zwangsläufig die Hände der untersuchenden Personen am Zentralstrahl. Aus Gründen des Strahlenschutzes ist es unbedingt notwendig, das Strahlenfeld zu fokussieren und Bleihandschuhe und Bleiplatten zu verwenden. Der Zentralstrahl ist auch mit geschützten Händen zu meiden.

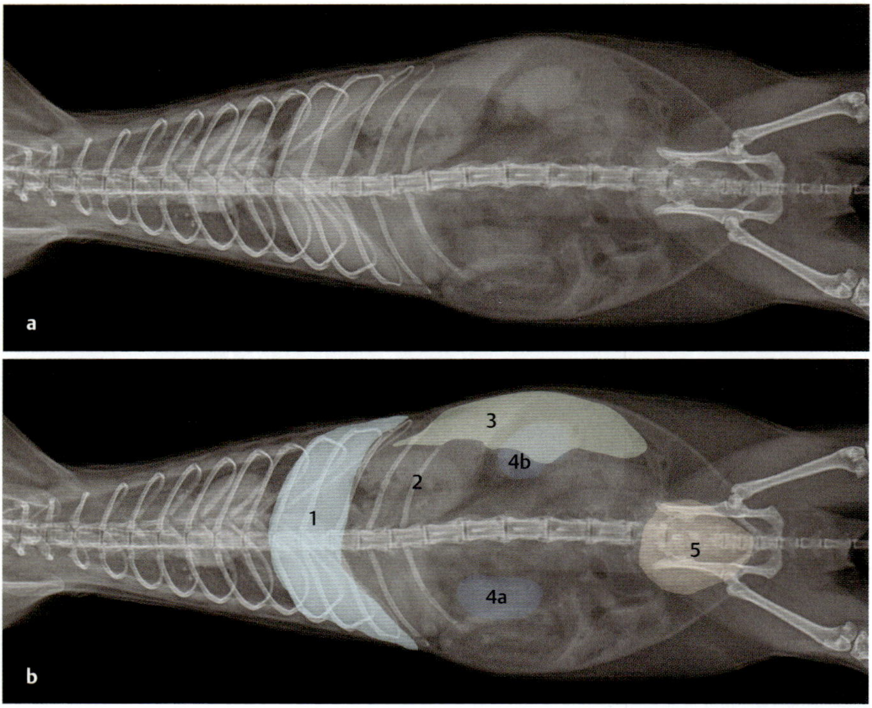

▸ **Abb. 9.3** Röntgenaufnahme im laterolateralen Strahlengang. 1. Leber, 2. Magen, 3. Milz, 4a. rechte Niere, 4b. linke Niere, 5. Harnblase.

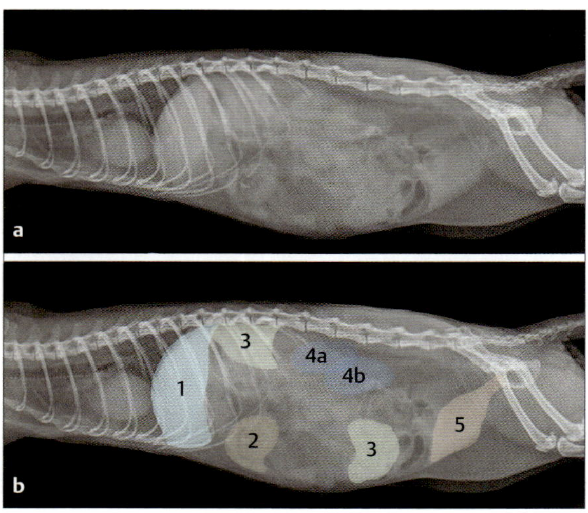

▸ **Abb. 9.4** Röntgenaufnahme im ventrodorsalen Strahlengang. 1. Leber, 2. Magen, 3. Milz, 4a. rechte Niere, 4b. linke Niere, 5. Harnblase.

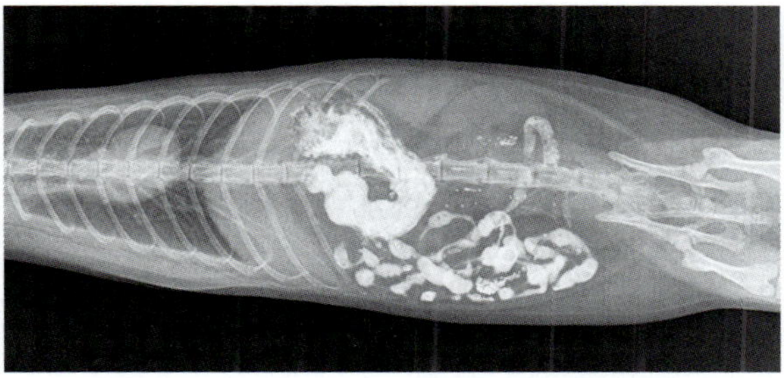

► **Abb. 9.5** Röntgenkontrastaufnahme im ventrodorsalen Strahlengang ca. 30 Minuten nach Eingabe des Kontrastmittels.

Röntgenkontrastaufnahmen

Zu den häufigsten Indikationen einer **Kontrastpassage** zählen der Verdacht auf Megaösophagus (S. 191) oder Fremdkörper (S. 192) im Verdauungstrakt. Die Tiere sollten vor der Untersuchung 3–4 Stunden fasten. Die Nahrungskarenz darf jedoch aufgrund der Gefahr einer Hypoglykämie nicht länger dauern. Die Frettchen erhalten ein jodhaltiges Röntgenkontrastmittel, z. B. Gastrografin®, oral. Bariumsulfat kann ebenfalls eingesetzt werden, sofern nicht der Verdacht einer Perforation besteht. Zur besseren Akzeptanz kann etwas Vitaminpaste beigemischt werden. Sollen Ösophagus und Magen dargestellt werden, muss die Aufnahme direkt nach dem Abschlucken des Kontrastbreis erfolgen. Der Dünndarm ist nach 20–40 Minuten optimal zu sehen (► **Abb. 9.5**). Aufgrund des kurzen Verdauungstrakts der Frettchen ist die Kontrastpassage bereits nach 3–4 Stunden abgeschlossen.

Zur Abklärung der Nierenfunktion kann eine **Ausscheidungsurografie** durchgeführt werden. Dazu wird jodhaltiges Kontrastmittel (z. B. Xenetics, 600–800 mg Jod/kg) intravenös verabreicht und das Frettchen in 2 Ebenen geröntgt. Die 1. Röntgenaufnahme zur Darstellung der Nierenbecken sollte direkt nach Verabreichung des Kontrastmediums erfolgen. Bereits 2–3 Minuten nach der Injektion stellen sich die kontrastmittelgefüllten Ureteren dar.

Interpretation der Röntgenbilder

Die Interpretation der Aufnahmen erfolgt prinzipiell analog zur Vorgehensweise bei Hund und Katze. Beim Frettchen sind zusätzlich einige Besonderheiten zu beachten.

Thorax Der Brustkorb von Frettchen ist langgestreckt. Das präkardiale Areal umfasst die ersten 5–6 Interkostalräume.

Ösophagus Die Speiseröhre ist im Normalfall leer und nicht erkennbar. Liegt eine Füllung mit Gas, Luft oder Futterbestandteilen und damit der Verdacht eines Megaösophagus (S. 191) vor, sollte zur Sicherung der Diagnose eine Kontrastdarstellung durchgeführt werden.

Herz Das Herz erscheint bei Frettchen oft relativ groß und liegt im Vergleich zu Hund und Katze weiter kaudal im Brustkorb. Die Form variiert von schlank bis kugelig. Durch die modifizierte Messung des „**vertebral heart score**“ (VHS) [110] kann die Größe rela-

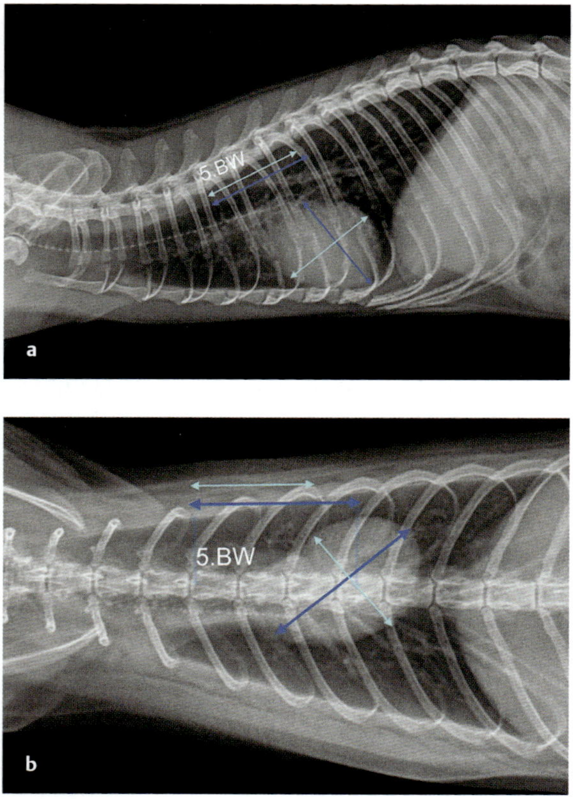

▶ **Abb. 9.6** Messungen zur Ermittlung des „vertebral heart score“ nach Stepien [110].

tiv objektiv erfasst werden. Dazu werden in der laterolateralen und ventrodorsalen Aufnahme die seitliche Längsachse (Distanz zwischen entferntestem Punkt der Herzspitze und Ventralrand des linken Stammbronchus) und die seitliche Kurzachse (senkrecht zur Längsachse verlaufende breiteste Stelle des Herzens) vermessen (▶ **Abb. 9.6**). Nach Auftragen der Messungen am vorderen Rand des 5. Brustwirbelkörpers wird die Anzahl der Wirbelkörper auf ein ¼ genau aufsummiert. Abweichungen von den Ergebnissen für gesunde Frettchen (laterolateral: 5,23–5,47; ventrodorsal: 5,73–6,15) können aber nur als Anhaltspunkt für eine mögliche Herzerkrankung dienen. Eine Absicherung sollte immer mittels Echokardiografie erfolgen.

Kaudal des Herzens ist häufig ein verschatteter Bereich mit einer dem Herzen ähnlichen Röntgendichte erkennbar. Verantwortlich ist das **Lig. phrenicopericardiacum**, das beim Frettchen durch Fetteinlagerungen röntgenologisch sichtbar wird.

Gelegentlich erscheint das Herz auf laterolateralen Aufnahmen abgehoben (floating heart). Dieses „Pneumothorax-ähnliche“ Phänomen konnte bisher nicht mit einer Pathologie in Verbindung gebracht werden.

Lunge und Gefäße Bei Frettchen ist durch den langen Brustkorb sowohl das kraniale als auch das kaudale Lungenfeld gut beurteilbar. Regelmäßig zu sehen sind Pneumonien (S. 170) und Pleuraergüsse infolge von Tumorerkrankungen (S. 241) oder Herzerkrankungen (S. 177).

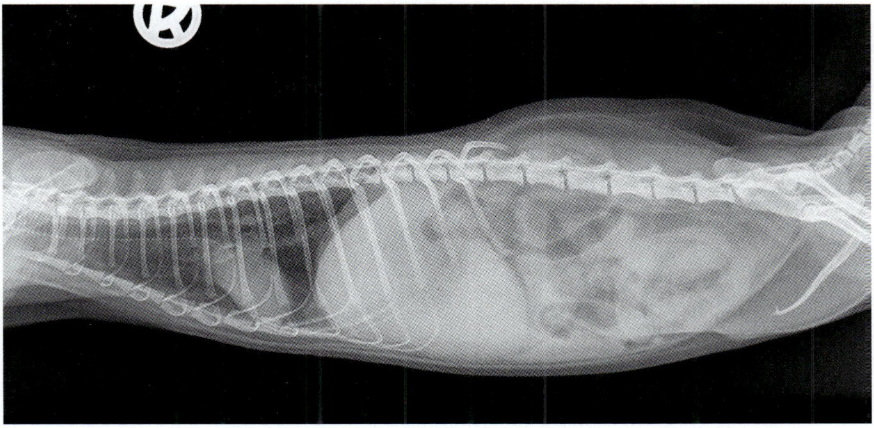

▶ **Abb. 9.7** Vermehrte Aufgasung des Dünndarms aufgrund eines Fremdkörperileus.

Die **V. cava caudalis** und die **Aorta** sind röntgenologisch gut erkennbar und weisen annähernd den gleichen Querdurchmesser auf.

Abdomen Ebenso wie die Brusthöhle ist die Bauchhöhle des Frettchens relativ langgestreckt. Die abdominalen Organe sind durch retroperitoneale Fettdepots gut abgrenzbar.

Leber Die Ränder der Leber sollten nicht über den Rippenbogen hinausragen. Liegt eine Hepatomegalie vor, sollte diese sonografisch weiter abgeklärt werden.

Magen-Darm-Trakt Frettchen haben einen sehr kurzen Verdauungstrakt (S. 51), ein Zäkum fehlt. Der häufig homogene Darminhalt liefert wenig Kontrast und erschwert die Beurteilung einzelner Abschnitte. Der Magen liegt (mit Ausnahme des Pylorus) vorwiegend links und zeigt sich in der ventrodorsalen Projektion U-förmig. Größere Mengen an Gas sind pathologisch und können auf Fremdkörper (S. 192), Infektionen oder Entzündungen (S. 196) des Verdauungstrakts hindeuten. Liegt der Verdacht auf einen Fremdkörper (▶ **Abb. 9.7**) vor, kann eine Positivkontraststudie oder eine Sonografie die Diagnose absichern.

Milz Die Milz ist bei den meisten Frettchen, auch ohne diagnostizierbare Pathologie, sehr groß und ist röntgenologisch meist in beiden Ebenen als homogenes, dreieckiges Gebilde erkennbar. Liegt eine Splenomegalie (S. 98) vor, kann die Ultraschalluntersuchung weitere Hinweise auf die Ursache liefern.

Nieren Die bohnenförmigen, glatten Nieren sind röntgenologisch meist gut abgrenzbar. Die rechte Niere liegt dabei kranial der linken. Nephromegalien können im Rahmen von Hydronephrosen (S. 214) (▶ **Abb. 9.8**) oder Tumorerkrankungen (S. 217) auftreten. Verkleinerte Nieren mit unregelmäßiger Oberfläche deuten auf eine chronische Niereninsuffizienz (S. 212) hin.

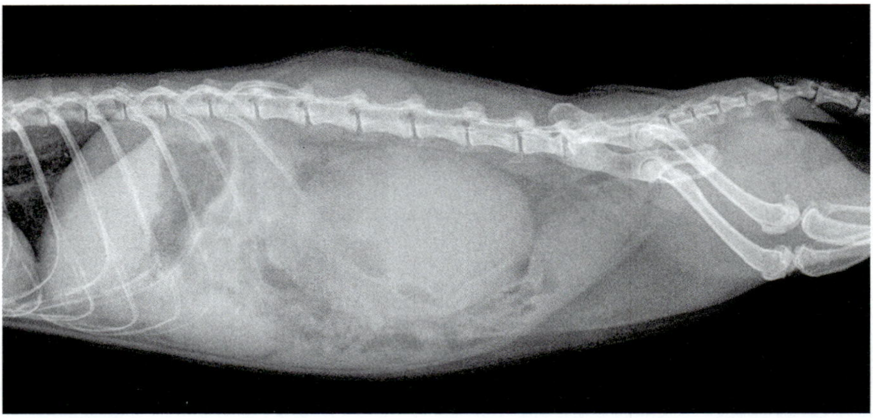

▶ **Abb. 9.8** Weichteildichte Umfangsvermehrung im mittleren Abdomen (Hydronephrose).

Harn- und Geschlechtstrakt Die Ureteren und die Urethra sind bei gesunden Tieren nicht darstellbar. Die Harnblase ist dagegen, aufgrund des kurzen Verdauungstrakts und fehlenden Zäkums, meist gut erkennbar. Ist die Harnblase gestaut, sollte nach Anzeichen einer Urolithiasis (S. 106) gesucht werden. Auch zystische Veränderungen oder Prostatavergrößerungen (S. 218) – beide häufig durch eine Nebennierenerkrankung (S. 233) verursacht – können zur Kompression der Harnröhre führen. In diesen Fällen sind die Prostata oder begleitende Zysten röntgenologisch kaudodorsal der Harnblase erkennbar.

Rüden besitzen einen radiologisch gut erkennbaren J-förmigen Penisknochen.

Eine Trächtigkeit (S. 43) kann röntgenologisch erst im letzten Drittel (um den 30. Tag) durch die fortschreitende Mineralisierung der Feten festgestellt werden.

9.4.2 Ultraschalluntersuchung

Die Sonografie ist in vielen Fällen routinemäßig ohne Sedation der Frettchen möglich. Vorteilhaft zur Diagnosesicherung ist die Gewinnung von Zellen durch eine Feinnadelaspirationsbiopsie unter sonografischer Kontrolle.

Abdominale Sonografie

Häufige Indikationen

- Flüssigkeitsansammlungen und Umfangsvermehrungen im Abdomen (z. B. Lymphom)
- Verdacht auf Organpathologien nach Palpation/Röntgenuntersuchung (Größenabweichung, Oberflächenveränderung, Schmerzhaftigkeit)
- Veränderungen des Harntrakts (Zystitiden, Urolithen, Nephritiden, Hydronephrosen usw.)
- Erkrankungen des Geschlechtstrakts (z. B. Prostataveränderungen, Pyometra)
- Verdacht auf eine Nebennierenerkrankung
- Trächtigkeitsdiagnostik
- Uringewinnung durch Zystozentese

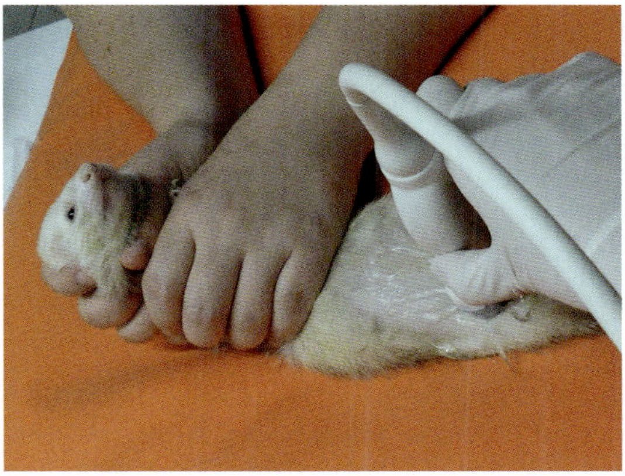

▸ **Abb. 9.9** Ultraschalluntersuchung.

Technische Voraussetzungen

Aufgrund der geringen Körpergröße sind die Anforderungen an die technische Ausstattung für die sonografische Untersuchung von Frettchen relativ hoch. Um gut zu interpretierende Bilder zu erhalten, sind hochauflösende Linearsonden mit Frequenzen im Bereich von 10–12,5 MHz empfehlenswert. Liefern die Geräte bei der Untersuchung kleiner Katzen zufriedenstellende Ergebnisse, so sind sie auch für den Einsatz beim Frettchen geeignet.

Lagerung und Vorbereitung

Die Tiere werden, analog zu Hund und Katze, auf dem Rücken gelagert (▸ **Abb. 9.9**). Die Fixation erfolgt an Schultergürtel und Beckengliedmaßen. Bei aggressiven Tieren muss der Nackengriff angewendet werden. Die meisten Frettchen lassen sich mit Vitaminpaste über einen kurzen Zeitraum gut ablenken. Die Rasur sollte vom Rippenbogen bis zum Schambein reichen, um eine vollständige Untersuchung des Abdomens zu ermöglichen. Zu beachten ist, dass Frettchen aufgrund der relativ großen Körperoberfläche schnell an Körpertemperatur verlieren. Um dies zu verhindern, ist es sinnvoll, vorgewärmtes Gel zu verwenden und dieses im Anschluss an die Untersuchung gründlich zu entfernen.

Interpretation der Ultraschallbilder

Leber Sonografisch fällt eine Hepatomegalie durch abgerundete Organränder auf. Häufige Ursachen beim Frettchen sind Lipidosen (S. 205), Stauungen (S. 177) (z. B. durch Rechtsherzerkrankung) oder tumoröse Veränderungen (S. 207) (z. B. Lymphom oder Metastasen).

Milz und Lymphsystem Die Milz (▸ **Abb. 9.10**) weist bei vielen Frettchen eine verhältnismäßig große Form und in einigen Fällen auch eine höckrige Organoberfläche auf. Häufig sind reaktive Prozesse für die Splenomegalie (S. 98) verantwortlich. Multiple echoarme Bereiche („Lochfraß“) können auf ein Lymphom (S. 207) hindeuten. Auch Hämangiosarkome kommen regelmäßig vor. Die Diagnose kann mithilfe einer Feinnadelaspirationsbiopsie mit anschließender histopathologischer Untersuchung gestellt werden.

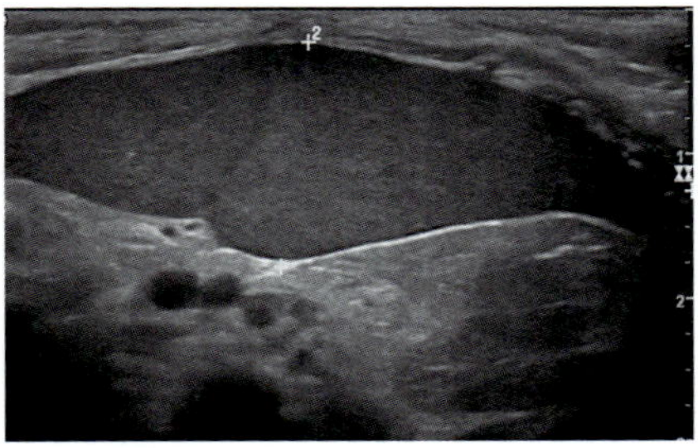

▶ **Abb. 9.10** Sonografische Untersuchung der Milz.

Der kraniale Mesenteriallymphknoten ist beim Frettchen sehr prominent und im Bereich der Gekrösewurzel als bohnenförmige Struktur mit deutlicher Rinden-Mark-Abgrenzung erkennbar. Der Lymphknoten darf nicht mit einer vergrößerten Nebenniere verwechselt werden. Fallen bei der Sonografie mehrere Lymphknoten auf, liegt der Verdacht einer systemischen Infektion oder eines Lymphoms vor.

Pankreas Frettchen leiden sehr häufig an Insulinomen (S. 228). Die Tumoren sind jedoch meist so klein, dass der ultrasonografische Nachweis nur selten gelingt.

Nebennieren Da sehr viele Patienten zusätzlich an einer Nebennierenerkrankung (S. 233) leiden, sollten diese Drüsen während der sonografischen Untersuchung immer aufgesucht werden. Sie stellen sich als ovale, hypoechogene Strukturen ohne deutliche Rinden-Mark-Abgrenzung dar. Zum Aufsuchen der Nebennieren ist es hilfreich, zunächst die Nieren zu lokalisieren und den Schallkopf anschließend nach kranial und medial zu führen. Die linke Nebenniere liegt lateroventral der Aorta abdominalis. Die rechte Nebenniere ist weiter kranial und dorsolateral der V. cava caudalis kaudal des Lobus caudatus der Leber lokalisiert. Es wird auf eine abweichende Größe (▶ **Tab. 9.4**) durch Vermessung der Organdicke (> 3,9 mm sind verdächtig) sowie auf Formveränderungen, strukturelle Veränderungen und über die Oberfläche ragende Knoten geachtet.

Nieren Bei einem hohen Anteil des Patientenguts werden bis zu 3 Nierenzysten (S. 216) als sonografische Nebenbefunde festgestellt (▶ **Abb. 9.11**). Außerdem sind bei vielen Frettchen hyperechogene Bereiche in der Medulla oder in der Rinden-Mark-Region ähnlich dem „medullary rim sign" bei Hund und Katze aufzufinden. Dabei handelt es sich vermutlich um Kalziumablagerungen in den Nierentubuli. Beide Befunde haben meist keine klinische Bedeutung.

▶ **Tab. 9.4** Größenverhältnisse sonografisch unauffälliger Nebennieren (nach Frings [41]).

Dicke (mm)	Fähe	Rüde
rechte Nebenniere	2,47 ± 0,516	2,7 ± 0,675
linke Nebenniere	2,65 ± 0,573	3,10 ± 0,625

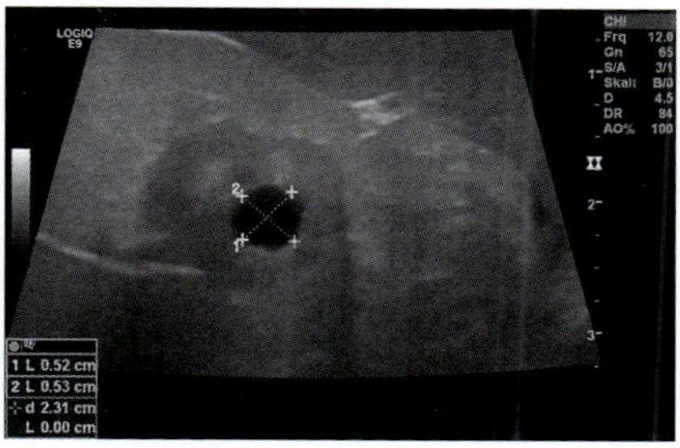

► **Abb. 9.11** Sonografisch darstellbare Nierenzyste.

Geschlechtstrakt Infolge einer Nebennierenerkrankung kann es bei Rüden zu Hyperplasien, zystischen Veränderungen oder Abszessen der Prostata (S. 218) kommen. Die Drüse ist dann als dichte Struktur am Übergang von Harnblasenhals in die Harnröhre darstellbar. Bei erkrankten Fähen sind endometriale Hyperplasien des Uterus (oder Uterusstumpfs) möglich.

Bei unkastrierten Fähen besteht in der Ranzzeit die Gefahr des lebensbedrohlichen Hyperöstrogenismus (S. 231). Die Ovarien können in diesen Fällen zystisch verändert sein.

Der Nachweis einer Trächtigkeit (S. 43) ist sonografisch bereits ab dem 12. Tag nach Befruchtung möglich.

9.4.3 Echokardiografie

Indikationen

Mittels Echokardiografie des Herzens können unter anderem die Größe von Herzkammern und Vorhöfen, die Kontraktilität des Herzens, die Wandstärken und die Morphologie der Herzklappen untersucht werden. Die Indikation zur Echokardiografie besteht bei typischen klinischen Symptomen und auffälligen Auskultations- oder Röntgenbefunden.

Technische Voraussetzungen

Optimal für die Echokardiografie ist die Nutzung von Sektorschallköpfen zwischen 7 und 10 MHz.

Lagerung und Durchführung der Untersuchung

Unter Zuhilfenahme von Vitaminpaste und eventuell Nackengriff tolerieren die meisten Frettchen für kurze Zeit die nötige Seitenlage. Die Tiere werden über einen Lochtisch gelagert. Durch die Aussparung erfolgt von unten das Anschallen des Brustkorbs (► **Abb. 9.12**, ► **Abb. 9.13**). Für eine optimale Ankopplung ist die Entfernung der Haare (beidseits kaudal der Skapula im Bereich des palpierbaren Herzspitzenstoßes) erforderlich. Die sonografische Untersuchung des Herzens inklusive der Messungen (► **Tab. 9.5**) wird nach den gleichen Grundprinzipien wie bei Hund und Katze durchgeführt. Ist eine Sedation erforderlich, sind Auswirkungen auf die Kammergröße, Herzfrequenz oder Kontraktilität zu erwarten.

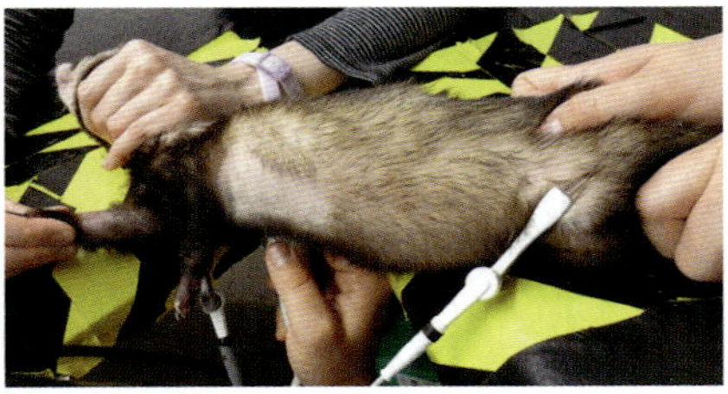

► **Abb. 9.12** Lagerung des Frettchens bei der echokardiografischen Untersuchung.

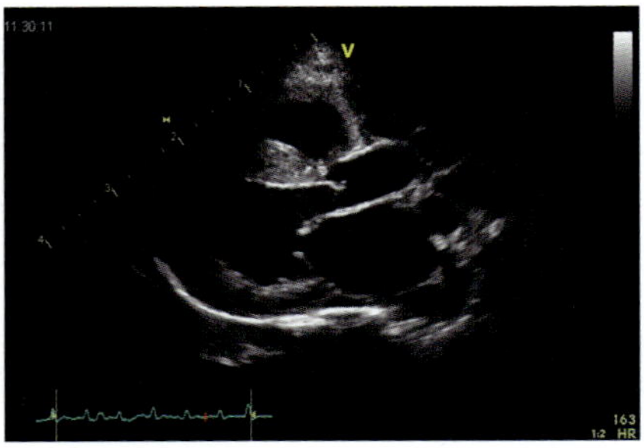

► **Abb. 9.13** Zweidimensionale Echokardiografie (rechte, parasternale Längsachsenansicht).

► **Tab. 9.5** Messwerte in M-Mode und zweidimensionaler Echokardiografie (parasternale Längsachse).

Messungen (M-Mode)	Boonyapakorn [8]	Stepien et al. [111]
Narkose/Sedation	keine	Ketamin und Midazolam
IVSd [cm]	0,35 ± 0,13	0,36 ± 0,07
IVSs [cm]	0,49 ± 0,16	0,48 ± 0,11
LVDd [cm]	1,05 ± 0,24	0,88 ± 0,15
LVDs [cm]	0,61 ± 0,14	0,59 ± 0,15
LVMd [cm]	0,35 ± 0,12	0,42 ± 0,11
LVMs [cm]	0,48 ± 0,11	0,58 ± 0,09
FS [%]	41,4 ± 2,7	33 ± 14
LA [cm]	0,74 ± 0,15	0,71 ± 0,18
AO [cm]	0,56 ± 0,07	0,53 ± 0,10
LA/AO	1,34 ± 0,18	1,33 ± 0,27

IVS = Dicke des Septum interventriculare, LVD = Durchmesser des linken Ventrikels, LVM = linksventrikuläres Myokard, FS = „fractional shortening" (systolische Verkürzungsfraktion), LA = linker Vorhof, AO = Aorta, d = Diastole; s = Systole.

9.4.4 Elektrokardiografie (EKG)

Mittels Elektrografie können die elektrischen Aktivitäten des Herzmuskels erfasst werden. Insbesondere bei der Diagnostik von Arrhythmien ist die Methode sehr hilfreich.

Das Anlegen eines EKG beim Frettchen kann analog zum Vorgehen bei Hund und Katze erfolgen. Dazu wird das Frettchen entweder in rechter Seitenlage, in sternaler Positionierung oder mit „hängender Methode" im Nackengriff gelagert. Ob die Unter-

▸ **Tab. 9.6** EKG-Parameter von wachen und narkotisierten Frettchen in Seitenlage, Brustlage und hängender Position.

EKG-Abschnitte	Dudás-Györki et al. [23]	Bublot et al. [12]	
Narkose/Sedation	keine	Ketamin und Diazepam	
Position	hängende Position	rechte Seitenlage	Brustlage
P-Welle (Amplitude)	0,1–0,3 mV	≤ + 0,2 mV (Abl. II)	≤ + 0,3 mV (Abl. II)
P-Welle (Dauer)	0,02–0,04 s	0,01–0,03 s	
PR-Intervall	0,06–0,1 s	0,03–0,06 s	
QRS-Komplex (Amplitude)	1,4–3,2 mV	1–2,8 mV (Abl. II)	1–3,1 mV (Abl. II)
QRS-Komplex (Dauer)	0,02–0,04 s	0,02–0,05 s	
QT-Intervall (Dauer)	0,06–0,16 s	0,06–0,16 s	
T-Welle (Amplitude)	0,1–0,4 mV	-0,4 – + 0,4 mV	
T-Welle (Dauer)	0,01–0,06 s	0–0,1 s	

suchung ohne Sedation möglich ist, hängt vom Temperament des Tieres ab. Bei der Auswertung des EKG muss der Einfluss der gewählten Lage und der Einsatz von Sedativa beachtet werden (▸ **Tab. 9.6**). Die P-Welle ist, ähnlich der Morphologie bei Katzen, relativ klein. Analog zu den Verhältnissen beim Hund ist der QRS-Komplex relativ hoch und breit. Außerdem ist bei Frettchen eine respiratorische Sinusarrhythmie physiologisch.

9.4.5 Endoskopie

Bisher wird die Endoskopie beim Frettchen relativ selten genutzt. Es gelten die gleichen Grundprinzipien wie bei der Untersuchung von anderen Kleintieren. Flexible Endoskope, die bei kleineren Katzen verwendet werden, sind auch für Frettchen geeignet. Im Gegensatz zu Röntgen- oder Ultraschalldiagnostik müssen die Tiere für die Untersuchung in jedem Fall narkotisiert werden. Am häufigsten wird das Verfahren bei Erkrankungen des Ösophagus, z. B. Entzündung, Striktur, Megaösophagus (S. 191), des Magens, z. B. Gastritis, Ulzera (S. 194), und bei Verdacht auf Fremdkörper (S. 192) eingesetzt. Zur Untersuchung des Verdauungstrakts sind kleinere, flexible Gastroskope empfehlenswert. Sind nicht alle Bereiche des Magen-Darm-Trakts einsehbar, kann auf ein starres System gewechselt werden. Bei der Endoskopie ist es sehr von Vorteil, dass im Rahmen der Untersuchung Biopsien vorgenommen werden können. Dies erleichtert die Diagnostizierung von Magenulzera, entzündlichen oder tumorösen Veränderungen.

9.4.6 CT und MRT

CT und MRT werden aufgrund mangelnder Verfügbarkeit, höherer Untersuchungskosten und vorausgesetzter Narkose beim Frettchen bisher nur in speziellen klinischen oder wissenschaftlichen Fragestellungen eingesetzt.

Frettchen leiden sehr häufig an Insulinomen (S. 228), Lymphomen (S. 241) oder Nebennierentumoren (S. 233). Sowohl CT als auch MRT sind hervorragend geeignet, um tumoröse Organveränderungen zu diagnostizieren. Extrem hilfreich sind die Verfahren außerdem bei der Suche nach Metastasen. Das CT wird meist vorgezogen, da die Untersuchungsdauer in Narkose im Vergleich zum MRT deutlich kürzer ist.

CT

Computertomografische Schnittbilder ermöglichen bei sehr kurzer Untersuchungsdauer eine überlagerungsfreie, kontrastreiche Darstellung des Körpers. Die Unterscheidung von Flüssigkeit und Weichgewebe ist dabei viel einfacher als beim konventionellen Röntgen. Durch die Gabe eines intravenösen Kontrastmittels können Gefäße und stark durchblutete Gewebe (z. B. Tumoren) dargestellt werden. Optimal ist die Methode für die Untersuchung von knöchernen Höhlen mit angrenzendem Weichgewebe wie Nasensinus, Orbita, Gehirn oder Mittelohr sowie für die Beurteilung von Thoraxerkrankungen. Auch bei komplizierten Frakturen oder Veränderungen von Zähnen oder Zahnhalteapparat und Gelenken erleichtert das Verfahren die Diagnostik.

MRT

MRT-Untersuchungen werden insbesondere bei der Suche nach intrakraniellen und intraspinalen Veränderungen verwendet. Dabei können degenerative Prozesse, Läsionen oder tumoröse Entartungen diagnostiziert werden. Bei Störungen des Vestibularapparats können neben den knöchernen und knorpeligen Strukturen auch die beteiligten Nerven dargestellt werden.

10 Applikation von Arzneimitteln

Martina Warschau

10.1 Injektionstechniken

10.1.1 Intravenöse Injektion

Die intravenöse Verabreichung von Medikamenten ist ohne Sedierung nicht einfach. Bei guter Fixation kann die intravenöse Injektion bzw. das Legen eines Venenverweilkatheters in die V. saphena oder die V. cephalica antebrachii erfolgen. Präoperativ ist nach erfolgter Injektions- oder Inhalationsnarkose die intravenöse Verabreichung von Infusionen routinemäßig über den Venenkatheter möglich. Dieser sollte für die Pädiatrie geeignete Maße (0,7 × 0,4 mm) besitzen und gut an der Gliedmaße befestigt werden. Da der Katheter in vielen Fällen nicht geduldet wird, muss eventuell ein Halskragen angelegt werden.

10.1.2 Intramuskuläre Injektion

Die intramuskuläre Gabe beschränkt sich durch den geringen Anteil an Muskelmasse meist auf die Einleitung der Injektionsanästhesie. Um Gewebeschäden zu vermeiden, sollte die Kanüle sehr kurz sein und es sollten nur geringe Volumina injiziert werden. Gut geeignet ist die kraniale Oberschenkelmuskulatur (▶ **Abb. 10.1**). Die kaudale Partie ist aufgrund der Gefahr einer Reizung oder Verletzung des N. ischiadicus nicht geeignet.

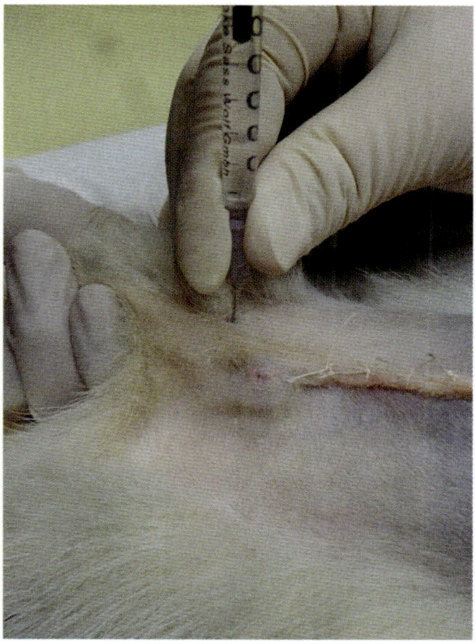

▶ **Abb. 10.1** Intramuskuläre Injektion in die kraniale Oberschenkelmuskulatur.

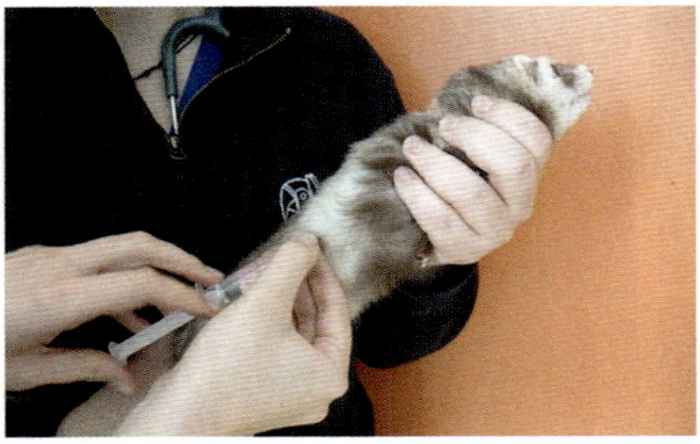

▸ **Abb. 10.2** Subkutane Injektion.

10.1.3 Subkutane Injektion

Subkutane Injektionen werden beim Frettchen analog zu Hund und Katze im Bereich der seitlichen Brustwand verabreicht (▸ **Abb. 10.2**). Die Applikation ist einfach und wenig schmerzhaft. Auch die Gabe größerer Flüssigkeitsmengen ist möglich, wobei die Resorption relativ langsam erfolgt. Während der Injektionen müssen die Frettchen sehr gut fixiert werden, (bei sehr aggressiven Tieren auch im Nackengriff), um Verletzungen von Tier und Kontaktpersonen zu vermeiden. Bei vielen Frettchen funktioniert auch eine Ablenkung mit einer Paste (z. B. Nutri-Cal®-Vitaminpaste).

10.1.4 Intraperitoneale Injektion

Bei kreislaufschwachen Frettchen erweist sich das Legen eines Venenkatheters unter Umständen als sehr schwierig. Alternativ bietet sich die intraperitoneale Gabe eines Flüssigkeitsbolus an. Diese hat im Vergleich zur subkutanen Injektion den Vorteil der schnelleren Resorption. Das Frettchen wird in hängender Position fixiert und die Kanüle im 45°-Winkel in das kaudolaterale Abdomen eingeführt. Vor der Medikamentengabe muss unbedingt aspiriert werden, um die Injektion in ein Organ auszuschließen. Liegen Erkrankungen im Bereich des Abdomens vor, sollte die Methode nicht angewandt werden.

10.2 Orale Applikation

Die Eingabe von Medikamenten in flüssiger Form ist bei Frettchen deutlich einfacher als die Tabletteneingabe und sollte daher, wenn möglich, vorgezogen werden. Zur oralen Verabreichung von flüssigen Arzneimitteln sind 1-ml- oder 2-ml-Spritzen besonders gut geeignet. Das Maul wird analog zu Hund und Katze geöffnet und das Medikament bei gesenktem Kopf seitlich in die Maulhöhle verabreicht. Tabletten können bei gut zu handelnden Tieren auf den Zungengrund gelegt werden. Nach Schließen des Maules wird durch sanfte Manipulation des Kehlbereichs der Schluckreflex ausgelöst.

11 Differenzialdiagnosen/ Leitsymptome

Anja Ewringmann

11.1 Alopezie

Differenzialdiagnostisch kommen bei Fellverlusten folgende Hauptursachen infrage:
- saisonaler Fellwechsel (S.47)
- Hyperadrenokortizismus (S.233)
- Hyperöstrogenismus (S.231)
- Ektoparasitose (S.140)
- Dermatophytose (S.130)
- Neoplasie (S.241)

11.2 Anämie

Anämien können aus Blutverlusten, Bildungsstörungen und Hämolyse resultieren. Folgende Erkrankungen führen bei Frettchen häufig zu Anämien:
- Verletzungen (S.100)
- disseminierte, idiopathische Myofasciitis (S.168)
- Neoplasie (S.241)
- Magenulkus (S.194)
- Flohbefall (S.142)
- Hyperöstrogenismus (S.231)
- chronische Nephropathie (S.212)
- systemisches granulomatös-entzündliches Syndrom (S.117)
- hochgradige Endoparasitose (S.133)
- andere chronische Erkrankungen

11.3 Ataxie

Ataxien können bei Frettchen eine Vielzahl verschiedener Ursachen haben, wobei echte neurologische Erkrankungen eher selten vorkommen. Differenzialdiagnostisch müssen ausgeschlossen werden:
- disseminierte, idiopathische Myofasciitis (S.168)
- Schädigung des Rückenmarks (S.237)
  - infektiös

  - bakteriell
  - viral (Aleutenkrankheit)
  - Diskopathie
  - Neoplasie
  - Trauma
- Erkrankung des Gehirns (S. 237)
  - Enzephalitis, Meningitis
  - Neoplasie
  - Trauma
- Otitis interna
- Stoffwechselerkrankung, z. B.
  - Nephropathie (S. 208)
  - Hepatopathie (S. 204)
  - Insulinom (S. 228)
- Intoxikation (S. 247)

11.4 Aufgetriebenes Abdomen

Ein aufgetriebenes, z. T. pralles und auch schmerzhaftes Abdomen kann durch folgende Erkrankungen hervorgerufen werden:
- Aszites
- Splenomegalie (S. 98)
- Dysurie
  - Urolithiasis (S. 106)
  - Prostataerkrankung (S. 218)
- Neoplasie (S. 241)
- gastrointestinaler Fremdkörper (S. 192)
- systemische Coronavirusinfektion (S. 117)
- Pyometra (S. 221)
- selten polyzystische Nierenerkrankung (S. 216)

11.5 Dermatitis

Entzündungen der Haut werden bei Frettchen v. a. durch verschiedene Arten von Infektionen hervorgerufen:
- Ektoparasitose (S. 140)
- Dermatophytose (S. 130), siehe auch Hauterkrankungen (S. 145)
- bakterielle Infektionen (S. 125)
- Staupe (S. 112)

11.6 Diarrhö

Durchfälle verschiedener Qualität und Intensität werden im Zuge von Entzündungen des Gastrointestinaltrakts beobachtet, wobei die auslösenden Faktoren sehr unterschiedlich sein können:

- disseminierte, idiopathische Myofasciitis (S. 168)
- Gastritis/Magenulkus (S. 194)
- Gastroenteritis
  - bakterielle Infektion
    - *Helicobacter mustelae* (S. 119)
    - *Campylobacter jejuni* (S. 121)
    - Colibazillose (S. 120)
    - Mykobakteriose (S. 123)
    - Salmonellen (S. 121)
    - *Lawsonia intracellularis* (S. 122)
  - Virusinfektion
    - Rotaviren (S. 118)
    - Coronaviren (S. 117)
    - canines Staupevirus (S. 112)
  - Endoparasitose
    - Kokzidiose (S. 133)
    - Kryptosporidiose (S. 135)
    - Giardiasis (S. 136)
  - eosinophile Gastroenteritis (S. 202)
  - lymphoplasmazelluläre Enteritis (S. 199)
- intestinale Fremdkörper (S. 192)
- gastrointestinale Neoplasie (S. 202)

11.7 Dyspnoe

Beeinträchtigungen der Atmung bis hin zur Atemnot können sowohl durch Erkrankungen der Thoraxorgane hervorgerufen werden als auch im Zuge von Anämien entstehen, die eine verminderte Sauerstoffversorgung zur Folge haben. Folgende Ursachen und Erkrankungen müssen abgeklärt werden:

- bakterielle Atemwegsinfektionen (S. 126), siehe auch Pneumonie (S. 170)
- Virusinfektion
  - Influenza (S. 114)
  - Staupe (S. 112)
- Systemmykosen (S. 132)
- Herzwurmerkrankung (S. 138)
- Neoplasie, näheres dazu siehe Primärtumor (S. 173) oder Metastase (S. 241)
- Herzinsuffizienz (S. 180)
- Pneumothorax (S. 100)
- Anämie (S. 93)

11.8 Erbrechen

Erbrechen ist nicht zu verwechseln mit Regurgitieren! Übelkeit und Erbrechen können sowohl durch gastrointestinale Erkrankungen als auch durch Krankheiten anderer Genese hervorgerufen werden:

- gastrointestinale Erkrankung
  - Gastritis/Magenulkus (S. 194)
  - Gastroenteritis
    - bakterielle Infektion (S. 119), v. a. *Helicobacter mustelae*, Salmonellen, Mykobakeriose
    - Virusinfektion (S. 111), v. a. Coronaviren (ECE) und canines Staupevirus
    - Endoparasitose (S. 133), v. a. Kryptosporidiose, Giardiasis, Nematodenbefall
  - eosinophile Gastroenteritis (S. 202)
  - gastrointestinaler Fremdkörper (S. 192)
  - lymphoplasmazelluläre Gastroenteritis (S. 199)
  - Neoplasie (S. 241)
- Megaösophagus (S. 191)
- Kreislauferkrankung
  - Hitzschlag (S. 176)
- Stoffwechselstörungen, z. B.
  - Hepatopathie (S. 204)
  - Nephropathie (S. 208)
  - Insulinom (S. 228)

11.9 Hämaturie

Blutiger Urin kann im Zuge folgender Erkrankungen auftreten:

- Blasenerkrankung
  - Urolithiasis (S. 106)
  - Zystitis (S. 214)
  - Neoplasie (S. 241)
- Nierenerkrankung
  - bakteriell bedingte Nephritis (S. 208)
  - akutes Nierenversagen (S. 210)
  - chronisches Nierenversagen (S. 212)
  - Neoplasie (S. 241)
- Prostataerkrankung (S. 218)
- Hyperöstrogenismus (S. 231)
- Trauma (S. 100)

11.10 Hodenschwellung

Für eine Schwellung der Hoden kommen v. a. folgende Erkrankungen infrage:
- Orchitis
- Abszess
- Neoplasie (S. 220)
- Trauma, Hämatom, Hodentorsion u. a.

11.11 Hypersalivation

Vermehrter Speichelfluss wird insbesondere bei den folgenden Erkrankungen beobachtet:
- Erkrankung der Maulhöhle (S. 183)
  - Zahnerkrankung, Gingivitis, Verletzungen etc.
  - Fremdkörper
- Erkrankung des Gastrointestinaltrakts
  - Magenulzera (S. 194)
  - Gastroenteritis (S. 196)
  - gastrointestinaler Fremdkörper (S. 192)
- Hypoglykämie bei Insulinom (S. 228)
- Staupeinfektion (S. 112)

11.12 Juckreiz

Besteht ein Juckreiz, so sollten v. a. die folgenden Erkrankungen abgeklärt werden:
- Ektoparasitose (S. 140)
- bakterielle Dermatitis (S. 125)
- Hyperadrenokortizismus (S. 233)
- Mastzelltumor (S. 153)
- Sertolizelltumor (S. 220)

11.13 Krämpfe

Krampfgeschehen werden nur selten von primären ZNS-Erkrankungen hervorgerufen. Meist liegt eine Allgemeinerkrankung vor, sodass eine breit angelegte Diagnostik erforderlich ist, um die Ursache zu ermitteln. Folgende Differenzialdiagnosen müssen berücksichtigt werden:
- disseminierte, idiopathische Myofasciitis (S. 168)
- Stoffwechselerkrankungen
  - Insulinom (S. 228)

  - Nephropathie (S. 208)
  - Hepatopathie (S. 204)
- Kreislauferkrankung
  - Hitzschlag (S. 176)
- Infektionen des ZNS
  - Virusinfektion (S. 111)
  - bakterielle Infektion (S. 239)
  - Systemmykose (S. 132)
- Vergiftung (S. 247)
- Neoplasie (S. 241)

11.14 Parese der Hinterhand

Eine Schwäche der Hinterhand ist ein sehr unspezifisches Symptom bei Frettchen, das durch eine Vielzahl von Krankheiten hervorgerufen werden kann. Nur in wenigen Fällen liegt eine primäre Erkrankung des Nervensystems vor. Um die Ursache zu ermitteln, ist daher in der Regel eine weitreichende Diagnostik erforderlich. Folgende Differenzialdiagnosen sind hierbei zu berücksichtigen:

- jede Erkrankung, die mit Schwäche einhergeht
- Erkrankung des Rückenmarks (S. 237)
  - Aleutenkrankheit
  - Diskopathie
  - Rückenmarktrauma/-abszess
  - Myelitis
  - Neoplasie
- Muskelerkrankung (S. 168)
- Skeletterkrankung
- Stoffwechselerkrankung
  - Trächtigkeitstoxikose (S. 225)
  - Insulinom (S. 228) (Hypoglykämie)

11.15 Spenomegalie

Eine Vergrößerung der Milz ist bei Frettchen ein häufiger Befund und in den meisten Fällen auf eine extramedulläre Hämatopoese zurückzuführen. Die Ursache für dieses Phänomen ist bisher unbekannt. Sowohl Insuffizienzen des Knochenmarks als auch eine Proliferation als Antwort auf eine permanente Stimulation des Immunsystems bei chronischen Infektionen (z. B. mit *Helicobacter mustelae*) werden als Auslöser diskutiert. Jedoch zeigen betroffene Frettchen in der Regel weder Störungen des Allgemeinbefindens noch Veränderungen des Blutbilds, sodass auch kein therapeutisches Eingreifen erforderlich ist. Bei manchen Tieren kann das Organ jedoch so groß werden, dass es bis in den Beckenbereich reicht und fast ⅓ der Bauchhöhle ausfüllt, wodurch die Mobilität deutlich eingeschränkt wird. In solchen Fällen kann versucht werden durch konsequente antibiotische Behandlung über 2–3 Wochen eine chronische Infektion zu beseitigen. Ist dadurch keine Verkleinerung der Milz zu erzielen, muss im Einzelfall über eine Exstirpation nachgedacht werden.

Folgende Differenzialdiagnosen sind bei Splenomegalie in Betracht zu ziehen:

- extramedulläre Hämatopoese
- Neoplasie (S. 241) (Lymphom, Hämangiosarkom, Hämangiom)
- Hämatom
- Stauung bei:
  - Herzinsuffizienz (S. 180)
  - gastrointestinalen Fremdkörpern (S. 192) mit vollständiger Obstruktion

11.16 Vulvaschwellung

Schwellungen der Vulva können sowohl im Zuge eines normalen Zyklusgeschehens auftreten als auch bei verschiedenen Erkrankungen beobachtet werden, die mit hormonellen Imbalanzen einhergehen:

- physiologischer Östrus (S. 41)
- Hyperöstrogenismus (S. 231) (Dauerranz)
- Hyperadrenokortizismus (S. 233)
- unvollständige Kastration
- Vaginitis (S. 221)

12 Erkrankungen

Anja Ewringmann, Michael Fehr, Martina Warschau

12.1 Traumata

Michael Fehr

Ätiologie Traumata entstehen infolge von Beißeren unter Artgenossen oder anderen im Haushalt oder zufällig anwesenden Tierarten, im Käfig oder Freilauf durch Stürze aus größerer Höhe, Einklemmen, Gegenstände, die auf das betreffende Tier fallen oder durch Unachtsamkeit des Menschen.

Therapie Liegen Haut-/Muskelwunden vor (▸ Abb. 12.1), entspricht die Vorgehensweise der bei der Katze mit vergleichbaren Verletzungen.

12.1.1 Pneumothorax

Ätiologie Nach Balkonstürzen können wie bei der Katze ein Pneumothorax oder auch Kieferfrakturen (S. 101) entstehen.

Klinisches Bild Typische Symptome sind Dyspnoe, Tachpnoe, Rhinorrhagie und Schocksymptome.

Diagnose Neben der klinischen Symptomatik bestätigen die Röntgenbefunde die Verdachtsdiagnose (▸ Abb. 12.2).

Therapie Nach Rasur, Waschen und Desinfektion wird alles im Wundbereich vorhandene Fremdmaterial (Haare, Fremdkörper) entfernt und ein Debridement durchgeführt. Wenn eine Wundspülung angezeigt ist, sollte die Lösung handwarm aufgebracht werden. Sind Frakturen oder Luxationen vorhanden, so erfolgt eine gedeckte oder offene Reposition und eine stabilisierende Versorgung.

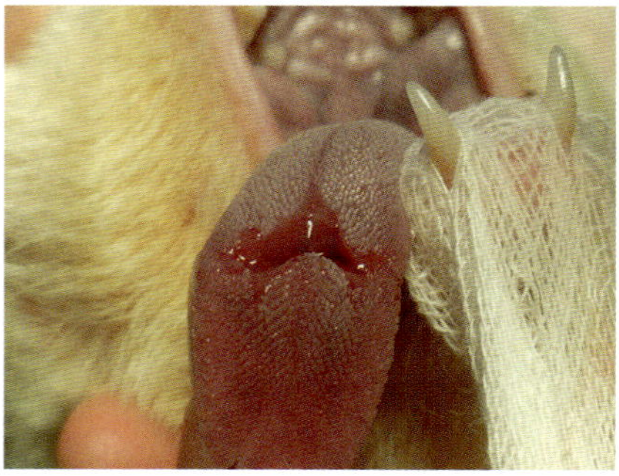

▸ **Abb. 12.1** Traumatisch bedingte Verletzung der Zunge durch Einbiss.

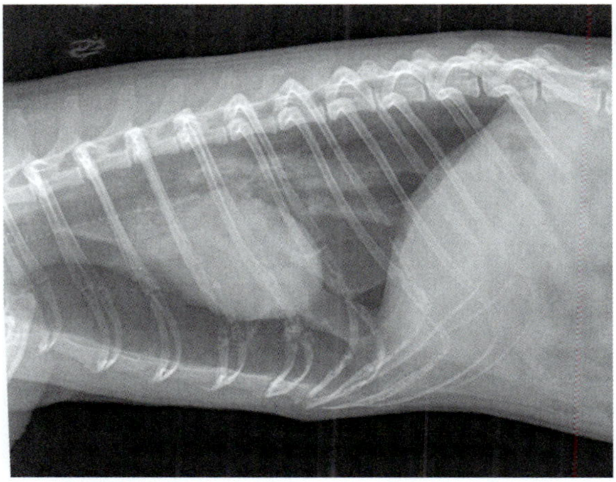

▶ **Abb. 12.2** Röntgenologisch deutlich vom Sternum abgehobenes Herz infolge eines Pneumothorax.

12.1.2 Frakturen

Ätiologie Frakturen entstehen häufig im Käfig durch Hängenbleiben zwischen Gitterstäben und rückwärtsgerichtete Stürze. Meist liegen dann Frakturen der Vordergliedmaßen vor. Die eigenen Erfahrungen zeigen, dass Hintergliedmaßen- und Beckenfrakturen eher infolge von Quetschverletzungen und Kieferfrakturen nach Balkonstürzen entstehen.

Diagnose Die Diagnose basiert auf den klinischen Befunden (Lahmheit unterschiedlicher Schweregrade, Achsenabweichung, Krepitation) und der Röntgendiagnostik (▶ **Abb. 12.3**).

Therapie Die Größe der Röhrenknochen des Frettchens entspricht etwa einer Streichholzlänge. Aufgrund dieser Größe und der anatomischen Knochenkonfiguration empfiehlt sich eine Markraumfixation (▶ **Abb. 12.4**) mit Kirschner-Pins (Stärke 0,4–1,4 mm), ggf. auch die Kombination mit einem Fixateur externe als „tie-in-fixateur". Eine Verbandsbehandlung ist wegen der Gliedmaßenform und der Aktivität der Frettchen meist schwierig durchzuführen bzw. wird vom Frettchen abgestreift.

Ellbogengelenkluxationen werden in Narkose reponiert und zur Sicherung der Reduktion wird ein Verband für 3–5 Wochen angelegt. Im Fall einer instabilen Ellbogengelenkluxation kann ein temporärer, transartikulärer, von kaudal über das Olekranon in den Condylus humeri eingetriebener Kirschner-Pin die Reduktion sichern. Nach 4–6 Wochen muss der Pin dann wieder entfernt werden.

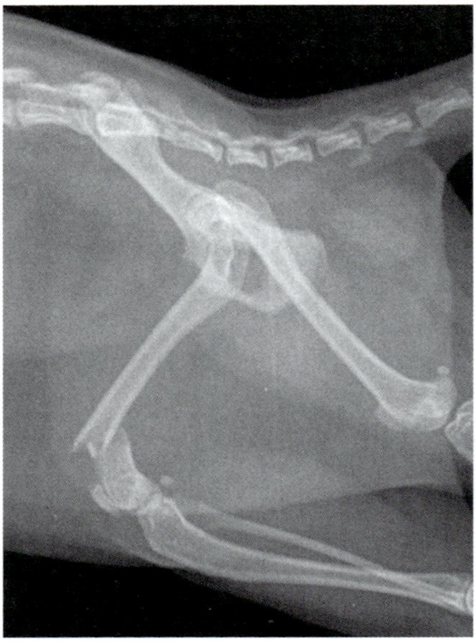

▶ **Abb. 12.3** Kniegelenksnahe Femurfraktur.

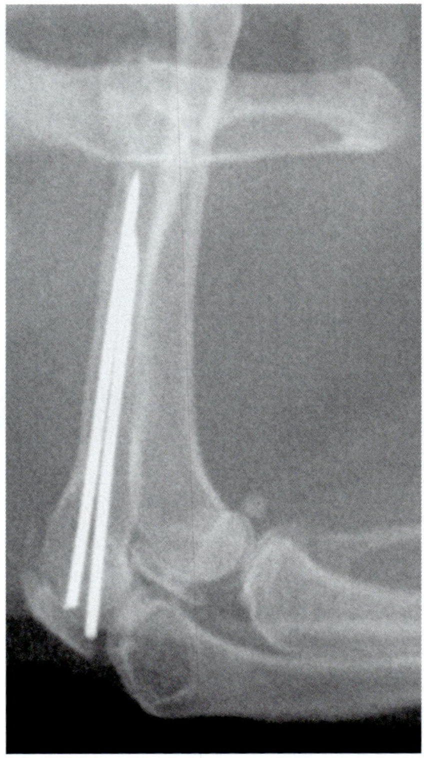

▶ **Abb. 12.4** Marknagelung einer Femurfraktur mit Kirschner-Pins. Abheilung.

12.2 Fütterungsbedingte Krankheiten

Michael Fehr

12.2.1 Adipositas

Ätiologie Insbesondere ältere Frettchen können durch Aufnahme großer Mengen energiereichen Futters in Kombination mit einem bewegungsarmen Alltag eine Fettleibigkeit entwickeln. Analog zu anderen Tierarten kann eine Adipositas prädisponierend für diverse Pathologien, wie Herz-Kreislauf-Erkrankungen (S. 174), degenerative Veränderungen des Bewegungsapparats, Leberlipidose (S. 205), Trächtigkeitstoxikose (S. 225) oder Diabetes mellitus (S. 236) sein.

Bei plötzlich eintretender Inappetenz, z. B. aufgrund einer systemischen Erkrankung, sind insbesondere adipöse Tiere stark gefährdet, an einer lebensbedrohlichen Stoffwechselentgleisung zu erkranken.

Klinisches Bild Bei Palpation adipöser Tiere sind die Rippen von einer Fettschicht überlagert und kaum noch fühlbar. Die Lymphknoten können durch Fettummantelung vergrößert sein und mit einer Lymphadenopathie oder einer tumorösen Erkrankung verwechselt werden. In chronischen Fällen kann eine Hepatomegalie beim Durchtasten des Abdomens festgestellt werden.

Diagnose Die Diagnose ergibt sich aus der klinischen Allgemeinuntersuchung. Vergrößerte Lymphknoten sollten durch eine Feinnadelaspirationsbiopsie untersucht werden, um die genannten Differenzialdiagnosen auszuschließen. Ob die Leber bereits beeinträchtigt ist, kann durch die Überprüfung der Leberwerte GLDH und ALT im Blut festgestellt werden.

Therapie Adipöse Frettchen sollten primär durch Steigerung der täglichen Bewegungszeit (z. B. durch längere Freilaufzeiten oder Spaziergänge) und ein breiteres und variationsreiches Beschäftigungsangebot (S. 29) bei der Gewichtsreduktion unterstützt werden. Diese darf immer nur langsam erfolgen, da andernfalls eine Stoffwechselentgleisung droht. Stand energiereiches Futter bisher ad libitum zur Verfügung, so sollte dies nun mehrmals täglich nach Bedarf angeboten werden. Eine Erhöhung des Faseranteils im Futter ist bei Frettchen nicht empfehlenswert, da der Verdauungstrakt nicht auf die Verdauung von pflanzlichem Material ausgelegt ist. Zuckerhaltige Leckerlis, wie Rosinen oder Malzpaste, sollten generell vom Speiseplan gestrichen werden.

Prophylaxe Eine sorgfältige Aufklärung der Besitzer hinsichtlich der optimalen Fütterung (S. 31) und der Bereitstellung eines ausreichenden Bewegungs- und Beschäftigungsangebots kann eine Fettleibigkeit verhindern.

12.2.2 Mangelernährung

Ätiologie Da Heimtierfrettchen in der Regel mit Frettchen- oder Katzenfutter ernährt werden, kommen Unterversorgungen mit Proteinen, Vitaminen oder Mineralstoffen nur sehr selten vor. Die Gefahr einer unausgewogenen Ernährung besteht eher bei der Fütterung von selbst zusammengestelltem Futter (S. 32) aufgrund einer unzureichend angepassten Nährstoffzusammensetzung oder durch einen Verlust an Nährstoffen im Fertigfutter durch Überlagerung. Es wurde v. a. bei Farm- und Labortieren über eine Unterversorgung mit Proteinen und Vitamin E berichtet. Insbesondere schnell wachsende Jungtiere laufen Gefahr bei ungenügender Zufuhr an Kalzium bzw. bei einem ungünstigen Kalzium-Phosphor-Verhältnis zugunsten des Phosphors an einer Osteodystrophia fibrosa (ernährungsbedingter Hyperparathyreoidismus) zu erkranken. Über eine Rachitis, die prinzipiell bei zusätzlichem Vitamin-D- bzw. Phosphormangel entstehen kann, wurde bei Frettchen bislang nicht berichtet.

Klinisches Bild Ein Proteinmangel kann sich durch schlechtes Wachstum bei Jungtieren, unzureichende Laktation bei Fähen und einer insgesamt erhöhten Anfälligkeit für Infektionskrankheiten durch ein geschwächtes Immunsystem äußern.

Bei Unterversorgungen mit Vitamin E wurde über eine Gelbverfärbung des Körperfetts („yellow fat disease", Steatitis), fortschreitende Bewegungsstörungen bis Paralysen sowie über die Entwicklung von Anorexie und Anämie bei Jungtieren berichtet. Die Frettchen wiesen diffuse, harte, subkutane Schwellungen und hervortretende Wölbungen in der Unterhaut der Inguinalregion auf.

An einer Osteodystrophia fibrosa erkrankte junge Tiere verlieren, trotz guter Futteraufnahme, an Gewicht, meiden übermäßige Bewegung und zeigen Abwehrbewegungen bei der Palpation bzw. Streckung der Gliedmaßen. Die Vorderbeine werden typischerweise in einer Abduktionsstellung gehalten. Die Knochen sind biegsam und laufen Gefahr, zu frakturieren.

Diagnose In allen Fällen muss das klinische Bild in Zusammenhang mit der Rationszusammensetzung (S. 33) betrachtet werden. Eine fütterungsbedingte Proteinunterversorgung kommt insbesondere bei Rationen mit übermäßigem Fettanteil vor. Futtermittel, die ranziges Fett oder einen hohen Anteil an ungesättigten Fettsäuren aufweisen, können einen Mangel an Vitamin E hervorrufen.

Bei den röntgenologischen Veränderungen einer Osteodystrophia fibrosa sind, analog zu anderen Tieren, eine verminderte Knochendichte, insbesondere im Bereich der Kiefer, eventuell auch der Rippen und Wirbelkörper zu erwarten.

Therapie Bei Verdacht auf eine Mangelernährung muss die Fütterung sofort auf ein kommerzielles Futter (S. 32) umgestellt werden. Da eine Osteodystrophie in der Regel mit Schmerzen verbunden ist, wird ein Analgetikum (z. B. Novalgin®) verabreicht. Wird ein NSAID (z. B. Metacam®) gewählt, müssen Erkrankungen der Nieren (S. 208) und des Magen-Darm-Trakts (S. 191) ausgeschlossen sein. Außerdem sollte prophylaktisch ein Schleimhautschutzpräparat eingegeben werden.

Prophylaxe Durch die Fütterung mit frischem, hochwertigen Frettchen- oder Katzenfutter können Mangelversorgungen bei Frettchen vermieden werden.

12.2.3 Trächtigkeitstoxikose

Ätiologie Gegen Ende der Trächtigkeit benötigen Frettchenfähen hochwertiges und energiereiches Futter, das jederzeit frei zur Verfügung stehen muss. Eine stressfreie Umgebung ist ebenfalls sehr wichtig. Andernfalls geraten insbesondere Erstgebärende und adipöse Tiere in einem Zeitraum nahe der Geburt in eine negative Energiebilanz und mobilisieren die körpereigenen Fettreserven. Durch Überschwemmung des Körpers mit Fettsäuren aus der Leber kommt es zur Ketose und Toxikose; siehe auch Trächtigkeitstoxikose (S. 225).

Klinisches Bild Die Frettchen verlieren an Flüssigkeit und Gewicht, leiden unter Hypothermie und sind meist lethargisch. Eine ausgeprägte Alopezie und Meläna können ebenfalls vorhanden sein. Auch perakute Todesfälle kommen vor.

Diagnose Der Verdacht auf eine Trächtigkeitstoxikose besteht bei Fähen, die zwischen Tag 32 und 42 der Trächtigkeit ein vermindertes Allgemeinbefinden zeigen. Im Rahmen der Blutuntersuchung sind meist erhöhte Leberwerte und eine Azotämie feststellbar. Eine mittels Harnstick diagnostizierte Ketonurie erhärtet die Verdachtsdiagnose.

Therapie Bei der Trächtigkeitstoxikose liegt eine lebensbedrohliche Erkrankung der Fähe vor. Es sind sofort glukosehaltige Infusionen (Glukose 2,5 %), im besten Fall intravenös zu verabreichen. Die Tiere erhalten hochkalorisches Futter und werden bei Bedarf gepäppelt. Besteht der Verdacht von Ulzera im Magen-Darm-Trakt, werden ein Protonenpumpenhemmer (Omeprazol) und ein Schleimhautschutzpräparat (Sucralfat) verabreicht. In der Regel ist eine Sectio caesaria (S. 270) einzuleiten, um das Leben der Fähe zu retten.

Prognose Die Prognose ist sehr vorsichtig. Die Überlebenschancen nach der Sectio caesaria sind im Vergleich zur rein konservativen Therapie etwas höher.

Prophylaxe Die Trächtigkeitstoxikose kann in der Regel durch eine an die Trächtigkeit angepasste Energieversorgung verhindert werden. Von großer Bedeutung ist die hohe Energiedichte des Futters gegen Ende der Trächtigkeit und die freie Verfügbarkeit, da die Fähen aufgrund des großen Platzbedarfs der Welpen nur noch in der Lage sind mehrmals täglich kleine Futtermengen aufzunehmen. Auch die mehrmalige Gabe von geringen Mengen Malzpaste in den letzten Tagen vor der Geburt kann zusätzliche Energie liefern.

12.2.4 Zahnerkrankungen

Ätiologie Die Verfütterung von zuckerhaltigen, sehr weichen Futtermitteln und Pellets steht, neben weiteren Faktoren, im Verdacht, die Entstehung von Zahnbelägen zu fördern; siehe auch Erkrankungen der Maulhöhle und der Zähne (S. 183). In Verbindung mit der Akkumulation von Plaque kann es zu Gingivitiden kommen, die sich ohne adäquate Behandlung zu Parodontitiden entwickeln können. Während wilde Musteliden, vermutlich durch die Aufnahme ganzer Beutetiere, nur selten unter Plaque und Zahnstein leiden, kommen die Veränderungen bei Heimtierfrettchen sehr häufig vor.

Gelegentlich sind bei den Tieren zudem stark abgeriebene Zähne zu sehen. Insbesondere das Käfigbeißen bzw. das Vorhandensein von inadäquatem Spielzeug (S. 29) oder eine ausschließliche Ernährung von Trockenfutter werden als Ursache für die verstärkte Zahnabnutzung diskutiert.

Klinisches Bild Häufig sind die gelblichen bis bräunlichen Zahnbeläge im Rahmen der routinemäßigen Allgemeinuntersuchung erkennbar (▶ Abb. 12.5). Die Besitzer berichten in diesem Zusammenhang meist über einen unangenehmen Mundgeruch des

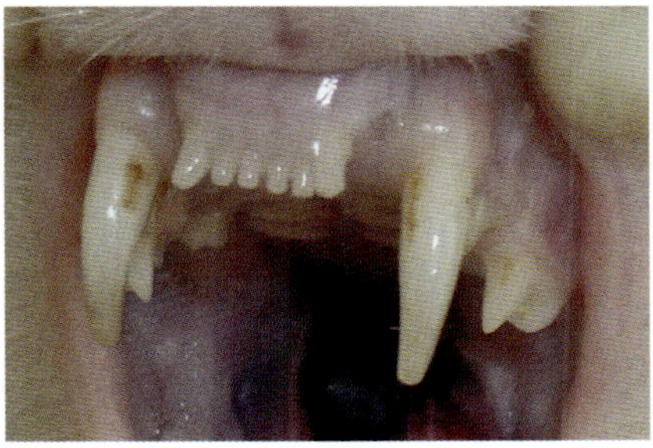

▶ **Abb. 12.5** Dezente bräunliche Beläge auf Oberkiefer-Canini und Prämolaren (Zahnstein).

Frettchens. Liegt eine Gingivitis vor, zeigt sich der Zahnfleischsaum gerötet, geschwollen und neigt zu Blutungen. Parodontitiden können zusätzlich mit einer Gingivarezession, der Bildung von parodontalen Taschen und in fortgeschrittenen Stadien mit Zahnlockerungen und -ausfällen einhergehen. Bei starken Entzündungsprozessen zeigen die Frettchen eine verminderte Futteraufnahme und einen fortschreitenden Gewichtsverlust.

Sehr kurze Zähne, die eine glatte Oberfläche und eine unversehrte Pulpa aufweisen, sind in der Regel nicht frakturiert, sondern abgenutzt.

Diagnose Um eine aussagekräftige Diagnose hinsichtlich einer Gingivitis oder Parodontitis (S. 183) stellen zu können, müssen alle Zähne in Allgemeinanästhesie untersucht und ggf. geröntgt werden.

Der Schweregrad der Gingivitis kann, wie bei Hund und Katze, anhand des Gingivitis-Index abgeschätzt werden. Eine Parodontalsonde mit kleiner Skalierung eignet sich hervorragend, um das Vorhandensein und die Tiefe parodontaler Taschen zu beurteilen. Ebenso geben die Gingivaretention, eine mögliche Zahnlockerung und die röntgenologische Untersuchung Hinweise auf den Schweregrad der Parodontitis.

Therapie Zur Behandlung der **Gingivitis** erfolgt zunächst eine Desinfektion der Maulhöhle mit einer milden Chlorhexidin-Lösung. Anschließend werden die Zahnbeläge sorgfältig entfernt und die Zähne poliert. Die Tiere sollten vor dem Eingriff und über einige weitere Tage ein Analgetikum erhalten.

Liegt bereits eine **Parodontitis** vor, müssen nach der Zahnreinigung die Wurzeloberflächen gereinigt und poliert werden und die Parodontaltaschen gründlich gespült werden. Der Einsatz eines systemischen Antibiotikums ist bei Vorliegen einer systemischen Erkrankung, eines geschwächten Immunsystems oder bei sehr aggressiven Parodontitiden indiziert.

Prophylaxe Da die Fütterung ganzer Beutetiere für viele Frettchenbesitzer nur schwer zu realisieren ist, kommt der Zahnprophylaxe, zur Reduzierung von Plaque und Zahnstein, eine große Bedeutung zu. Es sollte versucht werden, die Zähne regelmäßig mittels Wattestäbchen oder Fingerzahnbürste und Zahncreme für Tiere zu reinigen. Da der Vorgang mit einer gewissen Verletzungsgefahr für den Besitzer verbunden ist und häufig nicht zufriedenstellend durchgeführt werden kann, müssen regelmäßige Untersuchungen der Zähne und bei Bedarf Zahnreinigungen in Narkose stattfinden.

Bei abgeriebenen Zähnen muss die Ursache ermittelt und, falls möglich, abgestellt werden.

12.2.5 Urolithiasis

Ätiologie Die Bildung von Harnsteinen steigt bei Frettchen mit dem Lebensalter. Daher wird angenommen, dass diese ähnlich wie bei Katzen durch eine nicht artgerechte Ernährung provoziert werden. Dabei führt ein zu hoher Anteil an pflanzlichem Protein zu einer Alkalisierung des Harns. Das so geschaffene Milieu scheint ein prädisponierender Faktor bei der Entstehung von Struvitkonkrementen (S. 208) (▸ **Abb. 12.6**) zu sein. Als weitere beteiligte Komponenten werden bakterielle Infektionen des Harntrakts und eine verminderte Flüssigkeitsaufnahme angenommen.

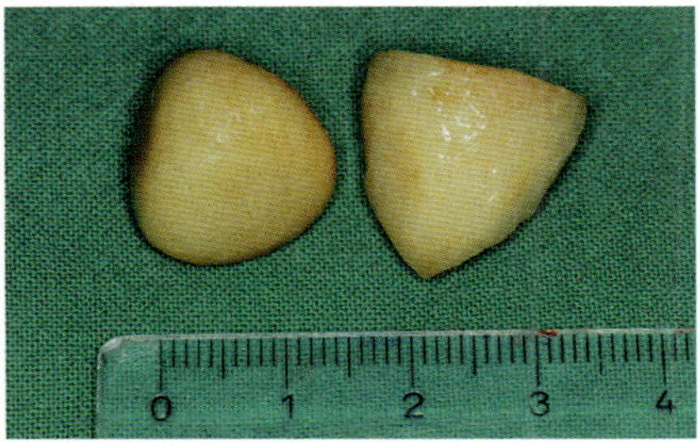

▶ **Abb. 12.6** Struvitsteine aus der Harnblase einer 15 Monate alten Fähe.

Klinisches Bild Konkremente in Harnblase und Harnröhre führen, in Abhängigkeit von der Steingröße, zu typischen Symptomen wie Hämaturie, Strangurie und Pollakisurie. Im schlimmsten Fall blockiert das Konkrement die harnableitenden Wege komplett. Betroffene Frettchen zeigen dann ein stark angespanntes, schmerzhaftes Abdomen und ein deutlich reduziertes Allgemeinbefinden. Harnsteine im Nierenbecken oder Harnleiter führen meist zu kolikartigen Schmerzen.

Diagnose Ein stark angespanntes Abdomen muss sehr vorsichtig palpiert werden, da eine sehr pralle Harnblase schmerzempfindlich ist und bei einer Abflussstörung eine erhöhte Gefahr einer Harnblasenruptur besteht. Röntgenologisch zeigen sich Struvitsteine röntgendicht und sind daher gut erkennbar (▶ **Abb. 12.6**). Eine sonografische Untersuchung des Abdomens ist sinnvoll, um die Konkremente zu lokalisieren, Harnleiter- und Nierenbeckenstauungen nachzuweisen und um weitere Veränderungen des Harn- und Geschlechtstrakts auffinden zu können. Der Urin sollte mittels Harnstick sowie durch mikroskopische Untersuchung des Harnsediments auf eine Alkalisierung und das Vorkommen von Erythrozyten, Kristallen und Bakterien untersucht werden.

Therapie Eine Dysurie durch komplette Obstruktion der harnableitenden Wege ist ein Notfall. Es muss so schnell wie möglich eine Entlastung der Harnblase mittels Katheterisierung, Zystozentese oder Zystotomie (S. 278) erfolgen. Zudem sind Kreislauf und Nierenfunktion der Tiere durch die Verabreichung intravenöser Infusionen zu stabilisieren.

Nach Gabe eines Schmerzmittels (z. B. Metamizol) werden die Harnblasensteine und größere Harnröhrensteine nach retrograder Spülung durch eine Zystotomie entfernt. Kleinere Urethrasteinchen können eventuell durch vorsichtige Massage der Harnblase in Allgemeinanästhesie ausgeschwemmt werden.

Prophylaxe Die Besitzer sollten hinsichtlich der Fütterung beraten werden. Es kann versucht werden, den Tieren ein Diätfuttermittel für Katzen zur Vorbeugung von Struvitsteinen zu füttern. Eine fleischreiche Ernährung scheint Harnsteinen ebenfalls vorzubeugen. Sehr wichtig ist in jedem Fall der ständige Zugang zu frischem Wasser.

12.2.6 Botulismus

Ätiologie Frettchen können durch die Aufnahme von verwesenden Tierkadavern oder verdorbenen Fleischkonserven an einem Botulismus (S. 124) erkranken. Verursacht wird die Intoxikation durch Neurotoxine des Bakteriums *Clostridium botulinum*. Die Endotoxine hemmen die Freisetzung von Acetylcholin und führen zu einer fortschreitenden Lähmung der motorischen Nerven.

Klinisches Bild Erste Symptome, wie eine Paralyse der Hintergliedmaßen, zeigen sich 18–96 Stunden nach Aufnahme des Materials. Die Lähmung breitet sich progressiv nach kranial aus und kann zu einem Megaösophagus, zu einer Schluck- und Zungenlähmung bis hin zur Paralyse der Atmungsmuskulatur und zum Atemstillstand führen.

Diagnose Der Nachweis von *Clostridium botulinum* kann in Erbrochenem oder Kot bzw. nach Versterben des Tieres im Mageninhalt erfolgen. Die Diagnose Botulismus kann jedoch nur bei gleichzeitigem Nachweis der Neurotoxine gestellt werden.

Therapie Die Behandlung muss sehr zügig erfolgen und besteht insbesondere in der Gabe von Penicillin, Metronidazol oder Amoxicillin. Außerdem sollte der Kreislauf der Tiere und die Ausscheidung der Toxine über die Nieren durch die Verabreichung von Infusionen unterstützt werden. Je nach Ausprägungsgrad der Symptome müssen die Patienten auch über mehrere Wochen zwangsgefüttert (ggf. auch über eine Magensonde) und intensiv gepflegt werden.

Prophylaxe Die Frettchen dürfen keinen Zugang zu verdorbenem Futter bekommen. Neigen die Tiere zum Horten der Futtermittel, müssen bekannte Sammelstellen konsequent täglich kontrolliert und gesäubert werden.

12.3 Haltungsbedingte Krankheiten

Michael Fehr

12.3.1 Bissverletzungen

Ätiologie Bissverletzungen treten bei Heimtierfrettchen meist während der Paarung oder im Rahmen von Rangordnungskämpfen auf. Ist das Außengehege nicht ausreichend gesichert, besteht außerdem eine potenzielle Verletzungsgefahr durch andere Tiere.

Die Bisse, meist im Nacken oder am Hals, führen zum Eindringen verschiedener in der Maulhöhle angesiedelter Bakterien (z. B. *Staphylococcus* spp., *Streptococcus* spp., *Pasteurella* spp.) und können Abszesse, Zellulitiden oder Pyodermien verursachen.

Klinisches Bild Das klinische Bild der Hautwunden kann sehr variabel sein. Häufig sind nur kleine Einbisse zu sehen und um die Wundbereiche ist blut- oder sekretverkrustetes Fell erkennbar. Kleine Verletzungen neigen dazu sich schnell wieder zu verschließen. Die Folge können massive subkutane Entzündungen sein, die sich entlang der Muskelfaszien weiter ausbreiten. Ebenso können Abszesse entstehen.

Entzündete Hautbereiche und Wunden werden mit zunehmender bakterieller Besiedlung schmierig, feucht und übelriechend. In den Sommermonaten besteht zudem die Gefahr einer Myiasis (S. 144).

Bereits abgekapselte Prozesse sind als subkutane, weich-fluktuierende Umfangsvermehrungen fühlbar. Infektionen mit *Actinomyces* spp. führen, meist im Halsbereich, zur Bildung multipler Abszesse.

Diagnose Um das Ausmaß von Bissverletzungen abschätzen zu können, muss das Fell großzügig entfernt werden. Insbesondere das Aufsuchen des Gegenbisses erfordert häufig etwas Geduld.

Bei Umfangsvermehrungen kann durch eine Feinnadelaspiration festgestellt werden, ob ein Abszess vorliegt. Eine mikrobiologische Untersuchung gibt Aufschluss über die Art des beteiligten Bakterienspektrums. Dabei sollten nicht nur der Eiter selbst, sondern auch Anteile der Abszesskapsel untersucht werden.

Therapie Zur gründlichen Wundversorgung ist eine kurze Allgemeinanästhesie nötig. Hautwunden werden sorgfältig freirasiert. Mittels Knopfsonde wird überprüft, ob tiefe Wundtaschen vorhanden sind. Es folgt eine Wundreinigung mit einem milden Antiseptikum (z. B. Prontovet®).

Das Einlegen einer Drainage ermöglicht den Abfluss von Wundsekret. Der Wundbereich sollte nicht verschlossen werden, da das infizierte Gewebe meist nicht komplett entfernt werden kann. Es folgen regelmäßige Spülungen und bei Bedarf ein wiederholtes Débridement. Droht das Gewebe zu stark auszutrocknen, kann mehrmals täglich ein befeuchtendes, desinfizierendes Gel (Prontovet®-Gel) aufgetragen werden.

Abszesse werden ebenfalls freirasiert und unter sterilen Bedingungen im besten Fall in toto entfernt oder gespalten.

Die Frettchen erhalten eine systemische Antibiose nach Antibiogramm. Initial eignet sich bei Hautinfektionen das Breitspektrumantibiotikum Enrofloxacin. *Actinomyces*-Infektionen erfordern die Verabreichung von hoch dosiertem Penicillin (40 000 IE/kg 1 × tägl.) oder Tetracyclin.

Prophylaxe Außengehege sind ausreichend zu sichern, um einen Ausbruch der quirligen Frettchen oder ein Eindringen anderer Tiere von außen zu verhindern.

Insbesondere beim Versuch einer Vergesellschaftung (S. 27) muss der Erstkontakt genau beobachtet werden. Wird ein Tier zu stark bedrängt bzw. verhält sich ein Frettchen durchweg aggressiv, sollte eine vorläufige Trennung erfolgen und ein weiterer Versuch auf den nächsten Tag verschoben werden. Ist der Konflikt nicht friedlich zu klären, sollte die Vergesellschaftung mit einem anderen Tier versucht werden. Auch wenn die Suche nach dem richtigen Partner manchmal etwas Durchhaltevermögen der Besitzer erfordert, dürfen die sehr sozialen Tiere niemals langfristig als Einzeltiere gehalten werden.

In der Ranzzeit ist das Aggressionsverhalten bei unkastrierten Rüden erhöht. Bei immer wiederkehrenden Rangkämpfen mit Verletzungen ist die Gruppenzusammensetzung zu prüfen. Eventuell sind vorübergehende Trennungen der Tiere sinnvoll. Auch eine Kastration (S. 268) kann möglicherweise Abhilfe schaffen.

12.3.2 Adipositas

Siehe fütterungsbedingte Erkrankungen (S. 102).

12.4 Umweltbedingte Erkrankungen

Ätiologie Da Frettchen nur über unzureichende Möglichkeiten der Thermoregulation verfügen, sind sie darauf angewiesen, dass, insbesondere in Außenhaltung, ein ausreichender Sonnenschutz vorhanden ist. Andernfalls droht den Tieren ein lebensbedrohlicher Hitzschlag (S. 176).

Ebenso brauchen sie einen Rückzugsort vor Kälte, Zugluft, Regen und Schnee. Auch der Wechsel von der Wohnung in ein Außengehege darf nur sehr vorsichtig erfolgen. Bei ungenügendem Schutz vor der Witterung, bei einer sehr staubigen Umgebung bzw. unzureichender Gewöhnung an die neuen klimatischen Verhältnisse sind die Tiere gefährdet, eine Atemwegserkrankung (S. 126) zu entwickeln.

Mangelhafte Hygieneverhältnisse, wie zu selten gereinigte Frettchentoiletten, können durch das Aufsteigen von Keimen Zystitiden (S. 214) begünstigen.

Klinisches Bild Frettchen, die unter großer Hitzeeinwirkung leiden, hecheln oder zeigen in fortgeschrittenen Fällen bereits Maulatmung. Die Tiere sind sehr lethargisch, ataktisch und geraten zunehmend in einen Kreislaufschock. Bei der Allgemeinuntersuchung ist eine erhöhte Körpertemperatur messbar und es sind eine sehr kurze kapilläre Rückfüllungszeit sowie ein flacher Puls feststellbar. Ohne Gegenmaßnahmen kommt es zum Multiorganversagen.

Infektionen des Atmungstrakts gehen meist mit typischen Erkältungssymptomen, Dyspnoe und Fieber einher. Husten ist nicht zwingend vorhanden. Hat sich eine schwere Pneumonie entwickelt, kann es zur Septikämie mit Todesfolge kommen.

Frettchen, die an einer Blasenentzündung leiden, zeigen Strangurie, Dysurie, Pollakisurie und Hämaturie. Auch subklinische Zystitiden sind möglich.

Diagnose An heißen Tagen besteht bei sehr lethargischen Tieren mit erhöhter Körpertemperatur immer der Verdacht eines Hitzschlags. Das Blut sollte hinsichtlich bereits vorliegender Organschädigungen und Abweichungen im Elektrolythaushalt untersucht werden.

Frettchen mit Erkältungssymptomen werden sorgfältig auskultiert. Bei Bronchitiden/Pneumonien sind verschärfte, eventuell auch knisternde oder pfeifende Atemgeräusche hörbar. Der Thorax sollte rechts- und linksanliegend geröntgt werden. Meist sind interstitielle, später alveoläre und/oder bronchiale Lungenzeichnungen vorhanden.

Bei Verdacht auf eine Blasenentzündung sollten zunächst durch bildgebende Verfahren eine Urolithiasis und weitere Erkrankungen des Harn- und Geschlechtstrakts ausgeschlossen werden. Die Urinanalyse (am besten von Zystozentese-Harn) gibt meist Aufschluss darüber, ob eine Zystitis vorliegt.

Therapie Besteht der Verdacht eines Hitzschlags, werden die Tiere zunächst in einen ruhigen, kühlen Raum verbracht und durch Auflegen feuchter Tücher und kalter Infusionen gekühlt. Der Abkühlungsvorgang darf nicht zu schnell erfolgen, da andernfalls ein Kreislaufversagen droht. Ergibt die Blutuntersuchung Veränderungen im Säure-Basen-Haushalt oder Elektrolytverschiebungen, werden diese durch die Wahl von geeigneten Infusionslösungen ausgeglichen. Bei Verdacht auf eine begleitende Entzündung ist die Gabe eines NSAID (z. B. Metacam®) und eines systemischen Antibiotikums (z. B. Amoxicillin) angezeigt.

Frettchen, die unter starker Dyspnoe leiden sind umgehend mit Sauerstoff zu versorgen. Bei Atemwegserkrankungen sollte der Schleim in den Atemwegen durch die Gabe von subkutanen Infusionen, Sekretolytika und wenn möglich durch Inhalationen flüssig gehalten werden. Die Patienten erhalten bis zur völligen Ausheilung ein lipidlösliches Breitspektrumantibiotikum (z. B. Chloramphenicol) und werden bei schlechtem Allgemeinbefinden zugefüttert.

Blasenentzündungen sind häufig hartnäckig und erfordern die Verabreichung eines systemischen Antibiotikums über mindestens 14 Tage. Bei rezidivierenden Infektionen ist es sinnvoll eine mikrobiologische Harnuntersuchung einzuleiten. Neben der Steigerung der Diurese sollten die Frettchen zudem in den ersten Tagen der Therapie ein Schmerzmittel erhalten.

Eine Optimierung der Haltungsbedingungen (S. 25) ist in allen Fällen die Voraussetzung für einen langfristigen Therapieerfolg.

Prophylaxe Bei der Einrichtung einer Frettchenbehausung muss auf geeignete Rückzugsmöglichkeiten gegen zu starke Sonneneinstrahlung sowie Nässe und Kälte und auf regelmäßige und geeignete Hygienemaßnahmen geachtet werden.

12.4.1 Hyperöstrogenismus der Fähe bei persistierender Ranz

Als Heimtiere gehaltene Fähen sind bereits ab der 1. Ranz stark gefährdet in eine Dauerranz zu geraten und einen lebensbedrohlichen Hyperöstrogenismus (S. 231) zu entwickeln. Sofern kein Nachwuchs erwünscht ist, sollten die Besitzer ihr Tier unbedingt noch vor der 1. Ranz kastrieren lassen.

12.5 Virale Infektionskrankheiten

Martina Warschau

12.5.1 Tollwut

Z [A]

Ätiologie Die Wahrscheinlichkeit, an dieser lebensbedrohlichen Infektion zu erkranken, ist – wie experimentelle Untersuchungen zeigen – bei Frettchen gering. Die Tollwut wird durch ein Lyssavirus aus der Familie der Rhabdoviridae ausgelöst. Eine Übertragung ist durch den Speichel (Bisse) möglich. Dabei ist eine potenzielle Zoonosegefahr zu berücksichtigen.

Klinisches Bild Nach experimentell induzierter Erkrankung zählten nach einer durchschnittlichen Inkubationszeit von 33 Tagen Hyperaktivität, Fieber, Kachexie, Anorexie, eine aufsteigende Paralyse, Ataxie, Tremor und Blasenatonie zu den klinischen Anzeichen der Erkrankung. Die Erkrankungsdauer lag bei 4–5 Tagen.

Diagnose In vivo ist keine Diagnose möglich. Eine immunfluoreszenzmikroskopische Untersuchung von Hirngewebe kann die Verdachtsdiagnose bestätigen.

Therapie Da Heilversuche laut Tollwutverordnung verboten sind, kommt der Prävention eine große Bedeutung zu.

Prophylaxe Die Impfung gegen Tollwut ist v. a. bei Frettchen, die sich auch außerhalb der Wohnung aufhalten, anzuraten. Außerdem ist die Tollwutimpfung und deren Eintragung in den EU-Heimtierausweis in Verbindung mit einer Kennzeichnung der Tiere bei Reisen innerhalb der EU Pflicht.

In Deutschland sind mehrere für Frettchen zugelassene Impfstoffe (z. B. Nobivac® T) vorhanden. Das Impfschema gleicht dem von Hundewelpen. Eine Impfung findet ab der 12.–16. Lebenswoche statt. Vier Wochen nach der Erstimpfung wird eine Boosterung empfohlen. Die Auffrischungsimpfung erfolgt dann jährlich.

Zoonotische Bedeutung Die Tollwut ist eine gefährliche Zoonose und zählt zu den anzeigepflichtigen Tierseuchen.

12.5.2 Staupe

Ätiologie Die Erkrankung wird durch ein Morbillivirus der Familie Paramyxoviridae hervorgerufen. Als Virusreservoir dienen wilde Fleischfresser (z. B. Füchse, Marder und Kleinbären) sowie ungeimpfte Hunde. Frettchen sind sehr empfänglich für die Infektion, wobei die Schwere der Erkrankung vom Virusstamm und dem Immunsystem des Wirtes abhängt. Durch das derzeitige Impfregime bei Hunden, Füchsen und Frettchen treten aktuell kaum Krankheitsfälle auf. Infizieren sich nicht geimpfte Tiere, ist die Mortalitätsrate extrem hoch.

Eine Übertragung mit dem hochkontagiösen Virus kann aerogen sowie direkt und indirekt stattfinden. Die Ausscheidung erfolgt über Nasen- und Augensekrete, Speichel, Urin und Kot.

Die Virusreplikation findet v. a. im Epithel des Respirationstrakts statt. Über weiße Blutzellen verbreitet sich der Erreger schließlich im Körper. Mit Einsetzen der Symptome setzt auch die Virusausscheidung ein.

Klinisches Bild Nach einer Inkubationszeit von 3–14 Tagen ist beim typischen Erkrankungsverlauf zunächst eine katarrhalische Phase gefolgt von einer neurotropen Phase zu beobachten.

Zu den Symptomen zählen Anorexie, Fieber, seröser Nasenausfluss, Rhinitis und Konjunktivitis (S. 157). Schwere Verläufe bis hin zu Pneumonien (S. 170) sind in Zusammenhang mit bakteriellen Sekundärinfektionen möglich. Im Verlauf der Infektion ist in vielen Fällen nach einigen Tagen eine juckende Dermatitis an Kinn, Leistenregion und

Anogenitalregion zu beobachten. Das Auftreten der bei Hunden typischen Hyperkeratose der Fußballen (hard pad disease) ist möglich, geht aber nicht zwangsläufig mit der Erkrankung einher. Ist der Magen-Darm-Trakt betroffen, können Durchfälle oder Erbrechen auftreten.

Im Verlauf der anschließenden neurotropen Phase sind Symptome wie Exzitationen, Hypersalivation, Tortikollis, Nystagmus, Ataxie und Muskeltremor möglich. Nach durchschnittlich ca. 14 Tagen tritt in nahezu allen Fällen der Tod ein.

Auch ein generalisierter Pruritus ohne Eintreten der neurotropen Phase wurde beim Frettchen beobachtet.

Diagnose Eine Verdachtsdiagnose kann bei nicht geimpften Tieren gestellt werden, die typische Symptome und/oder eine Leukopenie aufweisen.

Aufgrund schwankender Antikörpertiter im Krankheitsverlauf ist der Antigennachweis vorzuziehen. Es kann ein Immunfluoreszenztest eines Konjunktivalabstrichs durchgeführt werden. Hierbei sind jedoch falsch negative Ergebnisse möglich.

Als sehr sicher gilt der Virusnachweis mittels PCR eines Konjunktival- oder Rachenabstrichs. Liegt die zentralnervöse Form vor, können spezifische Antikörper im Liquor nachgewiesen werden.

Post mortem sind eosinophile intrazytoplasmatische Einschlußkörperchen in diversen Organen, v. a. in Epithelien des Atmungs- und Harntrakts, nachweisbar.

Therapie Bis heute ist noch keine effektive Therapie zur Bekämpfung dieser Infektionskrankheit bekannt. Ein Therapieversuch kann, aufgrund der Ansteckungsgefahr für andere Carnivoren, nur unter strenger Quarantäne stattfinden. Die Medikation richtet sich nach Art der Symptomatik. Unterstützend können die Tiere durch subkutane oder intravenöse Infusionen mit Flüssigkeit versorgt werden. Um Sekundärinfektionen zu vermeiden, werden systemische Antibiosen eingesetzt. Bei Gewichtsverlust kann eine von Frettchen gerne aufgenommene hochkalorische Instant-Nahrung (z. B. Convalescence Support) zugefüttert werden.

Aufgrund der sehr schlechten Prognose muss eine Euthanasie in Erwägung gezogen werden.

Prophylaxe Erkrankte Tiere müssen unbedingt von gesunden getrennt werden, um die Weiterverbreitung der Infektion zu verhindern.

In Deutschland ist ein attenuierter Lebendimpfstoff (Febrivac DIST®) für Frettchen zugelassen. Die Tiere werden im Alter von 8 Wochen geimpft und 4 Wochen später geboostert. Anschließend erfolgen jährliche Wiederholungsimpfungen, bevorzugt vor der Ranz.

Impfempfehlung für Frettchen

- 8. Lebenswoche: Staupeimpfung
- 12. Lebenswoche: Booster Staupe* und Tollwutimpfung
- 16. Lebenswoche Tollwut Booster (aus immunologischen Gründen wird die Boosterung 4 Wochen nach Erstimpfung empfohlen)
- jährliche Wiederholungsimpfungen

* Bei Frettchen, die ab einem Alter von 10 Wochen vorgestellt werden, reicht eine Impfung gegen Staupe aus, um eine belastbare Immunität für die Dauer von 1 Jahr zu erzielen.

Einer retrospektiven Studie aus den USA zufolge, traten bei 3 587 gegen Tollwut oder/ und Staupe geimpften Frettchen in 0,5–1 % der Fälle unmittelbar nach der Impfung Nebenwirkungen, z. B. Durchfall, Hypersalivation oder Kreislaufversagen (anaphylaktischer Schock), auf [86].

12.5.3 Influenza

Z

Ätiologie Frettchen sind für Influenzaviren (Familie Orthomyxoviren) des Types A und B sehr empfänglich. Sie entwickeln dem Menschen sehr ähnliche Symptome einer Grippe und werden daher als bevorzugtes Tiermodell in der Influenza-Forschung verwendet.

Die Viren stellen eine der Hauptursachen von Erkrankungen des oberen Respirationstrakts beim Frettchen dar. Die Übertragung der Erreger erfolgt aerogen. Hauptansteckungsquelle sind erkrankte Menschen und andere Frettchen. Dabei kommt es insbesondere in den Wintermonaten immer wieder zu „Grippe“-Epidemien.

Während adulte Tiere oft nur unter milden Verläufen leiden, können bei Jungtieren auch schwere Krankheitsbilder beobachtet werden. Säuglinge sind durch die Muttermilch vor der Erkrankung geschützt.

Klinisches Bild Nach einer Inkubationszeit von 48 Stunden bekommen die Tiere typischerweise zunächst Fieber. Nach weiteren 48 Stunden sinkt die Temperatur wieder. Die Frettchen leiden unter typischen Erkältungssymptomen wie Niesen, tränenden Augen, Konjunktivitis, mukösem bis mukopurulentem Nasenausfluss und vermindertem Appetit. In unkomplizierten Fällen nimmt die Infektion nach 4–5 Tagen einen selbstlimitierenden Verlauf. Selten kommt es zu Komplikationen, die durch bakterielle Sekundärinfektionen verursacht werden. Dabei sind Enteritiden (S. 196), Pneumonien (S. 126) oder Entzündungen des Mittelohrs (S. 166) möglich.

Diagnose Der Verdacht besteht bei Auftreten von typischen Erkältungssymptomen nach Kontakt mit infizierten Tieren oder Menschen.

Therapie Die Erkrankung ist nach durchschnittlich 7 Tagen selbstlimitierend. Die Behandlung erfolgt bei Bedarf symptomatisch durch die Gabe von Infusionen und Zufütterung. Bei Vorhandensein von zähem Bronchialschleim kann ein Sekretolytikum (z. B. Acetylcystein) zur Verflüssigung des Sekrets eingesetzt werden. In schweren Fällen können auch Inhalationen (S. 172) nützlich sein. Zur Unterstützung des Immunsystems kann ein Paraimmunitätsinducer verabreicht werden. Sind Sekundärinfektionen vorhanden, muss ein Breitspektrumantibiotikum (z. B. Enrofloxacin) eingesetzt werden.

Prophylaxe Der Kontakt zwischen erkrankten und gesunden Spezies sollte vermieden werden. Ist dies nicht möglich, müssen zur Vermeidung der Infektionsübertragung Atemschutzmasken und Handschuhe getragen werden. Im Gegensatz zum Menschen steht für Frettchen kein Impfstoff zur Verfügung.

Zoonotische Bedeutung An Influenza erkrankte Frettchen können Menschen infizieren und umgekehrt. Die Infektion erfolgt v. a. über Aerosole, wobei die Ausbildung der Erkrankung vom Immunstatus abhängig ist.

12.5.4 Aleutenkrankheit

Ätiologie Der Infektionserreger ist ein Parvovirus. Empfänglich für die Erkrankung sind insbesondere Nerze, aber auch Frettchen, Marder, Dachse, Stinktiere, Otter und Waschbären. Ausbrüche der Erkrankung wurden in Neuseeland, USA, Kanada, Japan und Europa (Schweden, Belgien, Holland) beschrieben.

Es gibt mindestens 3 Stämme, die beim Frettchen nachgewiesen wurden, die sich von den Nerzstämmen unterscheiden, da vermutlich eine Mutation vorliegt. Dabei sind Frettchen sowohl für die Nerzstämme als auch für die Frettchenstämme empfänglich, allerdings zeigen sie nach experimenteller Übertragung von Nerzvirusstämmen (aleuten disease virus) keine Krankheitssymptome.

Nach Reihenuntersuchungen an 446 Frettchen zeigten sich 8,5 %, an 214 Frettchen 42 % seropositiv. Krankheitsausbrüche treten jedoch nur selten auf.

Das Virus kann durch Tröpfcheninfektion, über Sekrete und Exkrete und vermutlich auch vertikal von den Eltern auf die Jungtiere übertragen werden.

Der Schweregrad der Erkrankung ist vom Immunstatus des erkrankten Tieres wie auch vom Virusstamm abhängig. Insbesondere bei Nerzen zeigen sich meist schwere Krankheitsbilder mit Ausbildung einer Immunkomplexerkrankung, während bei Frettchen eher chronische oder subklinische Infektionen vorkommen.

Klinisches Bild In schweren Fällen können Parese oder Paralyse der Hinterextremitäten, Abmagerung, Lethargie, Meläna, Splenomegalie und Hepatomegalie auftreten. Auch eine chronische Erkrankung (chronic wasting) mit schleichendem Gewichtsverlust, Polyurie und Polydipsie ist möglich. Häufig sind jedoch, insbesondere bei Infektionen von adulten Tieren, keine Symptome erkennbar; die Frettchen sind jedoch Virusausscheider.

Diagnose An die Erkrankung muss immer bei Reisen in gefährdete Gebiete oder Einfuhr von Tieren aus diesen Ländern gedacht werden.

Eine Verdachtsdiagnose kann bei Vorliegen einer Hypergammaglobulinämie (γ-Globuline bilden mehr als 20 % des Gesamteiweißes), dem Nachweis von Serumantikörpern eventuell in Verbindung mit klinischen Symptomen gestellt werden. Die Antikörperbestimmung kann mittels Counter-Immunelektrophorese, Immunfluoreszenztest oder ELISA erfolgen, bestätigt alleine jedoch nur den Kontakt mit den Parvoviren. Der Antigennachweis kann mittels PCR von Blut oder Gewebe erfolgen. Post mortem kann die Ablagerung von lymphoplasmazellulären Entzündungsinfiltraten in diversen Organen (z. B. Glomerulonephritis, Arteritis, Hepatitis) oder ein Parvovirusnachweis in Mesenteriallymphknoten festgestellt werden.

Therapie Die Tiere erhalten Infusionen mit Elektrolytlösungen und werden, falls nötig, aufgepäppelt (Convalescence support). Sekundärinfektionen können durch Einsatz von

Antibiotika vermieden werden. Bei Bedarf werden Entzündungshemmer (z. B. Meloxicam) und Immunsuppressiva (Prednisolon) eingesetzt.

Prophylaxe Es gibt keinen für Frettchen zugelassenen Impfstoff. Da die Aleutenkrankheit nicht mit der Parvovirose der Hunde gleichzusetzen ist, schützt der für Hunde erhältliche Impfstoff auch nicht vor der Erkrankung.

Seropositiv getestete Tiere sollten nicht mit seronegativen Tieren in Kontakt kommen. Als effektive Desinfektionsmittel zur Abtötung der Parvorviren haben sich beispielsweise Natriumhydroxid und phenolhaltige Produkte erwiesen.

12.5.5 Epizootische katarrhalische Enteritis (ECE, „green slime disease“)

Ätiologie Diese hoch ansteckende Viruserkrankung wurde 1993 erstmals in Nordamerika beschrieben und zeigt eine starke Ausbreitungstendenz. Der Erreger ist das enterale Coronavirus der Frettchen („ferret enteric coronavirus“, FECV).

Charakteristisch scheint eine sehr hohe Morbidität bei geringer Mortalität zu sein. Die Übertragung erfolgt durch Kontakt mit infizierten Tieren und deren Kot und Speichel.

Jungtiere zeigen häufig nur milde Symptome oder sind asymptomatisch, tragen die Infektion jedoch häufig in die Bestände. Nach überstandener Erkrankung können die Tiere noch bis zu 6 Monate als Überträger fungieren. Bei älteren und geschwächten Tieren sind schwere Krankheitsverläufe möglich.

Klinisches Bild Infizierte, adulte Tiere zeigen 2–4 Tage nach Kontakt mit dem Erreger meist Vomitus, werden lethargisch und anorektisch. Relativ zügig folgt ein übelriechender Durchfall von unterschiedlicher Konsistenz. Meist ist er mukös und intensiv grün gefärbt. Durch die Beschädigungen des Darmepithels sind oft auch Blutbeimengungen sichtbar. In schwereren Fällen führt die Diarrhö zu starker Dehydratation, und ein rasanter Gewichtsverlust infolge der Malabsorption kann auftreten. Letzterer kann durch Lipidmobilisation zudem die Ausbildung einer Fettleber (S. 205) begünstigen. Die Verdauung kann in chronischen Fällen mit der Ausscheidung gröberer Kotpartikel einhergehen.

Diagnose Die kürzliche Aufnahme eines neuen Tieres in den Bestand oder Kontakt des Besitzers mit einem Jungtier in Verbindung mit der Ausbildung typischer Symptome führt zur Verdachtsdiagnose ECE.

Der diagnostische Nachweis kann prinzipiell mittels RT-PCR vorgenommen werden, ist in Deutschland bisher aber noch nicht verfügbar.

Eine sichere Diagnose kann daher nur durch Biopsieentnahme und anschließende histologische Untersuchung des Gewebes erfolgen. Makroskopisch erscheinen betroffene Areale des Dünndarms, meist des Jejunums, hyperämisch und weisen dünne Wände auf. Bei der histopathologischen Untersuchung von Darmbiopsien sind neben der Degeneration des Epithels eine lymphozytäre Enteritis mit Zottenatrophie sowie eine Verschmelzung der Darmzotten nachweisbar.

Therapie Die Tiere werden symptomatisch behandelt. Je nach Schweregrad der Dehydratation erhalten die Frettchen eine Vollelektrolytlösung s.c. oder i.v. (3–4 ml/kg/Stunde + Defizite + Verluste). Es sollte sehr schmackhaftes Futter angeboten und bei Bedarf mit der Spritze zugefüttert werden (Convalescence support). In chronischen Fällen kann eine Magenschonkost von Nutzen sein. Auch der Einsatz von Steroiden ist in der Literatur genannt. Näheres dazu siehe virale Enteritis (S. 197). Leiden die Frettchen unter Schmerzen, sollte ein gut verträgliches Analgetikum (z. B. Metamizol) eingesetzt werden. Sekundärinfektionen werden durch die Gabe von Antibiotika (z. B. Amoxicillin in Kombination mit Enrofloxacin) bekämpft. Bei Bedarf kann zur Unterstützung des Immunsystems ein Paramunitätsinducer eingesetzt werden.

Prophylaxe Es ist kein Impfstoff zum Schutz gegen die Erkrankung vorhanden. Neu in den Bestand aufgenommene Jungtiere müssen zunächst in Quarantäne. Besitzer, die mit bestandsfremden oder in Quarantäne befindlichen jungen Frettchen in Kontakt kommen, müssen auf sorgfältige Hygiene (beispielsweise Händedesinfektion) achten.

12.5.6 Systemisches granulomatös-entzündliches Syndrom (systemische Coronavirusinfektion)

Ätiologie Die erst seit 2002 in Spanien und den USA beschriebene Erkrankung ähnelt sowohl klinisch als auch pathologisch der trockenen/granulomatösen Form der felinen infektiösen Peritonitis der Katzen, die durch eine fatale Variante des felinen Coronavirus ausgelöst wird. Das systemische Coronavirus der Frettchen (FRSCV) ist eng mit dem enteralen Coronavirus der Frettchen (FeCV) verwandt. Es ist aber noch unklar, ob es sich um 2 verschiedene Viren handelt oder ob eine Mutation des FeCV vorliegt.

Auch die Übertragung ist noch nicht geklärt. Der fäkal-orale Weg wird aber angenommen. Es scheinen insbesondere junge Frettchen betroffen zu sein.

Klinisches Bild Es werden relativ unspezifische Symptome wie Lethargie, Gewichtsverlust, v. a. Abbau der Rückenmuskulatur, und Diarrhö beschrieben. Aszites ist in Einzelfällen möglich. Bei Palpation des Abdomens sind multiple, verhärtete intraabdominale Umfangsvermehrungen fühlbar. Auch neurologische, respiratorische Symptome und Deydratation wurden beschrieben. Die Erkrankung verläuft progressiv.

Diagnose Labordiagnostisch können eine Anämie, Thrombozytopenie und Hypergammaglobulinämie auf die Erkrankung hinweisen.

Röntgenologisch fallen eine verminderte Detailerkennbarkeit im Abdomen, eine Splenomegalie und die multiplen Massen im Abdomen auf. Mittels Sonografie können eine Peritonitis, abdominale Lymphknotenveränderungen, Splenomegalie und ggf. auch die Struktur der Umfangsvermehrungen dargestellt werden. Ebenso sind eine Nephromegalie und eine Veränderung der Echogenität des Nierenkortex möglich.

Eine definitive Diagnose ist jedoch nur durch histologische und immunhistochemische Untersuchungen von Biopsien der Umfangsvermehrungen möglich.

Bei der Laparotomie (S. 266) sind dabei multiple abdominale Umfangsvermehrungen erkennbar, wobei Mesenterium, Mesenteriallymphknoten und/oder Bauchorgane in die Veränderungen involviert sein können. Pathohistologisch ist typischerweise eine nekrogranulomatöse Lymphadenitis mit multifokalen Nekrosen und histiozytärer, neutrophiler Infiltration erkennbar. Betroffene Darmabschnitte zeigen nekrogranulomatöse Infiltrationen von Submukosa und Muskularis.

Mittels Immunhistologie bzw. Elektronenmikroskopie können die Coronaviren (v. a. in Makrophagen) in den Läsionen nachgewiesen werden.

Therapie Es ist noch keine spezifische Therapie bekannt. Die Tiere können mit Flüssigkeitsgaben (s. c. oder i. v.) und Zuführung schmackhaften Futters unterstützt werden. In der Literatur wird eine Immunsuppression mittels Glukokortikoiden empfohlen (1–2 mg/kg Prednisolon zu Therapiebeginn mit schleichender Dosisreduktion). Die Therapieversuche blieben aber bisher erfolglos.

12.5.7 Rotavirusinfektion

Ätiologie Rotaviren gehören zur Familie der Reoviridae. Frettchen sind für Viren der Gruppen A, B und C empfänglich. Die Übertragung findet fäkal-oral durch direkten Kontakt mit erkrankten Tieren oder mit der kontaminierten Umwelt statt. Die meisten Rotaviren (die Ausnahme ist Gruppe C) sind im Kot und der Umwelt relativ stabil. Die Infektion tritt bei Welpen zwischen der 2. und 6. Lebenswoche auf. Das Kolostrum der Mutter kann die Welpen zwar meist vor dem Ausbruch der Erkrankung, jedoch nicht vor der Infektion schützen. Die Mortalität ist bei schneller Einleitung der Therapie niedrig. Adulte Tiere erkranken nur selten.

Klinisches Bild Betroffene Frettchen leiden unter Durchfällen, die gelblich bis grünlich gefärbt sind. Das Fell ist struppig. Schwanz und Fell können kotverschmiert und Anal- und Perianalregion blutverkrustet sein. Adulte Frettchen können in seltenen Fällen vorübergehend unter grünlich mukoiden Durchfällen leiden.

Diagnose Der Nachweis kann histologisch mittels ELISA in Kotproben erfolgen.

Therapie Enorm wichtig ist die zügige Rehydrierung der Welpen mit einer Vollelektrolytlösung. Optimal wäre die intravenöse Verabreichung, die jedoch bei sehr kleinen, dehydrierten Frettchen oft schwierig ist. Alternativ erhalten die Tiere bis zu 30 ml/kg im Bolus intraperitoneal. Die Absorption der Flüssigkeit erfolgt rasch. Bei Bedarf werden die Boli wiederholt.

Den Tieren sollte außerdem ein Breitspektrumantibiotikum (z. B. Amoxicillin) verabreicht werden, um Sekundärinfektionen zu verhindern. Enrofloxacin und Trimethoprim-Sulfonamid-Kombinationen sollten bei sehr jungen Tieren jedoch nicht verwendet werden. Leiden die Frettchen unter abdominalen Schmerzen, wird ein magen- und darmverträgliches Analgetikum wie Metamizol verabreicht. Unterstützend kann ein Paraimmunitätsinducer zum Einsatz kommen.

Prophylaxe Eine Impfung steht derzeit nicht zur Verfügung.

12.6 Bakterielle Infektionskrankheiten

Martina Warschau

12.6.1 Helicobacter mustelae

Ätiologie Die mikroaerophilen, gramnegativen Stäbchen sind antigenetisch eng mit dem humanpathogenen Keim *Helicobacter pylori* verwandt. Pathologien des Magens, die ausschließlich durch *Helicobacter mustelae* verursacht werden, scheinen jedoch deutlich seltener aufzutreten als bisher angenommen. Die Bakterien können mit einer sehr hohen Prävalenz im Magen und proximalem Abschnitt des Duodenums von Frettchen nachgewiesen werden ohne zwangsläufig zu einer Erkrankung zu führen. Bei Unterdrückung des Immunsystems (Stress, andere Erkrankung) kann ein rasantes Wachstum stattfinden und Gastritiden begünstigen. Ebenso wird vermutet, dass *Helicobacter mustelae* als Kokarzinogen bei der Entstehung von Lymphomen und Adenokarzinomen des Magens (S. 202) fungiert. Es wird auch ein Zusammenhang mit der Entstehung der IBD (inflammatory bowel disease) (S. 199) sowie bei Hepatitiden (S. 204) diskutiert. Die Übertragung erfolgt fäkal-oral, vermutlich bereits von der Fähe auf die Jungtiere. Der Organismus reagiert mit einer nicht protektiven humoralen Immunantwort auf die Infektion.

Klinisches Bild Betroffene Frettchen leiden unter intermittierendem Vomitus, Übelkeit und abdominalen Schmerzen. Sind Magen- (S. 194) und/oder Duodenalulzera entstanden, setzen die Tiere teerartigen Kot ab. Häufig sind die Lnn. mesenteriales vergrößert.

Diagnose Eine definitive Diagnose ist nur histopathologisch zu stellen. Die Darstellung der Erreger gelingt am sichersten mit einer Silberfärbung. Im Optimalfall werden Proben des Magens in der Pylorusregion, im Bereich des Dünndarms und des Mediastinallymphknotens entnommen. Die Untersuchung des Lymphknotens sollte v. a. im Hinblick auf die potenzielle Entwicklung eines Lymphoms durchgeführt werden.

Therapie Die klassische Triple-Therapie besteht aus der kombinierten Gabe von Amoxicillin (30 mg/kg 2 × tägl.), Metronidazol (20 mg/kg 2 × tägl.) und Bismuthsubsalicylat (17,5 mg/kg 2 × tägl.) oral über mindestens 3 Wochen. Letzteres ist in Deutschland derzeit jedoch nicht erhältlich. Sollte die Verabreichung des wenig schmackhaften Metronidazols durch die Tierbesitzer nicht möglich sein, kann alternativ die Kombination Clarithromycin (50 mg/kg 1 × tägl.) und Amoxicillin (35 mg/kg 1 × tägl. oder 20 mg/kg 2 × tägl.) über 2 Wochen angewandt werden. Der Protonenpumpenhemmer Omeprazol (0,7 mg/kg 1 × tägl. oral) sorgt für eine Verminderung der Magensäureproduktion. Zusätzlich sollte Sucralfat als Schleimhautschutz 10 Minuten vor den Mahlzeiten 2–4 × täglich oral verabreicht werden. Vermutlich steigert das Medikament durch verbesserte Bindung der Antibiosen an die Magenschleimhaut deren Effekt. Dehydrierte Patienten erhalten intravenöse oder subkutane Infektionen. Leiden die Tiere unter abdominalen Schmerzen, ist über mehrere Tage ein magen- und darmverträgliches Analgetikum (z. B. Metamizol) zu verabreichen.

Eine mikrobielle Therapiekontrolle sollte etwa 1 Monat nach Behandlungsende erfolgen.

Der Versuch der kompletten Elimination der Bakterien ist nur durch Behandlung aller Tiere im Haushalt möglich. Häufig kommt es trotz Therapie zu Reinfektionen.

Prophylaxe Stresssituationen sollten weitestgehend vermieden werden, um eine Überwucherung der Magenschleimhaut mit *Helicobacter mustelae* zu verhindern.

12.6.2 Colibazillose

Z

Ätiologie Die gramnegativen Stäbchen der Familie der Enterobakterien sind Bestandteil der Darmflora von Frettchen und meist nicht pathogen. Bestimmte Stämme können jedoch schwere Erkrankungen auslösen. Dazu zählen starke Durchfälle bei Neonaten und Mastitiden (S. 223) bei Frettchenfähen. Die Erreger wurden ebenfalls im Zusammenhang mit Atemwegserkrankungen (S. 170) (Pneumonie), Infektionen des weiblichen und männlichen Geschlechtstrakts (Pyometra (S. 221) und Prostataerkrankungen (S. 218)) und Wundinfektionen nachgewiesen.

Klinisches Bild Trächtige Fähen erkranken gelegentlich in den ersten Wochen der Laktation an einer akuten Mastitis. Am häufigsten wird die Beteiligung hämolytischer *E.-coli*-Bakterien nachgewiesen. Die betroffenen Drüsenkomplexe sind fest, geschwollen und warm. Die Fähen leiden unter Fieber, Anorexie und Lethargie. In schweren Fällen entwickelt sich sehr schnell eine gangränöse Mastitis, die mit einer Schwarzfärbung der Haut einhergeht. Unbehandelt führt die Infektion zur Septikämie und meist zum Tod.

Ebenso wie neugeborene Hunde und Katzen leiden infizierte Welpen an starker Diarrhö. Die Tiere dehydrieren sehr schnell und sind stark geschwächt. In ungünstigen Fällen können die Enteritiden in einer Septikämie und im Tod enden.

Diagnose Die Diagnose erfolgt durch Nachweis der pathogenen Stämme mittels Bakterienkultur.

Therapie Die Therapie richtet sich nach dem betroffenen Organsystem. In allen Fällen erleichtert ein Resistenztest die Wahl eines ausreichend wirksamen Antibiotikums. Bei Schmerzhaftigkeit des Abdomens wird ein Analgetikum (z. B. Metamizol) verabreicht.

Kranke Welpen müssen schnell mit Vollelektrolytlösungen rehydriert, gewärmt und gefüttert werden; siehe dazu auch unter Mastitis (S. 223).

Prognose Die Prognose bei bakteriell bedingten Durchfällen ist bei Welpen vorsichtig.

Zoonotische Bedeutung Einige *E.-coli*-Stämme sind Zoonoseerreger!

12.6.3 Campylobacteriose

Z [M]

Ätiologie Die mikroaerophilen, gramnegativen Stäbchen sind kommensalische und parasitäre Schleimhautbewohner von Tieren und Menschen. Der Erreger *Campylobacter jejuni* wurde bei vielen Säugern und Vögeln diagnostiziert. Auch im Darmtrakt klinisch gesunder Frettchen konnten die Keime nachgewiesen werden. Am häufigsten erkranken junge Tiere mit geschwächtem Immunsystem. Die Übertragung verläuft meist auf fäkal-oralem Weg. Vor allem die Aufnahme von kontaminiertem, rohem Geflügelfleisch gilt als häufige Infektionsursache beim Frettchen. Zu beachten ist außerdem das zoonotische Potenzial der Erkrankung. Die Campylobacteriose, verursacht durch *C. jejuni*, ist meldepflichtig.

Klinisches Bild Die *Campylobacter*-Infektion verläuft in den meisten Fällen subklinisch. Bei jungen, immunsupprimierten Frettchen können muköse bis wässrige Durchfälle entstehen, die zu Dehydratation und Schwäche führen. Auch Fieber und Inappetenz sind möglich.

Diagnose Der Erregernachweis ist mittels bakteriologischer Kotuntersuchung oder durch einen PCR-Nachweis möglich.

Therapie Klinisch erkrankte Tiere erhalten bis zum Erreichen einer Rehydratation subkutane oder intravenöse Infusionen. Bestehende Elektrolytverluste müssen ebenfalls ausgeglichen werden. Die Wahl des Antibiotikums richtet sich nach dem Ergebnis der bakteriologischen Untersuchung. Initial sind Erythromycin, Fluorchinolone oder Aminoglykoside Mittel der Wahl. Sind abdominale Schmerzen vorhanden, sollte ein magen- und darmverträgliches Analgetikum (z. B. Metamizol) verabreicht werden.

Um Reinfektionen zu vermeiden, sollten Käfige und Toiletten gründlich gereinigt und desinfiziert werden.

Prophylaxe Zur Verhinderung einer Campylobacteriose ist von der Verfütterung von rohem Fleisch abzusehen.

Zoonotische Bedeutung Die Infektion, die auf fäkal-oralem Weg erfolgt, kann beim Menschen zu schweren Durchfallerkrankungen führen.

12.6.4 Salmonellose

Z [M]

Ätiologie Salmonellen sind gramnegative, fakultativ anaerobe Stäbchen, die bei Frettchen in seltenen Fällen zu Gastroenteritiden und Diarrhö führen können. Dabei spielt das Immunsystem eine wichtige Rolle. Gesunde Tiere infizieren sich deutlich seltener als erkrankte oder gestresste Tiere. Insbesondere trächtige Fähen sind empfänglich. Die Erreger *Salmonella choleraesuis*und *Salmonella newport* sowie die humanpathogenen

Stämme *Salmonella typhimurium* und *Salmonella enteritidis* wurden bei Frettchen nachgewiesen.

Die Infektion findet über die orale Aufnahme von rohem Fleisch (meist Geflügelfleisch) statt. Eine Übertragung der Keime über infizierten Kot ist sowohl auf andere Tiere als auch auf den Menschen möglich.

Klinisches Bild Die Tiere leiden unter (eventuell blutiger) Diarrhö, die in schwereren Fällen zu einer Dehydratation und zum Gewichtsverlust führen kann. Vomitus, Fieber, Übelkeit und abdominale Schmerzen sind möglich. Auch Konjunktivitiden (S. 157) wurden in Zusammenhang mit Salmonellosen beschrieben. Bei trächtigen Frettchen kann ein Abort ausgelöst werden. In schwereren Fällen sind die Tiere matt bis apathisch. Unbehandelt kann die Infektion durch Entwicklung einer Septikämie zum Tod führen.

Diagnose Das Abdomen zeigt sich bei Palpation schmerzhaft. Die Mesenteriallymphknoten sind oft vergrößert und eventuell fühlbar.

Der Verdacht auf eine Salmonellose besteht v. a. bei Fütterung der Tiere mit rohem Fleisch. Der Erregernachweis erfolgt durch eine mikrobiologische Untersuchung des Kotes. Zu beachten ist, dass die Erreger meist nur intermittierend ausgeschieden werden und daher mehrere Untersuchungen bis zur Bestätigung der Verdachtsdiagnose nötig sein können.

Therapie Für die chemotherapeutische Behandlung sind Flurochinolone und Aminopenicilline Mittel der 1. Wahl. Aufgrund der Tendenz zur Resistenzentwicklung sollte aber in jedem Fall ein Antibiogramm eingeleitet werden. Leiden die Tiere unter Schmerzen, muss ein Analgetikum verabreicht werden. Bei Dehydratation erhalten die Frettchen subkutane oder intravenöse Infusionen.

Prophylaxe Um eine Weiterverbreitung der Erreger zu vermeiden, muss auf eine strikte Hygiene bei Säuberung der Frettchentoilette geachtet werden. Die ausschließliche Verfütterung von gut durchgegartem Fleisch wird empfohlen. Auch klinisch unauffällige Neuzugänge können einen Bestand mit Salmonellen infizieren. Daher sollte der Kot der neu erworbenen Frettchen kontrolliert werden und die Tiere bis zum Ergebnis der Untersuchung in Quarantäne verbleiben.

Zoonotische Bedeutung *Salmonella typhimurium* und *Salmonella enteritidis* sind Zoonoseerreger. Die Erkrankungsfälle variieren in Abhängigkeit des Immunstatus.

12.6.5 Lawsonia-intracellularis-Infektion

Ätiologie Die obligat intrazellulären gramnegativen Stäbchen verursachen eine proliferative Ileitis/Colitis (proliferative bowel disease) in verschiedenen Spezies. Typischerweise sind die erkrankten Darmanteile deutlich verdickt. Betroffen sind v. a. junge Frettchen im Alter von 10–16 Wochen. Die Übertragung erfolgt fäkal-oral. Krankheitsausbrüche sind gehäuft bei immunsupprimierten Tieren zu beobachten.

Klinisches Bild Die Frettchen leiden unter intermittierendem, häufig wochenlangem Durchfall, Tenesmus, Dehydratation und Gewichtsverlust. Als Folge des Tenesmus kann ein Rektumprolaps entstehen. Die Konsistenz des Kotes variiert von flüssig bis mukös. Oft sind Blutspuren enthalten. Beim Kotabsatz zeigen die Frettchen unter Umständen Schmerzäußerungen. Bei Rüden kann die Präputialregion durch Harnträufeln verklebt sein.

Diagnose Bei Palpation des Abdomens fühlen sich die betroffenen Darmanteile (insbesondere nach immer wiederkehrenden Infektionsausbrüchen) verhärtet an. Ultrasonografisch ist die Verdickung darstellbar, allerdings nicht sicher von einem Lymphom unterscheidbar.

Die Anzucht des obligat intrazellulären Erregers ist routinemäßig zu aufwendig. Der PCR-Nachweis aus Kot und Darmgewebe kann die Infektion bestätigen.

Die pathohistologische Untersuchung der erkrankten Darmabschnitte zeigt einen Verlust der regulären Mukosaarchitektur. An deren Stelle sind proliferierte Drüsen mit nekrotischem Material in den Krypten zu sehen. Die Muskularis erscheint hypertrophiert. Zur Darstellung der Erreger in den Enterozyten ist eine Silberfärbung nötig.

Therapie Als gut wirksam gegen *Lawsonia intracellularis* hat sich das Breitbandantibiotikum Chloramphenicol (50 mg/kg 2 × tägl. p. o.) über einen Zeitraum von mindestens 2 Wochen, in chronischen Fällen auch länger, erwiesen.

Alternativ ist die Gabe von Metronidazol (20 mg/kg 2 × tägl.) über mindestens 2 Wochen möglich. Ein stark ausgeprägter Rektumprolaps muss in Allgemeinanästhesie reponiert und mit einer Tabaksbeutelnaht versorgt werden. Unterstützend erhalten die Tiere Infusionen, deren Menge sich nach dem Grad der Dehydratation richtet; siehe dazu auch unter Kreislaufschock (S. 174). Leiden die Frettchen unter Schmerzen, ist außerdem ein gastrointestinal nicht reizendes Analgetikum (z. B. Metamizol) zu verabreichen. Zum Schutz der Magenschleimhaut kann zusätzlich ein H_2-Rezeptor-Blocker oder Protonenpumpenhemmer verabreicht werden.

12.6.6 Mykobakteriose

Z [M]

Ätiologie Mykobakterien sind säurefeste, unbewegliche Stäbchenbakterien. Frettchen scheinen sowohl für bovine, aviäre als auch humane Stämme sehr empfänglich zu sein. Tiere aus Zuchten und jagdlich genutzte Frettchen sind dabei deutlich stärker gefährdet zu erkranken. Die Infektion erfolgt meist durch Aerosole oder die Aufnahme von rohem Fleisch (v. a. Wild und Geflügel) oder roher Milch.

Klinisches Bild Die meist tödlich endenden Infektionen mit *Mycobacterium bovis* scheinen sich häufig stärker als andere Stämme im Körper auszubreiten und können zu Lethargie, Anorexie, Gewichtsverlust, Erbrechen und Durchfällen führen. Aviäre und humane Stämme verursachen meist eher lokale, langsam wachsende Infektionsherde. So sind z. B. auch Krankheitsfälle mit einer proliferativen Konjunktivitis (S. 157) beschrieben.

Diagnose Ein Verdacht besteht bei Aufnahme der Fütterungsanamnese in Verbindung mit klinischen Symptomen. Palpatorisch können eventuell eine Hepatomegalie oder vergrößerte Lymphknoten festgestellt werden. Röntgenologisch sind in schweren Fällen granulomatöse Veränderungen erkennbar.

Immunologische Verfahren zur Intra-vitam-Diagnostik sind bisher nur wenig untersucht. In Einzelfällen kann der Erreger in Körpersekreten nachgewiesen werden.

Eine endgültige Diagnose liefert meist nur die Histopathologie, in der granulomatöse Veränderungen insbesondere in der Lunge, aber auch in anderen Organen und Lymphknoten sichtbar werden. Die säurefesten Stäbchen können schließlich in epitheloiden Zellen und Makrophagen nachgewiesen werden.

Therapie Aufgrund des zoonotischen Potenzials dieser für den Menschen sehr gefährlichen Erkrankung ist von einer Therapie abzuraten und die Euthanasie durchzuführen.

Zoonotische Bedeutung Die Tuberkulose zählt zu den meldepflichtigen Tierseuchen und ist eine der für den Menschen gefährlichsten Infektionskrankheiten. Die Übertragung zwischen Mensch und Tier kann wechselseitig per Tröpfcheninfektion erfolgen, es sind aber auch Infektionen durch direkten Hautkontakt möglich.

12.6.7 Botulismus

Ätiologie Die Erkrankung wird durch die Neurotoxine des grampositiven Sporenbildners *Clostridium botulinum* verursacht. Es handelt sich genau genommen bei der Erkrankung nicht um eine Infektionskrankheit, sondern um eine Intoxikation. Nur in sehr seltenen Fällen werden die Toxine bei der Vermehrung der Clostridien im Organismus gebildet. Viel häufiger ist die Aufnahme von verwesenden Tierkadavern oder verdorbenen Konserven die Krankheitsursache. Insbesondere bei warmen Temperaturen vermehren sich die Keime in den Kadavern rasant. Die Bakterientoxine verhindern die Freisetzung von Acetylcholin in den efferenten parasympathischen und motorischen Nerven und führen so zu einer progressiven Lähmung der motorischen Nerven. Gefährdet sind in Außenhaltung lebende Frettchen, die dazu neigen Nahrung zu horten, und zur Jagd genutzte Tiere. Frettchen scheinen deutlich empfindlicher auf die Endotoxine, insbesondere des Types C, zu reagieren als andere Carnivoren.

Klinisches Bild Infizierte Tiere entwickeln 18–96 Stunden nach Aufnahme des toxinhaltigen Materials eine Hinterhandlähmung, die sich innerhalb einiger Tage nach kranial ausbreitet. Megaösophagus, Vorfall des 3. Augenlids, Schluck- und Zungenlähmung können auftreten. Durch fortschreitende Paralyse der Interkostalmuskulatur und des Zwerchfells kommt es zunächst zu erschwerter, flacher Atmung und schließlich zum Atemstillstand.

Diagnose Die Erreger können in Erbrochenem oder in Kot bzw. post mortem im Mageninhalt nachgewiesen werden. Der kulturelle Nachweis ist wegen der starken Begleitflora allerdings schwierig. Nur der zusätzliche Toxinnachweis gilt als Beweis für die Erkrankung.

Therapie Bei Verdacht auf Botulismus muss aufgrund des rasanten, schweren Krankheitsverlaufs die Behandlung umgehend eingeleitet werden. Die Therapie mit antitoxischen Seren verspricht nur in Frühstadien Erfolg. Erkrankte Frettchen erhalten Penicillin (20 000–40 000 IE/kg 1 × tägl. s. c., i. m., i. v.), Metronidazol (20 mg/kg 2 × tägl. p. o.) oder Amoxicillin (10–20 mg/kg 2 × tägl. p. o., s. c.). Bei Bedarf werden Infusionen verabreicht und hochkalorisches Futter wird zugepäppelt. In fortgeschrittenen Fällen ist eine Dekubitusprophylaxe nötig. Die Genesung kann einige Wochen dauern.

Prognose Die Prognose ist vorsichtig.

Prophylaxe Futtersammelstellen sollten täglich kontrolliert und gesäubert werden.

12.6.8 Infektionen mit Staphylokokken und Streptokokken

Ätiologie Die grampositiven Staphylokokken und Streptokokken kommen primär auf der Haut und den Schleimhäuten vor. Sie treten (neben hämolytischen *E. coli*) häufig in Zusammenhang mit (meist chronischen) Mastitiden (S. 223) bei Fähen auf. Neben Corynebakterien, *Pasteurella* spp., *Actinomyces* spp. und *E. coli* werden sie außerdem häufig in Wundinfektionen und Abszessen nachgewiesen, die durch Bissverletzungen entstanden sind. Häufigste Lokalisation ist der Nacken. Die Wunden entstehen meist während des Spielens, der Paarung oder bei der Jagd.

Klinisches Bild Bei durch Staphylokokken (meist *Staphylococcus aureus* oder *Staphylococcus intermedius*) verursachten Mastitiden sind die betroffenen Drüsenkomplexe gerötet, sehr warm und schmerzhaft. Bei vorsichtiger Palpation lässt sich eventuell Eiter aus den Milchgängen massieren. Auch die Bildung eines Abszesses ist möglich. Werden die Veränderungen nekrotisch, geht die Erkrankung mit einem deutlich gestörten Allgemeinbefinden einher.

Besteht ein chronischer Prozess, sind die Drüsenkomplexe vergrößert und fest. Das Allgemeinbefinden der Tiere ist in diesen Fällen aber meist ungestört. Die Erkrankung fällt durch die ungenügende Gewichtszunahme der Welpen auf.

Abszesse sind als schmerzhafte Umfangsvermehrungen mit derber Kapsel und weich-fluktuierendem Inhalt sichtbar bzw. palpierbar. Die Tiere zeigen meist weiterhin ein ungestörtes Allgemeinbefinden.

Diagnose Bei Mastitiden sollte die bakterielle Untersuchung einer Milchprobe eingeleitet werden.

Sonografisch können Abszesse durch das Vorliegen von schleierartigen Binnenechos häufig gut von anderen Umfangsvermehrungen unterschieden werden. Mittels Punktion kann Eiter aspiriert und die Diagnose gesichert werden.

Therapie Fähen mit Mastitiden erhalten Infusionen, ein Breitspektrumantibiotikum (z. B. Amoxicillin-Clavulansäure, 10–20 mg/kg 2 × tägl. p. o.) und werden bei Bedarf zugefüttert. Sie werden außerdem mit einem Analgetikum und Antiphlogistikum (z. B. Meloxicam, 0,2 mg/kg 1 × tägl. p.o, s. c.) versorgt. Die Welpen einer an Mastitis erkrankten Fähe leiden gelegentlich ebenfalls unter Durchfällen. Sie müssen von der Mutter getrennt und per Hand gefüttert werden. Eine Amme sollte für die Aufzucht (S. 45) nicht zum Einsatz kommen, da die Ansteckungsgefahr durch die Welpen sehr groß ist.

Abgekapselte Hautentzündungen müssen freirasiert und unter sterilen Bedingungen im besten Fall in toto entfernt oder gespalten werden. Nach Ausräumen des entzündlichen Materials und großzügiger Spülung der Höhle mit einem milden Antiseptikum (z. B. ProntoVet®) sollte eine Drainage eingelegt werden. Zusätzlich erhalten die Tiere eine Antibiose nach Antibiogramm. Häufig sprechen bakterielle Entzündungen der Haut gut auf das bakterizide Breitspektrumantibiotikum Cefalexin (15–25 mg/kg p. o. 2–3 × tägl., nur nach Antibiogramm) und Fluorchinolone an.

Prophylaxe Insbesondere in der Ranzzeit ist das Aggressionsverhalten bei unkastrierten Rüden erhöht. Bei immer wiederkehrenden Rangkämpfen mit Verletzungen ist die Gruppenzusammensetzung zu prüfen. Auch eine Kastration (S. 268) kann eventuell Abhilfe schaffen.

12.6.9 Bakteriell bedingte Pneumonie

Ätiologie Pneumonien kommen bei Frettchen eher selten vor. Deutlich häufiger als die Erkrankung primär auszulösen, verursachen Bakterien bei an Influenza (S. 114) oder Staupe (S. 112) erkrankten Tieren Sekundärinfektionen. Ebenso können die bakteriellen Infektionen als Komplikation eines Megaösophagus (S. 191) mit nachfolgender Aspirationspneumonie auftreten. Zu den Keimen, die mit schweren Krankheitsbildern in Verbindung gebracht wurden zählen:

- *Streptococcus zooepidemicus* und *Streptococcus pneumoniae*, C- und G-Streptokokken
- *Klebsiella pneumoniae*
- *Pseudomonas aeruginosa*
- *Bordetella bronchiseptica*
- *Listeria monocytogenes*
- *E. coli*
- *Mycoplasma* spp. Z
- Mykobakterien (S. 123)
- Anaerobier

Klinisches Bild Die Frettchen sind lethargisch, leiden unter Dyspnoe, Fieber und Nasenausfluss. Husten ist bei den Tieren nicht zwingend vorhanden. In Zusammenhang mit Mykoplasmeninfektionen wurde außerdem über chronischen, medikamentell nicht beeinflussbaren Husten berichtet. Plötzliche Todesfälle ohne deutliche Symptome wurden ebenfalls beschrieben. In schweren Fällen kann durch Übertritt der Keime in die Blutbahn eine Sepsis entstehen, die fast immer tödlich endet.

Diagnose Auskultatorisch sind verschärfte, eventuell knisternde oder pfeifende Atemgeräusche zu hören. Röntgenologisch zeigt sich zu Beginn der Erkrankung eine interstitielle (▸ **Abb. 12.7**) und im weiteren Krankheitsverlauf eine alveoläre Lungenzeichnung. Eine bronchiale Zeichnung deutet auf eine primäre Lungenerkrankung hin. Bei einer Mykobakteriose ist möglicherweise ein noduläres Lungenmuster erkennbar.

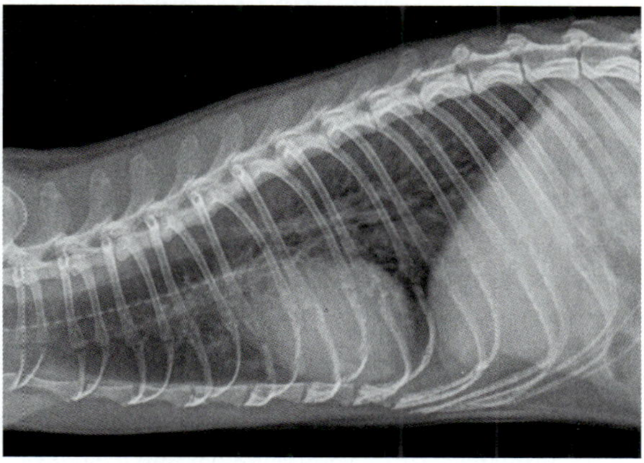

▶ **Abb. 12.7** Laterolaterale Röntgenaufnahme: verstärkte, interstitielle Lungenzeichnung.

Bei der blutchemischen Untersuchung kann eine Leukozytose mit Neutrophilie (Heterophilie) und Linksverschiebung feststellbar sein.

Eine Tracheal- bzw. Bronchiallavage kann unter kurzer Allgemeinanästhesie durchgeführt werden; siehe auch unter Pneumonie (S. 170). Bei zytologischer Untersuchung der Probe zeigen sich typischerweise eine septische Entzündung und degenerierte neutrophile Granulozyten.

Therapie Tiere, die unter Atemnot leiden, müssen zunächst Sauerstoff erhalten. Die antibiotische Therapie richtet sich nach dem Ergebnis des Antibiogramms. Zur Initialbehandlung, bis der Resistenztest zur Verfügung steht, eignen sich beispielsweise Enrofloxacin, Chloramphenicol oder die Kombination aus Sulfonamiden und Trimethoprim. Enrofloxacin ist empfehlenswert, da es sehr gute bakterizide Effekte zeigt und in zähes Bronchialsekret besser eindringen kann als andere Antibiotika. Die Medikamente sollten zunächst parenteral verabreicht werden. Schlägt die Behandlung an, kann auf orale Medikation umgestellt werden.

Um den Schleim in den Atemwegen möglichst flüssig zu halten, ist auf eine ausreichende Flüssigkeitszufuhr in Form von Infusionen zu achten. Zusätzlich kann Acetylcystein als Sekretolytikum (5 mg/kg 2–3 × tägl. p. o. oder s. c.) verabreicht werden. Neben der Anwendung eines Sekretlösers kann eine Inhalation mit Kochsalzlösung und verdünnter Acetylcysteinlösung durchgeführt werden; siehe auch unter Pneumonie (S. 170). Optimal wäre die Verwendung eines Inhalationsgeräts.

Meist ist bei Pneumonien mindestens eine Therapiedauer von 2 Wochen nötig. Um den Zustand der Lunge beurteilen zu können, sollten 7 Tage nach Verschwinden der Symptome Thoraxaufnahmen in 2 Ebenen durchgeführt werden. Die Therapie kann beendet werden, sobald keine abweichenden Befunde mehr sichtbar sind.

Erscheinen die Patienten schmerzhaft, muss ein Analgetikum verabreicht werden.

Zoonotische Bedeutung Bei einer Tuberkulose sollte aufgrund einer potenziellen Gefährdung des Menschen eine Euthanasie in Erwägung gezogen werden.

12.6.10 Bakterielle Erkrankungen des Harn- und Geschlechtstrakts

Ätiologie Eine primäre bakterielle Infektion von Harnblase oder Nieren ist bei Frettchen relativ selten. Häufiger entwickeln sich Zystitiden (S. 214) sekundär bei vorliegender Harnwegsobstruktion meist durch Urolithiasis (S. 208) oder Vergrößerung der Prostata (S. 218). Daher muss bei Verdacht einer Zystitis immer an das Vorliegen von Konkrementen oder anderen Verursachern einer Harnabflussstörung gedacht werden. Als Folge von Infektionen der unteren Harnwege kann in seltenen Fällen eine Nephritis/Pyelonephritis (S. 208) auftreten. Im Zusammenhang mit Infektionen des Harntrakts wurden *Proteus* spp., *E. coli* und Staphylokokken nachgewiesen.

Bakterielle Infektionen des Geschlechtstrakts sind beim Frettchen ebenfalls relativ selten. Beim Rüden kommt es gelegentlich zur Ausbildung von Prostataabszessen. Viel häufiger sind zystische oder metaplastische Prostataveränderungen im Rahmen einer Nebennierenerkrankung (S. 233). Die veränderte Drüse kann sekundär durch Staphylokokken, Streptokokken oder *E. coli* infiziert werden.

Bei der unkastrierten Fähe kann eine Pyometra (S. 221) als Folge einer Zystitis (S. 214), Vaginitis (S. 221) oder im Rahmen des Hyperöstrogenismus (S. 231) entstehen. Häufiger kommen Stumpfpyometren bei kastrierten Frettchen als Begleiterkrankung einer Nebennierenerkrankung oder seltener durch verbliebenes Ovarrestgewebe vor. Mikrobiologisch wurden bei Gebärmutterentzündungen des Frettchens *E. coli*, Staphylokokken, Streptokokken und Corynebakterien nachgewiesen.

Klinisches Bild Im Rahmen einer Zystitis setzen die Tiere in kurzen Abständen geringe Mengen Urin ab. Dabei zeigen sie eventuell Schmerzäußerungen. Auch Blutbeimengungen sind möglich. Die Anogenitalregion ist durch den Urin feucht und anfällig für sekundäre Dermatitiden. Das Allgemeinbefinden kann beeinträchtigt sein.

Liegt zusätzlich eine Nephritis vor, zeigen die Tiere Fieber, sind lethargisch und anorektisch. Eine nicht therapierte Nierenentzündung kann zum Nierenversagen führen. Die Tiere magern ab, sind lethargisch und dehydriert.

Abhängig davon ob und wie stark die Harnröhre durch eine vergrößerte Prostata komprimiert wird, zeigen die Frettchen unterschiedlich stark ausgeprägte Harnabsatzstörungen. Liegt eine vollständige Obstruktion der Urethra vor, verschlechtert sich das Allgemeinbefinden rapide. In dem Zug kann außerdem ein akutes Nierenversagen (S. 210) entstehen. Prostataveränderungen gehen häufig in Zusammenhang mit einer Nebennierenerkrankung einher. Daher muss besonders auf Anzeichen wie einer von kaudal nach kranial fortschreitenden Alopezie oder ein verstärktes Sexualverhalten bei kastrierten Tieren geachtet werden.

Während eine Vaginitis meist mit einer geröteten, geschwollenen Vaginalschleimhaut und Ausfluss einhergeht, ist das Allgemeinbefinden von Fähen, die unter einer Pyometra leiden meist deutlich verschlechtert. Auch Fieber und eitriger Vaginalausfluss kommen vor. Hat sich die Gebärmutterentzündung infolge eines Hyperöstrogenismus entwickelt, sind zusätzlich Symptome einer Knochenmarksdepression vorhanden. Die geschlossene Form der Erkrankung ist gefährlicher, da die Keime in der Gebärmutter verbleiben und die Gefahr einer Septikämie besteht, die meist tödlich endet.

Bei einer Stumpfpyometra liegen meist zusätzliche Symptome einer häufig ursächlichen Nebennierenerkrankung vor.

Diagnose Bei Palpation fühlt sich die Harnblasenwand im Rahmen einer Zystitis häufig derb an und die Harnblase ist durch die Pollakisurie relativ klein. Liegt eine Nephritis vor, können die Tiere beim Abtasten der Nieren Schmerzreaktionen zeigen.

Bei Zystitiden und Nephritiden sollte zunächst eine Untersuchung des Urins durchgeführt werden. Dieser kann relativ einfach mittels Zystozentese unter Ultraschallkontrolle gewonnen werden. Ein 1. Screening kann durch die Anwendung eines Teststreifens erfolgen. Verdächtig ist der Nachweis einer größeren Menge an Erythrozyten und Hämoglobin. Mikroskopisch zeigen sich häufig ein hoher Anteil an Leukozyten, Erythrozyten und Blasenepithel und eventuell die beteiligten Bakterien im Harn. Die mikrobiologische Untersuchung des Urins kann Aufschluss über die vorliegenden Keime und die Resistenzlage geben.

Eine sonografische Untersuchung des Abdomens kann Hinweise auf die Primärursache der Zystitis bzw. über den Zustand des gesamten Harntrakts liefern. Bei Pyelonephritiden ist meist eine Echogenitätszunahme im Nierenmark erkennbar. Auch bei Prostataveränderungen ist die Sonografie hilfreich. Die bei kastrierten Tieren häufig nicht darstellbare Drüse ist nun abgrenzbar. Schleierartige Binnenechos können auf das Vorliegen eines Abszesses hindeuten. Der Harntrakt wird außerdem auf Stauungserscheinungen untersucht. Deutliche Vergrößerungen der Drüse sind auch röntgenologisch bereits darstellbar. Im Urinsediment kann bei entzündlichen Veränderungen der Prostata außerdem eine Leukozytose vorhanden sein.

Bei einer kompletten Obstruktion im Harntrakt ist das Abdomen bei Palpation stark angespannt und schmerzhaft. Die massiv vergrößerte Harnblase und die vergrößerte Prostata sind durch die Bauchdecke fühlbar.

Liegt eine Vaginitis vor, ist neben der typischen Klinik sonografisch oft eine Erweiterung der Vagina erkennbar.

Bei vorsichtiger Palpation des Abdomens sind bei einer Pyometra flüssigkeitsgefüllte Uterusschlingen fühlbar. Im Rahmen der Blutuntersuchung ist häufig eine Heterophilie, bei zusätzlich vorliegendem Hyperöstrogenismus eine Panzytopenie zu sehen. Röntgenologisch können kaudodorsal der Harnblase weichteildichte Strukturen erkannt werden. Mittels Ultraschall kann der Inhalt der Uterusschlingen näher eingegrenzt werden. Eiteransammlungen stellen sich meist nicht komplett anechogen dar.

Lässt sich bei der sonografischen Untersuchung eine runde bis ovoide Struktur kraniodorsal der Blase darstellen, so liegt der Verdacht auf eine Stumpfpyometra vor. Es sollte außerdem überprüft werden, ob Nebennierenveränderungen oder Ovarreste vorhanden sind. In einigen Fällen ist die Veränderung des Gebärmutterstumpfs auch durch die Bauchdecke palpierbar.

Therapie Die Tiere erhalten bei allen Erkrankungen zunächst ein Analgetikum (z. B. Metamizol). Es ist auf die Gabe von schmackhaftem, hochwertigen Futter zu achten. Inappetente Frettchen müssen zugefüttert werden.

Die Gabe von Infusionen unterstützt den Kreislauf der erkrankten Tiere. Die Anwendung eines Breitspektrumantibiotikums, im besten Fall nach Antibiogramm, soll die bakterielle Infektion zurückdrängen und den Übertritt der Keime in die Blutbahn verhindern.

Bei Nephritiden wurden gute Erfahrungen mit Ampicillin, Amoxicillin und Chloramphenicol gemacht. Die Therapie muss bei Zystitiden über mindestens 2 Wochen, bei Nephritiden über mehrere Wochen erfolgen. Der Therapieerfolg kann durch erneute

Urinuntersuchungen kontrolliert werden. Die Gabe von Furosemid unterstützt zusätzlich die Durchspülung der Harnwege.

Bei Prostataveränderungen (S. 218) muss immer ursächlich an eine Nebennierenerkrankung (S. 233) gedacht und diese ggf. therapiert werden. Eine rein medikamentelle Therapie ist bei abgekapselten Entzündungsprozessen häufig nicht ausreichend. Stattdessen ist ein chirurgischer Eingriff inklusive Probenentnahme für die bakteriologische Untersuchung angezeigt, um eine optimale Antibiotikatherapie einleiten zu können. Ist die Harnröhre komplett verschlossen, liegt ein Notfall vor. Die Harnblase muss umgehend entlastet und der Kreislauf des Tieres unterstützt werden. Bei großen, schwer operablen Prozessen muss eventuell bis zur Verkleinerung des Organs ein Dauerkatheter gelegt werden; siehe auch Prostataerkrankungen (S. 218).

Vaginitiden werden antibiotisch und analgetisch therapiert.

Pyometren und Stumpfpyometren sollten chirurgisch versorgt werden. Alternativ wurde bei offenen Formen der Gebärmutterentzündung über den Einsatz von Prostaglandinen (PGF2α) zur Steigerung der Uterusmotilität und Entleerung des Exsudats berichtet.

12.7 Pilzinfektionen

Martina Warschau

Frettchen leiden ab und zu unter Hautpilzerkrankungen. Systemische Mykosen sind selten.

> **Cave**
> **Dermatophyten können auch auf den Menschen übertragen werden.**

12.7.1 Dermatophytose

Ätiologie Infektionen mit den Erregern *Microsporum canis* oder *Trichophyton mentagrophytes* kommen bei Frettchen selten vor. Es sind v. a. junge und immunsupprimierte Tiere betroffen. Die Übertragung erfolgt meist über direkten oder indirekten Kontakt mit anderen Frettchen oder weiteren im Haushalt lebenden Tieren. Zu beachten ist, dass auch Frettchen ohne klinische Symptome Sporenträger sein können. Die Erkrankung ist in vielen Fällen selbstlimitierend.

Sehr wichtig ist es, beim Vorliegen von Hautpilzerkrankungen nach Ursachen, z. B. systemischen Erkrankungen oder Stress, zu suchen, die für eine unterdrückte Immunabwehr verantwortlich sein können.

Klinisches Bild Die Erkrankung kann sich in Form typischer ringförmiger, haarloser Stellen zeigen. Auch brüchige Haare können Anzeichen einer Pilzinfektion sein. Prinzipiell sind aber alle Areale verdächtig, die Haarverlust, Schuppen, Krusten, Entzündungen oder Hautverdickungen aufweisen. Die Ausbreitung kann lokal, multifokal oder generalisiert sein. In den meisten Fällen sind Pilzinfektionen nicht mit Juckreiz verbunden.

Diagnose Mit der Wood'schen Lampe können bestimmte Stämme von *Microsporum canis* durch ihre gelbgrüne Fluoreszenz diagnostiziert werden. Da jedoch nicht alle Dermatophyten fluoreszieren, ist nur ein positiver Befund beweisend. Bei einem negativen Ergebnis kann die Infektion nicht ausgeschlossen werden.

Über die mikroskopische Untersuchung von Haaren kann die Erkrankung in vielen Fällen nachgewiesen werden. Doch auch hier gilt: Es sind trotz vorhandener Pilzinfektion negative Ergebnisse möglich.

Die verlässlichste, wenn auch langwierigste Methode, ist das Anlegen einer Pilzkultur. Bis zu einem aussagekräftigen Ergebnis können 1–3 Wochen vergehen. Die Probengewinnung kann durch Hautgeschabsel oder Auszupfen von Haaren (eventuell unter der Wood'schen Lampe) erfolgen. Ebenso kann das Fell mit einer Zahnbürste (Zahnarztbedarf) durchgebürstet werden.

Zeigt der Tierhalter ebenso wie das Frettchen typische Hautveränderungen, so ist die Therapie sofort einzuleiten.

Mit im Haushalt lebende Tiere sollten ebenfalls untersucht und getestet werden, um gegenseitige Infektionen nachzuweisen und Reinfektionen zu vermeiden.

Therapie Eine kombinierte systemische und topische Behandlung ist empfehlenswert. Als gut verträgliches systemisches Antimykotikum gilt Itraconazol (10 mg/kg), das angelehnt an das Behandlungsschema bei der Katze in 3 alternierenden Perioden von je 7 aufeinanderfolgenden Tagen oral eingegeben wird. Zwischen jeder Behandlungsperiode liegen 7 behandlungsfreie Tage. Während der Gabe von Itraconazol ist ein Ansteigen der Leberenzyme möglich.

Als zusätzliches lokales Antimykotikum kann z. B. Enilconazol® (0,2 %ige Lösung) eingesetzt werden. Die betroffenen Hautstellen werden alle 4 Tage mit der Lösung gewaschen, bis keine Symptome mehr erkennbar sind. Eine alleinige lokale Therapie ist nicht sinnvoll, da die Pilzsporen meist das gesamte Fell befallen und somit nur ein kleiner Teil der Infektionsstadien erfasst wird.

Ebenso wichtig für den Behandlungserfolg sind hygienische Maßnahmen wie die Desinfektion der vom Tier genutzten Flächen, Körbe, Spielzeuge usw. Mittel der Wahl ist Chlorbleiche.

Partnertiere sollten eventuell bis zur klinischen Heilung von den erkrankten Tieren getrennt werden. Zur Kontrolle des Therapieerfolgs wird ca. 4 Wochen nach Therapiebeginn eine erneute kulturelle Untersuchung eingeleitet.

Essenziell für die endgültige Ausheilung einer Pilzinfektion ist die erfolgreiche Beseitigung der Erkrankungsursache.

Prophylaxe Pilzerkrankungen sind Ausdruck eines geschwächten Immunsystems. Die Tiere sollten so stressfrei wie möglich gehalten werden. Jedem Tierbesitzer sollte außerdem grundsätzlich eine regelmäßige Beobachtung und Gewichtskontrolle seiner Tiere empfohlen werden, um Erkrankungen frühzeitig diagnostizieren und therapieren zu können.

Zoonotische Bedeutung Eine Hautpilzinfektion ist eine Zoonose, wobei Menschen mit noch nicht ausgereiftem oder geschwächtem Immunsystem besonders gefährdet sind.

12.7.2 Systemische Mykosen

Frettchen können an systemischen Pilzinfektionen erkranken. Meist zeigen betroffene Tiere respiratorische Symptome.

Ätiologie Anfällig für die Infektionen sind immunsupprimierte Tiere. Ein geschwächtes Immunsystem kann bei sehr alten oder an einer systemischen Erkrankung leidenden Tieren vorhanden sein. Auch eine Dauertherapie mit Kortikosteroiden, die beispielsweise bei Insulinompatienten häufig durchgeführt werden muss, kann die Körperabwehr schwächen. Da die Sporen meist im Erdreich vorkommen, sind in der Wohnung gehaltene Frettchen weniger empfänglich für die Infektionen. Potenzielle Erreger sind unter anderem *Blastomyces dermatitidis, Cryptococcus neoformans und Coccidiosis immitis.*

Klinisches Bild Die systemische Mykose manifestiert sich meist im Respirationstrakt. Mögliche Symptome sind Husten, Dyspnoe und Nasenausfluss.

Bei der Blastomykose wurden zusätzlich ulzerative Schwellungen der Haut und Fußballen sowie die Entstehung einer granulomatösen Pneumonie beschrieben.

Bei Infektionen mit *Cryptococcus neoformans* können zudem Schwellungen auf der Nase, tiefe Ulzerationen der Mukosa mit möglicher oronasaler Fistelbildung und lokale Lymphadenomegalien auftreten. In schweren Fällen sind subakute und chronische Meningoenzephalitiden, Pneumonien (S. 170) und Pleuritiden möglich.

Die Symptome einer Kokzidiomykose können sehr vielfältig sein, da neben dem Atmungstrakt auch Knochen, Bauchorgane und ZNS erkrankt sein können.

Diagnose Erste Hinweise auf eine Erkrankung des Respirationstrakts ergeben sich aus der Anamnese und dem Auskultationsbefund. Dabei können eine verschärfte Atmung und Knistergeräusche festgestellt werden.

Sind Schwellungen oder ulzerative Hautveränderungen vorhanden, sollte eine Entnahme des Gewebes mittels Feinnadelaspiration oder Biopsie durchgeführt und das Material zytologisch oder histologisch untersucht werden.

Röntgenologisch können Veränderungen des Atmungstrakts wie eine noduläre oder interstitielle Lungenzeichnung oder ein Pleuraerguss zu sehen sein. Da Mykosen auch in andere Organsysteme weitergeleitet werden können, sollten komplette Übersichtsröntgenbilder angefertigt werden. Sonografisch können granulomatöse Organveränderungen oder Lymphknotenschwellungen darstellbar sein.

Bei Verdacht auf eine Beteiligung von Trachea und Lunge kann eine Trachealspülprobe in Narkose durchgeführt werden; siehe auch Pneumonie (S. 170). Das Material wird anschließend zytologisch oder kulturell untersucht.

Für den Nachweis einer meningealen Kryptokokkusmykose ist eine Liquorpunktion erforderlich.

Da bisher nur wenige Berichte über Systemmykosen beim Frettchen existieren, ist der Nutzen von serologischen Tests bisher noch nicht abschätzbar.

Therapie Die Behandlung basiert auf Erfahrungen in der Kleintiermedizin. Die Besitzer müssen vor Therapiebeginn darüber aufgeklärt werden, dass eine lebensbedrohliche Infektion vorliegt und meist eine langwierige und kostenintensive Behandlung mit ungewissem Ausgang nötig sein wird.

Je nach Zustand der Tiere kann initial die Gabe von Sauerstoff und intravenösen Infusionen erforderlich sein. Sekundärinfektionen sind mit einem Breitspektrumantibiotikum (z. B. Enrofloxacin) zu behandeln. Leiden die Frettchen unter Schmerzen, wird ein Analgetikum verabreicht.

Durch die Mykose bedingte Umfangsvermehrungen sollten so gut wie möglich entfernt werden.

Vor einigen Jahren wurden Pilzerkrankungen meist routinemäßig mit Ketoconazol und Amphotericin B behandelt. Mittel der Wahl ist mittlerweile Itraconazol, da es weniger Nebenwirkungen hat und oral angewendet werden kann. Bezüglich der geeigneten Dosierung gibt es verschiedene Angaben. Es wird meist die orale Eingabe von 5–10 mg/kg 1 × täglich empfohlen. Über eine erfolgreiche Therapie einer intranasalen Kryptokokkose wurde allerdings mit einer höheren Dosierung von 21–27 mg/kg über mehrere Monate berichtet. Bei Injektionen des ZNS wurde in der Literatur das Antimykotikum Fluconazol, das sich schnell in Liquor und Hirngewebe anreichert, mit unterschiedlichem Erfolg eingesetzt. Die Therapiedauer einer systemischen Mykose erstreckt sich meist über mehrere Monate und kann erst beendet werden, wenn der Erreger nicht mehr nachzuweisen ist.

Prognose Die Prognose ist bei systemischen Mykosen sehr vorsichtig.

12.8 Endoparasitosen

Martina Warschau

Frettchen leiden nur selten unter einem Befall mit Endoparasiten.

12.8.1 Kokzidiose

Ätiologie Die am häufigsten nachgewiesenen Protozoenspezies sind *Eimeria furonis, Eimeria ictidea* und *Isospora laidlawii* (▸ Abb. 12.8).

Meist tritt die Infektion bei immunsupprimierten Jungtieren im Alter von 6–16 Wochen auf. Die Tiere scheiden Oozysten aus, die in feucht-warmer Umgebung nach 1–4 Tagen sporulieren. Bei günstigen Bedingungen können diese monatelang infektiös bleiben. Die Übertragung erfolgt durch perorale Aufnahme dieser Infektionsstadien. Im Darm werden Sporozoiten frei, die sich im Epithel des Darmtrakts ansiedeln und sich dort zu Trophozoiten entwickeln.

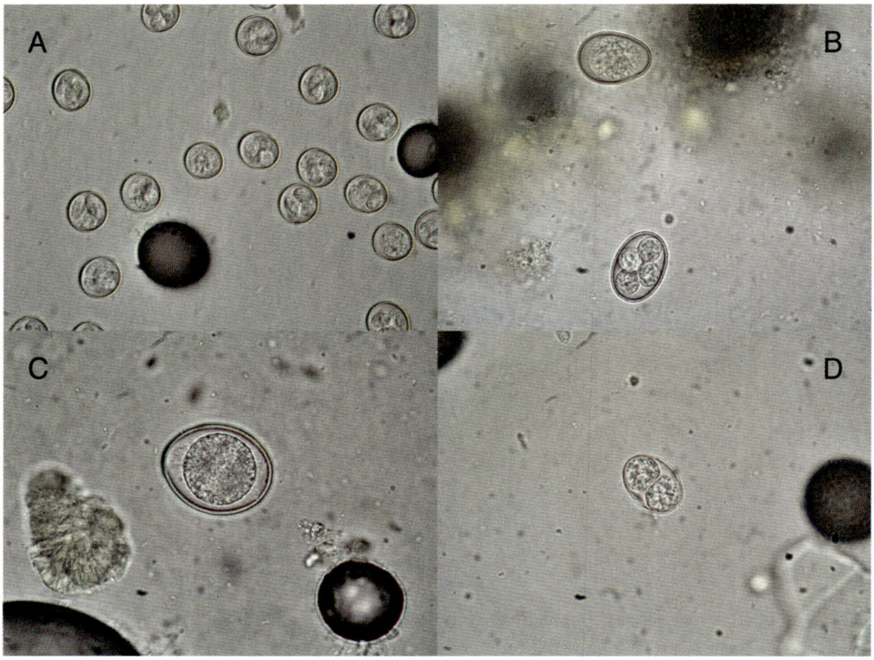

▸ **Abb. 12.8** Kokzidien-Oozysten vom Frettchen im Flotationspräparat (1000 ×):
A) *Eimeria furonis* (14,2 × 12,8 µm).
B) *Eimeria ictidea* (24,6 × 17,5 µm).
C) *Isospora laidlawi* (36,9 × 29,8 µm).
D) nicht identifizierte *Isospora*-Art (22,8 × 17,8 µm). (Dr. Nikola Pantchev, Ludwigsburg)

Klinisches Bild Bei geschwächten Tieren können übelriechende, blutig-wässrige Durchfälle und Tenesmus auftreten. Die Folge sind Dehydratation, Schwäche, Kachexie und in hochgradigen Fällen eine Anämie. Innerhalb von 5–10 Tagen nach dem ersten Auftreten der Symptome kommt es zur Genesung oder zur progressiven Verschlechterung des Allgemeinbefindens und zum Tod. Auch plötzliche Todesfälle ohne vorherige Symptomatik wurden beschrieben.

In der Regel sind die Frettchen latent infiziert und fungieren als asymptomatische Träger der Kokzidien.

Diagnose Bei Palpation können verdickte Darmabschnitte oder vergrößerte Mesenteriallymphknoten zu fühlen sein.

Blutuntersuchungen zeigen, wie bei vielen mit Durchfall verbundenen Erkrankungen, insbesondere die Auswirkungen der Dehydratation (erhöhter Harnstoffspiegel, Gesamtproteinspiegel im oberen Referenzbereich) und eventuell Anzeichen einer regenerativen Anämie (Retikulozytose).

Aufgrund der intermittierenden Ausscheidung der Oozysten ist eine Sammelkotprobe von mindestens 3 Tagen zu empfehlen. Im Regelfall werden die Infektionsstadien per Flotationsmethode nachgewiesen. Bei massivem Befall sind die Kokzidien-Oozysten oft auch bereits im Direktausstrich unter dem Mikroskop erkennbar. Oozysten von

Eimeria furonis sind kugelige ca. 12 × 13 µm große Gebilde. Die Oozysten von *Eimeria ictidae* und *Isosopra* spp. sind mit ca. 20 × 40 µm etwas größer.

Therapie Gegen eine Kokzidiose können Sulfonamidpräparate alleine oder in Kombination mit Trimethoprim oral über mindestens 2 Wochen eingesetzt werden. Ebenso kann die Behandlung mit den Wirkstoffen Toltrazuril oder Amprolium erfolgen. Der Behandlungserfolg kann nach 1–2 Wochen per Kotuntersuchung kontrolliert werden. Der Kot ist täglich zu entfernen, die Toiletten müssen während der Therapie täglich mit kresolhaltigen Desinfektionsmitteln behandelt werden. Die komplette Elimination der Erreger ist allerdings auch bei durchgeführter Behandlung und gutem Hygienemanagement oft nicht möglich. Frettchen, die unter einer klinisch manifesten Infektion leiden, sollten mithilfe von Infusionen stabilisiert und ggf. auch zugefüttert werden.

Prophylaxe Die Tiere sollten vor potenziellen Stresssituationen wie ungünstigen Umgebungstemperaturen, Platzmangel und Hygienemängeln geschützt werden.

12.8.2 Kryptosporidien

Z

Ätiologie Die zu den Kokzidien zählenden Kryptosporidien, insbesondere *Cryptosporidium parvum*, kommen ebenfalls bei Jungtieren und immunsupprimierten Tieren vor und führen meist zu einer subklinischen Erkrankung. Die Übertragung erfolgt durch Aufnahme sporulierter Oozysten. Die Parasiten siedeln sich im Dünndarm an und werden in Zystenform mit dem Kot ausgeschieden. Dabei ist auch eine Infektion über rohes Fleisch möglich.

Klinisches Bild Es sind einige Wochen andauernde, subklinische Infektionen möglich, die bei immunkompetenten Tieren selbstlimitierend sind. Klinische Erkrankungen können mit Durchfall, Vomitus und Übelkeit einhergehen.

Diagnose Zur Untersuchung sollten Sammelkotproben herangezogen werden. Die Oozysten sind relativ klein (ca. 5 µm) und daher schwer diagnostizierbar. Durch Zentrifugation des Kotes in konzentrierter Zuckerlösung kann eine Anreicherung erfolgen. Da die Oozysten säurefest sind, können sie mit gefärbten Kotausstrichen (Ziehl-Neelsen-Färbung) nachgewiesen werden. Auch ein PCR-Nachweis steht zur Verfügung.

Therapie Eine spezifische Therapie gegen Kryptosporidien ist nicht bekannt. An Durchfällen erkrankte Tiere können daher nur symptomatisch mit Flüssigkeit versorgt und bei Verdacht auf eine bakterielle Sekundärinfektion mit einem Breitspektrumantibiotikum abgedeckt werden. Um das Immunsystem zu unterstützen, kann der Einsatz von Paraimmunitätsinducern erwogen werden.

Zoonotische Bedeutung Das zoonotische Potenzial ist bei der Kryptosporidiose noch nicht hinreichend geklärt. Infizierte Tiere sollten aber als potenzielle Überträger auf andere Tiere und immunsupprimierte Menschen angesehen werden.

12.8.3 Giardiasis

Z

Ätiologie Infektionen mit Giardien scheinen bei Frettchen in den letzten Jahren zuzunehmen. Die nachgewiesenen Isolate von *G. duodenalis* (syn. *G. intestinalis/G. lamblia*) sind vermutlich wirtsspezifisch. Die infektiösen Zysten können monatelang in feuchter Umgebung überleben und sind für viele Desinfektionsmittel unempfindlich. Die Verbreitung kann durch Schmierinfektionen, über kontaminiertes Futter und/oder Wasser oder andere Tiere stattfinden.

Klinisches Bild Die Infektion verläuft meistens subklinisch. In einigen Fällen ist eine chronische oder intermittierende Diarrhö zu beobachten.

Diagnose Zur Diagnostik sollte eine Sammelkotprobe von mindestens 3 aufeinanderfolgenden Tagen herangezogen werden.

Trophozyten und Oozysten können mit einem einfachen Kotausstrich nachgewiesen werden. Die Methode ist jedoch wenig sensitiv. Die Trophozyten sind ca. 10–20 µm lange, birnenförmige Flagellaten mit 8 Geißeln. Die ovalen Oozysten sind 8–14 µm groß und von einer starken Membran umgeben. Geeigneter ist das MIFC (Merthiolat-Jod-Formalin-Concentration)-Verfahren, ein modifiziertes Sedimentationsverfahren oder das kombinierte Sedimentations-Flotationsverfahren mit Zinksulfatlösung oder Zinkchlorid-Kochsalzlösung. Auch immunologische Tests wie ELISA oder eine PCR sind sehr empfindlich.

Therapie Eine Behandlung ist immer angezeigt, wenn Tiere Symptome aufweisen oder Zysten in großen Mengen im Kot nachweisbar sind. Die Therapie kann mit Metronidazol (20 mg/kg 2 × tägl.) über 14 Tage erfolgen. Alternativ ist die Verabreichung von Fenbendazol (50 mg/kg 1 × tägl. p. o.) möglich. Dabei ist eine Behandlungsdauer von mindestens 10 Tagen zu empfehlen.

Zoonotische Bedeutung Giardien sind potenzielle Zoonoseerreger. Um das Risiko einer Übertragung auf Menschen und andere Tiere zu minimieren, sollte eine Desinfektion der Umgebung mit einer 1 %igen Natriumhypochloridlösung durchgeführt werden.

12.8.4 Toxoplasmose

[M]

Ätiologie Eine klinisch manifeste Toxoplasmose-Infektion kommt sehr selten vor. Frettchen können als Zwischenwirte für *Toxoplasma gondii* fungieren. Sie infizieren sich durch die Aufnahme von zystenhaltigem rohen Fleisch oder Katzenkot. Eine Übertragungsgefahr von Frettchen auf den Menschen besteht jedoch nicht, da die Ausscheidung von infektiösen Oozysten über den Kot ausschließlich durch Katzen stattfindet.

Klinisches Bild Abhängig vom Immunsystem des Tieres und der Infektiosität des Erregers kann die Infektion subklinisch verlaufen oder mit Symptomen wie Anorexie, Lethargie, Fieber und Anämie verbunden sein. Auch Erkrankungen des Verdauungstrakts, des Respirationstrakts, Hepatopathien oder Augenveränderungen sind möglich. In schwerwiegenden Fällen kann sich eine Meningoenzephalitis mit ZNS-Symptomatik entwickeln.

Diagnose Die Verdachtsdiagnose liefert die Anamnese. Per ELISA können Antikörper (IgM/IgG) oder Antigene nachgewiesen werden. Ein erhöhter Antikörpertiter beweist allerdings nur den Kontakt des Tieres mit den Toxoplasmen, nicht die klinische Erkrankung.

Therapie Die Behandlung einer klinisch manifesten Toxoplasmose ist schwierig. Es kann ein Therapieversuch mit Sulfonamid/Trimethoprim-Kombinationen (30 mg/kg 1 × tägl. s. c.) über 2 Wochen erfolgen.

Prophylaxe Um vor der Infektion zu schützen, sollten Frettchen nur durchgegartes Fleisch erhalten.

12.8.5 Nematoden

Z

Ätiologie Frettchen scheinen sehr unempfindlich für einen Wurmbefall des Magen-Darm-Trakts zu sein. Beschrieben wurden die Nematoden *Toxascaris leonina, Toxocara cati, Ancylostoma* spp., *Capillaria* spp., *Dioctophyme renale, Filaroides* spp., *Trichinella spiralis* und *Dirofilaria immitis* (S. 138). Die Infektion kann über die Aufnahme von Eiern und Larven erfolgen, die beispielsweise von Hunden und Katzen ausgeschieden wurden. Eine Infektion ist bei im Freien gehaltenen Tieren oder Spaziergängern eher möglich als bei vorwiegend in der Wohnung gehaltenen Frettchen. Grundsätzlich sind Welpen und immunsupprimierte Tiere anfälliger für das Auftreten einer Wurmerkrankung. Durch erneute Ausscheidung der Infektionsstadien können die Parasiten an andere Tiere (und in Einzelfällen an den Menschen) weitergegeben werden.

Klinisches Bild In vielen Fällen lösen die Infektionen keine Symptome aus. Liegt ein massiver Befall vor und/oder ist das Immunsystem des Tieres geschwächt, können Durchfälle, Schwäche, Lethargie, Dehydratation, abdominale Schmerzen und Erbrechen auftreten.

Diagnose Werden ganze Würmer ausgeschieden, ist die Diagnose einfach. Auch die Nematoden-Eier lassen sich per Tesaabklatsch oder noch sicherer mittels Flotationsmethode gut nachweisen. Die rundlichen Eier von *Toxascaris leonina* und *Toxocara cati* sind etwa 75–85 µm groß und dickschalig mit glatter Oberfläche. Die ovalen, 65 × 40 µm großen Eier der Hakenwürmer (▶ **Abb. 12.9**) besitzen dagegen eine dünne Schale. Die Größe der *Capillaria*-Eier (▶ **Abb. 12.10**) variiert je nach der Subspezies. Typisch ist das zitronenförmige Aussehen durch die bipolaren Pole. Liegt ein Befall mit

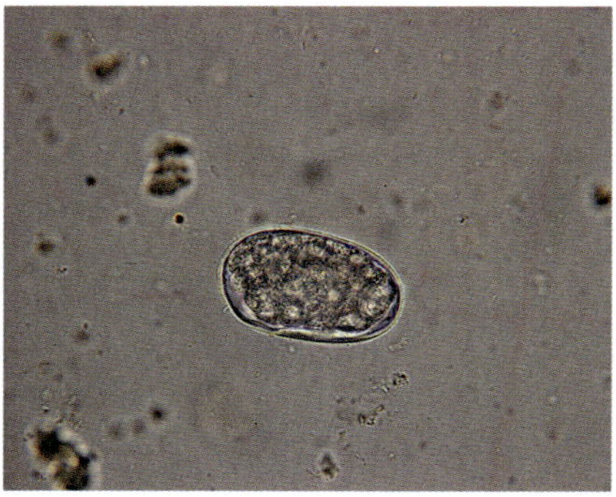

▶ **Abb. 12.9** Strongyliden-Typ-Ei (71,2 × 41,5 µm; Verdacht auf *Uncinaria criniformis*) vom Frettchen im Flotationspräparat (630 ×). (Dr. Nikola Pantchev, Ludwigsburg)

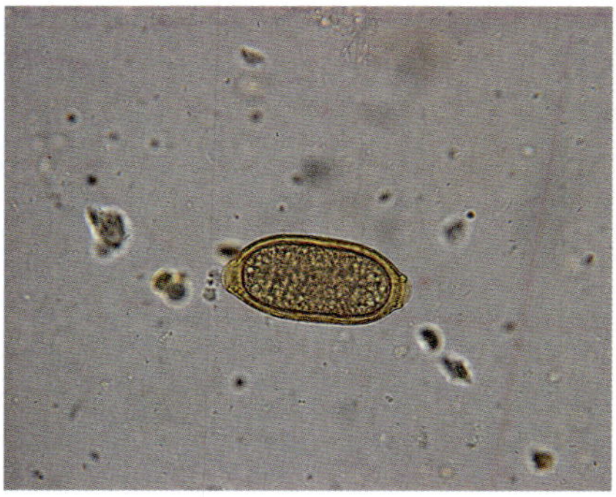

▶ **Abb. 12.10** Ei von *Capillaria* sp. (68,6 × 30,5 µm) vom Frettchen im Flotationspräparat (630 ×). (Dr. Nikola Pantchev, Ludwigsburg)

dem Riesennierenwurm *Dioctophyme renale* vor, können die Eier (71–84 × 45–52 µm) im Harnsediment nachgewiesen werden. Die größten beim Frettchen vorkommenden Nematodeneier sind die der *Filaroides* spp. (80–120 × 60–70 µm).

Therapie Empfohlen wird die 2-malige subkutane Injektion von Ivermectin (0,2–0,4 mg/kg) im Abstand von 14 Tagen. Ebenso kann Fenbendazol peroral über 3 Tage (50 mg/kg) verabreicht werden. Alternativ und auch einfach vom Tierbesitzer durchzuführen ist die Gabe von Stronghold® (6–10 mg/kg) oder Advocate® als Spot-on-Präparat.

Prophylaxe Um Reinfektionen und eine Weiterverbreitung auszuschließen, sollte der Kot täglich über den Hausmüll entsorgt werden.

Zoonotische Bedeutung Einige Nematodenspezies können auch auf den Menschen übertragen werden.

12.8.6 Dirofilaria immitis (Herzwurmerkrankung)

Ätiologie Das Risiko für Frettchen, sich in Deutschland mit Herzwürmern zu infizieren, ist sehr gering, wenn auch autochthone Krankheitsfälle beschrieben sind. Die Gefahr von Infektion und Einschleppung der Erkrankung besteht bei Reisen in Endemiegebiete (viele Länder Süd- und Osteuropas, USA) oder Einfuhr von Tieren aus diesen Ländern. In Stechmücken erfolgt die Weiterentwicklung zur infektiösen Larve. Durch Bisse der Mücken dringen die Larven in den Tierkörper, gelangen in die Blutbahn und entwickeln sich schließlich zu Adulten. Diese produzieren Mikrofilarien, die in die Blutbahn abgegeben werden. Bereits eine geringe Anzahl an Würmern kann zu schweren Symptomen führen. Sie besiedeln v. a. die rechte Herzkammer, die V. cava und die A. pulmonalis.

Klinisches Bild Das klinische Bild hängt von der Stärke des Wurmbefalls und dem Siedlungsort der Adulten ab. In vielen Fällen sind die Tiere symptomlos. Es gibt aber ebenso Erkrankungsverläufe, die mit Symptomen einer Rechtsherzerkrankung einhergehen. Die Tiere sind geschwächt, leiden an Dyspnoe und Husten. In gravierenden Fällen sind ein Lungenödem, Pleuraerguss und Aszites vorhanden. Die Parasiten können schließlich ein Rechtsherzversagen verursachen. Plötzliche Todesfälle infolge einer Thrombembolie sind möglich.

Diagnose Der Verdacht einer Herzwurmerkrankung besteht bei der Kombination aus Anamnese, klinischen Anzeichen, auffälligen radiologischen Befunden und positiven Testergebnissen aus dem Labor.

Auskultatorisch können Herzgeräusche 2. oder 3. Grades hörbar sein.

Röntgenologisch können in schweren Fällen eine Rechtsherzvergrößerung, ein Lungenödem und verminderte Detailerkennbarkeit im Abdomen auffallen.

Echokardiografisch können die Dilatation vom rechten Vorhof und der rechten Kammer sowie der A. pulmonalis dargestellt werden. Auch adulte Herzwürmer können einige Monate nach der Infektion manchmal per Sonografie als parallel verlaufende hyperechogene Linien erkennbar sein.

Ein Antigennachweis von *Dirofilaria immitis* kann mittels ELISA (Snap-Test für Hunde) erfolgen. Positive Testergebnisse können ca. 6 Monate post infektionem erwartet werden. Bei einer geringen Parasitenlast sind aber auch falsch negative Ergebnisse möglich. Besser geeignet ist dann ein Antikörpernachweis. Ein positiver Befund gibt allerdings nur Auskunft über eine vergangene oder derzeit bestehende Auseinandersetzung des Körpers mit dem Erreger.

Durch mikroskopische Untersuchungen einer angereicherten Blutprobe (modifizierter Knott-Test) können die Mikrofilarien eventuell direkt nachgewiesen werden. Da es jedoch bei Frettchen scheinbar nicht zu einer ausgeprägten Mikrofilarämie kommt, sind auch hier falsch negative Testergebnisse möglich. Es wird empfohlen die Blutproben nicht vor 18 Uhr zu nehmen, da sich die Mikrofilarien zwischen 18 und 24 Uhr stark im Blut anreichern.

Therapie Als 1. Schritt muss eine Abtötung der Adulten erfolgen. Problematisch bei der Therapie von Herzwurmerkrankungen ist die Gefahr einer iatrogenen Thrombembolie durch abgetötete Wurmpartikel. Um das Risiko zu verringern, sollte das Tier während der Therapie so gut wie möglich ruhig gehalten werden. Außerdem muss eine Thromboseprophylaxe erfolgen. Dazu werden 1 × täglich 100 IE/Tier Heparin s. c. über 3 Wochen in Verbindung mit Thiacetarsemid (2,2 mg/kg 2 × tägl. i. v. über 2 Tage) empfohlen. Auch die Behandlung mit Melarsamin (2,5 mg/kg 1 × tief i. m., 2-malige Wiederholung nach 30 Tagen) wird beschrieben. Die Medikamente sind in Deutschland jedoch nicht zugelassen. Nach 3 Wochen wird Heparin durch eine 1 × tägliche perorale Gabe von 22 mg/kg Acetylsalicylsäure ersetzt. Nach 3-monatiger Therapie kann anschließend die Abtötung der Mikrofilarien beispielsweise durch Stronghold® (6–10 mg/kg) oder Advocate® (1 Ampulle bis 4 kg) als Spot-on erfolgen. Der Therapieerfolg sollte 2 × in 3-wöchigem Abstand überprüft werden. Sind immer noch Mikrofilarien oder Adulte nachweisbar, muss die Therapie wiederholt werden.

Eine chirurgische Entfernung der Parasiten wurde beschrieben, ist aufgrund der geringen Körpergröße jedoch sehr schwierig.

Die weitere Linderung der kardialen Beschwerden (S. 174) richtet sich nach der Art der Symptome.

Prophylaxe Deutlich einfacher als die Therapie einer Herzwurmerkrankung ist die Prophylaxe. Reist das Tier in Endemiegebiete, ist eine medikamentelle Vorbehandlung mit Advocate® oder Stronghold® zu empfehlen. In Deutschland ist bisher keine Herzwurmprophylaxe nötig.

12.8.7 Zestoden

Ätiologie Eine Infektion mit Bandwürmern ist bei Frettchen relativ selten. Beschrieben wurden die Spezies *Taenia* spp., *Mesocestoides* spp., *Ariotaenia procyonis* und *Dipylidium caninum*.

Klinisches Bild Meist ist keine Symptomatik vorhanden. In schweren Fällen können Inappetenz, Kachexie, Enteritis und Ileus auftreten.

Diagnose Beweisend ist der Nachweis von Bandwurmgliedern im Kot oder Anogenitalbereich. Die mikroskopische Untersuchung findet nach Flotation statt. Die Zestodeneier haben einen Durchmesser von 25–50 µm.

Therapie Die Behandlung erfolgt mit 5–10 mg/kg Praziquantel 2 × im Abstand von 14 Tagen.

12.9 Ektoparasitosen

Martina Warschau

12.9.1 Ohrräude

Ätiologie Relativ häufig leiden insbesondere junge Frettchen unter einer Infektion mit der Milbe *Otodectes cynotis* (▶ **Abb. 12.11**), die zu Entzündungen des äußeren Gehörgangs führt. Die Gefahr einer Übertragung besteht v. a. durch direkten Kontakt mit im gleichen Haushalt lebenden Katzen oder Hunden. Dabei findet der typische 3-wöchige

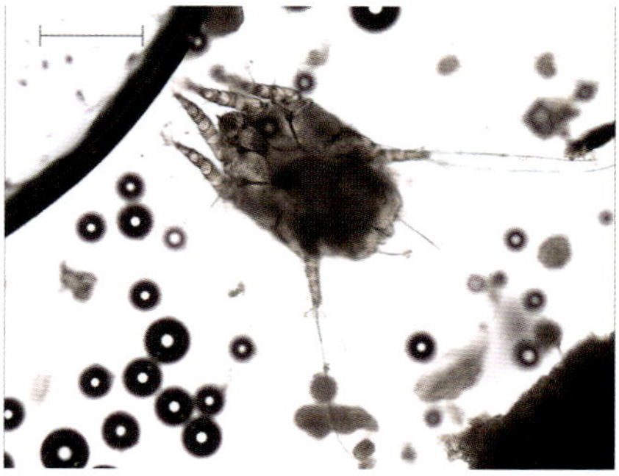

▶ **Abb. 12.11** *Otodectes-cynotis*-Weibchen von einem Frettchen (100 x). (Dr. Nikola Pantchev, Ludwigsburg)

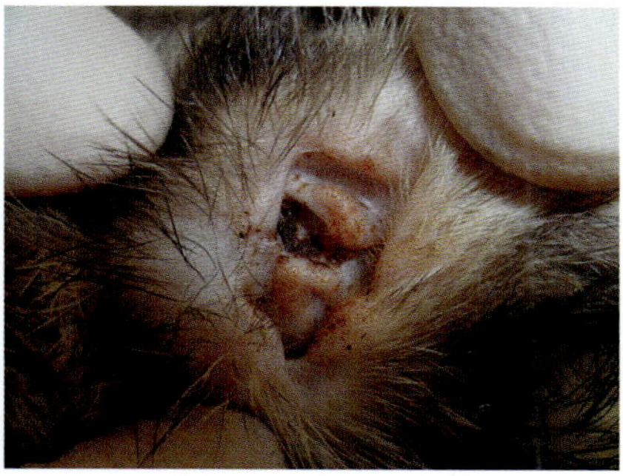

▸ **Abb. 12.12** Dunkelbraune Auflagerungen in der Ohrmuschel (Befall mit *Otodectes cynotis).*

Lebenszyklus der Milben komplett auf dem Wirtstier statt. Die Parasiten halten sich bevorzugt auf der Haut des äußeren Gehörgangs und der inneren Ohrmuschel auf. Nach Durchstechen der obersten Hautschicht ernähren sie sich von Lymphe und Gewebesäften. Wird die Ohrräude nicht behandelt, besteht die Gefahr einer bakteriellen Sekundärinfektion und der Entwicklung einer Otitis media (S. 166) oder Otitis interna.

Klinisches Bild Viele Infektionen sind bei geringer Befallsrate asymptomatisch. In anderen Fällen leiden die Tiere unter Juckreiz, sie schütteln den Kopf und kratzen sich an den Ohren. Die Haut der betreffenden Stellen ist durch die Stiche und den Speichel der Parasiten gereizt. Das Kratzen führt zu weiteren Verletzungen und kann bakterielle Sekundärinfektionen nach sich ziehen. Typisch für die Ohrräude beim Frettchen ist das braune, kaffeesatzartige Ohrsekret (▸ **Abb. 12.12**).

Diagnose Oft sind die kleinen, weißen Parasiten bereits mittels Otoskop erkennbar. Da sich die Milben bei Helligkeit sofort verkriechen, sollte die Lichtquelle erst nach Einführen des Instruments in den Gehörgang eingeschaltet werden. Zur mikroskopischen Untersuchung des Ohrsekrets kann mit einem ölgetränkten Wattestäbchen Material auf einen Objektträger aufgetragen und untersucht werden. Durch die Anwendung von Kalilauge kann das Sekret aufgehellt und die Suche nach Parasitenstadien vereinfacht werden.

Therapie Zu Beginn der Behandlung werden die Ohren vorsichtig mit einer desinfizierenden Lösung (z. B. Mal Acetic Otic®) gesäubert. Zur Abtötung der Milben ist Selamectin als Spot-on-Präparat (6–10 mg/kg) gut geeignet. Auch eine Therapie mit 0,2–0,4 mg/kg Ivermectin s. c. 3 × im Abstand von 14 Tagen wird als erfolgreich beschrieben. In einer Studie war die topische Behandlung mit 1 %igem Ivermectin (1:10 mit Propylenglykol verdünnt) 2 × im Abstand von 14 Tagen der systemischen Therapie überlegen. Um eine gegenseitige Reinfektion zu vermeiden, müssen alle Tiere des Haushalts in die Behandlung einbezogen werden.

12.9.2 Flöhe

Z

Ätiologie Insbesondere Frettchen, die in einem Haushalt mit Hunden oder Katzen leben, sind der Gefahr eines Flohbefalls ausgesetzt. Die beteiligten Spezies sind der Katzenfloh, *Ctenocephalides felis,* und der Hundefloh, *Ctenocephalides canis.* Beide Arten können den Bandwurm *Dipylidium caninum* übertragen. Die Verbreitung kann direkt von Tier zu Tier oder indirekt erfolgen. Auch ein Befall des Menschen ist möglich.

Klinisches Bild Einige Tiere zeigen keine Symptome. Bei anderen verursachen die Stiche Juckreiz von unterschiedlichem Ausmaß. Im dorsalen Brust- und Halsbereich ist häufig eine Alopezie vorhanden. Auch Frettchen können eine Flohspeichelallergie-Dermatitis entwickeln. Sie zeigt sich durch das Auftreten einer mit Papeln und Krusten einhergehenden Hautentzündung im Bereich des ventralen Abdomens, des Schwanzansatzes sowie kaudomedial der Oberschenkel. Sekundäre Pyodermien sind ebenfalls möglich. Bei sehr starkem Befall und geschwächten Tieren (z. B. sehr junge Frettchen) besteht die Gefahr einer Anämie.

Diagnose Aufgrund des dünnen, oft hellen Felles der Frettchen sind die Parasiten bereits mit bloßem Auge zu erkennen. Ist dies nicht der Fall, wird ein Flohkamm durch das Fell gezogen und das gewonnene Material auf ein feuchtes Tuch verbracht. Ein rötliche Färbung (unverdautes Blut) beweist den Flohbefall.

Therapie Die Kombination aus Imidacloprid (10 %) und Moxidectin (1 %) (Advocate®) ist für Frettchen zugelassen und kann als Spot-on-Präparat (für kleine Katzen) zur Bekämpfung und zur Vorbeugung des Flohbefalls bei Tieren ab einem Gewicht von 800 g eingesetzt werden. Eine neue Infektion wird für weitere 3 Wochen verhindert. Bei starkem Befall ist eine Wiederholungsbehandlung nötig. Auch die topische Anwendung von Selamectin (Stronghold®, 6–10 mg/kg) wird ab einem Alter von 6 Wochen empfohlen.

Wichtig für den Therapieerfolg ist die gleichzeitige Behandlung aller Tiere, die mit im Haushalt leben. Adulte Flöhe halten sich insbesondere auf dem Tier auf. Eier, Puppen und Flohlarven sind dagegen auch in der Umwelt zu finden. Eine Umgebungsbehandlung ist daher von größter Wichtigkeit. Liegeplätze der Tiere und Teppiche müssen täglich gesaugt, Decken, Handtücher, Kuscheltiere u. ä. gewaschen werden. Zusätzlich kann es nötig werden, Präparate einzusetzen, die gegen die Entwicklungsstadien der Flöhe gerichtet sind (z. B. Indorex®).

Prophylaxe Bei hohem Infektionsrisiko können geeignete Spot-on-Präparate monatlich angewendet werden. Halsbänder sind bei Frettchen ungeeignet, da sie durch ihre quirlige Art ständig Gefahr laufen, hängen zu bleiben.

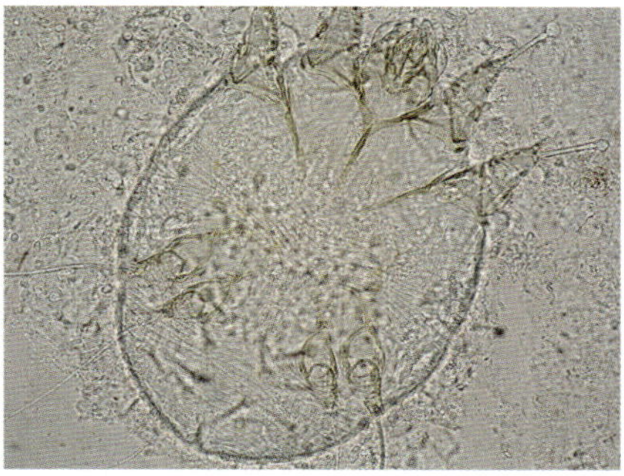

▶ **Abb. 12.13** *Sarcoptes scabiei var. canis* (Weibchen) im Hautgeschabsel (ventrale Ansicht; 400 x). (Dr. Nikola Pantchev, Ludwigsburg)

12.9.3 Sarkoptesräude

Z

Ätiologie Die Infektion mit der Milbe *Sarcoptes scabiei var. canis* (▶ **Abb. 12.13**) kommt bei verschiedenen Fleischfressern, in seltenen Fällen auch bei Frettchen, vor. Die Grabmilben durchbohren die Epidermis und legen ihre Eier in den Gängen ab. Der Entwicklungszyklus findet komplett auf dem Wirtstier statt und dauert 2–3 Wochen. Larven, Nymphen und Adulte können in den Bohrgängen, aber auch auf der Hautoberfläche gefunden werden. Außerhalb des Wirtstiers können die Milben bis zu 3 Wochen überleben.

Die hoch ansteckende Infektion erfolgt bei Heimtierfrettchen meist durch Kontakt mit im Haushalt lebenden Tieren (meist Hunden). Eine indirekte Weiterleitung der Infektion über Gegenstände ist deutlich seltener. Immunsupprimierte Tiere sind stärker gefährdet zu erkranken.

Klinisches Bild Bei der lokalen Form zeigen die betroffenen Pfoten eine nässende Pododermatitis, sind stark geschwollen, von Krusten und Schuppen bedeckt und gerötet. Das Anlegen der Bohrgänge und mögliche allergische Reaktionen können massiven Juckreiz verursachen. Durch Knabbern, Kratzen und Beißen wird die Haut noch weiter geschädigt und ist anfällig für Sekundärinfektionen. Die Krallen sind verdickt und überlang.

Bei der generalisierten Form sind die Hautveränderungen insbesondere an Ohrrändern, Nasenrücken und den Innenseiten der Oberschenkel zu sehen, können sich aber in schweren Fällen auch über den gesamten Körper ausdehnen. Es sind umschriebener oder diffuser Haarverlust, Verdickungen und eine Faltenbildung der Haut erkennbar.

Diagnose Der direkte Erregernachweis ist häufig aufgrund der geringen Anzahl der beteiligten Milben schwierig, und falsch negative Ergebnisse sind keine Seltenheit. Es sollten mehrere Hautgeschabsel möglichst am Übergang zu intaktem Gewebe entnommen und mikroskopisch untersucht werden. Das vorherige Auftragen von Öl wird empfohlen, um die Sensitivität zu erhöhen.

Therapie Die Behandlung kann mit der topischen Verabreichung von Selamectin (6–10 mg/kg) 2–3 × im Abstand von 14 Tagen oder 2 × im Abstand von 4 Wochen mit Imidacloprid/Moxidectin erfolgen. Preiswerter ist die subkutane Injektion von 0,2–0,4 mg/kg Ivermectin 3 × im Abstand von 7–14 Tagen. Die Krusten können mit warmem Wasser vorsichtig aufgeweicht und abgelöst werden. Verformte und überlange Krallen werden gekürzt. Sind Sekundärinfektionen vorhanden, ist ein geeignetes Antibiotikum, z. B. Enrofloxacin, einzusetzen. Bei massivem Juckreiz ist die kurzzeitige Anwendung eines Kortikosteroids, z. B. Prednisolon, möglich. Wichtig ist, dass alle im Haushalt lebenden Tiere ebenfalls behandelt werden.

Zoonotische Bedeutung Die Infektion mit den Räudemilben ist eine potenzielle Zoonose. Meist zeigen Kinder und Jugendliche eher Hautreaktionen als Erwachsene. Es können juckende, 2–6 mm große papulovesikuläre Effloreszenzen, insbesondere an den Kontaktstellen (Armen und Hals) auftreten. Bei der humanen Infektion gelingt es den Erregern jedoch nicht, Bohrgänge anzulegen und sich dauerhaft anzusiedeln.

12.9.4 Myiasis

Ätiologie In den warmen Monaten besteht die Gefahr eines Fliegenmadenbefalls durch Schmeißfliegen und Fleischfliegen. Gefährdet sind v. a. Tiere, die unter Verletzungen oder stark verschmutzter, feuchter Haut (z. B. bei Durchfällen, Harnträufeln) leiden. Die Fliegen legen ihre Eier bevorzugt im Bereich von Kopf, Nacken, Beinen, Flanken und Schwanz ab. Durch das Vordringen vom geschädigten in gesundes Gewebe können großflächige Wunden in der Unterhaut und Muskulatur entstehen. In schweren Fällen kommt es zu bakteriellen Sekundärinfektionen, Sepsis und Kreislaufschock.

Klinisches Bild Es können Hautverdickungen, Abszesse oder Ödeme vorhanden sein. Eier und Larven sind eventuell als kleine helle Stippchen im Fell erkennbar. In einigen Fällen ist oberflächlich nur eine kleine Öffnung vorhanden, die sich in der Tiefe jedoch sehr weit ausdehnen kann. Das Allgemeinbefinden der Tiere hängt vom Ausmaß des Befalls ab.

Diagnose Die gesamte Körperoberfläche muss gründlich abgesucht werden, um vermeintlich kleine Wundbereiche nicht zu übersehen. Verdächtige Öffnungen müssen mit einer Knopfkanüle vorsichtig sondiert werden, um die Größe der Wundtasche abschätzen zu können.

Therapie Je nach Allgemeinzustand und Hydratation des Tieres kann zunächst eine Schocktherapie (S. 174) erforderlich sein. Die Frettchen erhalten außerdem ein analgetisch und entzündungshemmend wirkendes Medikament (z. B. Metacam®) und ein gut hautgängiges Antibiotikum (z. B. Enrofloxacin).

Die Larven und Eier sind so zahlreich wie möglich zu entfernen. Da die Larven von Wärme angezogen werden, kann versucht werden, sie mittels warmer Luft an die Oberfläche zu locken. Zum Auskämmen der Eier eignet sich ein Flohkamm sehr gut.

Abhängig vom Allgemeinzustand, Temperament des Patienten und Ausmaß der Verletzungen kann für die Wundreinigung eine Kurznarkose (z. B. mit Isofluran) nötig sein.

Die Wundhöhlen werden mittels Knopfkanüle sondiert und die betroffenen Regionen mit milden antiseptischen Lösungen gesäubert (z. B. Braunol®-Lösung). Die Kontrolle der Wunden muss in den folgenden Tagen engmaschig erfolgen.

Sind Durchfälle oder Harnträufeln vorhanden, muss mittels weiterführender Diagnostik nach der Primärursache der Symptome gesucht und die Erkrankung therapiert werden.

Liegt ein massiver Befall vor und sind bereits Maden in tiefe Schichten der Muskulatur vorgedrungen oder in den Körperöffnungen zu sehen, ist eine Euthanasie anzuraten.

12.10 Hauterkrankungen

Michael Fehr

Um eine Hautveränderung diagnostizieren zu können, sollte der Vorbericht gewissenhaft aufgenommen werden. Sowohl Symptome (z. B. Juckreiz), Informationen zur Haltung der Frettchen (Rangordnung, Kontakt mit anderen Tieren) und das Vorliegen weiterer Erkrankungen, z. B. der verbreitete Hyperadrenokortizismus (S. 233), können Hinweise geben. Die gesamte Körperoberfläche sollte adspektorisch und palpatorisch untersucht werden. Es ist auf Veränderungen von Fell, Haut, Ohren, Drüsen, Anogenitalregion sowie Ballen und Krallen zu achten.

Ektoparasitosen (S. 140) werden separat beschrieben.

12.10.1 Infektionsbedingte Dermatitiden

Ätiologie Infektionen der Haut kommen meist durch Bissverletzungen zustande, die nicht selten während des Spielens, der Paarung oder der Jagd entstehen. Die häufigste Lokalisation ist dabei der Nacken. In vielen Fällen sind *Staphylococcus* spp. und *Streptococcus* spp. beteiligt. Aber auch Corynebakterien, *Pasteurella* spp., *Actinomyces* spp. und *E. coli* wurden nachgewiesen. Folgen des Eindringens von Keimen in und unter die Haut können Abszesse, Zellulitiden oder Pyodermien sein. Auch Sekundärinfektionen kommen vor. Diese können beispielsweise (bei Kämpfen oder durch Juckreiz entstandene) Kratzwunden verkomplizieren.

Bei nicht geimpften Tieren muss bei Dermatitiden an Kinn, in Inguinal- und Anogenitalregion immer an eine Infektion mit dem kaninen Staupevirus (S. 112) gedacht werden. Die Erkrankung endet meist tödlich.

Systemmykosen (S. 132) treten bei Frettchen sehr selten auf, können aber ebenfalls zu entzündlichen Hautveränderungen führen.

Erweist sich eine Dermatitis als therapieresistent, sollte auch an das Vorliegen einer kutanen Neoplasie (S. 153) gedacht werden.

Klinisches Bild Pyodermien zeigen sich meist in Form von geröteten, eventuell mit Papeln bedeckten Stellen (▶ **Abb. 12.14**). Die Veränderungen werden mit zunehmender bakterieller Besiedlung schmierig, feucht und übelriechend (▶ **Abb. 12.15**). In den Sommermonaten besteht die Gefahr einer Myiasis (S. 144).

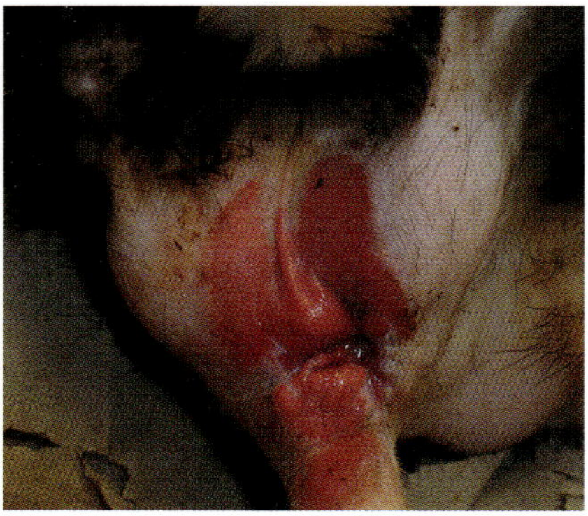

▶ **Abb. 12.14** Perianale Dermatitis nach Analbeutelexstirpation.

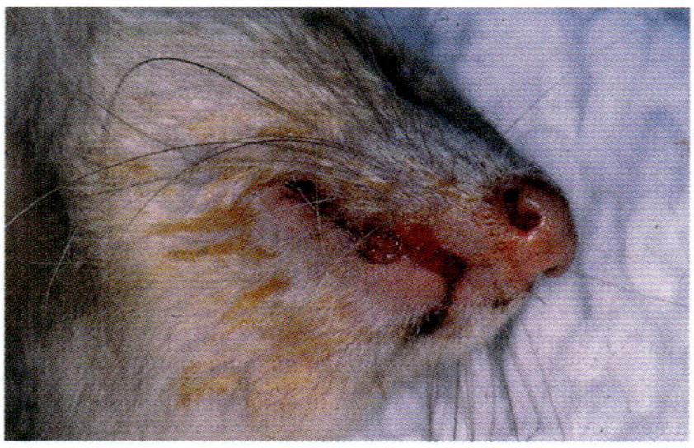

▶ **Abb. 12.15** Eiterverklebtes Fell.

Abszesse sind als schmerzhafte Umfangsvermehrungen mit derber Kapsel und weich-fluktuierendem Inhalt sicht- bzw. palpierbar.

Actinomyces spp. können multiple Knötchen oder Abszesse im Halsbereich hervorrufen, die gelb-grünen Eiter absondern.

Zu Beginn der Staupeinfektion treten meist Fieber und respiratorische Symptome auf. Einige Tage später zeigt sich eine charakteristische, juckende Dermatitis am Kinn und in der Inguinal- und Anogenitalregion. Eine Hyperkeratose der Fußballen kommt gelegentlich vor. Durchfälle und Erbrechen sind ebenfalls möglich. In nahezu allen Fällen folgen eine neurotrope Phase mit neurologischen Symptomen und der Exitus.

Differenzialdiagnostisch sollte bei therapieresistenten ulzerativen Schwellungen der Haut und Fußballen an eine systemische Mykose oder ein neoplastisches Geschehen gedacht werden (▶ **Abb. 12.16**).

Diagnose Wird bei Punktion einer Umfangsvermehrung Eiter aspiriert, ist die Diagnose Abszess gesichert. Durch Anlegen einer Bakterienkultur können die beteiligten Keime bestimmt werden. Von Vorteil ist es, nicht nur das Aspirat, sondern auch Anteile der Abszesskapsel einzusenden, da der Eiter selbst nicht in jedem Fall Keime enthält.

Die Staupe lässt sich am sichersten durch die PCR (Konjunktival- oder Rachenabstrich) nachweisen.

Sind Schwellungen oder ulzerative Hautveränderungen vorhanden, sollte eine Entnahme des Gewebes mittels Feinnadelaspiration oder Biopsie durchgeführt und das Material zytologisch oder histologisch untersucht werden.

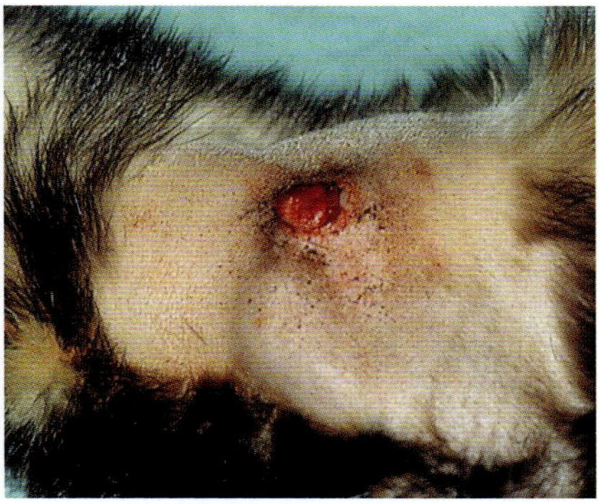

▶ **Abb. 12.16** Ulzerative Hautschwellung.

Therapie Abgekapselte Entzündungen müssen freirasiert und unter sterilen Bedingungen, im besten Fall in toto, entfernt oder gespalten werden. Nach Ausräumen des entzündlichen Materials und großzügiger Spülung der Höhle mit einem milden Antiseptikum (z. B. ProntoVet®) sollte bei Bedarf eine Drainage eingelegt werden. Zusätzlich erhalten die Tiere eine Antibiose nach Antibiogramm. Häufig sprechen bakterielle Entzündungen der Haut gut auf die Breitspektrumantibiotika Enrofloxacin (10 mg/kg 1 × tägl. p. o.) oder Cefalexin (15–25 mg/kg p. o. 2–3 × tägl., nur nach Antibiogramm) an.

Bei *Antinomyces*-Infektion wird hoch dosiertes Penicillin (40 000 IE/kg 1 × tägl.) oder Tetracyclin empfohlen.

Bestätigt die PCR eine Staupeinfektion, muss aufgrund der extrem schlechten Prognose eine Euthanasie in Erwägung gezogen werden. Wird ein Therapieversuch gewünscht, darf dieser nur unter strenger Quarantäne stattfinden.

Systemmykosen sind schwer zu therapieren und haben stets eine vorsichtige Prognose. Es kann eine Langzeitmedikation mit Itrafungol® versucht werden.

Neoplasien der Haut sind bei Frettchen meist gutartig und werden in toto exstirpiert.

Prophylaxe Insbesondere in der Ranzzeit ist das Aggressionsverhalten bei unkastrierten Rüden erhöht. Bei immer wiederkehrenden Rangkämpfen mit Verletzungen ist die Gruppenzusammensetzung zu prüfen. Auch eine Kastration (S. 268) kann eventuell Abhilfe schaffen.

Der Staupeinfektion lässt sich durch eine regelmäßige Impfung mit einem für Frettchen zugelassenen Impfstoff (Febrivac Dist®) vorbeugen.

12.10.2 Alopezie

Z

Ätiologie Eine Alopezie ist ein sehr häufig auftretendes Erscheinungsbild bei Frettchen. Dabei gilt ein umschriebener Haarverlust um die Zitzen der Weibchen gegen Ende der Trächtigkeit sowie im Nackenbereich nach Kopulationen als physiologisch.

In den warmen Monaten haben die Tiere typischerweise ein lichteres und meist helleres Fell. Im hinteren Körperbereich, beginnend am Schwanz (▶ **Abb. 12.17**), kann eine bilateral symmetrische, temporäre Alopezie („saisonale Alopezie“) auftreten. Meist

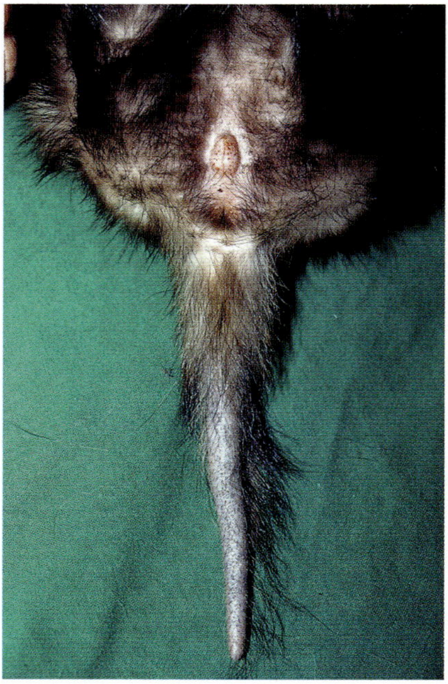

▶ **Abb. 12.17** Alopezie im distalen Schwanzbereich.

wachsen die Haare beim nächsten Fellwechsel wieder nach. Die Ätiologie ist bislang nicht geklärt. Es wird jedoch ein Zusammenhang mit der Fotoperiode vermutet.

Bleibt die bilateral symmetrische Alopezie bestehen, muss an hormonelle Störungen wie an einen Hyperadrenokortizismus (S. 233) oder bei unkastrierten Fähen an einen Hyperöstrogenismus (S. 231) infolge einer Dauerranz gedacht werden. In Einzelfällen kann die Symptomatik auch durch hormonell aktive Tumoren, z. B. Ovarialtumoren (S. 227) oder Hodentumoren (S. 220), hervorgerufen werden (▶ **Abb. 12.18**).

Ektoparasitosen (S. 140) (v. a. Sarcoptes, Flohbefall), Dermatophytosen (S. 130) und Hautneoplasien (S. 153) können ebenfalls mit einem Haarverlust verbunden sein. Sobald eine Ektoparasitose oder Dermatophytose bei Frettchen zu Symptomen führt, liegt eine Schwächung des Immunsystems infolge von Stress oder einer Grunderkrankung vor, die die Infektion begünstigt.

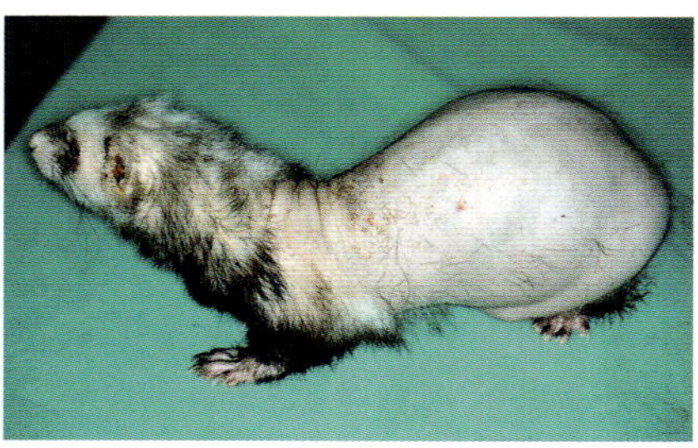

▶ **Abb. 12.18** Hormonell bedingte, generalisierte Alopezie aufgrund eines Ovarialtumors.

Klinisches Bild Eine hormonbedingte Alopezie ist in der Regel bilateral. Sie beginnt im hinteren Körperbereich und breitet sich dann nach kranial aus. Die Haut kann trocken und dünn sein. Einige Tiere leiden unter Juckreiz und zeigen ein gesteigertes Sexualverhalten. Bei Fähen, die eine Dauerranz entwickelt haben, ist die Vulva permanent geschwollen. In fortgeschrittenen Fällen sind die Tiere dehydriert und geschwächt, haben blasse Schleimhäute, neigen zu Blutungen und zu Infektionen.

In Zusammenhang mit der generalisierten Form der Sarkoptesräude (S. 143) tritt eine diffuse oder umschriebene Alopezie auf. Auch Verdickungen und Faltenbildungen der Haut können erkennbar sein. Stark betroffene Hautstellen sind in der Regel Ohrränder, Nasenrücken und Oberschenkelinnenseiten. Meist leiden die Frettchen zusätzlich unter einem massiven Juckreiz.

Bei einem Flohbefall treten insbesondere im dorsalen Hals- und Brustbereich der Tiere haarlose Stellen auf.

Kutane Mykosen zeigen sich sowohl in Form von typischen ringförmigen, haarlosen Bereichen als auch in diversen anderen Hautveränderungen, wie Schuppen, Krusten oder Verdickungen. Die einzelnen Haare wirken zudem brüchig. Juckreiz ist nur gelegentlich zu beobachten.

Diagnose Bei Verdacht auf einen Hyperadrenokortizismus ist zur Darstellung von Nebennierenveränderungen eine abdominale Sonografie anzuraten. Zusätzlich sollte eine komplette Blutuntersuchung inklusive endokrinologischem Profil eingeleitet werden. Es wird überprüft, ob ein Anstieg der Sexualhormone vorliegt und ob es Hinweise auf schwere Komplikationen (wie eine Panzytopenie durch den Hyperöstrogenismus) oder weitere Hinweise auf Begleiterkrankungen gibt. Die eindeutige Diagnose liefert schließlich die histopathologische Untersuchung der Nebennieren.

Bei Fähen, die in der Ranz bleiben, sollte ein rotes Blutbild und ein Differenzialblutbild eingeleitet werden. In Zusammenhang mit einem Hyperöstrogenismus sind ein niedriger Hämatokrit, eine nicht regenerative Anämie und, bei fortgeschrittenen Erkrankungen, eine Leukopenie und Thrombozytopenie nachweisbar.

Sarcoptesmilben können im oberflächlichen Hautgeschabsel diagnostiziert werden. Da allerdings bereits eine sehr kleine Anzahl an Milben zu massiven Symptomen führen kann, muss die Hautuntersuchung ggf. wiederholt werden. Ein Flohbefall ist durch den Nachweis von Adulten oder Flohkot im Fell feststellbar.

Die Verdachtsdiagnose einer Hautpilzinfektion kann in vielen Fällen bereits durch die mikroskopische Haaruntersuchung gestellt werden. Die verlässlichste Methode ist aber die Pilzkultur, deren Ergebnis allerdings erst nach 1–3 Wochen verfügbar ist. Bei charakteristischen Hautveränderungen bzw. einer diagnostizierten Dermatophytose beim Besitzer, sollte die Therapie sofort eingeleitet werden.

Therapieresistente Dermatitiden sind immer verdächtig für das Vorliegen einer Neoplasie. Kutane Tumoren können neben der Alopezie mit diversen weiteren Hautveränderungen wie mit Ulzerationen, Krusten oder Schwellungen der Pfoten einhergehen. Eine definitive Diagnose erbringt die Untersuchung eines Bioptats.

Therapie Frettchen, die an einer Nebennierenerkrankung leiden, können sowohl chirurgisch durch eine Adrenalektomie (S. 272) als auch konservativ therapiert werden (z. B. mit Suprelorin®-Implantat).

Fähen in der Dauerranz werden zunächst stabilisiert und antibiotisch abgedeckt. Bei starken Anämien sind eventuell Bluttransfusionen (S. 174) erforderlich. Die Ranz muss sofort beendet werden. Dies ist vorübergehend durch die Injektion von Hormonen (GnRH, hCG oder Deslorelin) und dauerhaft durch eine Ovario- oder Ovariohysterektomie (S. 269) möglich.

Bei Parasitosen wie der Sarkoptesräude oder dem Befall mit Flöhen sind Antiparasitika wie Selamectin, die Kombination Imidacloprid/Moxidectin oder Ivermectin zu empfehlen. Gegebenenfalls ist eine Antibiose bei Vorliegen einer Sekundärinfektion bzw. kurzzeitig ein Kortikosteroid einzusetzen, falls die Tiere unter massivem Juckreiz leiden. Eine sorgfältige Umgebungsbehandlung und die gleichzeitige Therapie aller im Haushalt lebenden Tiere ist Voraussetzung für die Heilung.

Die Behandlung der Dermatophytose sollte aus einem systemischen Mykotikum (Itrafungol®) in Kombination mit einem lokalen Präparat (z. B. Imaverol®) bestehen. Eine ausschließlich lokal angewandte Therapie bringt häufig keinen Erfolg. Alle Kontaktstellen in der Umgebung des Tieres müssen gereinigt und desinfiziert werden. Partnertiere sind eventuell bis zur Heilung (negative Pilzkultur) zu isolieren. Essenziell für den dauerhaften Erfolg der Therapie ist in jedem Fall die Diagnose und Behandlung der zugrundeliegenden Erkrankung bzw. die Abschaltung von möglichen Stressfaktoren.

Hautneoplasien sollten sofern möglich in toto exstirpiert werden.

Prophylaxe Der Hyperöstrogenismus der Fähen lässt sich durch die Kastration (S. 269) vor der 1. Ranz oder die regelmäßig Gabe von Hormonen per Injektion oder Implantat verhindern.

Zoonotische Bedeutung Die Sarkoptesräude (*Sarcoptes scabiei*) ist eine Zoonose und kann bei Menschen zu juckenden Papeln an den Kontaktstellen der Haut führen. Auch die Dermatophytose ist eine Zoonose und kann auf Kontaktpersonen oder -tiere übertragen werden.

12.10.3 Erkrankungen der Analbeutel

Ätiologie Gelegentlich kommen bei Frettchen Verstopfungen, Entzündungen oder Abszedierungen der Analbeutel vor (▶ **Abb. 12.19**). Eine Entleerung findet in der Regel zur Markierung des Reviers mit dem Kotabsatz statt, wenn sich das Tier gestresst oder

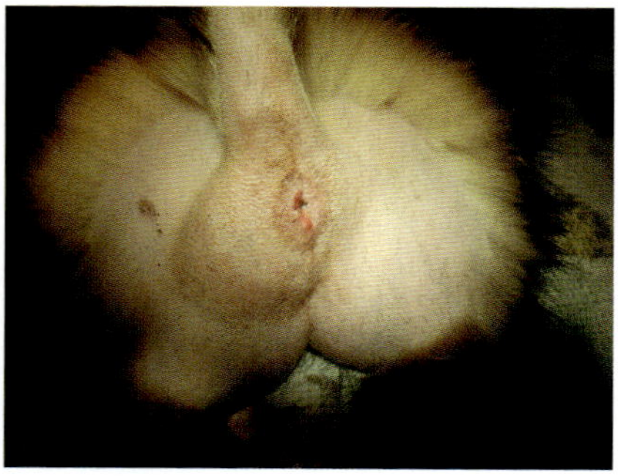

▶ **Abb. 12.19** Analbeutelabszess.

bedroht fühlt bzw. bei im Östrus befindlichen Fähen. In Einzelfällen sind auch neoplastische Veränderungen der Drüsen zu beobachten.

Klinisches Bild Einige Frettchen lecken vermehrt die Perianalregion, andere rutschen mit dem Hinterteil über den Boden („Schlittenfahren") oder zeigen Probleme mit dem Kotabsatz. Meist tritt zudem auch ein verstärkter Geruch auf.

Diagnose Das manuelle Ausdrücken der entzündeten Analbeutel kann sehr schmerzhaft sein. Das Sekret ist von abnormaler Konsistenz und Farbe (gelblich-rötlich). Während eine Analbeutelentzündung nicht zwingend direkt erkennbar ist, wölbt sich ein Abszess meist deutlich nach außen.

Therapie Liegt eine Entzündung vor, müssen die Analbeutel komplett entleert werden. Dies gelingt häufig nur in Narkose. Die Frettchen erhalten zusätzlich ein systemisches Antibiotikum (z. B. Synulox® oder Baytril®) über mindestens 2 Wochen.

Bei rezidivierenden Entzündungen oder Abszessen können Spülungen bzw. eine Analbeutelexstirpation (S. 278) erforderlich sein.

! Eine routinemäßige Entfernung der Analdrüsen ist in Deutschland aus Aspekten des Tierschutzes nicht erlaubt.

12.10.4 Pododermatitis

Ätiologie Pododermatitiden kommen bei Frettchen eher selten vor, können aber in Zusammenhang mit eingespießten Fremdkörpern, parasitären Erkrankungen wie der Sarkoptesräude (S. 143) oder systemischen Infektionskrankheiten wie der Staupe (S. 112) oder der Blastomykose (S. 132) auftreten.

Klinisches Bild Eingespießte Fremdkörper bzw. die damit verbundenen Entzündungsreaktionen sind in vielen Fällen sehr schmerzhaft und führen daher meist zur Entlastung der betroffenen Gliedmaße. Die umliegenden Hautstellen sind gerötet, geschwollen und warm. Liegt bereits eine bakterielle Sekundärinfektion vor, tritt Eiter aus der Wunde aus.

Bei der lokalen Form der Sarkoptesräude leiden die Frettchen unter einer nässenden Pododermatitis. Die Fußballen sind von Schuppen und Krusten bedeckt, gerötet und stark geschwollen. Auch massiver Juckreiz kommt in Zusammenhang mit den Parasiten vor.

Eine Staupeinfektion kann, wenn auch deutlich seltener als bei Hunden, mit einer Hyperkeratose der Fußballen einhergehen. Zusätzlich sind Symptome einer Atemwegsinfektion, eine juckende Dermatitis an Kinn, Leiste und Anogenitalregion und eventuell Diarrhö und Vomitus vorhanden. Es schließt sich eine Phase mit diversen neurologischen Symptomen an. Erkrankte Tiere versterben meist, trotz therapeutischer Maßnahmen, nach ca. 2 Wochen.

Die sehr seltene Infektion mit dem Pilz *Blastomyces dermatitidis* kann, meist neben respiratorischen Symptomen, zu ulzerativen Schwellungen von Haut und Fußballen führen.

Geschwollene Pfoten und verformte oder ausfallende Krallen können auch im Rahmen einer Neoplasie vorkommen.

Diagnose Die Pfoten sind zunächst sorgfältig und vorsichtig nach Fremdkörpern abzusuchen. Das Tier muss gut fixiert werden, da die Palpation der entzündeten Stellen meist schmerzhaft ist und Abwehrreaktionen zu erwarten sind. Ist bereits eine ausgeprägte bakterielle Sekundärinfektion vorhanden, sollte eine mikrobiologische Untersuchung des Sekrets eingeleitet werden.

Der Nachweis einer Infektion mit Sarcoptesmilben erfordert meist die mikroskopische Untersuchung mehrerer Hautgeschabsel, da bereits einzelne Milben zu massiven Symptomen führen können.

Liegt der Verdacht einer Staupeinfektion vor, muss das betreffende Frettchen sofort isoliert werden, um die Ansteckungsgefahr für andere Tiere zu verringern. Sehr sicher ist der Virusnachweis mittels PCR (Konjunktival- oder Rachenabstrich).

Bei Schwellungen oder ulzerativen Haut- oder Fußballenveränderungen sollte eine Feinnadelaspiration oder eine Gewebebiopsie durchgeführt und das Material zytologisch oder histologisch auf eine Mykose hin untersucht werden. Differenzialdiagnostisch ist auch immer an eine kutane Neoplasie (S. 153) zu denken.

Therapie Der Fremdkörper muss, in komplizierten Fällen unter kurzer Narkose, komplett entfernt und die Wunde sorgfältig mit einer desinfizierenden Lösung (z. B. ProntoVet®) gespült werden. Um eine erneute Verunreinigung der Wunde zu vermeiden, sollte die Pfote mit einem kleinen Schutzverband versehen werden. Da die Verbände in den meisten Fällen nicht toleriert werden, erhält der Patient vorübergehend einen Halskragen. Während sich kleine Wunden in der Regel sehr schnell verschließen, muss die Wundheilung bei größeren Verletzungen regelmäßig kontrolliert und wiederholt gesäubert werden. Bakterielle Sekundärinfektionen erfordern den Einsatz einer hautgängigen systemischen Antibiose (z. B. Enrofloxacin).

Die durch die Sarkoptesräude entstandenen Krusten sollten durch kurzes Baden oder Befeuchten der Pfoten aufgeweicht und vorsichtig entfernt werden. Die Milben werden durch eine mehrmalige Spot-on-Behandlung mit der Kombination Imidacloprid/Moxidectin oder Selamectin bekämpft. Bei Sekundärinfektionen ist ein systemisches Antibiotikum einzusetzen. Massiver Juckreiz kann die kurzfristige Gabe eines Kortikosteroids erfordern.

Eine effektive Behandlung der Staupe beim Frettchen ist nicht bekannt. Aufgrund der schlechten Prognose muss eine Euthanasie in Erwägung gezogen werden. Ein Therapieversuch darf nur unter strenger Quarantäne stattfinden und besteht, abhängig von der Art der Beschwerden, aus einer symptomatischen Therapie.

Liegt eine Systemmykose vor, kann Itrafungol® über mehrere Monate eingesetzt werden. Die Prognose ist jedoch vorsichtig zu stellen.

Prophylaxe Eine Staupeinfektion lässt sich durch eine regelmäßige Impfung mit einem für Frettchen zugelassenen Impfstoff vermeiden.

12.10.5 Hauttumoren

Ätiologie Tumoren der Haut kommen bei Frettchen regelmäßig vor. Die Inzidenz der kutanen Neoplasien wurde in einer Studie auf etwa 14 % geschätzt. In den meisten Fällen handelt es sich um benigne Mastzelltumoren, Basalzelltumoren und Neoplasien der Talgdrüsen. Über squamöse Zellkarzinome, epitheliotrope Lymphome, Fibrome, Fibrosarkome, Adenokarzinome, Histiozytome, Sarkome, Filoleiomyosarkome, Melanome und Tumoren der apokrinen Drüsen wurde ebenfalls berichtet.

Mammatumoren sind sehr selten zu sehen. Sie kommen sowohl bei Rüden als auch bei Fähen vor und sind zu einem hohen Prozentsatz benigne.

Klinisches Bild Bereiche der Haut, die eine progressive, therapieresistente Entzündung aufweisen, sind immer verdächtig für ein neoplastisches Geschehen.

Mastzelltumoren erscheinen als haarlose, erhabene, gut umschriebene Knötchen, meist an Kopf, Nacken, Schulter oder Hals und können hyperkeratotische Auflagerungen, Ulzerationen oder Krusten aufweisen. Auch Juckreiz kann auftreten.

Neoplasien der Tagdrüsen sind den Mastzelltumoren morphologisch häufig sehr ähnlich und sind meist an Kopf oder Nacken lokalisiert (▶ **Abb. 12.20**, ▶ **Abb. 12.21**).

Squamöse Zellkarzinome zeigen sich gelegentlich als feste weiße bis graue Knötchen. Meist sind sie im Bereich um die Vulva der Fähe zu sehen. Ein Übergreifen auf das umliegende Gewebe und Metastasierungen sind bei dieser Tumorart möglich.

Das epitheliotrope Lymphom kann sich in Form von therapieresistenten Dermatitiden zeigen und mit chronischem Juckreiz und Alopezie verbunden sein. Auch Exkoriationen, Krusten und Ulzera, Schwellungen der Pfoten und Verformungen bzw. Verluste der Krallen können auftreten. In Verbindung mit dem multizentrischen Lymphom sind zusätzlich variable Symptome einer systemischen Erkrankung zu erwarten.

Adenokarzinome sind aggressive Neoplasien, die meist relativ schnell wachsen und zu Rezidiven neigen. Sie wurden bei Frettchen im apokrinen Drüsengewebe und in Drüsen der Analbeutel gefunden. Tumoren im Bereich der Anogenitalregion können zu Störungen des Kot- und Urinabsatzes führen.

Diagnose Eine Verdachtsdiagnose wird durch die zytologische Untersuchung von Feinnadelaspirationsbiopsien der veränderten Hautbezirke gestellt. Eine eindeutige Diagnose ist nur durch die mikroskopische Untersuchung einer Gewebebiopsie möglich.

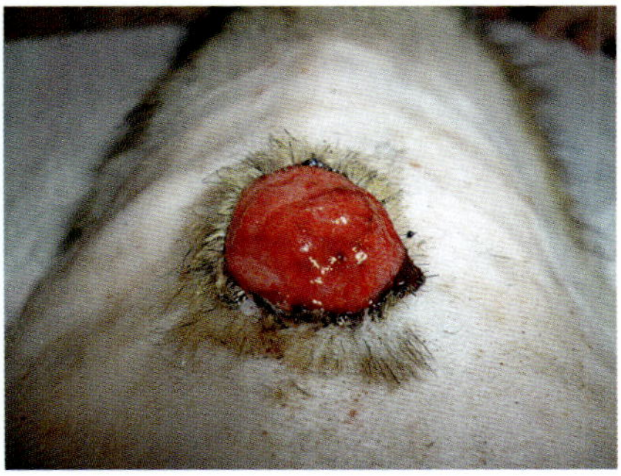

▶ **Abb. 12.20** Mittig auf der Rückenhaut lokalisiertes Karzinom.

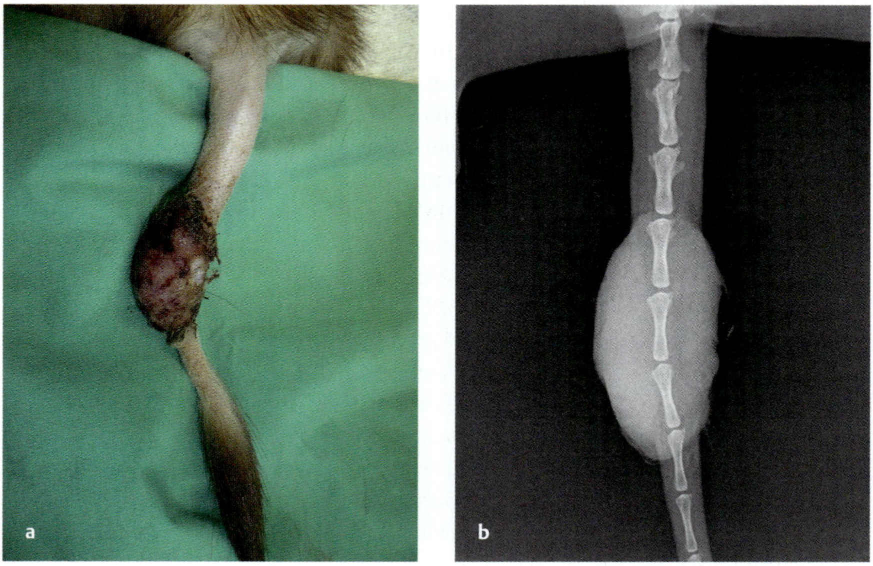

▶ **Abb. 12.21** Trichoblastom im mittleren Schwanzbereich.

Sind die Frettchen an einer Neoplasie erkrankt, sollten stets rechts- und linksanliegende sowie eine ventrodorsale Röntgenaufnahme des Thorax und eventuell eine sonografische Untersuchung des Abdomens zum Zwecke des Tumorstagings durchgeführt werden.

Therapie In den meisten Fällen ist eine Entfernung der Tumoren die Methode der Wahl und bei den meist benignen Neoplasien kurativ.

Treten Hautveränderungen in Zusammenhang mit dem multizentrischen Lymphom auf, ist eine alleinige Exstirpation in der Regel nicht kurativ. In diesen Fällen ist zusätzlich eine medikamentelle Therapie mit Steroiden oder eine Chemotherapie erforderlich.

12.10.6 Seltene Hauterkrankungen

Ätiologie Bei einem Heimtierfrettchen wurden Hautveränderungen ähnlich der Autoimmunerkrankung Pemphigus foliaceus beschrieben.

Auch Frettchen können unter Kontaktdermatitiden leiden, die insbesondere durch Shampoos oder Insektizide ausgelöst werden. Fütterungsbedingte Atopien kommen in Einzelfällen ebenfalls vor.

Ein Fallbericht beschreibt das Krankheitsbild eines Erythema multiforme. Die Ursache konnte nicht eindeutig identifiziert werden. Ein Zusammenhang mit einer ebenfalls bestehenden Nebennierenerkrankung wird aber vermutet.

Klinisches Bild Das Frettchen mit der Pemphigus-foliaceus-ähnlichen Erkrankung wies Pusteln und bilateral symmetrische gelb-braune und schwarze Krusten im Bereich von Maul, Kinn, Pfoten und Präputium auf. Zudem war es lethargisch, zeigte verminderten Appetit und moderaten Juckreiz. Die Haut unter den leicht ablösbaren Krusten war warm und roch säuerlich. Die Hauterkrankung verlief trotz Verabreichung eines Antimykotikums, eines Antibiotikums und eines Antiparasitikums progressiv.

Atopisch bedingte Dermatitiden gehen meist mit Erythemen und Juckreiz an diversen Körperstellen einher.

Beim Erythema multiforme zeigte der kastrierte Rüde zunächst Krusten und Erytheme in der Inguinalregion, die sich dann in der Axillarregion und an den Gliedmaßen ausbreiteten. An allen Pfoten und den Ohrmuscheln entwickelten sich eine Hyperkeratose sowie eine Entzündung. Juckreiz war trotz der großflächigen Veränderungen nicht vorhanden.

Diagnose Bei der histologischen Untersuchung mehrerer Hautbiopsien ergaben sich typische Hinweise auf einen Pemphigus foliaceus wie das Auftreten von Eosinophilen, Neutrophilen und akantholytischen Zellen.

Eine Futtermittelallergie kann mittels Eliminationsdiät diagnostiziert werden, erfordert jedoch ein hohes Maß an Besitzercompliance.

Bei multiplen, akut auftretenden Papeln und Erythemen muss an ein Erythema multiforme gedacht werden. In den Hautbioptaten sind unter anderem Nekrosen und Apoptosen der Keratinozyten und eine Satellitose der Lymphozyten zu erwarten.

Therapie Das an der Pemphigus-foliaceus-ähnlichen Erkrankung leidende Frettchen wurde erfolgreich mit Prednisolon (2 mg/kg 2 × tägl. p. o.) in Kombination mit einer Antibiose therapiert. Nach Absetzen des Glukokortikoids trat ein Rezidiv ein. Daher ist zu vermuten, dass zur Behandlung der Autoimmunerkrankung eine dauerhafte, eventuell lebenslange Gabe von Steroiden nötig ist.

Auch bei atopisch bedingten Dermatitiden kommen Glukokortikoide zum Einsatz. Liegt der Verdacht einer Futtermittelallergie vor, kann die Verfütterung einer hypoallergenen Diät für Katzen versucht werden. Unverträgliche Futtermittel werden gemieden bzw. es sollte getestet werden, in welchen Mengen keine klinischen Symptome zu erwarten sind.

Bei dem beschriebenen Erythema multiforme wurde ebenfalls Prednisolon in einer Dosierung von 1,25 mg/kg 2 × täglich, zunächst in Kombination mit Enrofloxacin eingesetzt. Die klinischen Symptome besserten sich unter der Therapie, verschwanden aber nicht völlig.

12.11 Augenerkrankungen

Michael Fehr

12.11.1 Angeborene Erkrankungen

Siehe Augenerkrankungen (S. 244).

12.11.2 Exophthalmus

Ätiologie Frettchen leiden gelegentlich unter einem Exophthalmus. Da die Tiere eine lateral offene und sehr weiträumige Augenhöhle besitzen, sind bei einem Heraustreten des Bulbus meist bereits relativ große raumfordernde Prozesse im retrobulbären Areal vorhanden. Abzugrenzen ist der Exophthalmus von einem meist traumatisch bedingten Vorfall des Bulbus. Über Tumoren in der Orbita (S. 164), z. B. Lymphome, gibt es bei Frettchen nur Einzelfallberichte. Kommt es z. B. durch ein Trauma zu einer Ruptur der kaudoventral des Bulbus lokalisierten Glandula zygomatica, kann sich eine intraokuläre Mukozele bilden, die zum Exophthalmus auf der betroffenen Seite führt.

Auch Umfangsvermehrungen im Mediastinum, wie das häufig bei Frettchen auftretende Lymphom (S. 241) oder ein Thymom, können durch die verursachte Stauung der Venen in einigen Fällen zu einem meist beidseitigen Exophthalmus führen.

Klinisches Bild Der betroffene Augapfel tritt aus der Orbita heraus und die weiße Sklera ist weitflächig erkennbar (▸ **Abb. 12.22**). Auch ein Vorfall des 3. Augenlids ist möglich. Nach kurzer Zeit verhindert eine fortschreitende Ödematisierung (Chemosis) den Rückzug des Bulbus in die Orbita. Sobald der Lidschluss nicht mehr möglich ist, besteht die Gefahr einer Expositionskeratitis.

Diagnose Ein Exophthalmus kann von einem Bulbusprolaps durch Beurteilung der Ränder des Augenlids abgegrenzt werden. Sind die Ränder sichtbar, handelt es sich um einen Exophthalmus. Frettchen, die mit einem hervorstehenden Augapfel in die Praxis kommen, erhalten nach zügiger Untersuchung des Auges zunächst eine pflegende Salbe, um die Kornea vor weiterer Austrocknung zu schützen.

Röntgenologische Aufnahmen des Schädels können erste Hinweise über das Ausmaß des inneren Auges, des retrobulbären Prozesses und der möglichen Beteiligung des

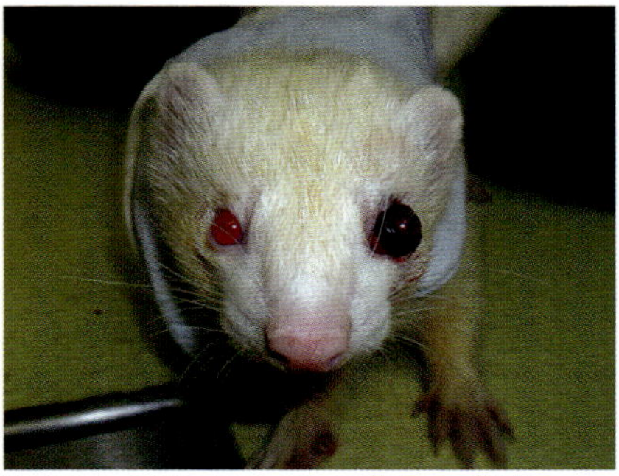

▸ **Abb. 12.22** Exophthalmus (Oculus sinister, traumatisch bedingt).

Schädelknochens liefern. Eine sonografische Untersuchung des Auges durch einen Spezialisten erbringt zusätzliche Informationen hinsichtlich der Art der Umfangsvermehrung und erleichtert eine Feinnadelaspiration des veränderten Gewebes. Auch die Applikation von Wärme kann, bei ansonsten gutem Allgemeinbefinden, bei der Unterscheidung zwischen Entzündung und Neoplasie (S. 164) nützlich sein, da Entzündungen unter der lokalen Wärme reifen, Neoplasien, mit Ausnahme sehr bösartiger Veränderungen, jedoch keine Veränderung der Größe zeigen.

Die exaktesten Informationen sind durch die überlagerungsfreie Darstellung der orbitalen Strukturen mittels Computertomografie zu erhalten. Bei Verdacht auf eine neoplastische Veränderung sollte der Thorax im CT oder per Röntgendiagnostik zum Zwecke des Tumorstagings auf Metastasen hin untersucht werden.

Therapie Die Therapie eines Exophthalmus richtet sich nach der Ursache. Raumfordernde Prozesse wie Tumoren oder Abszesse müssen, wenn möglich, vollständig entfernt werden. Ob eine bulbuserhaltende Operation von lateral stattfinden kann, ist von der Größe der Veränderung abhängig. Bei der meist nötigen Bulbusexstirpation muss mit starken Blutungen gerechnet werden, da Frettchen einen großen retroorbitalen Venenplexus besitzen. Zusätzlich sind zur Abklärung von Metastasen Röntgenaufnahmen des Thorax in 3 Ebenen zu empfehlen.

Eine Mukozele ist chirurgisch mittels Exstirpation oder durch eine Marsupialisation in die Maulhöhle zu therapieren.

Tumoren des Mediastinums sind in den meisten Fällen chirurgisch nur schwer zugänglich. Daher steht der konservative Therapieansatz (S. 241) im Vordergrund.

12.11.3 Konjunktivitis

Ätiologie Frettchen leiden relativ häufig unter einer Entzündung der Lidbindehäute. Ursächlich kommen reizende Substanzen wie Staubpartikel (z. B. durch Katzenstreu) oder Fremdkörper ebenso wie primäre virale und bakterielle Infektionen infrage. In vielen Fällen liegt die Konjunktivitis aber in Verbindung mit einer systemischen Erkrankung, z. B. der humanen Influenza (S. 114), vor. Bei nicht geimpften Tieren muss in jedem Fall an die lebensbedrohliche Staupe (S. 112) gedacht werden. Auch Salmonelleninfektionen (S. 121) oder Mykobakteriosen (S. 123) (*Mycobacterium genavense*) können bei Frettchen mit Konjunktivitiden einhergehen. Es wurde zudem auch bei Frettchen über eine Distichiasis berichtet.

Klinisches Bild Die betroffenen Lider sind gerötet und geschwollen und die Tiere zeigen einen Blepharospasmus. Meist ist außerdem ein schleimiger bis eitriger Augenausfluss vorhanden. Verklebungen und Verkrustungen des Felles und Haarausfall um das erkrankte Auge können die Folge sein. Bei vorsichtiger Untersuchung der Augen sind möglicherweise gröbere Partikel oder Fremdmaterial erkennbar. Die humane Influenza (S. 114) geht bei Frettchen mit typischen Erkältungssymptomen einher, ist jedoch in den meisten Fällen nach wenigen Tagen selbstlimitierend. Bei nicht geimpften Tieren mit ähnlichen Symptomen muss ebenfalls immer an eine lebensbedrohliche Staupevirusinfektion (S. 112) gedacht werden. Die Erkrankung führt nach der anschließenden neurotropen Phase meist nach durchschnittlich 2 Wochen zum Tod. Bei Konjunktivitiden im Rahmen einer Salmonelleninfektion (S. 121) leiden die Frettchen zusätzlich unter meist ausgeprägten gastrointestinalen Symptomen und einem bei der Palpation schmerzhaften Abdomen.

Diagnose Meist ist die Ursache einer Konjunktivitis nicht feststellbar. Bei purulentem Augenausfluss sollte ein mikrobiologischer Abstrich entnommen werden, um die beteiligten Keime nachzuweisen und das passende Antibiotikum auswählen zu können. Dabei muss bedacht werden, dass einige Gram-positive Keime (z. B. Staphylokokken oder Corynebakterien) in geringen Zahlen sehr häufig auch bei klinisch unauffälligen Tieren in Konjunktivalabstrichen vorkommen.

Der Einsatz von lokalanästhetischen Tropfen (z. B. Proparakain®) kann hilfreich sein, um potenzielle Fremdkörper aufzufinden und, sofern möglich, direkt zu entfernen.

Verdächtig für eine Influenzainfektion sind das Auftreten typischer Erkältungssymptome nach Kontakt mit erkrankten Tieren oder Menschen. Nicht geimpfte Tiere mit einer purulenten Konjunktivitis sollten sofort isoliert werden, da das Staupevirus hochkontagiös ist. Antigennachweis oder PCR können die Virusinfektion bestätigen. Der Verdacht auf eine Salmonelleninfektion besteht insbesondere nach Aufnahme von rohem Fleisch. Der bakterielle Nachweis ist durch die intermittierende Ausscheidung möglicherweise erschwert.

Therapie Bei ausschließlich lokalen Irritationen durch Staubpartikel oder Fremdkörper werden nach Reinigung der Augen mit NaCl-Lösung bzw. Entfernung des Fremdmaterials unter Lokalanästhesie antibiotische Augentropfen (z. B. Floxal®) eingesetzt, die mehrmals täglich zu verabreichen sind.

Da in Richtung des Auges gebogene bzw. wachsende Zilien einen permanenten Reiz darstellen und zu rezidivierenden Entzündungen führen, müssen sie, beispielsweise mittels Elektrokauter, in Allgemeinanästhesie entfernt werden. Eine Epilation führt nur zu einem vorübergehenden Therapieerfolg.

Ist die Infektion mit dem Staupevirus erwiesen, sollte aufgrund der sehr schlechten Prognose eine Euthanasie in Erwägung gezogen werden. Ein Therapieversuch muss unter strenger Quarantäne stattfinden.

An einer Salmonelleninfektion erkrankte Frettchen erhalten neben subkutanen Infusionen eine systemische Antibiose nach Resistenztest. Als Therapeutika der 1. Wahl haben sich Flurochinolone und Aminopenicilline erwiesen. Die Konjunktivitis wird mit (an die systemische Antibiose angepassten) antibiotischen Augentropfen therapiert.

Prophylaxe Während Konjunktivitiden durch virale oder bakterielle Infektionen bzw. Fremdkörper kaum vermeidbar sind, lässt sich eine Staupeinfektion durch regelmäßige Impfungen mit einem für Frettchen zugelassenen Impfstoff verhindern. Impfschema siehe Staupe (S. 112).

12.11.4 Ophthalmia neonatorum

Ätiologie Bei der Erkrankung handelt es sich um eine gelegentlich bei Welpen, meist bis zu einem Alter von 3 Wochen, vorkommende eitrige Bindehautentzündung. Dabei sind in der Regel mehrere Tiere eines Wurfes betroffen. Die Erreger sind oft Bakterien, die während der Geburt aus dem Geburtskanal auf die Neonaten übergreifen. Ist die Fähe an einer Mastitis erkrankt, besteht ebenfalls eine Ansteckungsgefahr für die Welpen. Das späte Öffnen der Augen kann die Infektion begünstigen und birgt die Gefahr, dass die Erkrankung nicht erkannt wird. Die Folge einer nicht behandelten Augeninfektion kann ein kompletter Visusverlust, im schlimmsten Fall auch die Entwicklung einer bakteriellen Septikämie mit Todesfolge sein.

Klinisches Bild Erkrankte Welpen sind häufig anorektisch aufgrund der schmerzhaften Entzündung oder einer beginnenden systemischen Infektion. Die geschlossenen Augenlider sind geschwollen. Aus den Augenwinkeln fließt ein weißliches Entzündungssekret ab.

Diagnose Die Diagnose ergibt sich aus dem typischen klinischen Bild.

Therapie Um die Infektion therapieren zu können, müssen die Augenlider sehr vorsichtig mit einem Wattestäbchen geöffnet werden. Ist der Verschluss noch zu fest, muss die Trennung unter Lokalanästhesie oder, falls nötig, unter kurzer Inhalationsnarkose sehr vorsichtig mit einem Skalpell oder der Schneide einer kleinen Schere vom medialen Kanthus aus erfolgen. Zu empfehlen ist die Anfertigung eines Konjunktivalabstrichs mit anschließender bakterieller Untersuchung. Nach Spülung der Augen mit Kochsalzlösung erhalten die Welpen mehrmals täglich antibiotische Augentropfen mit breitem Spektrum (z. B. Floxal®). Da der Prozess sehr schmerzhaft sein kann, sollte in den ersten Tagen der Behandlung ein Analgetikum (z. B. Novalgin®) eingesetzt werden. Sehr matte und anorektische Welpen werden zusätzlich mit einem (auf die Augentropfen abgestimmten) systemischen Antibiotikum versorgt. Bei Vorliegen einer Mastitis (S. 223) erhält auch die Fähe ein systemisches Antibiotikum. Sofern die Welpen noch unter 4 Wochen alt sind, werden sich die Augenlider nach Beendigung der Manipulationen wieder verschließen und sich in der Spanne zwischen dem 28. und 36. Tag öffnen.

12.11.5 Keratitis/Korneaulkus

Ätiologie Entzündungen der Kornea entstehen häufig in Zusammenhang mit Traumata beispielsweise durch Rangkämpfe der Rüden während der Fortpflanzungsperiode. Auch eine mangelnde Benetzung der Hornhaut beispielsweise aufgrund eines Exophthalmus (S. 156), mangelnder Produktion an Tränenflüssigkeit, Lidveränderungen oder chronischer Konjunktivitis (S. 157) kann die Ursache sein. Über eine Distichiasis wurde bei Frettchen ebenfalls berichtet. Dabei kommen verschiedene Schweregrade, von oberflächlichen Veränderungen bis hin zu tiefen Korneaulzera, vor. Es wurde zudem die Ausbildung einer lymphozytoplasmatischen Keratitis in Verbindung mit einem multizentrischen Lymphom (S. 153) beschrieben.

Klinisches Bild Die Frettchen können, abhängig vom Schweregrad der Erkrankung, unter unterschiedlich stark ausgeprägtem Blepharospasmus, Miosis und einer Ödematisierung der Kornea leiden. Durch das Hornhautödem erscheint die Kornea matt, milchig und bläulich. Tiefere Verletzungen sind mit unterschiedlich starken Trübungen und Gefäßeinsprossungen verbunden. Da Korneaulzera sehr schmerzhaft sind, kann das Allgemeinbefinden der erkrankten Tiere gestört sein.

Diagnose Das Ausmaß der Verletzung wird, analog zu anderen Tieren, mit dem Fluoreszenztest überprüft. Eventuell ist bei einem ausgeprägten Blepharospasmus die Anwendung eines Lokalanästhetikums (z. B. Proparakain®) nötig, um die ophthalmologische Untersuchung durchführen zu können. Bei tieferen Verletzungen bzw. bei Verdacht einer bakteriellen Infektion, sollte vor Einleiten der Therapie eine Tupferprobe der Kornea entnommen werden, um die beteiligten Keime isolieren und eine optimale Therapie einleiten zu können. Liegt ein tiefes Ulkus mit Perforationsgefahr vor, kann ein zytologisches Abstrichpräparat zügig auf das vorhandene Erregerspektrum hin untersucht werden. Bei Verdacht auf eine verminderte Tränenproduktion kann auch beim Frettchen per Schirmer-Tränen-Test die Menge der produzierten Tränenflüssigkeit festgestellt werden. Der Mittelwert liegt bei 5,31±1,32 mm/min.

Therapie Zunächst sollte die Ursache der Keratitis abgeklärt und behoben werden. Liegt eine verminderte Tränenflüssigkeit ohne feststellbare Ursache vor, muss der Besitzer mit einer lebenslangen Gabe von Tränenersatzpräparaten rechnen. Falls die entzündliche Veränderung durch eine Distichiasis verursacht wird, sollten die zur Kornea hin gewachsenen Zilien, beispielsweise mit einem Elektrokauter, entfernt werden.

Bei unversehrter Hornhaut können kortikoidhaltige Augenpräparate (z. B. Dexagel®) 2–3 × täglich appliziert werden. Hornhautdefekte stellen stets eine Kontraindikation für den Einsatz von topischen Glukokortikoiden dar.

Oberflächliche Keratitiden werden mehrmals täglich mit antibiotischen Augentropfen oder -salben (z. B. Posifenicol®) behandelt. Bei Ulzerationen der Kornea werden zusätzlich im Wechsel mit dem Antibiotikum regenerierende Salben (z. B. Regepithel®) aufgetragen. Um den Schmerz zu lindern und der Bildung von Synechien entgegenzuwirken, wird zusätzlich ein Mydriatikum verabreicht (z. B. Atropin-POS®). Sehr tiefe oder einschmelzende Prozesse müssen zu Beginn der Therapie intensiv (stündlich, auch nachts) betropft werden. Zusätzlich sollte in schweren Fällen eine systemische Antibiose verabreicht werden. Führt die konservative Therapie nicht zum Erfolg bzw. besteht akute Perforationsgefahr, muss die Läsion chirurgisch versorgt werden. Durch das Anlegen eines schützenden Konjunktivalflaps oder einer Nickhautschürze kann versucht werden, die Heilungsprozesse zu unterstützen. Weiterhin nicht heilende Ulzera erfordern eventuell Débridement, Kürretage oder Keratektomie des betroffenen Areals in Narkose.

12.11.6 Katarakt

Ätiologie Deutlich häufiger als bei Heimtierfrettchen wurde von Katarakten bei jungen Labortieren berichtet. Neben solitären Linsentrübungen wurden ebenso Kombinationen mit weiteren Augenerkrankungen wie Mikrophthalmus, Veränderungen der Iris oder Retinadysplasien beschrieben. Ätiologisch ist neben erworbenen Veränderungen auch an einen Diabetes mellitus (S. 236) zu denken. Eine fettreiche, protein-, Vitamin-A- und Vitamin-E-arme Ernährung steht ebenfalls in Verdacht, die Bildung einer Katarakt zu begünstigen. Zu den möglichen Komplikationen zählen eine linseninduzierte Uveitis (S. 162), ein Glaukom (S. 162) und eine Linsenluxation (S. 161) oder -subluxation.

Klinisches Bild Die Ausprägung des klinischen Bildes reicht von kleinen Trübungen in Kapsel, Linsenkortex oder Nukleus, die das Frettchen kaum beeinträchtigen, bis hin zu vollständiger Erblindung.

Diagnose Ausgeprägte Linsentrübungen sind bereits mit bloßem Auge leicht erkennbar. Kleine Veränderungen lassen sich als winzige Lichtreflexionen mittels direkter oder indirekter Ophthalmoskopie gut darstellen. Mature Katarakte zeigen sich meist als diffuse milchige Trübungen. Wichtig ist, auch die weiteren Strukturen des Auges makroskopisch und mit einem Ophthalmoskop zu untersuchen und den Augeninnendruck mittels Tonopen zu überprüfen, um Komplikationen frühzeitig erkennen zu können.

Therapie Da Frettchen kleine Trübungen bis hin zum Visusverlust meist gut tolerieren, solange sie konstant in einem vertrauten Umfeld leben können, ist eine chirurgische Therapie, sofern keine Komplikationen auftreten, nicht zwingend nötig.

Die Entfernung der Linsen mittels Aspiration oder Phakoemulsifikation ist prinzipiell auch bei Frettchen möglich, kann aber nur mit speziellem Instrumentarium durchgeführt werden und ist aufgrund der kleinen Strukturen nur sehr erfahrenen Chirurgen vorbehalten.

Liegt eine begleitende Uveitis vor, erhalten die Frettchen 2 × täglich prednisolonhaltige Augentropfen.

Bei Vorliegen einer Katarakt müssen die Tiere regelmäßig in der Praxis untersucht werden, um das Fortschreiten der Eintrübung zu überwachen und mögliche Begleiterkrankungen frühzeitig feststellen zu können. Außerdem sind die Frettchen bei Verdacht einer erblichen Form der Erkrankung von der Zucht auszuschließen.

12.11.7 Linsenluxationen

Ätiologie Linsenluxationen treten meist als Komplikation einer maturen Katarakt (S. 160) auf. Über primäre Luxationen wurde ebenfalls berichtet. Die Linse luxiert teilweise oder vollständig in die vordere Augenkammer oder in den Glaskörperraum. Als Folge einer Luxation kann schließlich durch Störung des Kammerwasserabflusses ein Glaukom (S. 162) entstehen.

Klinisches Bild Bei einer Luxation lentis anterior ist die Linse am Boden der vorderen Augenkammer meist gut erkennbar. Im Lauf der Zeit kommt es an der Grenze zwischen Linse und Hornhaut zu einer rundlichen Ödematisierung und damit zur umschriebenen Eintrübung der Kornea.

Diagnose Die Luxation der Linse in die vordere Augenkammer ist bei ungetrübter Kornea auch mit bloßen Augen diagnostizierbar. Ist der Prozess schon etwas älter, kann die Linse eingetrübt sein. Eine Verlagerung auf den Boden des Fundus oder in den Glaskörper ist mittels Auflicht meist gut sichtbar.

Der intraokuläre Druck sollte bei Linsenluxationen stets kontrolliert werden. Es ist sowohl eine Erhöhung – Glaukom (S. 162) – als auch eine Senkung des Augeninnendrucks – Uveitis (S. 162) – möglich.

Therapie Zeigt das Frettchen keine Symptome, so kann die Linse eventuell im Auge belassen werden. Voraussetzung ist in diesem Fall aber eine regelmäßige Vorstellung des Patienten in der Praxis, um den intraokulären Druck zu überprüfen.

Bei Vorliegen eines Glaukoms kann zunächst versucht werden über den Einsatz von Dorzolamid-Augentropfen eine Senkung des Augeninnendrucks zu erreichen, bevor die luxierte Linse chirurgisch entfernt wird. Der Eingriff ist aufgrund der sehr kleinen Strukturen sehr anspruchsvoll und daher erfahrenen Augenspezialisten vorbehalten. Begleitende Entzündungen sollten (eine intakte Kornea vorausgesetzt) mit prednisolonhaltigen Augentropfen (z. B. Inflanefran®) therapiert werden.

12.11.8 Glaukom

Ätiologie Frettchen leiden nur sehr selten unter einem Glaukom. In allen bisher bekannten Fällen trat die Erhöhung des Augeninnendrucks nicht primär auf, sondern sekundär infolge einer Uveitis (S. 162) bzw. als Komplikation einer maturen Katarakt (S. 160). Auch eine Neoplasie (S. 164) kann die Ursache eines behinderten Kammerwasserabflusses sein. Unbehandelt kann ein Glaukom zur Schädigung des N. opticus und zu einer Retinadegeneration mit Verlust des Sehvermögens führen.

Klinisches Bild Symptome wie eine verstärkte episklerale Gefäßzeichnung, Mydriasis, Korneaödem, Blepharospasmus und Visusverlust sind möglich. Der Bulbus kann in fortgeschrittenen Fällen vergrößert sein. Ist der Lidschluss bereits behindert, kommt es zur Trübung und Eintrocknung der Hornhaut.

Diagnose Die Diagnose wird durch Messung des Augeninnendrucks gestellt. Die mittels Tonopen ermittelten Referenzbereiche liegen in einer Studie bei 14,50 ± 3,27 mmHg, in einer weiteren Studie bei 22,8 ± 5,5 mmHg. Da eine Uveitis meist mit einer Verringerung des Augeninnendrucks einhergeht, sollte nach Ausheilung einer Entzündung eine erneute Messung stattfinden, um die Verschleierung eines Glaukoms ausschließen zu können.

Therapie Es kann versucht werden, den erhöhten Augeninnendruck mit Medikamenten wie Dorzolamid-Augentropfen zu senken. Aufgrund der geringen Inzidenz gibt es bisher jedoch kaum Berichte über die konservative oder chirurgische Glaukomtherapie bei Frettchen. In der Literatur wurde die erfolgreiche transsklerale Zyklophotokoagulation mittels Laser bei einem Frettchen beschrieben. Dieser chirurgische Eingriff erfordert eine Überweisung zu einem erfahrenen Augenchirurgen. Falls die Operationsmethode nicht zur Verfügung steht oder nicht erwünscht ist, müssen die Besitzer in jedem Fall auf die eventuelle Notwendigkeit einer Enukleation oder Eviszeration vorbereitet werden, sofern der Druck nicht kontrolliert werden kann.

12.11.9 Uveitis

Ätiologie Eine Entzündung der Uvea kommt beim Frettchen im Vergleich zu Hunden und Katzen deutlich seltener vor und tritt meist sekundär nach einem Trauma oder infolge eines Korneaulkus (S. 159) auf. Eine linseninduzierte Uveitis ist möglich, scheint aber bei Frettchen mit einer relativ milden Symptomatik verbunden zu sein. Wichtig ist es, bei beidseits diagnostizierter Erkrankung auch an systemische Infektionen wie virale Erkrankungen (S. 111), Parasitosen (S. 133), Mykosen (S. 130) oder bakterielle Infektionen (S. 119) mit septikämischem Verlauf zu denken. Auch Neoplasien (S. 241), z. B. Lymphosarkome, können mit einer Uveitis einhergehen.

Klinisches Bild Eine Uveitis kann aufgrund eines Ziliarspasmus sehr schmerzhaft sein und bei den betroffenen Frettchen zu einem Blepharospasmus führen. Auch eine Beeinträchtigung des Allgemeinbefindens ist möglich. Bei der Augenuntersuchung kann zudem häufig eine Miosis festgestellt werden. Traumatisch bedingte Uveitiden gehen meist mit Einblutungen in die vordere Augenkammer oder in den Glaskörper einher. Auch Linsenluxationen (S. 161) können vorhanden sein. Bei einer linseninduzierten Uveitis sind die Symptome häufig relativ mild und die Katarakt steht im Vordergrund.

Diagnose Die Ätiologie kann bei Uveitiden häufig nur unzureichend geklärt werden. Ein komplettes Blutbild, eine Röntgenübersichtsaufnahme und die Sonografie des Abdomens sollten aber grundsätzlich durchgeführt werden. Die weiterführende Diagnostik ist schließlich abhängig von der vorliegenden Verdachtsdiagnose.

Der Zustand der Kornea wird mittels Fluoreszenztest überprüft. Bei Vorliegen von offensichtlichen Prozessen wie Korneaverletzungen, Hyphäma, Hämophthalmus und Trübung oder Luxation der Linse muss grundsätzlich mit einer zusätzlich vorliegenden Uveitis gerechnet werden. Akute Prozesse gehen meist mit einer dunkleren Färbung der Iris und stark blutgefüllten Gefäßen sowie einer Miosis einher. Die Iris erscheint außerdem durch Flüssigkeitseinlagerung samtartig. Im Kammerwasser können kleine Teilchen, z. B. Fibrin, oder größere Präzipitate zu sehen sein. Durch eine entzündungsbedingte verminderte Kammerwasserproduktion kann mit einem Tonometer ein verringerter Augeninnendruck gemessen werden. In chronischen Fällen sind häufig Synechien oder Membranen zu sehen. Der Augeninnendruck kann durch eine beginnende Glaukombildung (S. 162) in diesen Fällen im Normbereich liegen oder bereits erhöht sein.

Therapie Die Behandlung der zugrunde liegenden Erkrankung ist bei Uveitiden die Voraussetzung für eine erfolgreiche Therapie der Entzündung.

Sofern keine Korneaverletzung vorliegt, wird eine Uveitis, analog zu anderen Kleintieren, mehrmals täglich (zu Therapiebeginn möglichst alle 2 Stunden) mit topischen Steroiden (z. B. Inflanefran®) behandelt. Dabei ist aber zu beachten, dass die Augentropfen lediglich die vorderen Augenstrukturen erreichen können. Sind Veränderungen der posterioren okulären Strukturen oder Korneaulzera vorhanden bzw. schlägt die lokale Therapie nicht an, muss zusätzlich eine systemische Gabe mit Glukokortikoiden erfolgen. Stellt die ursächliche Erkrankung eine Kontraindikation für die Steroidgabe dar, sollte alternativ ein NSAID eingesetzt werden.

Um einem schmerzhaften Ziliarspasmus und der mit diesem verbundenen Gefahr der Bildung einer Synechie entgegenzuwirken, sollten zusätzlich Atropin-Tropfen (z. B. Atropin-POS®) eingesetzt werden. Die Mydriasis wird zu Therapiebeginn durch eine 2–3 × tägliche Gabe erzeugt und im weiteren Verlauf durch 1–2 × tägliche Anwendung aufrechterhalten. Auch die Gabe eines systemischen Analgetikums über einige Tage ist bei einer Uveitis sinnvoll.

Prognose Die Prognose ist bei akuten, unkomplizierten Fällen gut. Sie verschlechtert sich bei schweren oder chronischen Fällen, bei Ausbildung einer Synechie oder eines sekundären Glaukoms.

12.11.10 Erkrankungen der Retina

Ätiologie Eine Degeneration der Retina scheint bei Frettchen häufiger vorzukommen. Die Ätiologie ist bislang unklar. Es werden eine genetische Prädisposition und in Anlehnung an die Pathogenese der felinen Retinadegeneration ein Taurinmangel diskutiert.

Klinisches Bild Die Sehfähigkeit verschlechtert sich mit zunehmender Netzhautdegeneration bis hin zur Erblindung.

Diagnose Bei der Untersuchung der Retina mittels indirekter Ophthalmoskopie muss beachtet werden, dass die Netzhaut gesunder Frettchen im Vergleich zu Hund und Katze dicker und in einigen Fällen etwas abgelöst erscheinen kann. Bei einer Degeneration der Retina sind bei der Untersuchung Hyperreflexien des Tapetum lucidum und eine abgeschwächte Gefäßzeichnung zu erwarten.

Therapie Eine Therapie ist bisher nicht bekannt. Frettchen finden sich jedoch in gewohnter Umgebung auch mit zunehmendem Verlust der Sehfähigkeit sehr gut zurecht.

12.11.11 Tumoren des Auges

Ätiologie Über Tumoren des Auges gibt es beim Frettchen bislang nur Einzelfallberichte. Während die Tiere sehr häufig an einem Lymphom erkranken, ist die okuläre Manifestation zwar möglich, aber extrem selten. In der Literatur wurden nicht weiter spezifizierte Neoplasien der Augenlider, des Bulbus und der Orbita erwähnt. Ein Fallbericht beschreibt außerdem ein retrobulbäres Adenokarzinom.

Klinisches Bild Die Symptomatik ist abhängig von den betroffenen Strukturen und dem Ausmaß der Neoplasie. Ist der Tumor auf die Augenregion beschränkt, sind unter anderem Symptome einer Entzündung, eine Einschränkung oder ein Verlust des Visus und Anzeichen von Schmerzen möglich. Bei voluminösen Umfangsvermehrungen im Auge kann ein Buphthalmus entstehen. Große retrobulbäre Prozesse führen dagegen zu einem Exophthalmus (S. 156). Systemische Tumorerkrankungen mit okulärer Manifestation (beispielsweise ein Lymphom) können zusätzlich mit Lymphknotenschwellungen, Inappetenz, respiratorischen und gastrointestinalen Symptomen einhergehen.

Diagnose Sind Strukturen innerhalb des Bulbus betroffen, ist eine Diagnose meist erst nach Entfernung des Augapfels möglich. In allen Fällen sollten, aufgrund der potenziellen Gefahr von Tumormetastasen, vor einem Eingriff Röntgenaufnahmen des Thorax in 3 Ebenen und eine abdominale Sonografie erfolgen. Röntgenaufnahmen des Schädels können, insbesondere bei retrobulbären Veränderungen, Hinweise auf das Ausmaß der Umfangsvermehrung und die mögliche Beteiligung des Schädelknochens geben. Eine Abgrenzung zu Abszessen oder Hämatomen ist röntgenologisch nicht möglich. Weitere

Informationen kann die sonografische Augenuntersuchung liefern, die zudem ab einer gewissen Größe der Veränderung eine Feinnadelaspirationsbiopsie unter sonografischer Kontrolle erlaubt. Eine genaue Einschätzung der Ausbreitung des Tumors, der Beteiligung der knöchernen Strukturen und die sichere Abgrenzung zu Abszessen kann nur mit der Computertomografie erfolgen. Bei Verdacht eines malignen Lymphoms siehe Neoplasien (S. 241).

Therapie In den meisten Fällen ist die Bulbusexstirpation indiziert. Durch einen stark ausgeprägten retrobulbären, venösen Sinus muss bei Frettchen intra operationem mit starken Blutungen gerechnet werden. Bei Beteiligung des umliegenden Knochengewebes muss auch dieses mitentfernt werden. In der Literatur wurde über die erfolgreiche Therapie des retrobulbären Adenokarzinoms im Anschluss an die Bulbus- und Tumorentfernung durch eine Radiotherapie mit Cobalt-60 berichtet. Über den Einsatz und die Auswirkung einer Strahlentherapie gibt es bei Frettchen jedoch bisher kaum Erfahrungen.

Ist im Rahmen einer Lymphomerkrankung (S. 241) das Auge mitbetroffen, sprechen die Tiere oft nicht auf eine Medikation an. Ein Therapieversuch ist mittels Chemotherapie möglich. Topisch können entzündliche Reaktionen einige Zeit mit glukokortikoidhaltigen Augenpräparaten (z. B. Dexagel®) und befeuchtenden Medikamenten (z. B. Corneregel®) kontrolliert werden.

12.12 Ohrerkrankungen

Michael Fehr

12.12.1 Otitis externa

Ätiologie Frettchen, insbesondere Jungtiere, leiden recht häufig an einer Infektion mit der Milbe (S. 140) *Otodectes cynotis*, die sich v. a. im äußeren Gehörgang und in der Ohrmuschel aufhält. Die Parasiten verletzen die obere Hautschicht und können zu einer primären Entzündung führen. Zudem ist die Haut durch die kleinen Mikroläsionen anfällig für bakterielle Sekundärinfektionen. Auch Malassezien können als opportunistische Pathogene fungieren und zu Krusten und Nekrosen der Ohrmuschel führen.

Eine Entzündung des äußeren Gehörgangs kann ebenfalls in Zusammenhang mit Verletzungen der Ohrmuschel hervorgerufen werden, beispielsweise durch Rangkämpfe von Rüden während der Fortpflanzungssaison. Auch eine zu aggressive Ohrreinigung wirkt begünstigend für die Entwicklung einer Otitis.

Klinisches Bild Insbesondere bei einem Befall mit den Räudemilben leiden die Frettchen unter Juckreiz. Sie schütteln den Kopf und kratzen sich an den Ohren. Bei der Untersuchung der Ohrmuscheln sind daher häufig Kratzspuren erkennbar. Die Haut ist gerötet und geschwollen. Um den Gehörgang ist außerdem oft ein dunkelbraunes Ohrsekret zu erkennen (▶ **Abb. 12.12**). Zu beachten ist hierbei, dass auch das Zerumen gesunder Frettchen ähnlich aussehen kann. Im Kopfbereich sind außerdem Lymphknotenschwellungen möglich. Bei bakteriellen Sekundärinfektionen kann zusätzlich ein eitriger, übelriechender Ausfluss auftreten.

Diagnose Bei der otoskopischen Untersuchung können *Otodectes cynotis* meist als kleine, weiße Parasiten erkannt werden. Das Licht des Otoskops sollte erst nach Einführen in den Gehörgang eingeschaltet werden, da sich die Milben sonst schnell verkriechen. Der Nachweis erfolgt durch mikroskopische Untersuchung des Ohrsekrets. Bei hartnäckigen, rezidivierenden Entzündungen sollte eine mikrobiologische Untersuchung des Sekrets veranlasst werden.

Therapie Die Ohren werden zunächst mit einer milden desinfizierenden Lösung (z. B. Mal Acetic Otic®) gesäubert. Zur Abtötung der Räudemilben können Antiparasitika wie Selamectin als Spot-on-Präparat (6–10 mg/kg) oder Ivermectin (0,2–0,4 mg/kg s. c., 3 × im Abstand von 14 Tagen) verwendet werden. Auch eine topische Behandlung mit 1 % igem Ivermectin (1:10 in Propylenglykol verdünnt) wurde als sehr erfolgreich beschrieben. Eine regelmäßige Reinigung der Gehörgänge mit sehr milden Lösungen ist empfehlenswert. Sehr wichtig ist in diesem Zusammenhang die Aufklärung der Besitzer darüber, dass ein Zuviel an Säuberung oder das Verwenden aggressiver Präparate selbst Auslöser der Otitis externa sein können. Falls Bissverletzungen als Krankheitsursache festgestellt werden konnten, müssen die rivalisierenden Tiere, zumindest für den Zeitraum der Fortpflanzungsperiode, getrennt werden.

12.12.2 Otitis media

Ätiologie Eine Mittelohrentzündung entwickelt sich meist aus einer unbehandelten oder therapieresistenten Otitis externa (S. 165). Die Inflammation greift auf das Trommelfell über und kann zu dessen Ruptur führen. Am häufigsten beteiligt ist die Ohrräudemilbe (S. 140) *Otodectes cynotis*, aber auch weitere Erreger wie der Pilz *Absidia corymbifera* wurden mit der Otitis media in Verbindung gebracht.

Neben der Entwicklung aus einer bestehenden Otitis externa muss bei Infektionen des Atmungstrakts, z. B. bei einer Influenza (S. 114), auch an eine Weiterleitung der Entzündung aus dem Nasopharynx über die Tuba auditiva in Betracht gezogen werden. Häufig sind hämolytische Streptokokken am Geschehen beteiligt. Die Entzündung kann schließlich, wenn auch sehr selten, auf die Strukturen des Innenohrs sowie in schweren Fällen auf Schädel, Gehirn und Meningen übergreifen.

Klinisches Bild Bei Ausbreitung von Erregern aus dem Nasopharynx muss das äußere Ohr nicht zwangsläufig Entzündungssymptome aufweisen. Entsteht die Mittelohrentzündung infolge einer vorangehenden Otitis externa sind häufig gerötete oder geschwollene Gehörgänge und braunes Sekret vorhanden. Zusätzlich kann das Allgemeinbefinden reduziert sein. Erkrankte Tiere leiden unter Lethargie, Fieber und, bei weiter fortschreitender Entzündung mit Beteiligung des Innenohrs, unter Anzeichen eines gestörten vestibulären Systems, z. B. einer Kopfschiefhaltung (zum erkrankten Ohr hin), einem horizontalen oder rotatorischen Nystagmus, Manegebewegungen und Gleichgewichtsstörungen.

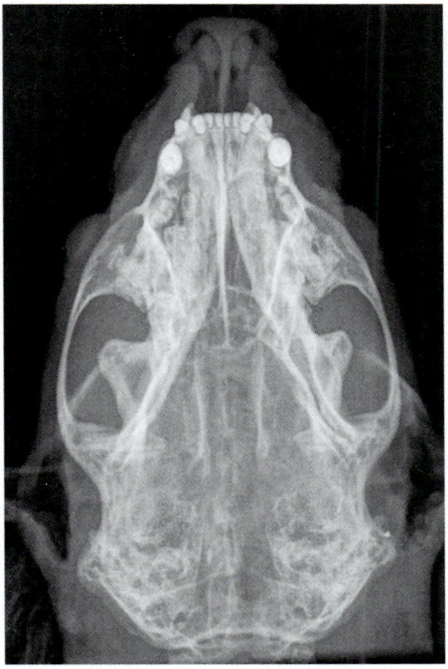

▶ **Abb. 12.23** Dorsoventrale Röntgenaufnahme des Schädels: Knochenlyse der kranialen Bulla tympanica; rechts: Otitis media.

Diagnose Bei schweren Entzündungen kann der Eiter bereits mit dem Otoskop im Gehörgang erkannt werden. Oft sammelt er sich aber in den bei Frettchen sehr ausgeprägten Bullae tympanicae und im übrigen Mittelohr an. Es sollte eine dorsoventrale Röntgenaufnahme des Schädels oder eine CT des Kopfes angefertigt werden (▶ **Abb. 12.23**). Mit Flüssigkeit angefüllte Paukenhöhlen zeigen sich homogen verschattet. In schweren Fällen sind bereits Anzeichen einer Osteomyelitis des Schädelknochens erkennbar. Ist übelriechendes Ohrsekret vorhanden, sollte dies in jedem Fall bakteriologisch untersucht werden.

Therapie Beim Nachweis von Milben am Erkrankungsgeschehen sollten Antiparasitika wie Selamectin oder Ivermectin eingesetzt werden; siehe dazu auch unter Otitis externa (S. 165). Die Frettchen erhalten zusätzlich ein ZNS-gängiges systemisches Antibiotikum (z. B. Chloramphenicol 25–50 mg/kg 2 × tägl. p. o.) über mehrere Wochen. Bleibt die Behandlung erfolglos, sollte eine Ohrreinigung in Narkose stattfinden. Bei therapieresistenten Fällen ist eventuell eine Bullaosteotomie angezeigt.

Prognose Wird die Erkrankung früh erkannt und ausreichend lange therapiert, ist die Prognose gut. Es ist allerdings möglich, dass dezente Beeinträchtigungen des vestibulären Systems, wie eine geringgradige Kopfschiefhaltung oder eine leichte Ataxie, trotz adäquater Therapie zurückbleiben. Auch eine Beeinträchtigung des Gehörs bis hin zur Taubheit kann auftreten. Bei zusätzlicher Infektion des Schädelknochens oder Beteiligung von Hirn oder Hirnhäuten ist die Prognose deutlich schlechter.

12.13
Erkrankungen der Muskulatur

Michael Fehr

12.13.1 Disseminierte, idiopathische Myofasciitis (DIM)/Myositis

Ätiologie Es handelt sich um eine erst seit 2003 in den USA auftretende akut entzündliche Erkrankung der Muskulatur und der umgebenden Faszien. Betroffen sind insbesondere junge Frettchen im Alter zwischen 3 Monaten und 2 Jahren. In Einzelfällen wurde die DIM auch bei mittelalten Tieren beschrieben. Der Krankheitsverlauf ist progressiv und führt innerhalb von Tagen bis mehreren Monaten zum Tod. Die Ätiologie der Erkrankung ist bislang noch völlig unklar. Es scheint sich aber nicht um eine übertragbare Infektion zu handeln. Aktuell wird ein Zusammenhang mit den in den USA verwendeten Impfstoffen und eine genetische Komponente diskutiert.

Klinisches Bild Die Tiere leiden unter akut oder subakut einsetzender Lethargie, Anorexie, Übelkeit und zeigen plötzlich Schwierigkeiten beim Schlucken von Futter oder Wasser. Weitere Symptome können Nachhandparese oder Ataxie, vermehrte Schmerzhaftigkeit bei Berührung, insbesondere im Bereich der Lumbalmuskulatur, und Fieber (über 39,4 °C) sein. Auch Krämpfe, Diarrhö, Lymphknotenschwellungen, Nasen- und Augenausfluss, Tachykardien, Herzgeräusche, Tachypnoe, Hautveränderungen oder die Entwicklung einer bakteriellen Sepsis wurden beschrieben.

Werden die erkrankten Frettchen beim Tierarzt vorgestellt, sind sie häufig schon in Seitenlage und weisen einen unterschiedlichen Grad einer Dehydratation auf. Durch die hohe Schmerzhaftigkeit der Erkrankung ist eine erhöhte Verletzungsgefahr durch Bisse oder Abwehrreaktionen für Halter und Untersuchende gegeben.

Diagnose Mit der Erkrankung gehen häufig deutliche Blutbildveränderungen wie eine ausgeprägte Neutrophilie und Leukozytose (40–60 G/l) einher. Auch eine milde bis moderate zunächst nicht regenerative, später regenerative Anämie tritt oft auf. Abweichungen in der Blutchemie wie Erhöhungen der ALT und Glukose sowie eine Hypoalbuminämie wurden beschrieben. Die üblicherweise bei Erkrankungen der Muskulatur meist erhöhten Werte der Enzyme CK und AST liegen bei der idiopathischen Myofasciitis im Referenzbereich.

Um die Diagnose abzusichern, ist eine Muskelbiopsie erforderlich. Am geeignetsten für die Untersuchung sind die Muskeln der Hintergliedmaßen und die Lumbalmuskulatur.

Differenzialdiagnostisch kommen schwere Infektionen wie eine bakterielle Sepsis oder eine akute Coronavirusinfektion infrage.

Histopathologisch liegen suppurative, pyogranulomatöse Entzündungen nahezu in der ganzen Muskulatur des Körpers vor, insbesondere in Skelettmuskulatur, Ösophagus und Herz. Häufig ist die Tunica muscularis am schwersten betroffen. Die Veränderungen können aber auch auf alle Muskelschichten sowie umliegende Faszien, Fettgewebe und Gefäße übergreifen.

Therapie Eine Therapie war bisher in nahezu allen Fällen erfolglos. Die Patienten sprachen weder auf Antibiotika, Antimykotika, Steroide, NSAID, Vitamine oder Immunmodulatoren zufriedenstellend an. Bei einigen Tieren führte eine Kombination aus einer immunsuppressiven Dosis Prednisolon (1 mg/kg p. o. 2 × tägl. über 3 Monate, anschließend 1 × tägl. bis zum Verschwinden der Symptome), dem Zytostatikum Cyclophosphamid (10 mg/kg s. c. am 1. und 14. Tag, dann alle 4 Wochen bis eine Heilung eintritt) und dem Antibiotikum Chloramphenicol (50 mg/kg p. o. 2 × tägl. über 6–8 Wochen) zur Heilung. Aufgrund der schlechten Prognose und der Leiden der Tiere muss eine Euthanasie in Betracht gezogen werden. Bei einem Therapieversuch müssen die schwer kranken Frettchen unbedingt analgetisch abgedeckt werden. Bei ausgeprägtem Fieber ist ein antipyretisch wirkendes Medikament (z. B. Novalgin®) einzusetzen. Meist muss per Hand zugefüttert werden und der Flüssigkeitshaushalt durch Infusionen stabilisiert werden. Eine systemische Antibiose sollte zum Schutz vor Sekundärinfektionen verabreicht werden. Zur Prophylaxe von Magenulzera (S. 194) ist zudem der Einsatz eines Säureblockers (z. B. Cimetidin) sinnvoll.

Prognose Die Prognose ist aufgrund der bisher nicht bekannten Ätiologie und der bislang erfolglosen Therapie sehr schlecht.

12.13.2 Myasthenia gravis

Ätiologie Die Myasthenia gravis ist eine seltene Autoimmunerkrankung, bei der durch eigene Autoantikörper die Erregungsübertragung am Skelettmuskel gestört wird. Beim Frettchen wurde bisher nur über die erworbene Form der Erkrankung berichtet.

Klinisches Bild Das betroffene Tier litt phasenweise unter Hinterhandschwäche, schlaffer Paraparese bis hin zur Tetraparese und unter einem dezenten Megaösophagus (S. 191). Bei der neurologischen Untersuchung waren abnormale Haltungs- und Stellreaktionen und ein verminderter Flexorreflex in allen Gliedmaßen auffällig.

Diagnose Ein Nachweis von Autoimmun-Antikörpern im Blutserum gilt bei anderen Spezies als Goldstandard bei der Diagnostik der Myasthenia gravis. Bisher sind keine Referenzbereiche für Frettchen erstellt worden. Der Titer des erkrankten Tieres lag mit 0,35 nmol/l jedoch deutlich über einem Mittelwert mehrerer gesunder Tiere (< 0,06 nmol/l). Das Verschwinden der klinischen Symptome nach der Gabe des Acetylcholinesterase-Hemmers Neostigmin (0,04 mg/kg i. v.) ist ein deutlicher Hinweis auf das Vorliegen der Erkrankung.

Therapie Eine Behandlung kann mit dem Parasympathikomimetikum Pyridostigmin (1 mg/kg 2–3 × tägl. p. o.) in Kombination mit der Gabe von Steroiden in immunsuppressiver Dosis versucht werden. Im beschriebenen Fall kam es nach anfänglicher Besserung der Symptomatik allerdings zu einer Progression und zur Euthanasie.

12.13.3 Neoplasien der Muskulatur

Tumoren der Skelettmuskulatur treten bei Frettchen sehr selten auf. In der Literatur existieren Berichte über Leiomyosarkome und Rhabdomyosarkome. Neoplasien des Herzmuskels siehe Herz-Kreislauf-Erkrankungen (S. 182).

12.14 Erkrankungen des Respirationstrakts

Martina Warschau

12.14.1 Bronchitis

Ätiologie Eine Entzündung der Bronchien kann beim Frettchen durch Viren, z. B. Influenza (S. 114) und Staupe (S. 112), Bakterien (S. 119), z. B. Streptokokken und Bordetellen), Pilze (S. 132) oder Allergene ausgelöst werden.

Klinisches Bild Die Frettchen niesen häufig. Davon abzugrenzen ist ein vermehrtes Niesen durch das Einatmen von Staub beim ausgiebigen Erkunden der Umgebung. Sie entwickeln zudem einen trockenen oder feuchten Husten. In Zusammenhang mit Mykoplasmen wurde ein medikamentell nicht beeinflussbarer, trockener, chronischer Husten beschrieben. Einige Tiere leiden zusätzlich unter einer Konjunktivitis (S. 157).

Diagnose Bei Auskultation sind meist verschärfte Atemgeräusche zu hören. Röntgenologisch sind häufig interstitielle und/oder bronchiale Lungenzeichnungen erkennbar. Um den Infektionserreger nachweisen zu können, kann eine Trachealspülprobe (S. 172) durchgeführt werden.

Therapie Die Tiere erhalten Infusionen, ein Breitspektrumantibiotikum und einen nicht steroidalen Entzündungshemmer. Zur Verflüssigung des Bronchialsekrets können Expektoranzien (z. B. Acetylcystein) eingegeben werden. Bei Bedarf kann zur Erweiterung der Bronchien Theophyllin (4,25–5 mg/kg, 2–3 × tägl.) zum Einsatz kommen. Dieses muss bei gleichzeitiger Anwendung von Flurochinolonen oder Chloramphenicolen sehr vorsichtig dosiert werden, da die Antibiotika die Wirkung des Bronchodilatators verlängern können.

12.14.2 Pneumonie

Z

Ätiologie Infektionen des Atmungstrakts sind meist viralen oder bakteriellen Ursprungs (S. 126). Seltener kommen Systemmykosen (S. 132) oder durch Aspiration bedingte Pneumonien vor.

Frettchen sind sehr empfänglich für die durch Viren verursachten Erkrankungen Influenza (S. 114) und Staupe (S. 112). Die Tiere können sich aerogen durch Kontakt mit anderen Frettchen und Menschen mit Influenzaviren infizieren und diese im Gegenzug auch übertragen. Schwere Erkrankungen können in seltenen Fällen bei abgesetzten Jungtieren auftreten.

Ungeimpfte Frettchen sind stark gefährdet an Staupe zu erkranken. Die lebensbedrohliche Virusinfektion führt zu Symptomen des Verdauungstrakts, des Nervensystems und des Respirationstrakts.

Es besteht die Gefahr einer Aspirationspneumonie falls die Frettchen oral Medikamente erhalten, unter häufigem Vomitus leiden oder Regurgitieren, z. B. bei einem Megaösophagus (S. 191).

Primäre bakterielle Infektionen können ebenfalls eine Erkrankung des Atmungstrakts verursachen. Häufiger handelt es sich jedoch um Sekundärinfektionen bei bereits vorliegenden Pathologien. Zu den möglichen Erregern zählen Streptokokken, Klebsiellen, Pseudomonaden, Bordetellen, Listerien, *E. coli* und Mykobakterien.

Klinisches Bild Adulte Frettchen leiden bei einer Influenzainfektion meist nur unter einem milden, selbstlimitierenden Krankheitsverlauf. Jungtiere im Absetzalter laufen Gefahr, zusätzlich zu den Erkältungssymptomen mit vermehrtem Niesen, Nasenausfluss und Konjunktivitis (S. 157) Komplikationen wie Mittelohrentzündungen (S. 166) oder Enteritiden (S. 196) zu entwickeln.

Staupeinfektionen (S. 112) können zu Fieber, serösem Nasenausfluss, Rhinitis und Konjunktivitis führen. Im weiteren Verlauf leiden die Frettchen unter neurologischen Symptomen und versterben nach durchschnittlich 2 Wochen.

Bakterielle Primär- oder Sekundärinfektionen können mit Fieber, Lethargie, Nasenausfluss und Dyspnoe einhergehen. Husten muss nicht zwingend vorhanden sein. In schweren Fällen entwickelt sich eine Septikämie, die zum Tod führt.

Systemmykosen (S. 132) sind selten, können aber ebenfalls mit Symptomen des Atmungstrakts verbunden sein und in schweren Fällen zu granulomatösen Pneumonien und Pleuritiden führen. Auch weitere Symptome wie Schwellungen der Haut, Lymphadenomegalien oder Meningoenzephalitiden sind möglich.

Beachtet werden muss, dass Symptome wie Dyspnoe, Tachypnoe oder Husten auch bei anderen, nicht primär dem Atmungstrakt zuzuordnenden Erkrankungen vorkommen können. Dazu zählen z. B. Herzerkrankungen (S. 177), Hitzschlag (S. 176), Traumata (S. 100) oder Anämien (S. 93).

Diagnose Der Verdacht einer viralen Influenzainfektion besteht aufgrund der Anamnese und des von Fieber begleitenden Krankheitsverlaufs. Ist ein Frettchen ungeimpft und hat respiratorische, neurologische und/oder enterale Symptome, kann eine Staupeinfektion vorliegen. Im Blutbild kann in diesem Fall eine Leukopenie nachweisbar sein. Als sehr sicheres Diagnostikum gilt die PCR eines Konjunktivalabstrichs oder einer Blutprobe.

Bei bakteriell bedingten Infektionen sind auskultatorisch meist verschärfte, eventuell auch knisternde oder pfeifende Atemgeräusche zu hören.

Röntgenologisch zeigt sich zu Beginn einer Pneumonie oft eine interstitielle, später eine alveoläre Lungenzeichnung. Ein bronchiales Muster deutet auf eine primäre Lungenerkrankung hin. Liegt eine Mykose oder Mykobakteriose vor, sind auch noduläre Zeichnungen möglich. Bei einer Aspiration sind oft erst nach mehr als 24 Stunden röntgenologische Veränderungen wie bronchoalveoläre Zeichnungen der kranialen und ventralen Lungenlappen erkennbar.

Bei der blutchemischen Untersuchung kann eine Leukozytose mit Neutrophilie (Heterophilie) und Linksverschiebung feststellbar sein.

Um Infektionserreger im unteren Atmungstrakt nachweisen zu können, kann eine **Trachealspülprobe** durchgeführt werden. Für den Vorgang ist eine kurze Allgemeinanästhesie notwendig. Nach intratrachealer Intubation erfolgt zunächst eine Präoxygenierung mit 100 % Sauerstoff. Eine schmale Ernährungssonde wird durch den Tubus geführt und vorsichtig in die Bronchien vorgeschoben. Das Frettchen wird nun in ventrale Rückenlage verbracht. Der Kopf sollte etwas tiefer liegen als der Körper. Nach Injektion von 1–3 ml steriler Kochsalzlösung und vorsichtigem Vor- und Zurückschwenken des Körpers wird die Flüssigkeit nach erneuter Tieflage des Kopfes wieder aspiriert. Die Probe kann nun zytologisch und bakteriologisch untersucht werden.

Therapie Leiden die Frettchen unter Dyspnoe, so muss sofort Sauerstoff verabreicht werden.

Die Influenza ist in komplikationslosen Fällen nach 1 Woche selbstlimitierend. Eventuell kann das Immunsystem durch den Einsatz eines Paraimmunitätsinducers unterstützt werden.

Eine spezifische Therapie bei einer vorliegenden Staupe ist nicht bekannt. Aufgrund der schlechten Prognose sollte eine Euthanasie in Erwägung gezogen werden. Tiere, bei denen eine Behandlung versucht wird, müssen in strenge Quarantäne.

Bei allen Formen der Pneumonie erhalten die Frettchen Infusionen, um einer Dehydratation entgegenzuwirken und den Schleim in den Atemwegen so flüssig wie möglich zu halten. Unterstützend werden außerdem Sekretolytika (z. B. Acetylcystein) 2–3 × täglich p. o. oder s. c. verabreicht. Erscheinen die Tiere schmerzhaft, wird ein Analgetikum verabreicht.

Unterstützend können auch Inhalationen mit Kochsalzlösung und verdünnter Acetylcystein-Lösung (0,1–0,2 ml 10 %ige ACC®-Lösung auf 10 ml Kochsalzlösung 1–2 × tägl.) empfohlen werden. Am effektivsten gelingt die Inhalation mittels Inhalationsgeräten (aus der Apotheke entleihbar). Alternativ, wenn auch deutlich weniger wirkungsvoll, kann eine Schüssel mit heißer Kochsalzlösung gefüllt und etwas unterhalb einer Transportbox platziert werden. Wird nun ein Handtuch über die Box und die Schüssel gebreitet, kann der Dampf vom Tier eingeatmet werden. Reagiert das Frettchen mit starkem Stress, muss von der Inhalation abgesehen werden.

Die Tiere werden zur Prophylaxe oder Behandlung einer bakteriellen Pneumonie mit einem Breitspektrumantibiotikum behandelt.

Cave
Aufgrund des zoonotischen Potenzials wird angeraten, an Tuberkulose erkrankte Tiere zu euthanasieren.

Lipidlösliche Antibiotika wie Fluorchinolone, Metronidazol oder Chloramphenicol sind bei der Behandlung von Atemwegserkrankungen effektiver als Penicilline. Bei einer durch Mykobakterien bedingten Pneumonie wurde Clarithromycin mit Erfolg eingesetzt. Zunächst erfolgt eine einleitende parenterale Behandlung, die bei Bedarf, nach Vorliegen der bakteriologischen Untersuchung, umgestellt wird. Nach Besserung der klinischen Symptome können die Medikamente oral eingegeben werden.

Sind Pilze nachgewiesen worden, liegt eine lebensbedrohliche und meist langwierige Erkrankung vor. Die Frettchen erhalten zusätzlich zu der bereits beschriebenen Therapie über mehrere Monate ein Antimykotikum (z. B. Itrafungol®).

Meist ist bei Pneumonien eine Therapiedauer von mindestens 2 Wochen nötig. Um den Zustand der Lunge beurteilen zu können, sollten 7 Tage nach Verschwinden der Symptome Thoraxaufnahmen in 2 Ebenen durchgeführt werden.

Die Behandlung muss bis zur völligen Ausheilung fortgesetzt werden. Tiere mit wenig Appetit erhalten schmackhaftes Futter oder werden gepäppelt (z. B. mit Convalescence support).

Prognose Die Prognose hängt von der jeweiligen Erkrankungsursache ab. Generell ist die Chance auf eine Heilung bei sehr jungen oder immungeschwächten Tieren deutlich schlechter. Bei einer Tuberkulose wird zur Euthanasie geraten.

Prophylaxe Zur generellen Vorbeugung einer infektiösen Pneumonie sollten Neuzugänge vor dem Einbringen in den eigenen Bestand über mehrere Wochen unter Quarantäne gestellt werden.

Eine Impfung gegen Influenza ist für Frettchen nicht verfügbar. Sind die Tierbesitzer erkrankt, sollte die Infektionsübertragung durch das Verwenden von Atemschutzmasken und Handschuhen minimiert werden.

Eine gute Vorbeugung gegen die Staupeinfektion (S. 112) bietet die Impfung mit einem für Frettchen zugelassenen Impfstoff.

Zoonotische Bedeutung Tuberkulose ist eine Zoonose und zählt zu den meldepflichtigen Tierkrankheiten.

12.14.3 Neoplasien des Respirationstrakts

Über Primärtumoren des Atmungstrakts wurde nur in Einzelfällen berichtet. Häufiger kommen Lungenmetastasen anderer Primärtumoren, insbesondere von Lymphosarkomen vor. Es gibt auch Einzelfallberichte über Osteome, die zu einer Einengung des Atmungstrakts führten.

Betroffene Tiere können eine erschwerte Atmung infolge eines Lungenödems oder Pleuraergusses zeigen. Größere Veränderungen sind radiologisch darstellbar. Chemotherapeutische Maßnahmen sind beim Frettchen bisher noch unzureichend erprobt worden. Die Prognose ist sehr vorsichtig.

12.15
Herz-Kreislauf-Erkrankungen

Martina Warschau

Erkrankungen des Herz-Kreislauf-Systems kommen bei Frettchen nicht selten vor.

12.15.1 Kreislaufschock

Frettchen, die unter einem Schock leiden, gelten als Notfallpatienten!

Die Gewebeperfusion ist vermindert und eine Sauerstoffunterversorgung die Folge. Die Aufrechterhaltung von Atmung und Kreislauf ist die Basis der Therapie. Ursächlich kommen Flüssigkeits- und Blutverluste, Herz- und Multiorganerkrankungen, Septikämien, Traumata und Anaphylaxien infrage.

Sofortmaßnahmen beim Schock

Stabilisierung der Atmung

- Freihalten der Atemwege (Entfernen von Schleim, Blut, Fremdkörper etc.)
- Beatmung, ggf. Doxapram (bei Atemstillstand), Intubation und Sauerstoffzufuhr

Stabilisierung des Kreislaufsystems

Herzmassage bei Herzstillstand

Umfassen des Thorax (6.–8. Rippe) von ventral mit der Hand (Daumen auf linker Seite, übrige Finger auf rechter Seite). Die Frequenz sollte mindestens 100 Kompressionen pro Minute betragen. Nach 15 Kompressionen erfolgt eine kurze Pause für 2–3 Beatmungshübe. Sind 2 Notfallhelfer verfügbar, sollten die Maßnahmen parallel und ohne Pause durchgeführt werden.

Infusionstherapie bei Kreislaufschock (modifiziert nach Quesenberry 2012)

Es werden folgende Maßnahmen empfohlen:

- Initiale Gabe von hypertoner (7,2–7,5 %iger) NaCl-Lösung (3 ml/kg über 10 Minuten langsam i. v.).
- Ist eine klinische Besserung erkennbar, folgt eine Dauertropfinfusion mit Vollelektrolytlösung.
- Bei einem Hämatokrit < 15 % ist eine Vollbluttransfusion indiziert (10–20 ml/kg i. v.). Da bei Frettchen keine Blutgruppen nachgewiesen wurden, besteht keine Gefahr einer Unverträglichkeitsreaktion. Als optimale Spender gelten gesunde männliche Tiere. Bis zu 0,6 % des Körpergewichts kann gefahrlos entnommen werden. Die Prognose ist bei stark anämischen Tieren jedoch sehr schlecht.

Infusion bei Kreislaufschock

Die Gesamtmenge an benötigter Flüssigkeit errechnet sich aus:

- dem Erhaltungsbedarf (3–4 ml/kg/Stunde) +
- den Defiziten (Dehydratation in % × kg × 1000 ml) +
- weiteren Verlusten (z. B. durch Diarrhö oder Vomitus)

Als allgemeine Regel gilt, dass das Flüssigkeitsdefizit zur Hälfte in den ersten 6 Stunden, zu ¾ in 24 Stunden und vollständig nach 48 Stunden ausgeglichen werden sollte.

Cave

Bei kardiogenem Schock darf vor Abklärung der Erkrankung keine Infusionstherapie erfolgen, da bereits eine Volumenüberladung des Herzens vorliegt! Dieser muss vor der Volumensubstitution ausgeschlossen werden.

Regelmäßige Überprüfung der Körpertemperatur

Häufig ist eine Hypothermie (< 37,4 °C) feststellbar. Die Wärmezufuhr kann mittels Matte, Wärmekissen oder Inkubator erfolgen.

Verabreichung von Medikamenten

Folgendes Vorgehen wird empfohlen:

- Notfallmedikation siehe ► **Tab. 12.1**.
- Bei Verdacht auf Sepsis ist ein Breitspektrumantibiotikum zu verabreichen.
- Zeigen die Frettchen Anzeichen von Schmerzen, müssen sie analgetisch versorgt werden. Es ist zu beachten, dass auch Schmerzen zu schockähnlicher Symptomatik führen können.

► **Tab. 12.1** Indikation und Dosierung von Notfallmedikamenten beim Frettchen.

Indikation	Wirkstoff	Dosierung
Anaphylaxie	Adrenalin	0,02 mg/kg s. c., i. m., i. v., i.t.
	Prednisolon	10 mg/kg i. v.
	Diphenhydramin	1–2 mg/kg s. c. oder langsam i. v.
Herzstillstand	Atropin	0,04–0,05 mg/kg s. c., i. m., i. v.
Herzstillstand und anaphylaktischer Schock	Adrenalin	0,02 mg/kg s. c., i. m., i. v., i.t.
Atemstillstand	Doxapram	5–10 mg/kg i. v., i. c., intralingual, intratracheal
Hypoglykämie	Glukose 50 %	0,5–1 mg/kg i. v.
akutes Hirn- oder Lungenödem, akutes Nierenversagen	Furosemid	1–5 mg/kg p. o., s. c., i. m., i. v.
Krämpfe	Diazepam	2–5 mg/kg i. m.
Sinusbradykardie	Atropin	0,04–0,05 mg/kg s. c., i. m., i. v.

12.15.2 Hitzschlag

Ätiologie Frettchen sind bei hohen Außentemperaturen nicht in der Lage, ihre Körpertemperatur durch Schweißabgabe zu regulieren. Insbesondere Tiere, die an heißen Tagen im Auto zurückgelassen werden oder keine sonnengeschützte Rückzugsmöglichkeit im Außengehege oder an einem Fensterplatz in der Wohnung haben, sind gefährdet.

Klinisches Bild Betroffene Tiere hecheln vermehrt, zeigen eventuell Maulatmung, sind ataktisch und lethargisch. Die Körpertemperatur steigt über den physiologischen Referenzbereich von 37,8–38,8 °C an. Die kapilläre Rückfüllungszeit ist sehr kurz und der Puls flach. In fortgeschrittenen Fällen geraten die Frettchen in einen Schockzustand, reagieren reduziert auf ihre Umwelt und leiden möglicherweise unter Vomitus und Krämpfen. Steigt die Körpertemperatur noch weiter an, folgen Zellschäden, Proteindenaturierung und letztlich Organversagen.

Diagnose Die Verdachtsdiagnose ergibt sich aus der Anamnese und dem klinischen Bild. Sehr verdächtig ist eine erhöhte Körpertemperatur ohne Anzeichen einer Infektionskrankheit. Es sollte eine Blutuntersuchung durchgeführt werden, um Verschiebungen im Elektrolyt- und Säure-Basen-Haushalt zu erkennen und Hinweise auf Organschädigungen zu erhalten.

Therapie Die Frettchen sind in einen ruhigen, kühlen Raum zu verbringen und abzukühlen. Wichtig ist, dass die Körpertemperatur während des Abkühlungsvorgangs regelmäßig überprüft wird. Erfolgt die Temperatursenkung zu rapide, besteht die Gefahr eines Kreislaufversagens.

Die Abkühlung der Frettchen kann durch Auflegen feuchter Tücher erfolgen. Falls Kühlakkus Verwendung finden, sollten diese in Handtücher gewickelt werden, um Erfrierungen zu vermeiden. Die Haut kann außerdem mit lauwarmem Wasser und Ohren oder Fußballen mit Alkohol besprüht werden. Überhitzte Tiere erleiden durch das Hecheln einen starken Flüssigkeitsverlust. Dieser muss (falls möglich) oral und durch subkutane oder intravenöse Infusionen kompensiert werden. Elektrolytimbalancen oder Veränderungen im Säure-Basen-Haushalt sind durch Wahl der geeigneten Infusionslösungen auszugleichen. Bei Verdacht auf eine begleitende Entzündung, sind NSAID (z. B. Metacam®) und ein systemisches Antibiotikum (z. B. Amoxicillin) angezeigt.

Prognose Die Prognose ist fraglich bis schlecht.

Prophylaxe Frettchen dürfen bei warmen Temperaturen keinesfalls im Auto zurückgelassen werden. Auch ein leicht geöffnetes Fenster reicht nicht aus, um die Tiere vor der Hitze zu schützen. Sowohl bei Wohnungs- als auch bei Außenhaltung ist auf sonnengeschützte Rückzugsmöglichkeiten und ein ausreichendes Flüssigkeitsangebot zu achten.

12.15.3 Herzerkrankungen

Dilatative Kardiomyopathie (DCM)

Ätiologie Die DCM zählt zu den erworbenen Herzerkrankungen, die gelegentlich bei mittelalten bis alten Tieren zu sehen ist. Es handelt sich um eine Pathologie mit systolischer und diastolischer Dysfunktion des Herzens. Eine Geschlechtsprädisposition besteht nicht. Der Krankheitsverlauf ist meist langsam und progredient. Durch Kompensationsmechanismen des Körpers wird die verminderte Myokardkontraktilität zunächst erfolgreich durch Tachykardie, Vasokonstriktion und erhöhte Rückresorption von Wasser und Elektrolyten ausgeglichen. Kommt es zur Dekompensation, dilatiert insbesondere der linke, eventuell aber auch beide Ventrikel. Klappeninsuffizienzen und eine Vergrößerung der Vorhöfe sind in späteren Stadien die Folge. Die betroffenen Tiere sterben schließlich an kongestivem Herzversagen. Die Ätiologie der Erkrankung ist beim Frettchen bisher nicht geklärt. Auch eine solitäre Dilatation des linken Vorhofs ohne Veränderungen des linken Ventrikels (restriktive Kardiomyopathie) wurde beschrieben.

Klinisches Bild Das klinische Bild ist bei Herzerkrankungen relativ unspezifisch. Oft werden die Veränderungen zunächst dem Älterwerden der Frettchen zugeschrieben, sodass die Vorstellung beim Tierarzt in vielen Fällen erst sehr spät erfolgt. Mögliche Symptome sind Lethargie, schnelle Ermüdung, Nachhandschwäche, Hypothermie, Dyspnoe, Husten, Anorexie und Gewichtsverlust. Die Schleimhäute können zyanotisch und die kapilläre Füllungszeit verlängert sein.

! Zeigt das Frettchen Atemnot, müssen auch zwischen den Untersuchungen Erholungspausen mit Zuführung von Sauerstoff eingelegt werden.

Diagnose Bei Auskultation des Herzens kann eine Tachykardie oder Tachyarrhythmie und ein systolisches Herzgeräusch im Bereich der Mitralklappen hörbar sein. Bei Untersuchung der Lunge ist auf Tachypnoe, Dyspnoe und Rasselgeräusche zu achten. Das Abdomen kann bei vorhandenem Aszites prall und kugelig sein. Zudem sollte auf das Vorliegen einer Hepatomegalie und Splenomegalie geachtet werden. Vergrößerungen der Milz (S.98) sind allerdings bei Frettchen sehr häufig fühlbar und müssen nicht zwangsläufig mit einer Pathologie in Verbindung stehen.

Im Röntgenbild stellt sich die Herzsilhouette vergrößert dar (▸ **Abb. 12.24**).

Durch die Messung des „vertebral heart score" kann die Größe relativ objektiv erfasst werden (▸ **Abb. 9.6**). In fortgeschrittenen Fällen wird die Luftröhre durch die Größenzunahme des Herzens nach dorsal angehoben. Reichen die Kompensationsmechanismen nicht mehr aus, kann ein Pleuraerguss oder Lungenödem erkennbar sein. Im Abdomen können sich weitere Veränderungen, z. B. Hepatomegalie, Splenomegalie und Aszites, zeigen. Per abdominaler Sonografie kann abgeklärt werden, ob und in welchem Maße Flüssigkeit im Bauchraum vorhanden ist und ob die Organvergrößerungen auf eine Stauung oder andere Pathologien zurückzuführen sind.

Zur Diagnostik einer DCM kann ein EKG angefertigt werden. Sinustachykardien, ventrikuläre Extrasystolen (▸ **Abb. 12.25**), atriale oder ventrikuläre Arrhythmien und/oder ein AV-Block unterschiedlichen Grades können vorkommen.

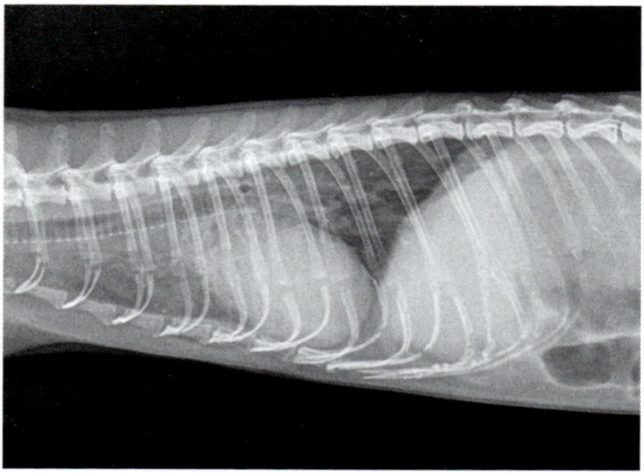

▸ **Abb. 12.24** Vergrößerte Herzsilhouette infolge einer dilatativen Kardiomyopathie.

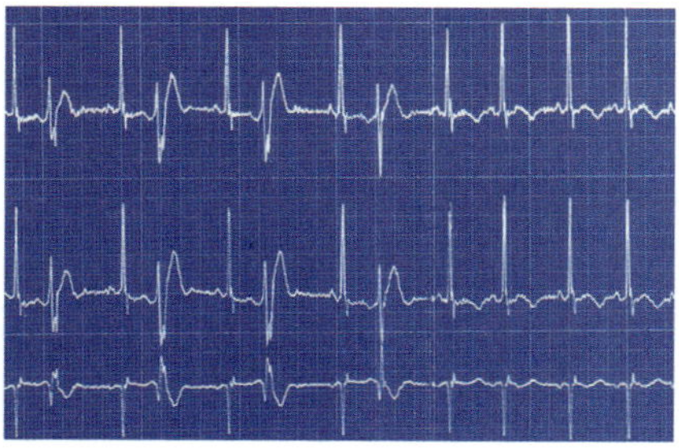

▸ **Abb. 12.25** Ventrikuläre Extrasystolie (Frettchen, 5 Jahre alt, männlich, dilatative Kardiomyopathie).

Zur Abklärung der Erkrankung sollte eine Echokardiografie durchgeführt werden. Die betroffenen Ventrikel und Vorhöfe stellen sich vergrößert dar. Die Wandstärken der Hinterwand und des interventrikulären Septums sind vermindert. Auch die herabgesetzte Kontraktilität in Form einer reduzierten FS (fractional shortening = systolische Verkürzungsfraktion) kann auftreten. Die Dilatation der linken Kammer kann eine Regurgitation von Mitral- und Trikuspidalklappen bei anatomisch unauffälliger Morphologie nach sich ziehen. Pleuraergüsse, Perikardergüsse oder mediastinale Massen (S. 182) können ebenfalls dargestellt werden.

Vor dem Einsatz der Herzmedikamente sollte ein komplettes Blutbild erstellt werden. Insbesondere die Nierenwerte müssen geprüft werden, da Perfusionsstörungen das Nierenprofil beeinflussen. Sind die Werte erhöht, dürfen einige Pharmaka nicht oder nur mit Vorsicht angewandt werden. Außerdem kann die Blutuntersuchung Hinweise auf Begleiterkrankungen geben.

Therapie Unter Dyspnoe leidende Tiere erhalten, bei Bedarf auch vor oder zwischen den Untersuchungen, Sauerstoff per Maske. Für die Tiere oft mit weniger Stress verbunden sind hingegen Sauerstoffboxen. Abhängig vom Ausmaß des Pleuraergusses und der daraus resultierenden Atemnot, ist eine Pleurozentese unter sonografischer Kontrolle sinnvoll. Die gewonnene Flüssigkeit sollte zytologisch untersucht werden, da auch Tumorerkrankungen einen Pleuraerguss verursachen können. Durch die Gabe von Furosemid (1–5 mg/kg p. o. s. c. 2–3 × tägl.) wird die Vorlast durch Reduktion des Blutvolumens gesenkt. In Notfällen kann das Schleifendiuretikum auch langsam i. v. oder i. m. verabreicht werden. Die anfänglich höhere Dosis sollte nach Einsetzen der Wirkung auf die kleinste wirksame Dosierung reduziert werden. Wird Furosemid dauerhaft verabreicht, sollten in regelmäßigen Abständen die Elektrolyte kontrolliert werden, insbesondere der Kaliumhaushalt ist zu überprüfen.

! Da bei der Medikamentendosierung aufgrund fehlender Studien häufig Dosen aus der Hunde- und Katzenmedizin übernommen werden, ist bei der Anwendung Vorsicht geboten. Ziel sollte es grundsätzlich sein, die geringste wirksame Dosis zu ermitteln.

ACE-Hemmer (z. B. Enalapril 0,25–0,5 mg/kg p. o. alle 1–2 Tage) senken den Blutdruck. In einigen Quellen wird über eine erhöhte Empfindlichkeit der Frettchen gegen ACE-Hemmer berichtet. Werden die Tiere nach Therapiebeginn lethargisch, muss die Dosis reduziert werden.

Digitalispräparate (Digoxin) führen zu verbesserter Kontraktionskraft des Herzens, verlangsamen die Herzfrequenz und wirken arrhythmisch. Das Medikament wird 1–2 × täglich in einer Dosierung von 0,005–0,01 mg/kg p. o. verabreicht. Es darf jedoch nicht bei Niereninsuffizienz, Störungen im Kalzium- oder Kaliumhaushalt, Kammertachykardie und Überleitungsstörungen am AV-Knoten eingesetzt werden. Bei Einsatz von Digoxin sollten regelmäßige Blutspiegelkontrollen des Medikaments erfolgen.

Alternativ zu der Kombination von Diuretika und Herzglykosid kann der „Venodilator“ Pimobendan (0,25–0,5 mg/kg 2 × tägl. p. o.) eingesetzt werden. Vorteil des Medikaments ist die inotrope und gleichzeitig venodilatative Wirkung. Für eine optimale Resorption sollte das Medikament 1–1,5 Stunden vor der Fütterung eingegeben werden. Während über den Einsatz beim Frettchen bisher noch relativ wenig berichtet wurde, ist Pimobendan bei Hunden mittlerweile das Mittel der Wahl bei der DCM.

Die Tierbesitzer können die Therapie durch eine salzarme Ernährung und ein möglichst stressfreies Leben unterstützen.

Bei herzkranken Frettchen werden regelmäßige klinische Kontrollen und Blutuntersuchungen (v. a. Nierenwerte und Elektrolyte) angeraten. Falls verfügbar, erfolgt die Kontrolle des Herzens echokardiografisch. Alternativ werden Röntgenaufnahmen von Thorax und kranialem Abdomen zur Einschätzung des Krankheitsverlaufs herangezogen.

Prognose Die Prognose ist aufgrund fehlender Studien über größere Patientenzahlen bisher nur schwer abschätzbar. Frettchen scheinen jedoch auf die medikamentelle Therapie besser anzusprechen als Hunde und Katzen mit ähnlichen sonografischen Befunden.

Prophylaxe Ab dem 3. – 4. Lebensjahr sollten Frettchen mindestens 1 × jährlich auskultatorisch hinsichtlich einer möglichen Herzerkrankung untersucht werden.

12.15.4 Hypertrophe Kardiomyopathie (HCM)

Ätiologie Über die hypertrophe Kardiomyopathie ist bei Frettchen bisher nur wenig bekannt. Bei diesem Krankheitsbild kommt es zur fokalen oder generalisierten Verdickung einer Herzwand. Die Hypertrophie der Muskulatur führt zu einer Verkleinerung der Ventrikellumina. Es entsteht eine Drucksteigerung in den Kammern, die sich im weiteren Verlauf auch auf die Vorhöfe ausbreiten kann. Im Endstadium der Erkrankung kommt es zum Herzversagen.

Klinisches Bild Möglicherweise sind, ähnlich wie bei Krankheitsverläufen der Katze, kaum Symptome erkennbar, bis Herzversagen, Thrombembolien oder plötzliche Todesfälle auftreten.

Diagnose Im Herzultraschall zeigen sich eine komplette oder partielle Hypertrophie und ein verringerter systolischer und diastolischer Kammerdurchmesser der betroffenen Ventrikel. Das interventrikuläre Septum stellt sich verdickt dar. Es liegt eine physiologische bis erhöhte Ventrikelkontraktilität vor. Bei sekundärer Mitralklappeninsuffizienz kann eine linksatriale Vergrößerung die Folge sein. Auch Turbulenzen im linksventrikulären Ausflusstrakt sind möglich. Anzeichen einer Dekompensation sind sonografisch und röntgenologisch meist in Form von Lungenödem oder Pleuraerguss (► **Abb. 12.26**) erkennbar.

Therapie Das langfristige Ziel der Therapie ist die Verbesserung der diastolischen Leistung. Bei der HCM sind β-Blocker (z. B. Atenolol) oder Kalziumkanalblocker (z. B. Diltiazem) indiziert.

Die in der Literatur angegebene Dosierung von Atenolol (3,1–6,2 mg/Tier 1–2 × tägl.) und Diltiazem pro Tier (1,5–7,5 mg/Tier 2 × tägl.) wurde von verschiedenen Autoren aus der Kleintiermedizin übernommen. Aufgrund des meist deutlich geringeren Körpergewichts der Frettchen im Vergleich zu Hunden und Katzen sollte eine an die Katze angelehnte Dosierung pro kg (Atenolol: 1,25–2,5 mg/kg 1–2 × tägl. p. o.; Diltiazem: 1,25–2,5 mg/kg 2–3 × tägl.) vorgezogen werden.

β-Blocker führen zu einer Reduktion der Herzfrequenz und Kontraktilität und sorgen so für eine bessere Füllung der Ventrikel. Nebenwirkungen wie Lethargie, Inappetenz, Bradykardie und Hypotonie sind bei beiden Herzmedikamenten möglich. Auch der Einsatz eines Diuretikums kann, je nach Symptomatik, sinnvoll sein. Regelmäßige klinische und sonografische Kontrollen des Herzens sind anzuraten.

12.15.5 Herzklappenerkrankungen

Ätiologie Erworbene Erkrankungen der Herzklappen treten v. a. bei Frettchen mittleren Alters regelmäßig auf. Häufig sind die AV-Klappen betroffen. Auch Veränderungen der Aortenklappen werden oft als Nebenbefund festgestellt, sind aber meist ohne klinische Relevanz. Die Insuffizienzen können auch sekundär bei anderen Herzerkrankungen, z. B. der DCM (S. 177), entstehen. In diesen Fällen ist keine anatomische Veränderung der Klappen vorhanden. Insuffiziente Herzklappen lassen ein Zurückströmen des Blutes aus den Ventrikeln in die Atrien zu. Eine Folge der entstehenden Volumen-

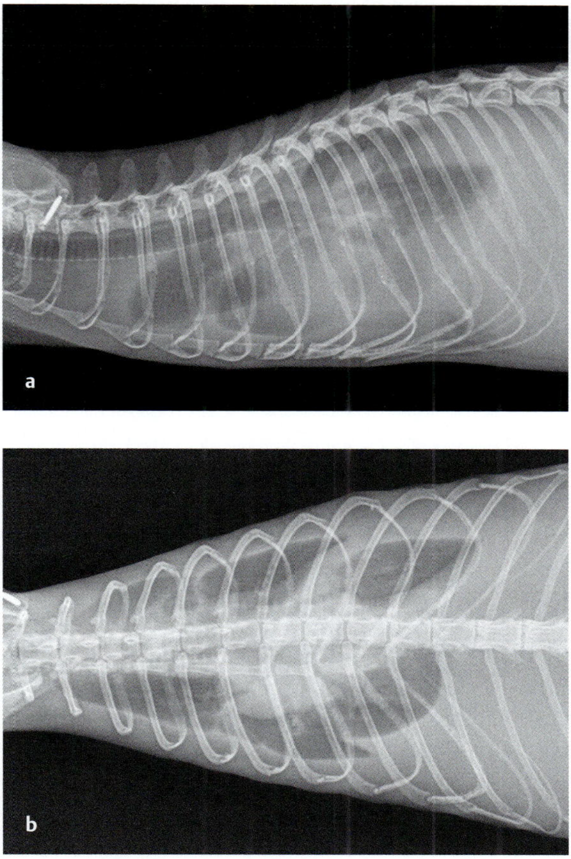

► **Abb. 12.26** Ausgeprägter Thoraxerguss (Frettchen, 4 Jahre alt, männlich-kastriert).
a Laterolaterale Aufnahme.
b Ventrodorsale Aufnahme.

überlastung ist schließlich die Dilatation des betroffenen Vorhofs. Bei Dekompensation kommt es zu Stauungen im kleinen oder großen Kreislauf und im Endstadium zum kongestiven Herzversagen.

Klinisches Bild Die Symptomatik hängt vom Schweregrad der Erkrankung ab. Leichte Veränderungen an einer oder mehreren Klappen haben oft zunächst keine klinischen Folgen. Je nach Ausprägungsgrad der Regurgitation kann es früher oder später zu Symptomen einer kongestiven Herzinsuffizienz (S. 177) kommen.

Diagnose Ist ein systolisches Herzgeräusch über dem linken Apex hörbar, besteht der Verdacht einer Mitralklappeninsuffizienz. Ist die Trikuspidalklappe verändert, ist rechts parasternal ein systolisches Geräusch auskultierbar. Ein diastolisches Herzgeräusch im Bereich der Aortenklappe ist meist nicht feststellbar. Bei Versagen der Kompensationsmechanismen kann es zur Ausbildung eines Lungenödems kommen, das bei Auskultation der Lunge als feuchtes Rasseln hörbar sein kann.

Röntgenologisch können in fortgeschrittenen Fällen Anzeichen für eine Dekompensation, wie ein Lungenödem und ein Aszites, erkennbar sein.

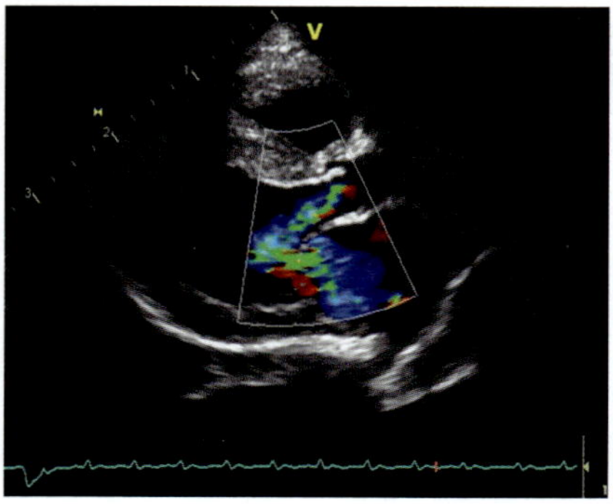

▸ **Abb. 12.27** Darstellung einer Mitralklappeninsuffizienz (Regurgitationsjet) mittels der Farbdopplerechokardiografie.

Elektrokardiografisch sind eventuell Herzrhythmusstörungen nachzuweisen.

Echokardiografisch können Verdickungen und eventuell eine Hyperechogenität der betroffenen Klappen und eine Vergrößerung der benachbarten Vorhöfe dargestellt werden. Die Klappeninsuffizienz ist anhand des Regurgitationsjets in der Farbdopplerechokardiografie gut darstellbar (▸ **Abb. 12.27**). Bei sekundären Insuffizienzen sind keine anatomischen Veränderungen der Klappen, sondern eine ursächliche Erkrankung diagnostizierbar.

Therapie Sind Symptome einer Herzerkrankung vorhanden oder ist sonografisch in der Diastole bereits eine Dilatation darstellbar, sollte eine medikamentelle Behandlung eingeleitet werden. Es werden ACE-Hemmer und bei Anzeichen einer Dekompensation Diuretika empfohlen; siehe dazu auch DCM (S. 177). Der Einsatz von Pimobendan bei Mitralklappeninsuffizienzen scheint bei Hunden die Prognose zu verbessern. Zur Verwendung bei degenerativen Veränderungen gibt es jedoch kontroverse Meinungen. Liegt eine sekundäre Insuffizienz vor, muss die verursachende Erkrankung therapiert werden.

12.15.6 Seltenere Erkrankungen des Herzens

Frettchen können neben den klassischen Erkrankungen auch, wenn auch weitaus seltener, unter entzündlichen Veränderungen des Herzens wie Endokarditiden und Myokarditiden leiden. Als mögliche Ursachen für Herzmuskelentzündungen kommen bakterielle und virale Infektionen, Herzwurmerkrankungen und Autoimmunerkrankungen infrage. Auch eine Katecholaminüberdosierung wurde mit der Myokarditis beim Frettchen in Verbindung gebracht. Die Therapie muss je nach Ursache durchgeführt werden.

Es existieren auch Fallberichte über seltene angeborene Erkrankungen wie Vorhof-Septum-Defekte, Ventrikel-Septum-Defekte, Fallot'sche Tetralogie oder einen persistierenden Ductus arteriosus.

Über Neoplasien des Herzens liegen bis auf das Vordringen eines Lymphoms im kranialen Mediastinum keine Fallberichte vor.

Herzwurmerkrankungen (S. 138) durch den Fadenwurm *Dirofilara immitis* sind in Deutschland selten. Infektionsgefährdet sind Tiere, die mit den Besitzern in Endemiegebiete wie die Mittelmeerländer oder die USA reisen oder aus diesen importiert werden.

▶ **Abb. 12.28** Symmetrieabweichung des Kopfes (Umfangsvermehrung unterhalb des rechten Auges).

12.16

Erkrankungen der Maulhöhle und der Zähne

Michael Fehr

Neben der oralen Inspektion im Rahmen der Allgemeinuntersuchung können auch extraorale Veränderungen auf eine Erkrankung von Maulhöhle und Zähnen hindeuten. Dabei sollte insbesondere auf Symmetrieabweichungen des Kopfes (▶ **Abb. 12.28**), der Augen bzw. von Ober- und Unterkiefer, auf Schwellungen und auf das Vorliegen eines Exophthalmus (S. 156) geachtet werden. Ein verstärkter Speichelfluss kann zudem zu verklebtem Fell und Dermatitiden führen.

Zur eingehenderen Untersuchung von Maulhöhle und Zähnen und zur Therapie der Erkrankungen ist in den meisten Fällen eine Sedation oder Allgemeinanästhesie nötig.

Bei schwerwiegenderen Veränderungen fressen die Frettchen schlechter und verlieren zunehmend an Gewicht. In diesen Fällen muss stets ein Analgetikum verabreicht werden.

12.16.1 Zahnstein, Gingivitis und Parodontitis

Ätiologie Insbesondere bei älteren Frettchen fallen bei der Untersuchung der Zähne häufig Zahnverfärbungen oder Zahnbeläge auf (▶ **Abb. 12.29**, ▶ **Abb. 12.30**). Die sogenannte Plaque besteht aus einer Ansammlung von Speichelbestandteilen, Bakterien und deren Stoffwechselprodukten, Abbauprodukten aus der Maulhöhle und eventuell aus Epithel- und Entzündungszellen. Durch Akkumulation und Mineralisation ent-

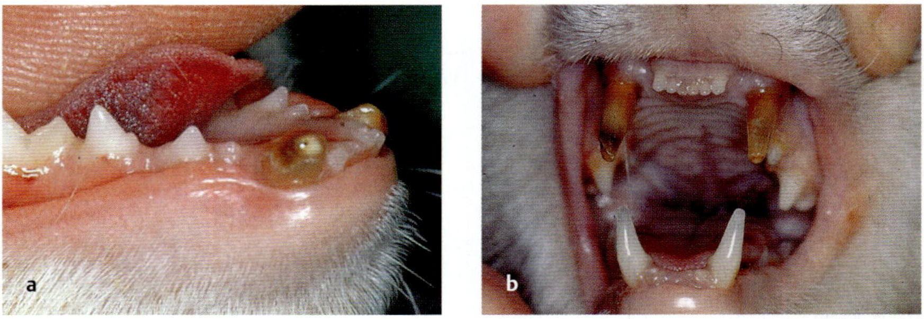

▶ **Abb. 12.29** Ausgeprägte Verfärbung der Oberkiefer- bzw. Unterkiefer-Canini.

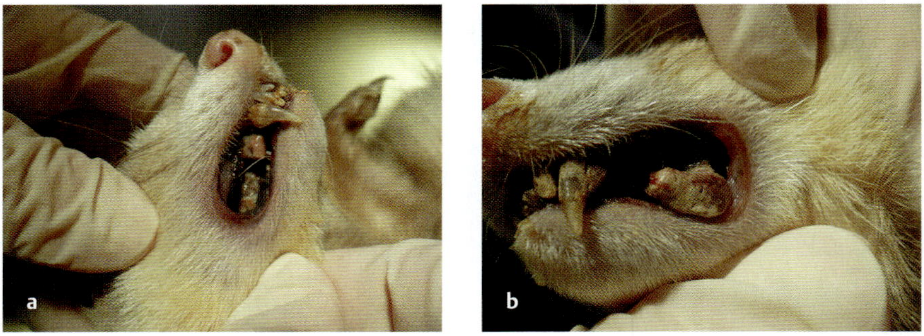

▶ **Abb. 12.30** Generalisiert massiv ausgeprägter Zahnstein.

wickelt sich schließlich der Zahnstein. Nicht selten sind durch den Plaque induzierte Gingivitiden vorhanden.

Unbehandelt können sich die Entzündungen ausbreiten und das parodontale Ligament und den Alveolarknochen zerstören (Parodontitis). Es ist davon auszugehen, dass nicht therapierte Parodontitiden auch bei Frettchen zu schwerwiegenden Organerkrankungen wie Endokarditiden, Hepatitiden oder Nephritiden führen können.

Während Zahnstein bei Frettchen sehr häufig zu sehen ist, treten schwere Entzündungen der Maulschleimhaut und des umliegenden Gewebes eher selten auf.

Als prädisponierend für die Bildung von Plaque und Zahnstein wird v. a. die Verfütterung von zu weichem, sehr kohlenhydratreichen Futter angenommen. Allerdings sind noch viele weitere Faktoren wie systemische Erkrankungen, ein geschwächtes Immunsystem, Inzucht, Veränderungen der oralen Bakterienflora und pH-Wert-Veränderungen der Maulhöhle zu bedenken, deren Einfluss auf die Zahngesundheit der Heimtierfrettchen noch unklar ist.

Klinisches Bild Plaque oder Zahnstein zeigen sich meist durch gelbliche bis braune Beläge auf den Zähnen (▶ **Abb. 12.30**) und sind häufig mit einem ausgeprägten Mundgeruch verbunden.

Bei massiven Gingivitiden oder Parodontitiden können eventuell Verhaltensänderungen der Frettchen wie eine verminderte Futteraufnahme und, bei schmerzhaften Prozessen, ein reduziertes Allgemeinbefinden beobachtet werden.

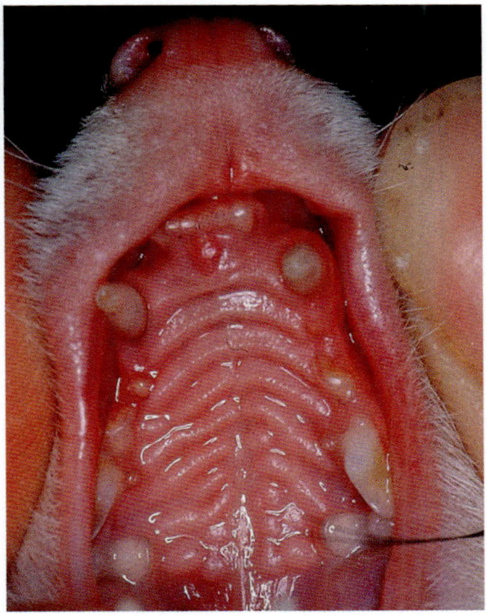

▶ **Abb. 12.31** Großflächige Gingivitis im Oberkiefer.

Bei einer Entzündung des Zahnfleischs zeigt sich der Zahnfleischrand gerötet, geschwollen und neigt zu Blutungen (▶ **Abb. 12.31**). Es sind keine Rezessionen des Zahnfleischs erkennbar und alle Zähne sind fest verankert. Möglicherweise können entzündungsbedingte Gingivahyperplasien auftreten.

Parodontitiden sind mit einem Rückgang des entzündeten Zahnfleischs verbunden. In fortgeschrittenen Stadien liegen die Zahnhälse frei, die Zähne sind gelockert und Konglomerate aus Futter und Haaren können sich in den parodontalen Taschen ansammeln. Schwellungen oder Hyperplasien der Gingiva können das Ausmaß der Taschenbildung verschleiern. In schweren Fällen entwickeln sich zusätzlich Zahnwurzelabszesse.

Diagnose Während Plaque und Zahnstein bereits bei der routinemäßigen Allgemeinuntersuchung gut erkennbar sind, kann die Diagnose einer Parodontitis nur unter Allgemeinanästhesie gestellt werden.

Der Grad der Gingivitis kann, analog zu Hund oder Katze, durch den Gingivitis-Index eingeschätzt werden. Grad 0 beschreibt die gesunde Gingiva. Grad 1 ist mit Anzeichen einer Entzündung wie Rötung und Schwellung, aber nicht mit einer Blutung verbunden. Bei Blutungen wird unterschieden, ob diese infolge der Sondierung in Verbindung mit mittelgradigen Entzündungsanzeichen (Grad 2) oder spontan zusammen mit hochgradigen Anzeichen auftreten (Grad 3).

Eine Parodontalsonde leistet gute Dienste bei der Überprüfung des Zahnfleischs hinsichtlich des Vorhandenseins und der Tiefe parodontaler Taschen. Dabei ist ein Instrument mit einer feinen Skalierung (z. B. 1 mm-Abstände) zu bevorzugen. Referenzwerte für die Sulkustiefe bei parodontal gesunden Frettchen existieren allerdings bisher nicht. Auch die Ausprägung der Zahnfleischretention und Zahnlockerung geben Hinweise auf den Schweregrad der Parodontitis.

Es sollte in jedem Fall eine Röntgenuntersuchung der Zähne angeschlossen werden, um die parodontalen Areale beurteilen zu können. Als optimal zur Diagnostik parodontaler Veränderungen gelten dabei intraorale Aufnahmen oder Schrägaufnahmen. Röntgenologisch ist auf eine Verbreiterung des Parodontalspalts, auf Resorptionsprozesse bzw. Osteolyse des Alveolarknochens und eine verminderte Strahlendichte im Bereich des Alveolarrands zu achten. Eine mikrobiologische Diagnostik sollte bei therapieresistenten Parodontitiden eingeleitet werden.

Therapie Für die Therapie ist die Unterscheidung zwischen Gingivitis und Parodontitis wichtig. Eine Gingivitis ist im frühen Stadium reversibel. Da sie unbehandelt meist progressiv verläuft und eine Parodontitis hervorrufen kann, sollte eine Therapie zügig eingeleitet werden. Liegt bereits eine Parodontitis vor, kann lediglich das Fortschreiten der Erkrankung verhindert werden.

Die Therapie einer Zahnfleischentzündung besteht aus der gründlichen Entfernung der Zahnbeläge und anschließender Zahnpolitur. Zur Reinigung stehen sowohl Handinstrumente (Scaler/Kürette) als auch Ultraschallinstrumente zur Verfügung. Am effektivsten ist eine Kombination beider Techniken. Zu beachten ist, dass subgingivale Beläge nur mit der Kürette oder speziellen Ultraschall-Arbeitsspitzen entfernt werden dürfen, um eine Schädigung des parodontalen Gewebes zu vermeiden. Eine ausreichende Kühlung sollte selbstverständlich sein.

Vor dem Eingriff ist es sinnvoll, die Maulhöhle zur Keimreduktion mit einer milden Chlorhexidin-haltigen Lösung (z. B. Hexarinse®) zu spülen. Zudem sollten die Tiere präoperativ und über einige weitere Tage ein Analgetikum erhalten. Von großer Bedeutung für den weiteren Verlauf ist die regelmäßige Zahnpflege (S. 186) durch den Tierbesitzer.

Bei einer Parodontitis wird die Behandlung zunächst analog zur Gingivitis durchgeführt. Anschließend erfolgt die Reinigung und Politur der Wurzeloberflächen mit einer Kürette. Zur gründlichen Spülung der Sulki können kleine Venenkatheter verwendet werden. Bei weit fortgeschrittenen parodontalen Veränderungen müssen eventuell chirurgische Techniken, analog zum Kleintier, eingesetzt werden.

Liegt ein Abszess vor, ist die Wurzel meist bereits avital. Der Entzündungsherd muss eröffnet und das infizierte und nekrotische Gewebe entfernt werden. Nach Desinfektion sollte der Wundbereich locker vernäht werden (feines, resorbierbares Nahtmaterial), um ein Eindringen von Futter zu verhindern.

Eine Indikation für eine systemische Antibiotikatherapie besteht bei therapieresistenten oder sehr aggressiven Parodontitiden bzw. bei systemisch erkrankten oder immungeschwächten Frettchen. Empfehlenswert bei parodontalen Erkrankungen ist beispielsweise die Kombination aus Amoxicillin und Clavulansäure (Synulox®). Die Verabreichung der Medikamente ohne Zahnreinigung ist in jedem Falle nicht sinnvoll. Bei persistierenden Parodontitiden kann zusätzlich eine unspezifische Aktivierung des Immunsystems mit Zylexis® versucht werden.

Prophylaxe Bei sehr duldsamen Tieren kann die Zahnreinigung durch das Aufbringen von Zahnpasta für Tiere (z. B. C.E.T.®) mittels Wattestäbchen oder Fingerzahnbürste durchgeführt werden. Um Bisse zu vermeiden, sollten die Besitzer die Hände dabei niemals in der Maulhöhle des Tieres belassen. In der Regel ist diese Form der Prophylaxe bei Frettchen schwer umzusetzen. Alternativ, wenn auch weniger effektiv, kann bei unkooperativen Patienten das Benetzen der Zähne mit einer milden Chlorhexidin-Lösung versucht werden. Um die Ausbildung einer Parodontitis zu verhindern, sollten Plaque und Zahnstein, insbesondere wenn die Prophylaxe zuhause nicht möglich ist, regelmäßig vom Tierarzt entfernt werden.

12.16.2 Zahnfrakturen/Zahnabrieb

Ätiologie Zu Zahnfrakturen kommt es meist bei jüngeren Frettchen durch Verletzungen beim Spielen, durch das Zerbeißen sehr harter Gegenstände oder das Benagen von metallenem Käfiggitter. Am häufigsten betroffen sind die Canini und der Reißzahn (4. Prämolarer) des Oberkiefers. Wurde durch die Fraktur die Pulpahöhle eröffnet, können Entzündungen, Pulpanekrosen und Abszesse die Folge sein. Beim Übergreifen der Inflammation auf das umliegende Weichgewebe und den Alveolarknochen – Parodontitis (S. 183) – können unbehandelt irreversible Schäden und der Verlust des Zahnes auftreten.

Eine Abrasion der Zähne kann durch das Benagen und Zerbeißen harter Gegenstände, aber auch ernährungsbedingt verursacht werden. Einige Autoren vermuten als ätiologische Hauptursache die überwiegende Aufnahme von Trockenfutter, die anscheinend zwar der Plaque- und Zahnsteinbildung entgegenwirkt, durch eine Meißelwirkung aber zu einem verstärkten Abrieb der scharfen Backenzahnspitzen führt.

Klinisches Bild Frakturen der Zahnkrone lassen sich in der Regel mit bloßem Auge erkennen. Ob die Pulpahöhle eröffnet ist, stellt sich dagegen nicht in jedem Fall offensichtlich dar. Ältere, unbehandelte Frakturen führen meist zu Verfärbungen und Lockerung der Zähne im Zahnfach.

Werden bei der Maulhöhlenuntersuchung Zähne entdeckt, die nahe des Gingivaniveaus enden, eine glatte Oberfläche aufweisen und bei denen die Pulpa nicht eröffnet ist, handelt es sich um abrasive Veränderungen.

Diagnose Frakturierte Zähne bzw. Zähne mit Verdacht auf eine Fraktur sollten unter Allgemeinanästhesie untersucht und geröntgt werden. Es muss insbesondere durch den Einsatz einer Parodontalsonde bzw. röntgenologisch ermittelt werden, ob die Pulpahöhle durch die Frakturierung eröffnet wurde bzw. welche Art von Fraktur vorliegt. Eine intraorale Röntgentechnik ist zur Darstellung einzelner Zähne besonders hilfreich. Allerdings ist die Entwicklung periapikaler Veränderungen bei frischen Frakturen noch nicht erkennbar, sondern röntgenologisch erst nach einigen Wochen zu erwarten.

Therapie Bei verschlossener Pulpahöhle ist in der Regel keine Therapie notwendig.

Frettchen, die schlechter fressen bzw. bei denen Wurzelbehandlungen oder Zahnextraktionen nötig sind, erhalten präoperativ und im Anschluss an die Operation über mehrere Tage ein Analgetikum.

Zähne mit frischen Frakturen können eventuell auch bei eröffneter Pulpa durch eine oberflächliche Pulpektomie (**Vitalamputation**) gerettet werden. Die Methode darf niemals bei Vorliegen einer Pulpitis, bei periapikalen Veränderungen oder Resorptionsprozessen durchgeführt werden.

Sowohl vor Eingriffen an der Pulpa als auch vor Zahnextraktionen müssen geeignete Hygienemaßnahmen durchgeführt werden, um Komplikationen zu vermeiden. Unter sterilen Umgebungsbedingungen erfolgen zunächst eine gründliche Zahnreinigung, Politur und Spülung der Mundhöhle mit einer desinfizierenden Lösung. Die Pulpa wird mit einem sterilen Dentalbohrer bis auf wenige Millimeter unterhalb der exponierten Zahnfläche entfernt. Nach Blutstillung, Trocknung und Desinfektion wird eine dünne Schicht eines Unterfüllungsmaterials (z. B. Kalziumhydroxidzement) eingebracht. Im Anschluss wird die Deckfüllung (z. B. ein Kompositmaterial) aufgetragen. Auch eine ausschließliche Füllung mit Amalgam wurde beschrieben.

Stark geschädigte, verfärbte oder gelockerte Zähne (▶ **Abb. 12.30**), die im Röntgenbild Auffälligkeiten im Wurzelbereich aufweisen bzw. Zähne mit intraalveolären Längsfrakturen müssen extrahiert werden. Insbesondere bei den Canini sollte gut abgewogen werden, ob die Entfernung zwingend notwendig ist, da der Eingriff bei diesen Zähnen zum einen sehr anspruchsvoll ist und die Eckzähne zum anderen als Führung für die Zunge fungieren. Eventuell ist hier, sofern keine Kontraindikation vorliegt, auch eine Erhaltung des Zahnes mittels **Wurzelbehandlung**, in Anlehnung an das Prozedere bei Hund und Katze, möglich.

Muss eine **Zahnextraktion** erfolgen, sollte zunächst durch Injektion von Lidocain (2 %; 1–2 mg/kg) in die Alveole eine lokale Nervenblockade gesetzt werden. Das gingivale Attachement wird rings um den Zahn mit einer Skalpellklinge gelöst. Mittels Luxator werden die Bindegewebsfasern des Zahnhalteapparats durch Dehnung durchtrennt. Nach ausreichender Lockerung kann der Zahn mit einer Extraktionszange entnommen werden. Im Anschluss an die Entfernung erfolgen ein Débridement und mehrfache Spülungen (z. B. mit Hexarinse®).

Bei mehrwurzeligen Zähne wie den Prämolaren (2 Wurzeln), dem 3. Prämolar (P4) im Oberkiefer (3 Wurzeln), dem Molar im Oberkiefer (3 Wurzeln) und dem 1. Molar im Unterkiefer (2 Wurzeln), ist eine Extraktion im Ganzen meist nicht möglich. Hier müssen die einzelnen Wurzeln separat entnommen werden. Die Alveole wird abschließend, sofern möglich, vernäht, um das Eindringen von Futterbestandteilen und Bakterien zu verhindern.

Bei Verdacht auf eine bakterielle Infektion wird ein gut knochengängiges, systemisches Antibiotikum (z. B. Enrofloxacin) über 7–10 Tage verabreicht.

Das Gebiss sollte nach dem jeweiligen Eingriff in regelmäßigen Abständen untersucht werden, um Komplikationen wie Refrakturen, Nekrosen oder entzündliche Veränderungen frühzeitig erkennen zu können.

Liegen abgeriebene Zähne vor, so muss die Ätiologie geklärt und die Ursachen, wie ungeeignetes Spielzeug oder metallene Käfiggitter, beseitigt werden.

12.16.3 Hypodontie/Zahnverlust

Ätiologie Bei einigen Heimtierfrettchen sind kongenital weniger Zähne angelegt. Am häufigsten sind die Molaren des Unterkiefers betroffen.

Zahnverluste können die Folge von massiven Zahnerkrankungen wie ausgeprägten Parodontitiden (S. 183) oder Traumata sein. In seltenen Fällen sind auch metabolische Störungen für osteoporotische Veränderungen und Lockerung bzw. Verlust des Zahnes verantwortlich.

Klinisches Bild Fallen im Rahmen der Maulhöhlenuntersuchung Zahnlücken bei sehr jungen Frettchen mit einem ansonsten gesunden Gebiss auf, handelt es sich in der Regel um eine angeborene Hypodontie. Bei älteren Tieren, bei denen fehlende Zähne bisher nicht bekannt waren, und bei Frettchen, die regelmäßig unter Zahnstein, Gingivitiden oder Parodontitiden leiden, muss das Gebiss auf Beläge und die Gingiva auf Rötungen, Schwellungen und Umfangsvermehrungen untersucht werden.

Diagnose Besteht der Verdacht eines Zahnverlusts aufgrund eines entzündlichen Prozesses, müssen in jedem Fall Röntgenaufnahmen angefertigt werden, um im Kiefer verbleibende Wurzeln auffinden bzw. um den Zustand des Kieferknochens beurteilen zu können.

Therapie Bei einer angeborenen Hypodontie ist, sofern der Antagonist keine Probleme verursacht, keine Therapie notwendig.

Entstand der Zahnverlust im Rahmen von entzündlichen Prozessen, müssen ggf. verbleibende Wurzelreste in Allgemeinanästhesie entfernt und die Wundhöhle kürettiert, mit einer milden Desinfektionslösung (z. B. Hexarinse®) gespült und, sofern möglich, vernäht werden.

12.16.4 Mukozele der Speicheldrüsen (syn. Sialozele, Speichelzyste)

Ätiologie Frettchen besitzen 5 paarige Speicheldrüsen (S. 50). Dabei kann sich in seltenen Fällen, meist infolge eines Traumas, eine Mukozele ausbilden. Es handelt sich um eine Ansammlung von Speichel, der aus der geschädigten Speicheldrüse oder ihrem Ausführungsgang austritt.

Klinisches Bild Meist zeigt sich die Mukozele als große, einseitige Schwellung im Bereich der geschädigten Drüse. Bei Palpation fühlt sich die fluktuierende Umfangsvermehrung eher kühl an und ist nicht schmerzhaft. Ist die Glandula zygomatica involviert, kann eine intraorbitale Mukozele entstehen, die meist mit einem Exophthalmus (S. 156) einhergeht. Besteht das Heraustreten des Bulbus schon länger, kann zusätzlich eine Expositionskeratitis (S. 159) auftreten.

Diagnose Differenzialdiagnostisch ist bei Umfangsvermehrungen im Gesichtsbereich neben einer Mukozele unter anderem auch an einen meist durch Zahnwurzelentzündungen verursachten Abszess, an einen Fremdkörper oder an eine tumoröse Veränderung (S. 190) zu denken. Die Verdachtsdiagnose kann durch Feinnadelaspiration und zytologische Untersuchung der Probe gestellt werden. Es sollte eine relativ große Kanüle (≥ 18 G) verwendet werden, da der transparente oder leicht blutvermischte Inhalt einer Mukozele in der Regel extrem zähflüssig ist. Zytologisch werden in der Regel Epithelzellen, Erythrozyten, neutrophile Granulozyten und Makrophagen vor einem amorphen, eosinophilen Hintergrund nachgewiesen. Röntgenologisch und sonografisch kann die Umfangsvermehrung in Ausprägung und Inhalt weiter charakterisiert werden. In komplizierten Fällen können computertomografische Untersuchungen die genaue Lokalisierung der Mukozele erleichtern. Eine eindeutige Diagnose liefert schließlich die histologische Untersuchung des entnommenen Gewebes.

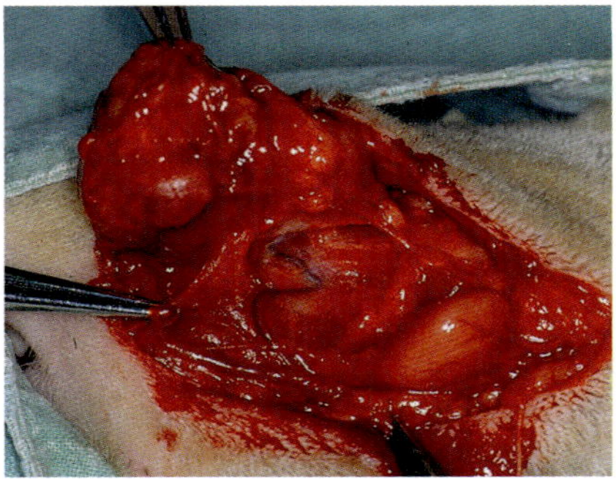

▶ **Abb. 12.32** Exstirpation einer veränderten Speicheldrüse.

Therapie Im Rahmen der diagnostischen Feinnadelaspiration findet durch die Flüssigkeitsentnahme eine erste Druckentlastung statt. Falls keine Aspiration möglich ist, kann zum selben Zweck, nach Desinfektion der Haut, eine Stichinzision durchgeführt werden.

Liegt durch einen Exophthalmus bereits eine Expositionskeratitis vor, sollte die Hornhaut bis zur vollständigen Abheilung abwechselnd mit antibiotischen (z. B. Posifenicol®) und regenerierenden Augensalben (z. B. Regepithel®) behandelt werden.

Bei der Behandlung einer Mukozele ist ausschließlich die chirurgische Therapie erfolgversprechend (▶ Abb. 12.32). Die bei Kleintieren angewandten Methoden der kompletten Drüsenexzision oder Marsupialisation können auch bei Frettchen angewandt werden.

Bei der Exzision muss das betroffene Drüsengangsystem möglichst vollständig entfernt werden, da andernfalls ein Rezidiv droht. Da der Ausführungsgang der Glandula sublingualis in den Duktus der Glandula mandibularis mündet, sollten beide Drüsen einer Seite zusammen entfernt werden.

Liegt eine Mukozele der Glandula zygomatica vor, kann zur exakteren Darstellung der orbitalen Strukturen, insbesondere bei der sehr großen Orbita der Frettchen, eine Osteotomie des Arcus zygomaticus sinnvoll sein.

Die Wundhöhle wird anschließend mit einer milden Desinfektionslösung (z. B. Prontovet®) gespült und verschlossen.

Die Frettchen werden über mehrere Tage mit einem Analgetikum, bei Verdacht auf ein Entzündungsgeschehen auch mit einem systemischen Antibiotikum behandelt.

12.16.5 Tumoren der Maulhöhle

Ätiologie Im Bereich der Maulhöhle treten bei Frettchen nur sehr selten Neoplasien auf. Am häufigsten wird über squamöse Zellkarzinome berichtet.

Klinisches Bild Die Tumoren zeigen sich in Form von festen Umfangsvermehrungen, die erythematös, geschwollen und ulzeriert sein können. Die Symptomatik hängt vom Ausprägungsgrad der Neoplasie ab. Während Frettchen bei dezenten Veränderungen kaum Störungen des Fressverhaltens zeigen, kommt es bei ausgeprägten Umfangsvermehrungen zu Problemen bei der Futter- und Wasseraufnahme. In schweren Fällen werden die Frettchen dehydriert, abgemagert und stark geschwächt in der Praxis vorgestellt.

Diagnose Eine Feinnadelaspiration mit anschließender zytologischer Untersuchung bzw. im optimalen Fall eine Gewebebiopsie und die histologische Untersuchung führen zur Diagnose. Vor einer chirurgischen Versorgung sollten beidseitige Röntgenaufnahmen des Thorax und eine abdominale Sonografie zum Zweck des Tumorstagings durchgeführt werden.

Therapie Die Neoplasie muss so weiträumig wie möglich entfernt werden. In der Literatur wurde eine erfolgreiche Behandlung eines squamösen Zellkarzinoms des Oberkiefers mittels rostraler Maxillektomie und, aufgrund einer ungenügenden Geweberezession, mit einer anschließenden Strahlentherapie beschrieben. Die Besitzer müssen darauf vorbereitet werden, dass nach massiven Eingriffen eine mehrwöchige analgetische Therapie und ein geduldiges Aufpäppeln mit der Spritze nötig sein können. Die Patienten sollten zudem röntgenologisch in regelmäßigen Abständen auf das Auftreten von Metastasen hin untersucht werden.

12.17 Erkrankungen des Magen-Darm-Trakts

Anja Ewringmann

Erkrankungen des Gastrointestinaltrakts kommen bei Frettchen häufig vor. Es wird vermutet, dass anatomische und physiologische Besonderheiten des Magen-Darm-Trakts, wie ein kurzer Darm und eine sehr kurze Passagezeit, die Tiere besonders empfänglich für Erkrankungen machen.

12.17.1 Megaösophagus

Ätiologie Ein Megaösophagus kommt bei Frettchen nur selten vor. Er entsteht durch einen Motilitätsverlust der Muskulatur, wobei die Ursache hierfür bisher ungeklärt ist. Grundsätzlich kommt auch eine Myasthenia gravis (S. 169) als Krankheitsursache bei Frettchen infrage.

Klinisches Bild Häufigste Symptome sind Schluckbeschwerden mit Würgebewegungen und ein Regurgitieren des Futters. Zudem husten die Tiere oft, da sie sich verschlucken. Betroffene Frettchen fallen zudem auf durch Appetitlosigkeit bis hin zur vollständigen Inappetenz, Gewichtsverluste und Apathie.

Diagnose Die Diagnose ergibt sich v. a. anhand der klinischen Symptome sowie einer Röntgenuntersuchung. Zur besseren Darstellung des erweiterten Ösophagus kann ein Kontrastmittel eingegeben werden. Neben einer Dilatation der Speiseröhre können röntgenologisch eventuell vermehrte Gasansammlungen im Magen durch Abschlucken von Luft sowie Verschattung der Lunge als Anzeichen einer Aspirationspneumonie nachgewiesen werden.

Differenzialdiagnostisch sind v. a. Obstruktionen des Ösophagus sowie Fremdkörper im Gastrointestinaltrakt (S. 192) auszuschließen.

Therapie Die Prognose bei einem Megaösophagus ist generell als schlecht anzusehen. Versuchsweise kann Metoclopramid zur Motilitätssteigerung eingesetzt werden. Zudem wird der Einsatz eines H_2-Rezeptor-Blockers (z. B. Cimetidin, Ranitidin) empfohlen, um eine bereits bestehende Refluxösophagitis einzudämmen. Auch eine antibiotische Abschirmung ist sinnvoll. Futter sollte aus einem erhöht positionierten Napf angeboten werden.

12.17.2 Gastrointestinale Fremdkörper, Fremdkörperileus

Ätiologie Frettchen sind extrem neugierige Heimtiere. Während des Auslaufs sollten sie am besten unter permanenter Kontrolle stehen. Alternativ ist das Freilaufzimmer komplett abzusichern. Giftpflanzen sind zu entfernen und Medikamente oder Reinigungsmittel müssen verschlossen aufbewahrt werden, da sonst Vergiftungen (S. 247) drohen. Stromkabel und Kippfenster sind zu sichern.

Frettchen sind stark gefährdet, einen Fremdkörperileus zu entwickeln, da sie Materialien wie Gummi, Schwamm- oder Schaumstoffe (z. B. Spielbälle, Ohrstöpsel) mit Vorliebe zerbeißen (▶ **Abb. 12.33**, ▶ **Abb. 12.34**). Vor allem bei jungen Frettchen werden gehäuft solche Fremdkörper im Gastrointestinaltrakt vorgefunden. Die aufgenommenen Fremdmaterialien gelangen in den Verdauungstrakt und können zum partiellen oder totalen Verschluss von Magen oder Darm führen. Als Fremdkörper können zudem Trichobezoare vorkommen, wobei eine höhere Inzidenz bei älteren Tieren besteht.

Klinisches Bild Tiere, bei denen der Fremdkörper einen Teil des Magens oder Darmes verschließt, leiden meist unter Übelkeit, zeigen Hypersalivation und Würgereiz. Sie sind lethargisch, fressen schlechter und verlieren stetig an Gewicht. Auch Diarrhö und Meläna können in einigen Fällen beobachtet werden.

Bei kompletter Obstruktion treten die Magen- und Darmsymptome meist akut auf und verstärken sich, es kommt zu Apathie, Schwäche und Inappetenz sowie zu Durchfall. Die Tiere haben Bauchschmerzen und laufen sehr zögerlich und verlangsamt mit aufgekrümmtem Rücken.

Diagnose Fremdkörperobstruktionen im Darm können meist bereits durch sorgfältige Abdomenpalpation nachgewiesen werden. Dabei muss das Frettchen in hängender Position gut fixiert werden, da mit Abwehrreaktionen zu rechnen ist. Der betroffene

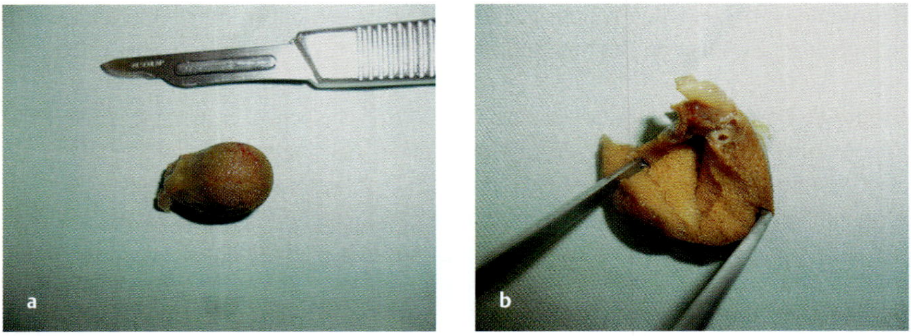

▶ **Abb. 12.33** Durch Enterotomie des Dünndarms entfernter Ohrenstöpsel aus Schaumstoff.

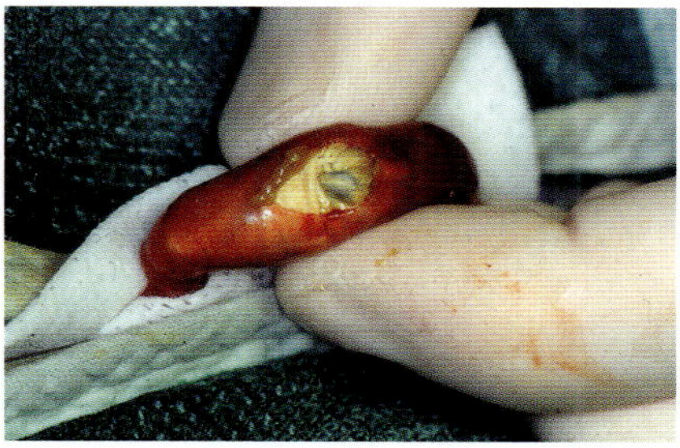

▶ **Abb. 12.34** Dünndarmileus durch Anteile eines Luftballons.

Darmabschnitt fühlt sich verhärtet an und ist in der Regel deutlich druckdolent. Der palpatorische Nachweis eines Fremdkörpers im Magen gestaltet sich dagegen etwas schwieriger. Das Frettchen sollte aufrecht gehalten werden, damit der Magen etwas unter dem Rippenbogen hervorfallen kann. Dadurch ist er einer Untersuchung dann deutlich besser zugänglich, sodass zumindest festere Gummiteile oder härtere Haarballen durch die Magenwand ertastet werden können. Weitere auffällige Palpationsbefunde bei Fremdkörperobstruktionen sind eine Vergrößerung der Milz sowie eventuell auch eine Vergrößerung von Mesenteriallymphknoten.

Zur Sicherung der Verdachtsdiagnose sollten Röntgenübersichtsaufnahmen in beiden Ebenen angefertigt werden, um auch Obstruktionen des Ösophagus erkennen oder ausschließen zu können (▶ **Abb. 9.7**). Sinnvoll ist eine vorherige 4-stündige Nahrungskarenz. Röntgendichte Fremdkörper sind leicht diagnostizierbar, kommen jedoch nur selten vor. Ausnahmen bilden gelegentlich Fremdkörper im Magen, wenn dieser vermehrt Gasansammlungen enthält, die als Negativkontrast fungieren. Hinweise auf einen Fremdkörperileus geben segmental aufgegaste Darmschlingen oder deutliche Gasbildungen im Magen. Eine 2. Röntgenkontrolle ist nach 1–2 Stunden angezeigt. Zur Absicherung können zudem Kontrastaufnahmen angefertigt werden, wobei sowohl Negativkontraste (Luft) als auch Positivkontrastmittel (Bariumsulfat, jodhaltige Kontrastmittel) geeignet sind. Durch sie können insbesondere Trichobezoare und Schaumstoff- sowie Schwammprodukte dargestellt werden. In unklaren Fällen kann eine abdominale Sonografie die Verdachtsdiagnose stützen.

Therapie Bei partiellen Obstruktionen durch kleinere Fremdkörper und noch stabilem Allgemeinbefinden des Patienten kann versucht werden, den Fremdkörper **via naturalis** zu entfernen. Hierzu eignet sich v. a. die Gabe von Lactulose, um die Darmpassage zu erleichtern und zu forcieren. Liegt ein Trichobezoar vor, so erfolgt zusätzlich eine mehrfache Eingabe von Malzpaste (z. B. Bezopet®, alle 6–8 h).

In den meisten Fällen ist jedoch eine chirurgische Entfernung des Fremdkörpers (S. 276) erforderlich. Vor einer Operation muss zunächst der Zustand des Patienten mit Infusionen stabilisiert werden, da es bei Fremdkörperobstruktionen schnell zur Dehydratation kommt. Ein Infusionszusatz von Glukose (nur nach Bestimmung des Blutzuckerwerts) kann zudem erforderlich sein.

Wegen der Neigung zu Magenulzera ist es zu dem sinnvoll, die Patienten mit einem H_2-Rezeptor-Blocker zu versorgen, v. a. wenn der Fremdkörper sich im Magen befindet. Weiterhin ist eine antibiotische Abschirmung (z. B. Amoxicillin, Enrofloxacin) anzuraten.

Enterotomie und Gastrotomie werden nach den gleichen Gesetzmäßigkeiten wie bei Hund und Katze durchgeführt. Bereits 8–12 Stunden nach der Operation sollte dem Frettchen wieder Futter in möglichst flüssiger Form angeboten werden (Flüssigdiäten oder verflüssigte Magen-Darm-Diäten für Katzen). Bis dahin erfolgt eine Versorgung des Patienten über Infusionen. Diese können bei stationärem Aufenthalt intravenös, andernfalls aber auch als subkutanes Depot verabreicht werden. Eine mehrtägige analgetische Behandlung ist unbedingt erforderlich, um eine zügige Wiederaufnahme von Futter zu erzielen.

Prophylaxe Zur Prophylaxe von Trichobezoaren können neben dem regelmäßigen Bürsten während des Fellwechsels auch Malzpasten verabreicht werden. Frettchen müssen beim Auslauf streng überwacht werden.

! Wegen der hohen Affinität des Frettchens zu Gummi- und Schaumstoffprodukten sollten solche aus dem Auslaufbereichs der Tiere ferngehalten werden; insbesondere sollte den Tieren kein Gummispielzeug zur Verfügung gestellt werden.

12.17.3 Gastritis und Magenulzera

Ätiologie Entzündungen und Ulzerationen der Magenschleimhaut können verschiedenste Ursachen haben:

- Infektionen mit *Helicobacter mustelae* sind bei Frettchen häufig anzutreffen und einer der häufigsten Gründe für Gastritiden und Magenulzera bei dieser Tierart. Zur Pathogenese, Klinik, Diagnose und Therapie siehe bakterielle Infektionskrankheiten (S. 119).
- Vereinzelt kommen Neoplasien des Magens (S. 202) vor. Es wurden sowohl Adenokarzinome der Magenwand als auch Polypenbildungen beschrieben.
- Fremdkörper (S. 192) im Magen führen sowohl mechanisch als auch über häufigen gastroösophagealen Reflux zu Irritationen der Magenschleimhaut.
- Nicht steroidale Antiphlogistika bewirken eine Hemmung der Prostaglandinsynthese, sodass die Bildung zytoprotektiver Prostaglandine in der Magenschleimhaut unterbunden wird.
- Chronische Nephropathien (S. 212) führen über eine Azotämie zur Irritation und Schädigung der Magenschleimhaut.
- Jegliche Form von Stress (z. B. Haltungsfehler, Rangordnungsprobleme, andere Grunderkrankungen, Operationen) führt bei Frettchen zu vermehrter Histaminausschüttung, wodurch eine verstärkte Säure- und Pepsinsekretion initiiert wird. Zudem neigen die Tiere in Stresssituationen zu ösophagealem Reflux, was zu einer Irritation der Ösophagusschleimhaut führt.
- Vergiftungen (S. 247) mit ätzenden Substanzen wie Säuren und Laugen.

Klinisches Bild Gastritiden und Ulkuserkrankungen können sowohl akut als auch chronisch oder subklinisch verlaufen. Meist bestehen Symptome einer Übelkeit wie verminderter Appetit, Salivation, vermehrtes Reiben der Schnauze oder gelegentliches Würgen. Ein Erbrechen ist dagegen vergleichsweise selten zu beobachten. Mitunter sind Gewichtsverluste das einzige Symptom. Gelegentlich tritt Meläna auf, insbesondere bei Magenulzera.

Diagnose Eine Anamnese, bei der die oben genannten Symptome beschrieben werden, sollte bereits den Verdacht auf eine Magenerkrankung hervorrufen. Vorberichtlich sollte zudem eine Behandlung mit NSAID abgeklärt werden, ebenso wie eine bekannte Nierenerkrankung. Auch die Haltungsbedingungen sollten überprüft werden, um Ursachen für Stress und damit für eine Immunsuppression ermitteln zu können.

Bei der klinischen Untersuchung ist möglicherweise der Magen druckdolent und die Magenwand stellt sich verdickt dar. Zudem lässt sich bei betroffenen Tieren oft ein unangenehmer Mundgeruch, hervorgerufen durch gastroösophagealen Reflux, nachweisen.

Als weitere diagnostische Maßnahme sollten Röntgenaufnahmen angefertigt werden. Um Fremdkörper besser erkennen zu können, ist es sinnvoll, das Tier vorher für ca. 4 Stunden hungern zu lassen, damit sich der Magen entleert. Auch Kontrastmittelaufnahmen können hilfreich sein, insbesondere um Trichobezoare, Schaumstoff oder andere Fremdkörper im Magen zu diagnostizieren.

Weiterhin empfiehlt sich eine Blutuntersuchung, um Nierenerkrankungen nachweisen zu können. Zudem gibt diese Auskunft über eventuell bereits bestehende Anämien durch blutende Ulzera.

Bei Verdacht auf neoplastische Erkrankungen ist zur Diagnosestellung oftmals eine Laparotomie (S. 266) oder eine Endoskopie erforderlich. Auf diesem Weg können zudem Biopsien zur histopathologischen Untersuchung entnommen werden. Dies ist auch die einzig sichere Nachweismethode für eine Infektion mit *Helicobacter mustelae*.

Therapie Neben einer Behandlung der Ursache, ist v. a. eine unterstützende Therapie erforderlich. Diese beinhaltet in jedem Fall eine Infusionsbehandlung zur Regulierung des Flüssigkeitshaushalts sowie den Einsatz von H_2-Rezeptor-Blockern wie Cimetidin oder Ranitidin.

Auch eine antibiotische Behandlung ist bei erkrankten Tieren sinnvoll. Hierbei sollten v. a. Wirkstoffe zum Einsatz kommen, die auch bei einer Infektion mit *Helicobacter mustelae* wirksam sind, z. B. Amoxicillin in Kombination mit Metronidazol oder Fluorchinolonen.

Prophylaxe Da Frettchen zur Bildung von Magenulzera neigen, kommt einem vorbeugenden Einsatz von Säureblockern eine entscheidende Bedeutung zu. Sie sollten bei den Tieren als Prämedikation vor Operationen eingesetzt werden, ebenso wie begleitend zu einer Therapie mit NSAID sowie bei Patienten mit chronischer Niereninsuffizienz. Zudem stellt jegliche Erkrankung des Gastrointestinaltrakts eine Indikation für den Einsatz von H_2-Rezeptor-Blockern dar.

12.17.4 Enteritis

Enteritiden treten bei Frettchen häufig auf und können verschiedenste Ursachen haben. Neben Infektionen mit bakteriellen, viralen und parasitären Erregern, kommen zudem die lymphoplasmazelluläre und die eosinophile Enteritis vor, deren Ursache bisher nicht geklärt werden konnte.

Bakterielle Enteritis

Ätiologie Bakterielle Enteritiden treten meist als Sekundärinfektionen auf, wenn bereits eine Vorschädigung der Darmschleimhäute und des Darmmilieus vorliegen oder/ und eine Immunsuppression besteht. Es kommt dann zur Überwucherung der physiologischen Darmflora. Als Enteritiserreger konnten bei Frettchen u. a. bisher *E. coli*, *Enterobacter* spp., *Lawsonia intracellularis*, *Campylobacter jejuni*, *Salmonella* spp. sowie auch *Mycobacterium* spp. isoliert werden.

Lawsonia intracellularis ist der Auslöser der sog. proliferativen Darmerkrankung (S. 122) des Frettchens und kommt zudem bei entsprechenden Darmerkrankungen des Schweines und des Hamsters vor. Der Erreger lebt obligat intrazellulär und verursacht hauptsächlich im Kolon und Ileum, weniger häufig auch in Teilen des Dünndarms, eine proliferative Entzündung, die mit deutlicher Verdickung der Darmwände einhergeht.

Campylobacter jejuni (S. 121) kommt im Darm vieler Säugetiere und auch Vögel vor und konnte auch bei klinisch gesunden Frettchen isoliert werden. Erkrankungsfälle kommen v. a. bei jungen Tieren vor, wobei eine Immunsuppression eine entscheidende Rolle für einen Erkrankungsausbruch zu spielen scheint. *Campylobacter jejuni* kommt eine Rolle als Zoonoseerreger (S. 245) zu, der beim Menschen zu schweren Durchfallerkrankungen führen kann. Eine Infektion erfolgt auf fäkal-oralem Weg.

Salmonellen-Infektionen (S. 121) können bei Frettchen vorkommen, sind aber eher selten anzutreffen. Neben *Salmonella choleraesuis* und *Salmonella newport* konnten auch humanpathogene Erreger (S. 245) wie *Salmonella typhymurium* und *Salmonella enteritidis* aus Frettchen isoliert werden. Eine Übertragung auf Frettchen erfolgt v. a. durch Fütterung von rohem Fleisch, insbesondere Geflügel.

Klinisches Bild Die proliferative Darmentzündung führt v. a. bei Jungtieren im Alter von ca. 10–16 Wochen zu klinischen Symptomen. Es entstehen meist chronische, wässrige bis schleimige teils auch blutige Durchfälle, die zu massiven Gewichtsverlusten und Dehydrierung führen. Das Fell von Anogenitalregion, Bauch und Schwanz erscheint durch die anhaltenden Durchfälle durchnässt und verklebt. Die Tiere fressen schlecht oder werden vollständig inappetent. Das Allgemeinbefinden verschlechtert sich zusehends.

Eine Infektion mit *Campylobacter jejuni* verläuft meist subklinisch. Klinisch manifeste Erkrankungen, die durch immunsupprimierende Faktoren begünstigt werden, treten v. a. bei Jungtieren auf. Es entstehen wässrige oder schleimige Durchfälle, begleitet von Apathie und Inappetenz, Fieber und Exsikkose.

Salmonellen-Infektionen lösen v. a. gastrointestinale Symptome (Durchfall, Erbrechen, Bauchschmerzen) aus, die zu massiven Dehydrierungen und Gewichtsverlusten führen können. Oft besteht Fieber sowie eine deutliche Vergrößerung der Mesenteriallymphknoten. Unbehandelt kann eine Infektion zu einer Enterotoxämie führen.

Diagnose Da *Lawsonia intracellularis* ein obligat intrazellulär lebender Erreger ist, ist eine Anzucht kaum möglich. Die Diagnose einer proliferativen Darmentzündung beruht zunächst v. a. auf dem klinischen Bild und der klinischen Untersuchung, bei der palpatorisch deutlich verdickte Darmschlingen nachzuweisen sind. Ein PCR-Nachweis von Rektumabstrichen oder Darmbiopsien kann eine Verdachtsdiagnose bestätigen.

Eine sichere Diagnose von *Campylobacter jejuni* kann durch bakteriologische Kotuntersuchungen erfolgen. Der Erreger kann auf Selektivnährböden angezüchtet werden.

Auch ein Salmonellen-Nachweis kann durch bakteriologische Kotuntersuchung erfolgen. Hierbei ist allerdings zu bedenken, dass die Erreger nicht permanent ausgeschieden werden, sodass Untersuchungen möglicherweise falsch negativ verlaufen. Wiederholte Untersuchungen sowie Untersuchungen von Sammelkotproben sind daher sinnvoll.

Therapie Bakterielle Infektionen des Gastrointestinaltrakts erfordern eine antibiotische Behandlung, die sich nach dem beteiligten Erreger ausrichtet. Bis zum Ergebnis einer bakteriologischen Untersuchung sollten initial Breitbandantibiotika eingesetzt werden, die üblicherweise eine gute Wirkung gegen gramnegative Erreger besitzen (z. B. Fluorchinolone).

Da *Lawsonia intracellularis* nicht anzuzüchten ist, besteht auch nicht die Möglichkeit einer Behandlung nach Antibiogramm. Beim Frettchen wird v. a. der Einsatz von Chloramphenicol empfohlen.

Neben einer Kausaltherapie muss zudem eine unterstützende Behandlung des Patienten erfolgen. Diese beinhaltet v. a. einen Ausgleich von Flüssigkeits- und Elektrolytverlusten durch Infusionen. Bei abdominalen Schmerzen sollten die Tiere zudem analgetisch abgedeckt werden, wobei Metamizol (Novalgin®) als Mittel der Wahl anzusehen ist, da es auch eine spamolytische Wirkung auf den Gastrointestinaltrakt besitzt. Zudem fehlen die Nebenwirkungen der NSAID, die Ulzerationen der Magenschleimhaut begünstigen. Da Enteritiden oft nicht isoliert, sondern mit Entzündungen des Magens vergesellschaftet sind, ist es sinnvoll, erkrankten Tieren zusätzlich H_2-Rezeptor-Blocker zu verabreichen.

Zoonotische Bedeutung *Campylobacter jejuni* kann beim Menschen zu schweren Durchfallerkrankungen führen.

Virale Enteritis

Ätiologie Als virale Infektionserreger kommen v. a. Corona- (S. 116) und Rotaviren (S. 118) vor. Zudem können Enteritiden als Symptom bei Infektionen mit dem caninen Staupevirus (S. 112) auftreten.

Eine Infektion mit Rota- und Coronaviren erfolgt v. a. oral. Die Erreger vermehren sich überwiegend in den Zottenepithelien des Dünndarms, v. a. des Jejunums und Ileums, und verursachen dort eine Zottenatrophie. Es entsteht ein Malabsorptionssyndrom mit Hypersekretion und Osmosestörungen im Darm, das schließlich zu Durchfällen führt.

Als spezifisches Coronavirus bei Frettchen ist das FECV (S. 116) (ferret enteric coronavirus) zu nennen, das die sogenannte epizootische katarrhalische Enteritis auslöst. Der Erreger kann sowohl durch direkten Kontakt als auch über den Kot oder Speichel übertragen werden. Im Gegensatz zu anderen Coronaviren, die insbesondere bei Jungtieren schwere Erkrankungen hervorrufen, sind Symptome bei FECV-Infektion umso milder, je jünger das Frettchen zum Zeitpunkt der Infektion ist. Eine weitere Besonderheit ist, dass Frettchen auch nach dem Abklingen der Symptome noch für lange Zeit (mindestens 6 Monate) Virusträger bleiben und weiterhin infektiös sind.

Klinisches Bild Rotavirus-Infektionen führen v. a. bei Welpen im Alter von 2–6 Wochen zu klinischen Erkrankungen, die mit gelblichen, schleimigen bis wässrigen Durchfällen einhergehen und sowohl Exsikkosen als auch Gewichtsverluste nach sich ziehen. Ausgewachsene Frettchen erkranken dagegen selten. In Einzelfällen können jedoch milde, grünlich-schleimige Durchfälle hervorgerufen werden.

Die epizootische katarrhalische Enteritis verläuft bei Jungtieren unter 4 Monaten meist subklinisch. Anschließend hängt die schwere des Krankheitsverlaufs vom Alter ab und nimmt mit steigendem Alter zu. Erste Symptome werden in der Regel innerhalb von 2–4 Tagen nach Infektion beobachtet. Es entstehen typische grüne, körnig erscheinende, schleimige bis wässrige Durchfälle, die schnell zu Dehydrierung und Gewichtsverlusten führen. Auch Erbrechen wird oft beobachtet. Durch die schnellen und drastischen Gewichtsverluste besteht die Gefahr einer metabolischen Leberverfettung (S. 205). Nach Abklingen der Akutphase entsteht bei älteren Frettchen gelegentlich ein persistierendes Malabsorptionssyndrom mit chronisch-intermittierenden Durchfällen.

Diagnose Während in den Vereinigten Staaten bereits PCR-Tests von Kot und Gewebeproben des Darmes zum Nachweis von Rotaviren und des FECV angeboten werden, existieren entsprechende Nachweisverfahren in Deutschland bisher nicht. Eine Verdachtsdiagnose muss daher anhand des klinischen Bildes erfolgen und eine Absicherung ist nur durch histologische Untersuchung von Biopsiematerial möglich.

Therapie Es kann lediglich eine unterstützende Behandlung erfolgen. Flüssigkeits- und Elektrolytverluste müssen durch Infusionen ausgeglichen werden und das Immunsystem sollte mit Paramunitätsinducern stabilisiert werden. Zudem ist eine antibiotische Abschirmung gegen bakterielle Sekundärinfektionen sinnvoll, wobei v. a. der Einsatz von Metronidazol sowie von Enrofloxacin in Kombination mit Amoxicillin empfohlen wird. Werden die Durchfälle von Vomitus begleitet, so sollten weiterhin H_2-Rezeptor-Blocker eingesetzt werden.

Besteht eine chronische Problematik aufgrund einer FECV-Infektion, so ist Umstellung auf eine Magen-Darm-Schonkost anzuraten. Unterstützend wird zudem der Einsatz von Prednison (2 × tägl. 1 mg/kg über 14 Tage) empfohlen.

Parasitäre Enteritis

Z

Ätiologie Parasitäre Enteritiden kommen bei Frettchen vergleichsweise selten vor. Folgende Erreger konnten bisher aus dem Darm der Tiere isoliert werden:

- Als Kokzidienarten (S. 133) wurden bei Frettchen *Eimeria furonis*, *Eimeria laidlawii*, *Eimeria ictidea*, *Isospora laidlawii* und *Isospora ohioensis* gefunden.
- Cryptosporidium parvum (S. 135) unterliegt dem gleichen Entwicklungszyklus wie andere Kokzidien. Der Parasit spielt eine Rolle als Zoonoseerreger (S. 245).
- Giardia intestinalis (S. 136) wird ebenfalls auf fäkal-oralem Weg übertragen, nachdem infektiöse Zystenstadien mit dem Kot ausgeschieden wurden.

Klinisches Bild Die genannten parasitären Infektionen verlaufen in der Regel subklinisch. Symptome entstehen v. a. bei Tieren mit Immunsuppression.

Diagnose Bei Kotuntersuchungen zum Nachweis von Parasitenstadien ist generell zu bedenken, dass diese nicht permanent, sondern meist nur intermittierend ausgeschieden werden. Die Aussagekraft solcher Untersuchungen erhöht sich durch die Verwendung von Sammelkotproben.

Kokzidien können mithilfe der Flotationsmethode nachgewiesen werden. Zum Nachweis von Giardien und Kryptosporidien können frische sowie gefärbte Kotausstriche begutachtet werden. Eine höhere Sicherheit ergeben jedoch PCR-Nachweise.

Therapie Eine Kokzidienbehandlung kann beim Frettchen mit den gleichen Wirkstoffen wie bei Hund und Katze erfolgen, z. B. mit Toltrazuril oder Amprolium.

Gegen Kryptosporidien ist bisher kein ausreichend wirksames Präparat verfügbar. Hier kann lediglich versucht werden durch Stimulierung des Immunsystems und Stabilisierung der Darmflora eine Infektion zurückzudrängen.

Beim Girardienbefall sind sowohl Metronidazol als auch Fenbendazol wirksam.

Neben einer gezielten antiparasitären Behandlung muss bei klinisch manifester Erkrankung aber auch eine Stabilisierung des Patienten erfolgen, insbesondere sind Flüssigkeits- und Elektrolytverluste durch Infusionen auszugleichen.

Zoonotische Bedeutung Kryptosporidien und Giardien können auf fäkal-oralem Weg auf den Menschen übertragen werden und (v. a. bei geschwächtem Immunsystem) Durchfallerkrankungen auslösen.

Lymphoplasmazelluläre Gastroenteritis (inflammatory bowel disease, IBD)

Ätiologie Bei der IBD des Frettchens handelt es sich um eine chronisch verlaufende, entzündliche Erkrankung des Magen-Darm-Trakts. Sie ist durch Ansammlungen von Lymphozyten und Plasmazellen in der Magen- und Darmschleimhaut gekennzeichnet. Daneben werden, wenn auch in geringerem Maße, eosinophile Infiltrate beobachtet.

Die Ursache der Erkrankung ist bisher nicht bekannt. Als Auslöser werden verschiedene Faktoren diskutiert, z. B. Stoffwechselerkrankungen, allergische Reaktionen auf

Futtermittel, ein übermäßiger Kohlenhydratanteil der Nahrung, virale und bakterielle Infektionen, v. a. mit *Helicobacter mustelae* (S. 119) sowie gastrointestinale Fremdkörper (S. 192), Toxine oder eine bakterielle Überwucherungen der physiologischen Darmflora.

Klinisches Bild Die IBD verläuft häufig zunächst subklinisch, bis ein fortgeschrittenes Stadium erreicht ist, das schließlich klinisch manifest wird. Hiervon sind zumeist ältere Frettchen betroffen, selten jedoch Tiere unter 2 Jahren.

Das klinische Bild bei IBD variiert erheblich. Es können sowohl milde und chronisch-intermittierende als auch schwere und akute Verlaufsformen auftreten. Im Vordergrund stehen gastrointestinale Symptome wie Durchfall, Übelkeit und Erbrechen bzw. Regurgitieren. Die Qualität der Durchfälle kann sowohl breiig als auch schleimig oder wässrig sein.

Als unspezifischere Anzeichen werden Inappetenz und Gewichtsverluste beobachtet. Zudem kann eine begleitende akute Hepatitis (S. 204) auftreten, die mit Fieber, schweren Störungen des Allgemeinbefindens und Ikterus einhergeht. Die Mesenteriallymphknoten sind meist geschwollen.

Betroffene Patienten neigen zudem zur Bildung von Trichobezoaren, was auf eine verminderte Motilität des Gastrointestinaltrakts zurückgeführt wird.

Diagnose Eine Verdachtsdiagnose kann anhand verschiedener Hinweise und Befunde gestellt werden.

Bei Blutuntersuchungen findet sich meist eine deutliche Erhöhung der Lipase bei gleichzeitig niedrigen Amylase-Werten. Zudem sind die Serumglobuline oft deutlich erhöht. ALT und GGT weisen bei begleitenden Hepatitiden ebenfalls Erhöhungen auf. Im Blutbild sind möglicherweise Lymphozytose, Neutrophilie oder Eosinophilie nachzuweisen.

Ein Ausschluss möglicher Differenzialdiagnosen sowie eine exakte Diagnose der IBD sind nur durch histopathologische Untersuchungen von Bioptaten der Magen- und Darmschleimhaut sowie von Mesenteriallymphknoten möglich. Die Biopsieentnahme erfolgt im Zuge einer Laparotomie (S. 266), für die der Patient, abhängig von seinem Allgemeinzustand, zunächst ausreichend stabilisiert werden muss. Bei dem Eingriff ist zunächst sowohl auf makroskopische Veränderungen von Magen und Darm als auch auf Veränderungen der regionalen Lymphknoten und der Leber zu achten. Der Magen sollte vorsichtig durchpalpiert werden, um Fremdkörper/Trichobezoare nachweisen zu können, da eine röntgenologische Darstellung häufig unsicher ist.

Es werden Vollschichtbiopsien der Schleimhaut des mittleren Jejunums, des mittleren Duodenums und des Magens in der Pylorusregion entnommen. Zudem erfolgt eine vollständige Entnahme einzelner Mesenteriallymphknoten und des Magenlymphknotens, sofern diese Veränderungen/Vergrößerungen aufweisen. Weiterhin ist die Entnahme einer Leberbiopsie sinnvoll, falls vorangegangene Blutuntersuchungen Anzeichen für eine Hepatopathie geliefert haben.

Biopsien der Magen- und Darmschleimhaut können Hinweise auf die für die IBD typischen Ansammlungen von Plasmazellen und Lymphozyten liefern und machen so eine Abgrenzung zu einer eosinophilen Gastroenteritis möglich. Zudem ist auf diesem Weg eine Infektion mit *Helicobacter mustelae* nachweisbar. Die Untersuchung von

Lymphknoten ermöglicht eine Unterscheidung reaktiv-hyperplastischer und neoplastischer Veränderungen.

Therapie Da die Ursache der IBD bisher nicht geklärt ist, kann auch keine gezielte kausale Behandlung erfolgen. Die Therapie umfasst jedoch verschiedene Ansatzpunkte. Zunächst müssen mögliche Ursachen für das Entzündungsgeschehen ausgeschaltet werden. Weiterhin ist eine unterstützende Behandlung erforderlich, die sowohl darauf abzielt, das Allgemeinbefinden des Patienten zu stabilisieren als auch die Symptome der Erkrankung zu behandeln.

Ausschalten möglicher Erkrankungsursachen:

- Parasitäre Infektionen (S. 199) sind bei Frettchen zwar selten, sollten sie durch Kotuntersuchungen jedoch nachgewiesen werden, muss eine antiparasitäre Behandlung eingeleitet werden.
- Bakterielle Infektionen (S. 196) werden gemäß Antibiogramm therapiert. Liegt eine Infektion mit *Helicobacter mustelae* vor, so wird vorzugsweise Amoxicillin in Kombination mit Metronidazol eingesetzt.
- Faktoren (z. B. Haltungsbedingungen), die zu Stress und damit zu einer Suppression des Immunsystems führen, müssen beseitigt werden.
- Besteht der Verdacht auf eine Futtermittelallergie, so kann eine Umstellung auf Allergen-reduzierte Futtermittel (z. B. felines z/d®, Fa. Hills) versucht werden.
- Eine symptomatische Behandlung ist einzuleiten:
  - Entzündungshemmende Medikamente sind zu verabreichen. Als Mittel der Wahl dient hier Azathioprin, das zur Langzeit- bzw. Dauerbehandlung eingesetzt wird. Die Initialdosis beträgt 1 × tägl. 0,9 mg/kg p. o., allerdings kann bei einzelnen Patienten eine Dosiserhöhung bis auf das 1,5- bis 2-fache der Ausgangsdosis erforderlich werden. Eine solche Erhöhung sollte jedoch frühestens 2–3 Monate nach Therapiebeginn vorgenommen werden. Eine Besserung des Zustands durch Azathioprin erfolgt in der Regel nur langsam und kann mehrere Wochen oder Monate in Anspruch nehmen. Zunächst sollten regelmäßige Blutkontrollen im Abstand von 4–6 Wochen durchgeführt werden. Erholt sich der Patient und normalisieren sich die Blutwerte, so können die Kontrollintervalle ausgedehnt werden. Blutscreenings umfassen neben den Werten für Lipase, Globuline und die Leberenzyme (ALT, GGT) auch stets ein Blutbild, um mögliche Nebenwirkungen des Azathioprins in Form von Knochenmarksuppression mit Leukopenie diagnostizieren zu können.
  - Prednisolon (1 × tägl. 1 mg/kg p. o.) ist aufgrund der erforderlichen Dauer der Behandlung und der dabei entstehenden systemischen Nebenwirkungen (z. B. Magenulzera, Hepatopathien) weniger empfehlenswert.
  - Bei akutem Krankheitsverlauf mit schweren Durchfällen muss eine Substitution von Flüssigkeit und Elektrolyten in Form von Infusionen erfolgen.
  - Ist der Patient inappetent und/oder hat er bereits massiv an Gewicht verloren, so muss eine (Zwangs-)Fütterung mit hochkalorischem Futter erfolgen, wobei insbesondere auf hohe Protein- und Fettgehalte bei nur geringen Gehalten an Kohlenhydraten und Rohfaser zu achten ist.
  - Stabilisierung der Darmflora und des Darmmilieus durch probiotische Präparate.

- Die Tiere sollten prinzipiell ein Futter mit hohem Protein- und geringem Kohlenhydratanteil erhalten. Bei manchen Tieren, die auf eine solche Fütterung nicht ansprechen, kann sich die Erhöhung des Rohfaseranteils (z. B. felines w/d®, Fa. Hills) positiv auf die Verdauung auswirken.
- Bestehen Magenulzera (S. 194), so müssen die Tiere mit einem H_2-Rezeptor-Blocker behandelt werden.
- Liegt begleitend eine chronische lymphozytäre Hepatitis (S. 204) vor, so kann, begleitend zum Azathioprin, Ursodiol (2 × tägl. 15 mg/kg p. o.) verabreicht werden. Zudem können biologische Kombinationspräparate (z. B. Hepar comp.®) die Leberfunktion unterstützen.

Eosinophile Gastroenteritis

Ätiologie Die eosinophile Gastroenteritis ist eine selten vorkommende Erkrankung, die durch Infiltrationen von eosinophilen Granulozyten in Mukosa, Submukosa und Muscularis von Magen und Dünndarm gekennzeichnet ist. Die Ursache ist bisher nicht geklärt; Futtermittelallergien werden als Auslöser ebenso diskutiert wie Parasitosen.

Klinisches Bild Betroffene Tiere leiden unter chronischen oder chronisch-intermittierenden Durchfällen, die mit deutlichen Gewichtsverlusten einhergehen können. Auch Erbrechen, Anorexie und Exsikkosen können auftreten.

Diagnose Eine definitive Diagnose ist nur durch histopathologische Untersuchung von Biopsien der Darmwand möglich. Hinweise ergeben sich durch das klinische Bild sowie eine ausgeprägte Eosinophilie im Blutbild.

Therapie Da die Ursache der Erkrankung bisher unbekannt ist, gibt es keine Möglichkeit der gezielten Behandlung. Es wird eine Therapie mit Prednison (1,25–2,5 mg/kg 1–2 × tägl. p. o.) empfohlen, wobei die Applikation über 1 Woche täglich, anschließend im Abstand von 48 Stunden erfolgt, bis der Patient symptomlos ist. Eine antiparasitäre Behandlung kann begleitend vorgenommen werden.

12.17.5 Neoplastische Erkrankungen

Ätiologie Die häufigsten beim Frettchen im Bereich des Gastrointestinaltrakts vorkommenden Neoplasien sind Lymphome und Adenokarzinome (S. 241).

Veränderungen im Rahmen eines Lymphoms entstehen oft besonders ausgeprägt im Bereich der Mesenteriallymphknoten, aber auch die Darmschleimhaut kann von neoplastischen Infiltrationen betroffen sein.

Klinisches Bild Adenokarzinome der Magenwand führen zu Symptomen einer Gastritis mit Übelkeit, Vomitus und Meläna.

Neoplasien im Darmbereich führen zu fortschreitenden Gewichtsverlusten und therapeutisch nicht zu beeinflussenden Durchfällen. Je nach Ausdehnung der Neoplasie können Anzeichen einer Darmobstruktion auftreten und auch Rupturen der Darmwand mit der Folge eines akuten Abdomens durch Peritonitis sind möglich.

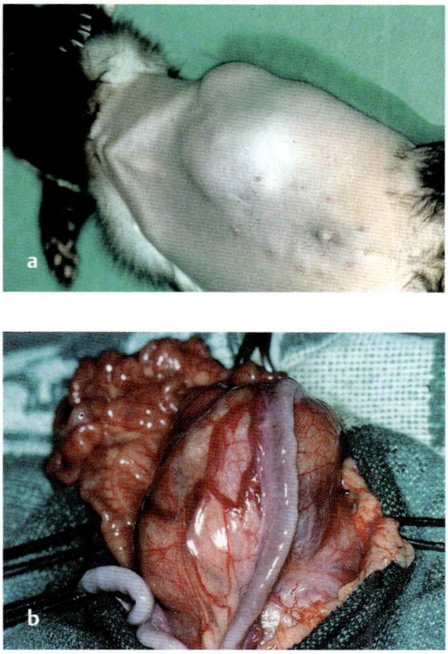

▸ **Abb. 12.35** Darmassoziierte Neoplasie (Fibrosarkom).
a Prä operationem.
b Intra operationem.

Diagnose Bei der klinischen Untersuchung können oftmals bereits Verdickungen der Darmwände und/oder deutliche Vergrößerungen der Mesenteriallymphknoten festgestellt werden. Durch Ultraschalluntersuchung können solche Befunde verifiziert werden. Eine sichere Tumordiagnose und Klassifizierung ist jedoch nur durch histopathologische Untersuchung von Bioptaten möglich.

Therapie und Prognose Neoplastische Erkrankungen des Gastrointestinaltrakts sind meist prognostisch infaust (▸ **Abb. 12.35**). Betroffene Tiere sollten euthanasiert werden, wenn Symptome auftreten; es sei denn, es liegt ein Lymphom vor oder der Tumor kann exzidiert werden.

12.17.6 Rektumprolaps

Ätiologie Ein Rektumprolaps wird durch vermehrten Pressreiz ausgelöst und ist meist mit Durchfallerkrankungen assoziiert. Als Ursache kommen sowohl bakterielle (S. 196) als auch virale (S. 197) oder parasitäre Enteritiden (S. 199) infrage, ebenso wie die proliferative Darmentzündung (S. 122). Weitere Ursachen für den Vorfall des Rektums können Verstopfungen oder Abszedierungen der Analdrüsen sowie Harn- oder Kotabsatzstörungen sein.

Klinisches Bild Die Rektumschleimhaut ist nach außen gestülpt und meist massiv gerötet und geschwollen. Bei längerem Bestehen der Problematik kommt es zur Eintrocknung und Nekrosebildung. Meist bestehen zudem weitere Anzeichen einer Durchfallerkrankung, wie deutliche Verschmutzungen des Felles im Anogenitalbereich.

Diagnose Es gilt v. a. den Auslöser für den Rektumprolaps zu ermitteln. Neben einer gründlichen klinischen Untersuchung sind v. a. Kotuntersuchungen erforderlich, um die Ursache einer Enteritis diagnostizieren zu können.

Therapie Die Behandlung richtet sich nach der primären Ursache und beinhaltet in den meisten Fällen v. a. eine kausale und unterstützende Enteritistherapie. Ist die Darmschleimhaut sehr weit vorgefallen, so kann, nach Reposition in Narkose, für 2–3 Tage eine Tabaksbeutelnaht angelegt werden, um einen erneuten Prolaps zu verhindern.

12.18 Lebererkrankungen

Anja Ewringmann

Erkrankungen der Leber kommen bei Frettchen relativ häufig vor. Hier sind v. a. entzündliche Veränderungen zu nennen, bei denen es sich allerdings nur selten um primäre Erkrankungen handelt. Im Vordergrund stehen vielmehr Leberentzündungen, die ihren Ursprung von Darmerkrankungen nehmen, meist subklinisch verlaufen und lediglich zufällig anhand von Blutscreenings festgestellt werden. Weiterhin kommen auch neoplastische Veränderungen sowohl als Metastasen als auch als Primärtumore vor.

12.18.1 Hepatitis

Ätiologie Entzündungen der Leber entstehen bei Frettchen meist aufsteigend, ausgehend von entzündlichen Prozessen im Gastrointestinaltrakt, sodass Entzündungsherde v. a. im Pfortaderbereich zu finden sind. Meist handelt es sich um nicht eitrige, lymphozytäre Hepatitiden, die oftmals Folge einer Virusenteritis (S. 197) oder der lymphoplasmazellulären Enteritis (IBD) (S. 199) sind. Eitrige Hepatitiden sind seltener und gehen von primären bakteriellen Enteritiden oder von sekundären bakteriellen Überwucherungen der physiologischen Darmflora bei Enteritis aus. Seltener kommt es auch im Rahmen von Septikämien zur Erregerabsiedlung in die Leber.

Eine chronische Entzündung der Leber kann letztlich zu einer Zirrhose mit vollständigem Funktionsverlust des Organs führen.

Klinisches Bild Lymphozytäre Hepatitiden verlaufen meist klinisch inapperent. Bei klinischer Manifestation sind die Symptome oft unspezifisch und umfassen Gewichtsverluste, Abgeschlagenheit, Übelkeit, Inappetenz sowie Durchfall und Erbrechen.

Auch bei eitrigen Hepatitiden können milde Formen mit subklinischem Verlauf auftreten. Oft sind jedoch schwere und akut verlaufende Erkrankungen zu beobachten. Hier kommt es zu Apathie, Inappetenz und Fieber. Auch schwere Durchfälle und Erbrechen sind möglich. Zudem ist oft ein Ikterus zu beobachten, bei dem die Schleimhäute sowie auch die Haut und bei unpigmentierten Tieren Nasenspiegel und Ballen gelblich verfärbt erscheinen. Der Urin kann dunkelgelb sein oder auch einen Grünstich haben, ausgelöst durch eine Bilirubinurie.

Fortschreitendes Versagen der Leberfunktionen kann letztlich zu Enzephalopathien mit Krämpfen und Bewusstseinsstörungen, Koma und Tod führen.

Diagnose Die Diagnose einer Lebererkrankung erfolgt v.a. durch Bestimmung der Werte für ALT und GGT im Serum. Bei lymphozytärer Hepatitis sowie bei milden eitrigen Hepatitiden sind die Werte für ALT in der Regel in unterschiedlichem Ausmaß erhöht, während andere Parameter wie GGT und Bilirubin im Referenzbereich liegen. Bei schweren Verlaufsformen einer eitrigen Hepatitis sind die ALT-Werte noch drastischer erhöht. Zudem können sich deutliche Erhöhungen von GGT, AST, AP und Bilirubin zeigen. Erhöhungen der Serumlipase bei normalen Amylase-Werten sprechen für eine primäre Erkrankung des Gastrointestinaltrakts.

Eine exakte Klassifizierung der Lebererkrankung kann weiterhin durch Feinnadelbiopsien erfolgen, entweder im Rahmen einer Laparotomie (S. 266) oder unter Ultraschallkontrolle. Weiterhin muss, da Gastroenteritiden oftmals der Ausganspunkt für eine Hepatitis dienen, die Art der Darmerkrankung diagnostiziert werden.

Therapie Bei eitriger Hepatitis muss das Tier unverzüglich mit einem Breitbandantibiotikum behandelt werden. Empfohlen wird hier v.a. eine Kombination aus Enrofloxacin und Amoxicillin. Zur Behandlung einer lymphozytären Hepatitis kann Azathioprin (1 × 0,9 mg/kg p.o.) eingesetzt werden.

Weiterhin erfolgt eine möglichst gezielte Behandlung der primären Darmerkrankung sowie eine stabilisierende Therapie. Hier gilt es v.a. Flüssigkeits- und Elektrolytverluste auszugleichen. Zur Stabilisierung der Leberfunktion sollten ergänzend B-Vitamine appliziert und zusätzlich auch biologische Kombinationspräparate (z.B. Hepar comp.®) eingesetzt werden.

Prophylaxe Um vom Gastrointestinaltrakt ausgehende, aufsteigende Hepatitiden zu verhindern, sollten Darmerkrankungen zügig und intensiv behandelt werden.

12.18.2 Lipidose

Ätiologie Fetteinlagerungen in der Leber sind häufig alimentär bedingt und auf eine zu reichhaltige Fütterung, eventuell in Kombination mit einem Bewegungsmangel, zurückzuführen. Solche Veränderungen verlaufen jedoch meist subklinisch. Adipöse Frettchen sind allerdings prädisponiert für akute und schwere Krankheitsverläufe. Werden solche Tiere aufgrund einer anderen Grunderkrankung inappetent und/oder verlieren sie plötzlich massiv an Gewicht, so kommt es zu einer Einschmelzung von Körperfetten, die in Form von Fettsäuren die Leber überfluten. Ein Teil dieser Fettsäuren wird in der Leber abgelagert (metabolische Verfettung), da die Stoffwechselfunktion des Organs überlastet ist. Ein weiterer Teil wird in Ketonkörper umgewandelt, sodass zudem eine toxische Leberverfettung resultiert. Das Organ verliert zunehmend seine Funktionsfähigkeit.

Die Gefahr einer schweren und akuten Lipidose steigt, wenn zudem bereits Vorschädigungen der Leber vorliegen, z. B. durch subklinische lymphozytäre Hepatitiden (S. 204) oder Kortikoidbehandlung.

Klinisches Bild Das klinische Bild einer akuten Lipidose ist oft unspezifisch und geht mit Apathie und Inappetenz einher. Diese Symptome werden jedoch oft durch Symptome der Grunderkrankung überlagert, die die Hepatopathie ausgelöst hat.

Diagnose Nur bei schweren Verlaufsformen ist die Leber durch Fetteinlagerung so stark vergrößert, dass dies bei der Abdomenpalpation auffällt und röntgenologisch oder bei der sonografischen Untersuchung nachweisbar ist. Bei Blutuntersuchungen können die Werte für ALT und GGT leicht erhöht sein.

Therapie Im Vordergrund steht die Behandlung der Grunderkrankung, die für Inappetenz bzw. Gewichtsverluste verantwortlich ist. Anorektische Patienten müssen zudem intensiv mit Infusionen versorgt werden, denen auch Glukose als leicht verfügbarer Nährstofflieferant zugesetzt werden sollte. Fressen die Patienten noch selbstständig, so muss forciert schmackhaftes und hochkalorisches Futter angeboten werden.

Prophylaxe Besitzer von adipösen Frettchen sollten über die Gefahr einer Leberverfettung und deren Folgen aufgeklärt werden. Eine Diät ist anzuraten. Auch hierbei sollte beachtet werden, dass Gewichtsreduktionen nur langsam erfolgen sollten, um ein Fettmobilisationssyndrom zu verhindern.

12.18.3 Leber- und Gallengangzysten

Ätiologie Zystische Veränderungen des Lebergewebes und der Gallengänge können bei Frettchen gelegentlich beobachtet werden und sowohl einzeln als auch multipel und in unterschiedlicher Ausdehnung auftreten. Die Ursache für ihre Entstehung ist nicht bekannt.

In schweren Fällen multipler und ausgedehnter Zystenbildung kann ein Funktionsverlust der Leber resultieren.

Klinisches Bild In der Regel verlaufen solche Veränderungen subklinisch. Erst bei starker Ausdehnung kann es zu Symptomen einer Hepatopathie mit Übelkeit, Erbrechen, Inappetenz und Gewichtsverlusten kommen.

Diagnose Zystische Veränderungen werden oft lediglich als Zufallsbefund entdeckt, z. B. beim Abdomensonogramm oder bei einer Laparotomie (S. 266). Besonders große Zysten können eventuell bei der Abdomenpalpation diagnostiziert oder auf Röntgenaufnahmen erkennbar sein. Eine sichere Diagnose ist durch Ultraschalluntersuchung möglich.

Eine Erhöhung der Leberenzyme ist meist nicht festzustellen. Erst wenn größere Bereiche des Lebergewebes betroffen sind, können eventuell leichte Anstiege der ALT und der GGT nachgewiesen werden.

Therapie Eine medikamentelle Behandlung ist nicht möglich. Einzelne zystische Veränderungen können zwar chirurgisch entfernt werden, der Sinn eines solchen Eingriffs ist jedoch fraglich, da Neubildungen möglich sind.

12.18.4 Neoplastische Erkrankungen

Ätiologie Metastasen in der Leber gehen häufig von Neoplasien der Nebennieren (S. 233) aus oder entstehen im Zuge einer Lymphomerkrankung (S. 241).

Als primäre Lebertumore wurden bisher Hämangiosarkome, Adenokarzinome, Hepatome und Adenome (Zystadenome der Gallengänge, hepatozelluläre Adenome) nachgewiesen.

Klinisches Bild Das klinische Bild umfasst Symptome wie Inappetenz, Apathie, Übelkeit und Erbrechen, Gewichtsverluste und Ikterus. Bedingt durch eine Bilirubinurie kann der Harn grünlich verfärbt sein.

Diagnose Erst bei starker Größenausdehnung des Organs bzw. der Neoplasie kann diese bei der Palpation auffallen. Eine Absicherung erfolgt v. a. durch sonografische und zytologische Untersuchung.

Bei neoplastischen Leberkrankungen finden sich meist massiv erhöhte Werte für AST und ALT (▶ **Tab. 12.2**). Auch die Bilirubin- und GGT-Werte können erhöht sein.

Eine Klassifizierung der Neoplasie ist durch Feinnadelbiopsie, zytologische und pathohistologische Untersuchungen möglich.

Therapie Im Falle benigner Neoplasien, wie Adenomen oder Hepatomen, kann eine chirurgische Intervention mit Resektion des entsprechenden Leberlappens erwogen werden. Bestehen maligne Primärtumore oder Metastasierungen in die Leber, ist die Prognose infaust und der Patient sollte euthanasiert werden.

▶ **Tab. 12.2** Veränderungen von Serumenzymen bei Lebererkrankungen (nach Burgess [13]).

Parameter	Wert	Bemerkungen
ALT	200–700 U/l	bei milder bis schwerer lymphozytärer Hepatitis, milder bis mittelgradiger eitriger Hepatitis, vakuolärer Hepatopathie und eventuell bei Lipidose
	> 1000 U/l	bei schwerer eitriger Hepatitis oder Neoplasie
GGT	> 10 U/l	bei aufsteigender Entzündung der Gallenblase oder Gallestau, eventuell bei Lipidose
AST	> 100 U/l	Erhöhung nur bei schwerer Lebererkrankung
AP	> 60 U/l	Erhöhung bei schweren Entzündungen oder Obstruktion der Gallenblase, schwerer eitriger Hepatitis und Neoplasien
Bilirubin	> 0,9 mg/dl	bei schwerer eitriger Hepatitis, Neoplasie oder Hämolyse

12.19 Erkrankungen der Harnorgane

Martina Warschau

12.19.1 Urolithiasis

Ätiologie Frettchen leiden gelegentlich unter Harnsteinen (S. 106). Am häufigsten werden Magnesium-Ammonium-Phosphat-Steine (Struvitsteine), seltener Zystin- oder Kalziumoxalatsteine diagnostiziert.

Als Ursache für die Bildung der Konkremente wird eine Alkalisierung des Harns durch Verfütterung von vorwiegend aus pflanzlichem Protein bestehenden Futter angenommen. Die Inzidenz ist, vermutlich durch die heute verbreitete Verfütterung von speziellem Frettchenfutter oder hochwertigem Katzenfutter, rückläufig. Die enthaltenen hochwertigen tierischen Proteine führen zu einer Ansäuerung des Harns und verhindern die Entstehung der Urolithen. Als weitere Ursachen werden bakterielle Infektionen des Harntrakts (v. a. *Proteus*, Staphylokokken und Pseudomonaden), eine Übersättigung des Harns mit Mineralstoffen sowie eine verminderte Trinkmenge diskutiert. Die Konkremente können in Nierenbecken, Harnleiter, Harnblase und Harnröhre auftreten. Durch das geringere Lumen im distalen Abschnitt der Urethra tritt eine Obstruktion durch Urolithen bei männlichen Frettchen häufiger auf als bei Fähen.

Differenzialdiagnose Ist der Harnabsatz erschwert, ist differenzialdiagnostisch bei unkastrierten Rüden an eine Erkrankung der Prostata (S. 218) (Prostatamegalie oder an paraprostatische Zysten) zu denken. Zu beachten ist, dass die Veränderungen auch bei kastrierten Rüden im Rahmen einer Nebennierenerkrankung (S. 233) auftreten können.

Klinisches Bild Konkremente in der Harnblase und der Harnröhre führen je nach Größe der Steine zu typischen Symptomen wie Hämaturie, Strangurie und Pollakisurie. Bei Palpation des Abdomens können größere Steine in der Harnblase direkt ertastet werden. Dies muss sehr vorsichtig geschehen, da die Prozesse meist sehr schmerzhaft sind. Bei kompletter Obstruktion stellt sich die Blase stark vergrößert und prall dar. Urolithen in Ureter oder Nierenbecken führen häufig zu Koliken.

Diagnose Bei vorsichtiger Palpation des Abdomens können Steine in der Harnblase eventuell direkt ertastet werden. Bei kompletter Obstruktion stellt sich die Blase stark vergrößert und prall dar. Der Bauchraum ist sehr schmerzhaft und angespannt und es besteht die Gefahr einer Harnblasenruptur.

Bei Untersuchung des Urins kann eine Hämaturie, eventuell in Verbindung mit einer pH-Wert-Erhöhung, auf die Erkrankung hinweisen. Bei mikroskopischer Untersuchung des Harnsediments sind oft Kristalle, möglicherweise auch Bakterien zu sehen.

Röntgenologisch lassen sich die Urolithen beim Frettchen aufgrund ihrer Röntgendichte in der Regel eindeutig nachweisen (► **Abb. 12.36**).

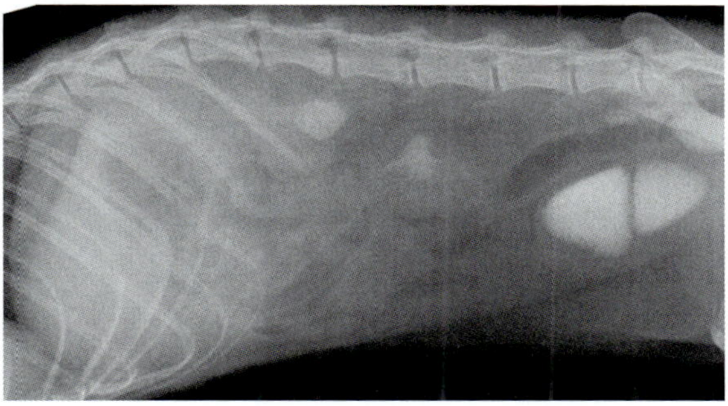

▶ **Abb. 12.36** Röntgenologisch darstellbare Konkremente in beiden Nieren und der Harnblase.

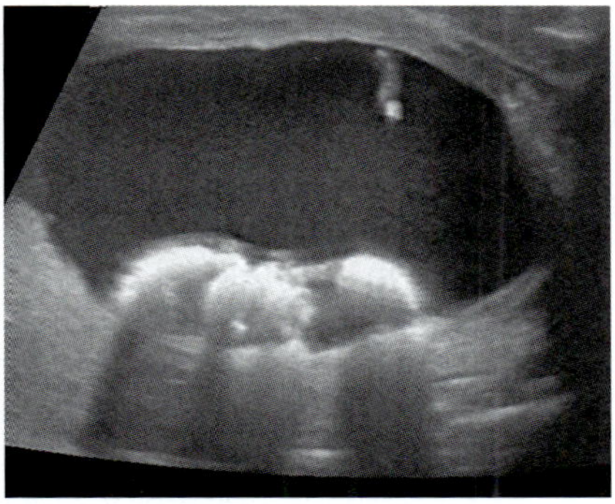

▶ **Abb. 12.37** Sonografische Darstellung von Urolithen als runde, echoreiche Gebilde mit komplettem distalen Schallschatten.

Empfehlenswert ist auch eine sonografische Untersuchung des Abdomens. Die Urolithen stellen sich unabhängig von ihrer Zusammensetzung als echodichte, rundliche Strukturen mit komplettem distalen Schallschatten dar (▶ **Abb. 12.37**).

Anschließend wird der Harn- und Geschlechtsapparat auf weitere Veränderungen hin untersucht.

Therapie

Cave

Eine komplette Verlegung der Harnröhre mit großer, schmerzhafter Harnblase ist ein Notfall!

Der Kreislauf des Tieres muss durch intravenöse Infusionen unterstützt und die Harnblase durch Katheterisierung zügig entlastet werden. Gelingt dies nicht, kann eine Zystozentese oder Zystotomie (S. 278) durchgeführt werden. Der Besitzer ist vorher über das Risiko eines Blasenrisses aufzuklären.

Die Art der Therapie richtet sich nach Lokalisation und Größe der Konkremente. Da stets ein schmerzhafter Prozess vorliegt, ist zügig ein Analgetikum zu verabreichen. Blasensteine werden unter Vollnarkose per Zystotomie entfernt. Während des Eingriffs sollte in jedem Fall versucht werden, die Harnröhre per Katerkatheter (S. 77) oder alternativ mit einer Ernährungssonde retrograd zu spülen. Kleine Konkremente (potenzielle neue Kristallisationskerne) werden so in die Blase geschwemmt und können abgesaugt werden. Genauso ist mit größeren Konkrementen in der Harnröhre zu verfahren. Kleine

Steine der Urethra können eventuell unter kurzer Anästhesie durch vorsichtige Massage der Harnblase ausgespült werden. Beim Rüden kann eine perineale Urethrostomie nötig werden. Liegt zusätzlich eine Zystitis (S. 214) vor, muss diese ebenfalls behandelt werden. Urethersteine werden durch Eröffnung des Harnleiters entfernt bzw. erfolgt bei bereits geschädigter Niere eine Urether- und Nephrektomie.

Beim Vorliegen eines Nierensteins erfolgt je nach Größe und Zustand des Nierenparenchyms eine Nephrotomie oder Nephrektomie. Sind bilateral Konkremente vorhanden, ist die Prognose sehr schlecht und es muss eine Euthanasie erwogen werden.

Prophylaxe Vorbeugend muss vom Tierbesitzer auf einen hohen Anteil an hochwertigem tierischen Eiweiß im Futter geachtet werden. Auch die Gabe spezieller Diätfuttermittel zur Vorbeugung von Harnsteinen bei Katzen kann versucht werden. Der Effekt der diätetischen Maßnahme ist bei Frettchen allerdings noch nicht geklärt. Von größter Bedeutung ist, darauf zu achten, dass die Frettchen jederzeit frisches Wasser zur freien Verfügung haben, um durch eine ausreichende Flüssigkeitsaufnahme eine Übersättigung des Urins mit Mineralstoffen zu verhindern.

12.19.2 Nephrokalzinosen

Ätiologie Während der sonografischen Untersuchung sind bei vielen Frettchen hyperechogene Bereiche in der Medulla oder in der Rinden-Mark-Region aufzufinden. Es scheint sich dabei um Kalziumablagerungen in den Nierentubuli zu handeln. Die Ätiologie ist bislang noch ungeklärt. Als Ursache diskutiert werden Vitamin- und Mineralstoffimbalancen (v. a. ein Übermaß an Kalzium und Phosphor) im Futter.

Klinisches Bild In der Regel sind selbst bei hochgradigen Veränderungen keine Symptome einer Niereninsuffizienz vorhanden.

Diagnose In ausgeprägten Fällen sind bereits im Röntgenbild Veränderungen erkennbar (▶ **Abb. 12.38**).

Das sonografische Bild ähnelt dem „medullary-rim-sign", einer echogenen Linie im äußeren Markbereich parallel zur Mark-Rinden-Grenze, bei Hund und Katze. Die hyperechogenen Areale müssen nicht zwingend Schallschatten aufweisen.

Die endgültige Diagnose einer Nephrokalzinose ist nur histologisch zu stellen.

Therapie Es ist keine Therapie bekannt.

12.19.3 Akutes Nierenversagen

Ätiologie Nierenerkrankungen, die zum akuten Nierenversagen führen, sind bei Frettchen relativ selten. Meist wird das Organversagen durch bakteriell bedingte Pyelonephritiden verursacht. Häufig im erkrankten Nierengewebe nachgewiesene Erreger sind *E. coli* und *Staphylococcus aureus*. Meist handelt es sich um aufsteigende Infektionen aus dem unteren Harntrakt, seltener um Schmierinfektionen aus dem Darm. Die Gabe vieler Pharmaka basiert beim Frettchen auf Erfahrungswerten und ist nicht in Studien belegt. Daher sollten bei Veränderungen der Organwerte auch mögliche Medi-

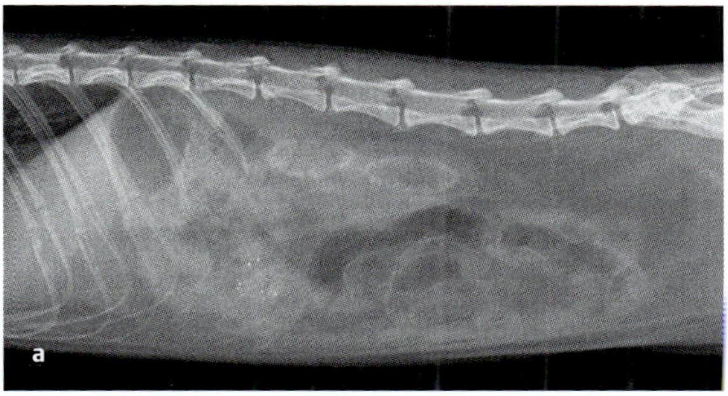

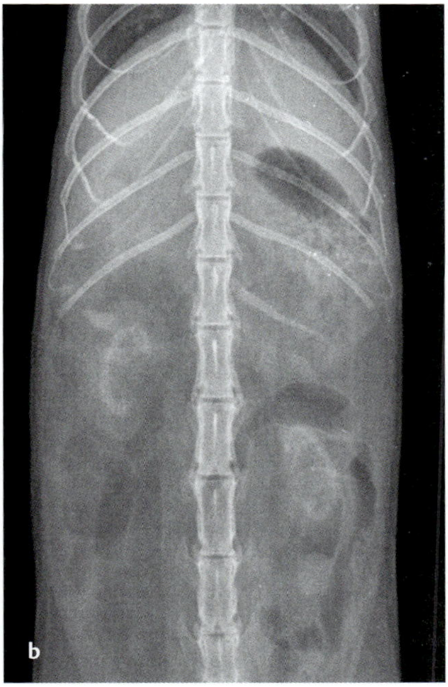

► **Abb. 12.38** Bilaterale Nephrokalzinose.
a Laterolaterale Röntgenaufnahme.
b Ventrodorsale Röntgenaufnahme.

kamenteneinwirkungen bedacht werden. Ebenso muss per Anamnese die Aufnahme giftiger Pflanzen oder Substanzen (S. 247) ausgeschlossen werden.

Klinisches Bild Bei akutem Nierenversagen zeigen die Frettchen eine rapide Verschlechterung des Allgemeinbefindens. Ist die Ursache bakterieller Natur, tritt häufig auch Fieber auf. Die Tiere sind lethargisch, anorektisch und verlieren an Gewicht.

Diagnose Bei Vorliegen einer Pyelonephritis können die Nieren bei Palpation bereits schmerzhaft sein.

Der Urin sollte, wenn möglich, per Zystozentese gewonnen und eine Bakterienkultur mit Antibiogramm eingeleitet werden. Mikroskopisch wird auf das Vorhandensein von Erythrozyten, Leukozyten, Leukozytenzylindern, Epithelzylindern und Bakterien untersucht. Ist das spezifische Uringewicht bei gleichzeitiger Dehydratation verringert, weist dies auf eine stark reduzierte Nierenfunktion hin.

Im Blutbild zeigen sich Entzündungsreaktionen bei Frettchen oft in Form einer Linksverschiebung der neutrophilen (heterophilen) Granulozyten, weniger in Form einer Leukozytose. Auch die Nierenwerte können deutlich angestiegen sein. Die Parameter sind allerdings nicht zuverlässig, da beim Frettchen das Serumkreatinin auch bei erwiesenem Nierenschaden nicht zwingend erhöht sein muss.

Sonografisch ist bei Pyelonephritiden meist eine Echogenitätszunahme im Nierenmark, in fortgeschrittenen Fällen auch eine Verkleinerung der Nierenpapille erkennbar.

Therapie Die Tiere erhalten ein Analgetikum, das die Nieren nicht belastet (z. B. Metamizol), und Infusionen, die initial im Optimalfall intravenös verabreicht werden. Die Gabe von Flüssigkeit erfolgt solange, bis eine Besserung des Allgemeinbefindens und eine Normalisierung der Blutwerte eintreten. Bestehen Elektrolytimbalancen sollte ein Ausgleich erfolgen. Die Infusionsrate setzt sich analog zu Hund und Katze aus Erhaltungsbedarf (3–4 ml/kg/Tag), Dehydratationsgrad und geschätzten Verlusten zusammen; siehe dazu auch Kreislaufschock (S. 174). Furosemid ist als schnell wirkendes Schleifendiuretikum ebenfalls empfehlenswert (1–5 mg/kg p. o., s. c.). Da das Medikament bei längerfristiger Anwendung eine Hypokaliämie verursachen kann, ist der Kaliumspiegel im Serum regelmäßig zu prüfen.

Zusätzlich werden die Tiere für mindestens 14 Tage, bei Pyelonephritiden über mehrere Wochen, antibiotisch abgedeckt. Die Wahl des Antibiotikums richtet sich nach dem Ergebnis des Resistenztests. Initial einsetzbar ist beispielsweise Enrofloxacin. Der Therapieerfolg muss durch erneute mikrobiologische Untersuchung des Urins kontrolliert werden, da nicht auskurierte Pyelonephritiden zu lebensbedrohlichem, chronischen Nierenversagen führen können.

Prognose Bei schnell einsetzender Therapie ist die Prognose gut.

12.19.4 Chronisches Nierenversagen

Ätiologie Ältere Frettchen leiden nicht selten unter chronischem Nierenversagen, häufig ausgelöst durch eine chronisch interstitielle Nephritis. Frühe Veränderungen der Nieren sind schon ab einem Alter von 2 Jahren möglich, während Symptome meist erst ab einem Alter von 3–4 Jahren auftreten. Der Erkrankungsverlauf ist progressiv. Glomerulopathien, z. B. durch Aleutenkrankheit (S. 115), renale Primärtumoren (S. 217), ein Lymphom (S. 241) mit Beteiligung der Nieren, Nephrolithen (S. 208) oder eine nicht behandelte bakterielle Pyelonephritis sind weitere, aber deutlich seltenere Ursachen einer chronischen Nierenerkrankung beim Frettchen. Die bestehende Azotämie führt zu permanenter Reizung der Schleimhäute des Verdauungstrakts und kann die Entstehung von Ulzera in Maulhöhle und Magen (S. 194) provozieren. In späten Stadien der Erkrankung kann es zu Elektrolytimbalancen, zu einer nicht regenerativen Anämie und zu sekundärer Osteodystrophie mit erhöhtem Risiko pathologischer Frakturen kommen.

Klinisches Bild Die Symptomatik hängt vom Stadium der Erkrankung ab. Die Frettchen leiden unter Lethargie, Anorexie, Kachexie, Dehydratation, Polyurie und -dipsie. Stark geschwächte Tiere zeigen häufig eine Ataxie der Hintergliedmaßen. In späten

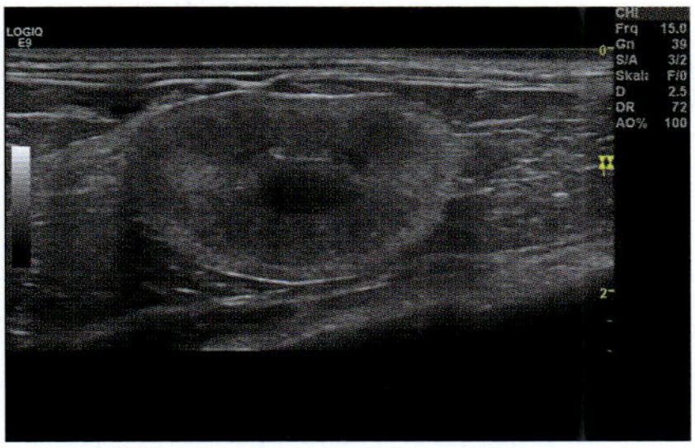

▶ **Abb. 12.39** Chronische Niereninsuffizienz: Niere und Mark sind sonografisch kaum abgrenzbar.

Stadien der Erkrankung treten auch blasse Schleimhäute, orale Ulzera, urämischer Geruch und Vomitus auf.

Diagnose Bei Palpation der Nieren können sich diese verkleinert darstellen. Die Organoberfläche kann aufgrund von Narbengewebsbildung unregelmäßig sein. Liegt bei Bestimmung des spezifischen Uringewichts eine Isosthenurie vor, ist die Konzentrationsfähigkeit der Niere bereits stark eingeschränkt. Auffällige Befunde in Blutbild und Blutchemie können neben erhöhten Nierenwerten ein verschobenes Kalzium-Phosphat-Verhältnis (Hyperphosphatämie, Hypokalzämie), eine Hypo- oder Hyperkaliämie und eine nicht regenerative Anämie sein.

Sonografisch stellen sich die Nieren bei chronisch-interstitieller Nephritis verkleinert dar, weisen häufig Einziehungen der Organoberfläche auf und besitzen einen verschmälerten, schlecht vom Nierenmark abgrenzbaren Rindenbereich (▶ **Abb. 12.39**).

Therapie Da die chronische Niereninsuffizienz kein reversibles Krankheitsbild ist, kann durch die Therapie nur eine Abmilderung der Symptome und ein langsameres Fortschreiten der Erkrankung erreicht werden. Liegen bereits pathologische Frakturen oder durch Tumoren, Konkremente oder Zysten hochgradig veränderte Nieren vor, ist die Prognose infaust. In minder schweren Fällen kann versucht werden, die erhöhten Nierenwerte durch eine Infusionstherapie zu senken. Die Art der Infusionslösung richtet sich nach den vorliegenden Elektrolytverschiebungen. Sind Anzeichen einer Urämie vorhanden, kann die Gabe eines Antiemetikums (z. B. Maropitant oder MCP) sinnvoll sein. Prophylaktisch sollten Magensäureblocker (z. B. Cimetidin oder Ranitidin) und ein Schleimhautschutzpräparat (z. B. Sucralfat) zum Einsatz kommen. Liegen schmerzhafte Veränderungen wie Ulzera vor, muss ein Analgetikum (z. B. Metamizol) eingesetzt werden.

Aktuell sind keine speziellen Nierendiätfuttermittel für Frettchen auf dem Markt erhältlich. Entsprechende Produkte für die Katze werden vielfach nicht gut angenommen und sind durch den hohen Anteil an pflanzlichem Protein bei Frettchen nicht empfehlenswert, insbesondere nicht bei an Struvitsteinen leidenden Tieren. Eine Entlastung der Harnorgane kann ein Futtermittel für Senioren (Totally Ferret Senior) mit reduziertem Eiweißgehalt erbringen. Eine langsame Futterumstellung über mehrere Tage verspricht den besten Erfolg.

12.19.5 Zystitis

Ätiologie Zystitiden ohne Beteiligung von Harnsteinen (S. 208) kommen bei Frettchen nur selten vor. Bakterielle Infektionen sind bei weiblichen Tieren deutlich häufiger als bei Rüden. Die häufigsten Erreger sind *E. coli* und *Staphylococcus aureus*.

Klinisches Bild Als Symptome können Dysurie, Pollakisurie, Hämaturie und Schmerzäußerungen beim Harnabsatz auftreten. Auch subklinische Infektionen kommen vor.

Diagnose Die Palpation der bei Entzündungen oft empfindlichen Harnblase muss sehr vorsichtig erfolgen. In chronischen Stadien kann sich die Harnblasenwand auch sehr derb anfühlen. Mithilfe der bildgebenden Verfahren muss zunächst eine Urolithiasis ausgeschlossen werden. Sonografisch ergeben sich durch Untersuchung der Morphologie und Dicke der Harnblasenwand Hinweise darauf, ob ein akuter oder chronischer Krankheitsverlauf vorliegt. Auch Veränderungen der Nieren und harnableitenden Wege sowie weitere Ursachen einer Dysurie wie Tumoren und Prostatavergrößerungen können erfasst werden. Per ultraschallbegleiteter Zystozentese wird Harn gewonnen und eine Urinanalyse inklusive bakteriologischer Untersuchung durchgeführt. Bei der Harnuntersuchung ist auf Blutbeimengungen, Epithelzylinder und Leukozyten zu achten. Im Rahmen der Blutuntersuchung kann bei bakteriellen Infektionen eine Linksverschiebung der heterophilen Granulozyten auftreten.

Therapie Liegt eine bakterielle Zystitis vor, erhalten die Frettchen zunächst subkutane Infusionen (z. B. Stereofundin® ISO), ein Analgetikum und ein Breitspektrumantibiotikum. Geeignet sind unter anderem Enrofloxacin, Amoxicillin oder Trimethoprim-Sulfonamid-Kombinationen. Liegt das Ergebnis der mikrobiologischen Harnuntersuchung vor, wird das Antibiotikum ggf. angepasst. Die antibakterielle Therapie muss mindestens über 14 Tage erfolgen. Der Therapieerfolg wird anschließend mittels Harnuntersuchung überprüft und die Medikation bei Bedarf umgestellt. Da Zystitiden häufig sehr schmerzhaft sind, wird den Tieren in den ersten Tagen zusätzlich ein Analgetikum verabreicht. Zusätzlich führt eine gesteigerte Diurese durch eine kurzfristige Verabreichung von Furosemid zu einer „Spülung der Harnblase“, die den Krankheitsverlauf positiv beinflussen kann.

12.19.6 Hydronephrose

Ätiologie In seltenen Fällen leiden Frettchen unter einer Hydronephrose. Ursächlich kommen für die Erkrankung Obstruktionen von Harnleiter und Niere durch Konkremente (S. 208), Ligaturen, Strikturen oder Neoplasien (S. 217) vor. Es liegen nur wenige Berichte über Ligaturen eines Ureters als postoperative Komplikation nach Kastrationen bei der Fähe vor. Milde Hydronephrosen mit Hydroureter ohne erkennbare Ursache und ohne klinische Symptome treten ebenfalls auf.

Klinisches Bild Die Symptomatik hängt in hohem Maße vom Zustand der nicht betroffenen Niere ab. Arbeitet diese physiologisch, fällt die veränderte Niere möglicherweise zufällig bei der Palpation des Abdomens auf. Sind beide Nieren erkrankt, können sich Symptome eines Nierenversagens (S. 210) zeigen.

Diagnose Die veränderte Niere ist im Abdomen als Umfangsvermehrung fühlbar. Röntgenologisch ist eine ovoide Struktur mit erhöhter Dichte erkennbar (▶ **Abb. 9.8**, ▶ **Abb. 12.40**). Sonografisch lässt sich das Ausmaß der Organveränderung darstellen. Die Niere ist in fortgeschrittenen Fällen allerdings nicht mehr eindeutig als solche erkennbar, sondern stellt sich als mit anechogener Flüssigkeit gefüllter Sack dar. Eventuell ist auch der bei gesunden Tieren nicht darstellbare, gestaute Ureter aufzufinden. Mittels Ausscheidungsurografie (S. 81) kann die Funktionsfähigkeit des Organs überprüft werden. Eine Kontrolle der Nierenwerte liefert weitere Informationen über den Zustand der kontralateralen Niere. Es ist aber zu beachten, dass das Serumkreatinin auch bei erwiesenem Nierenschaden nicht zwingend erhöht sein muss.

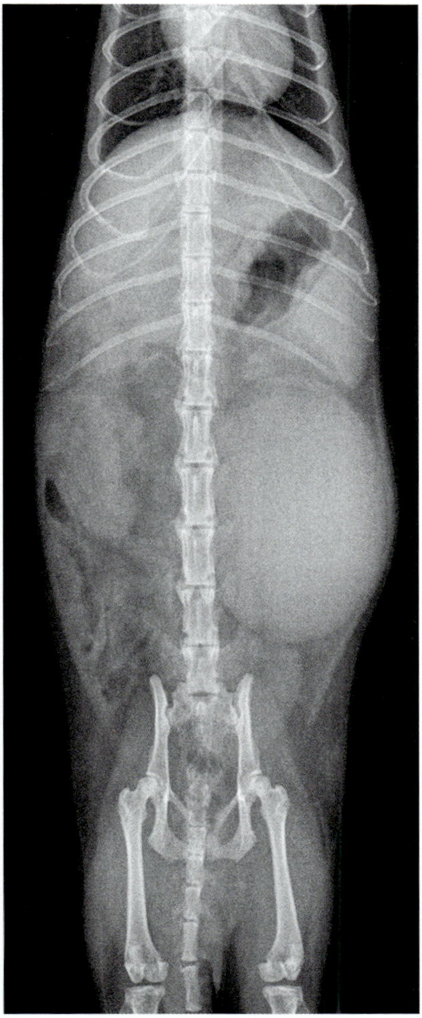

▶ **Abb. 12.40** Weichteildichte, ovoide Struktur im linken, mittleren Abdomen (Hydronephrose links).

Therapie Bei physiologisch arbeitender kontralateraler Niere ist die Nephrektomie und Ureterektomie in Allgemeinanästhesie durchzuführen. Die Frettchen erhalten ein Analgetikum (z. B. Metamizol) und werden für 10 Tage mit einem Antibiotikum (z. B. Enrofloxacin) abgedeckt. Neben subkutanen Infusionen sollte den Tieren schmackhaftes Futter angeboten bzw. die Tiere bei Bedarf von Hand gefüttert werden. Liegt bereits ein Nierenversagen mit beidseits erkrankten Nieren vor, ist die Euthanasie anzuraten.

12.19.7 Nierenzysten

Ätiologie Nierenzysten werden beim Frettchen sehr häufig als Zufallsbefund bei der sonografischen Untersuchung des Abdomens oder bei chirurgischen Eingriffen im Bauchraum nachgewiesen. Die Ätiologie ist bisher nicht geklärt. Sie sind meist nur vereinzelt an einer oder beiden Nieren vorhanden und verursachen in der Regel keine klinischen Symptome. Vergrößerte, polyzystische Nieren oder sehr große Zysten, die zum Nierenversagen führen, kommen äußerst selten vor.

Klinisches Bild In den meisten Fällen sind keine Krankheitssymptome vorhanden. Liegen raumfordernde Zysten oder polyzystische Veränderungen beider Nieren vor, können die Tiere das klinische Bild des chronischen Nierenversagens (S. 212) entwickeln.

Diagnose Die Untersuchungsmethode der Wahl ist die Sonografie. Die Zysten zeigen sich als hypoechogene Areale meist im Bereich der Rinden-Mark-Grenze (▶ **Abb. 12.41**). Bei polyzystischen Veränderungen können sich die Nieren vergrößert darstellen. Blutbild, Blutchemie und Urinuntersuchung geben Hinweise auf den Funktionszustand.

Therapie Bei vereinzelten Zysten ohne Symptomatik ist keine Therapie erforderlich. Liegen raumfordernde Zysten oder eine polyzystische Veränderung vor, kann eine Nephrektomie durchgeführt werden. Dies ist allerdings nur bei intakter kontralateraler Niere sinnvoll.

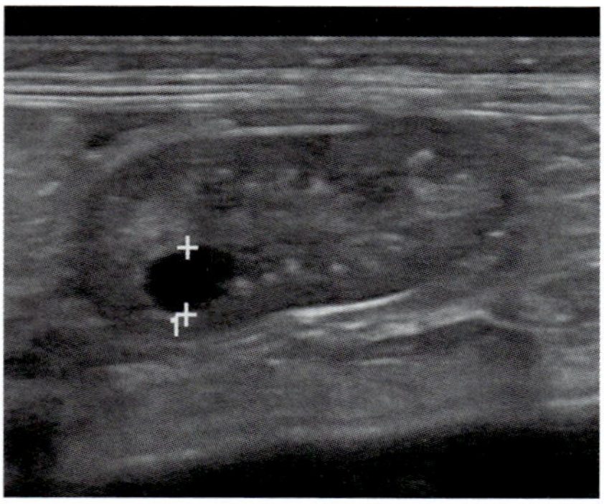

▶ **Abb. 12.41** Sonografische Darstellung einer Nierenzyste im Bereich der Rinden-Mark-Grenze.

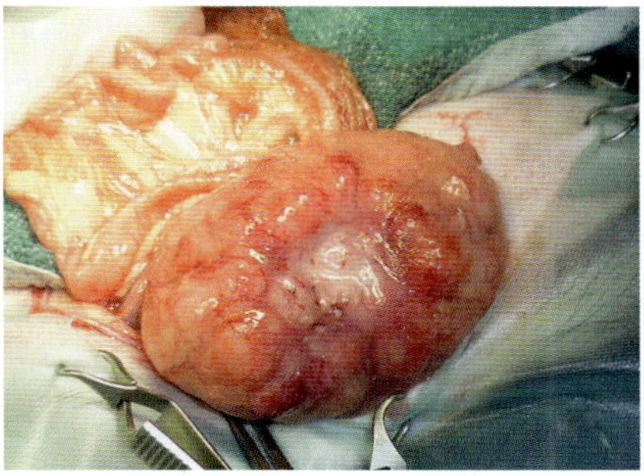

► **Abb. 12.42** Stark vergrößerte, tumorös entartete Niere (Übergangszellkarzinom).

12.19.8 Neoplasien des Harntrakts

Neoplasien des Harntrakts sind beim Frettchen selten zu beobachten.

Ätiologie Als häufigster Tumor gilt das Übergangszellkarzinom (► **Abb. 12.42**), das insbesondere in Harnblase und Nierenbecken auftritt. Nierenzellkarzinome und -adenome wurden ebenfalls beschrieben. Die eher langsam wachsenden Veränderungen werden meist erst bei Sektionen festgestellt. Auch das Auftreten gutartiger tubulärer Zystadenome ist in Einzelfällen möglich.

Neben den Primärtumoren kann das Nierengewebe ebenso von Metastasen befallen sein. Diese kommen insbesondere in Zusammenhang mit dem beim Frettchen häufig auftretenden malignen Lymphom (S. 241) vor.

Klinisches Bild Betroffene Tiere können unter Hämaturie, Dysurie, Harninkontinenz, Pleuraerguss, Inappetenz und Gewichtsverlust leiden.

Diagnose Deutliche Organvergrößerungen sind eventuell bereits bei der Palpation feststellbar. Es muss sehr vorsichtig vorgegangen werden, da von Tumoren zersetztes Gewebe sehr fragil sein kann.

Die Umfangsvermehrungen können röntgenologisch, kleinere Veränderungen bereits sonografisch erfasst werden. Tumoröse Entartungen der Nieren erscheinen sonografisch häufig zystisch. Der Harn kann bei der mikroskopischen Untersuchung entartete Zellen aufweisen. Eine sichere Diagnose ist allerdings erst durch eine zytologische oder histologische Gewebsuntersuchung zu stellen.

Therapie Ist eine Niere betroffen, kann, eine funktionsfähige kontralaterale Niere vorausgesetzt, eine Nephrektomie durchgeführt werden. Übergangszellkarzinome in der Blase haben generell eine schlechte, in fortgeschrittenen Fällen eine infauste Prognose. Während bei Hunden Chemotherapeutika vielversprechende Ergebnisse zeigen, liegen hierzu beim Frettchen keine Studien vor.

12.20
Erkrankungen der Geschlechtsorgane

Martina Warschau

12.20.1 Prostataerkrankungen

Ätiologie Veränderungen der Prostata entstehen in den meisten Fällen sekundär beim Vorliegen einer Nebennierenerkrankung (S. 233) durch erhöhte Konzentrationen der Geschlechtshormone. Betroffen sind insbesondere kastrierte Rüden mittleren Alters. Häufig liegen dann zystische Veränderungen in oder neben der Prostata, Hyperplasien und squamöse Metaplasien oder Prostataabszesse vor (▶ **Abb. 12.43**). Bei intakten Rüden sind Prostataerkrankungen selten.

Klinisches Bild Abhängig davon ob und wie stark die Harnröhre durch die vergrößerte Drüse komprimiert wird, zeigen die Frettchen unterschiedlich stark ausgeprägte Harnabsatzstörungen. Sehr häufiger, eventuell von Schmerzen begleiteter Harnabsatz kann die Folge sein. Manche Tiere belecken vermehrt das Präputium oder das Perineum. Verstärktes Harnträufeln kann außerdem zur Entzündung des Präputiums führen.

Liegt eine vollständige Obstruktion der Harnröhre vor, verschlechtert sich das Allgemeinbefinden rapide.

Durch die Verhinderung des Harnabsatzes entsteht ein akutes Nierenversagen (S. 210). Die Tiere zeigen sich lethargisch und anorektisch.

Eventuell sind zusätzlich Symptome einer Nebennierenerkrankung vorhanden. Betroffene Frettchen leiden unter einer von kaudal nach kranial fortschreitenden, bilateral symmetrischen Alopezie. Dünne, trockene Haut, Juckreiz, übersteigertes Sexualverhalten und Hinterhandschwäche sind ebenfalls möglich.

Diagnose Deutliche Vergrößerungen der Prostata sind röntgenologisch nachweisbar. Die im unveränderten Zustand nicht darstellbare Drüse befindet sich kaudodorsal der Harnblase. Wichtig beim Anfertigen der Aufnahmen ist, dass die Hintergliedmaßen weit nach kaudal gestreckt werden, um eine Überlagerung mit der Muskulatur zu vermeiden.

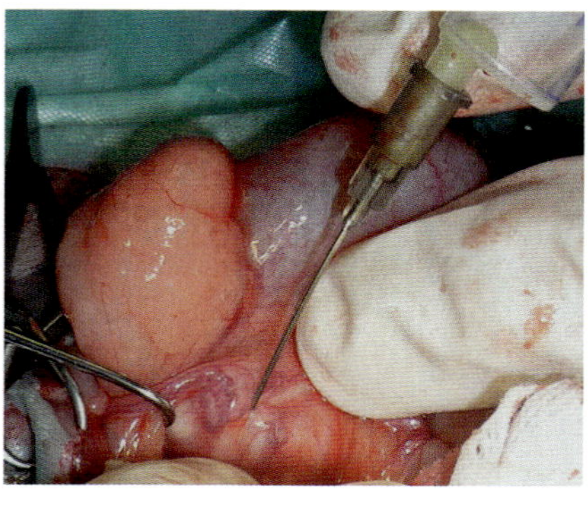

▶ **Abb. 12.43** Punktion eines Prostataabszesses.

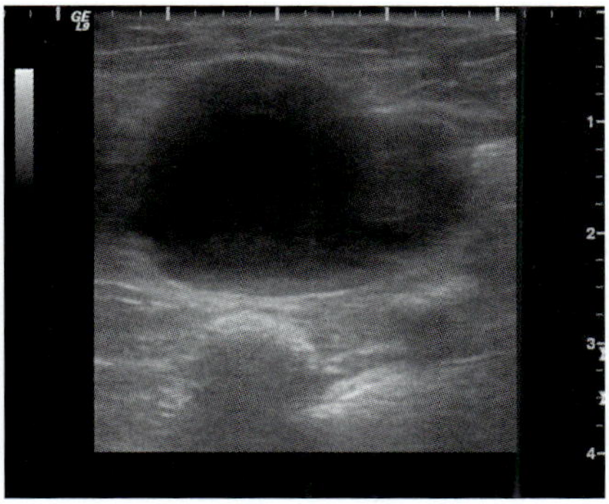

▶ **Abb. 12.44** Sonografisch darstellbare zystische Veränderung der Prostata.

Eine Ultraschalluntersuchung des Abdomens ist bei Prostataveränderungen sehr zu empfehlen. Die bei kastrierten Frettchen meist nicht darstellbare Drüse ist nun gut abgrenzbar (▶ **Abb. 12.44**). Neben der sonografischen Darstellung der Prostata sollte der komplette Harntrakt untersucht werden. Es wird kontrolliert, ob bereits eine Stauung der Ureteren und Nieren vorliegt. Differenzialdiagnostisch ist eine Urolithiasis (S. 106) auszuschließen. Auch die Nebennieren müssen auf mögliche Veränderungen kontrolliert werden.

Liegt eine komplette Obstruktion der Harnwege vor, ist das Abdomen bei Palpation stark angespannt und schmerzhaft. Die massiv vergrößerte Harnblase und die vergrößerte Prostata sind durch die Bauchdecke fühlbar.

Cave
Die Palpation im Bereich der Harnblase muss äußerst vorsichtig erfolgen, da die Gefahr eines Harnblasenrisses besteht.

Im Urinsediment kann bei entzündlichen Veränderungen der Prostata eine Leukozytose vorhanden sein. Mit einer Blutuntersuchung muss abgeklärt werden, ob eine Azotämie vorliegt.

Therapie

Cave
Die komplette Harnröhrenobstruktion ist ein Notfall!

Die Harnblase muss so schnell wie möglich per Harnkatheter (S. 77) entlastet werden. Die Katheterisierung ist bei männlichen Frettchen grundsätzlich nicht einfach und wird durch die Kompression von außen noch erschwert. Ob eine kurze Sedation/Anästhesie zur Muskelrelaxation eingesetzt werden kann, muss vom Allgemeinbefinden des Frettchens abhängig gemacht werden. Ist die Entlastung auf diesem Wege nicht möglich, sollte eine Zystozentese unter sonografischer Kontrolle erfolgen. Der Besitzer ist über das Risiko eines Blasenrisses aufzuklären. Eine Punktion der Prostatazysten ist prinzipiell möglich. Es besteht allerdings die Gefahr, dass infizierter Zysteninhalt in die Bauchhöhle gelangt und eine Peritonitis verursacht.

Wurde eine Azotämie diagnostiziert, erhalten die Tiere eine intravenöse Infusionstherapie (S. 174), bis die Nierenwerte wieder im Referenzbereich liegen.

Bei Vergrößerungen der Prostata, die noch keine Störungen des Harnabsatzes hervorrufen, ist nach **therapeutischer Behandlung** der Nebennierenerkrankung (S. 233) mit einer Regression innerhalb von wenigen Tagen zu rechnen. Unterstützend wird in der Literatur das kostenintensive, humanmedizinische Zytostatikum Flutamid (10 mg/kg 1–2 × tägl. p. o.) empfohlen.

Da eine alleinige Antibiotikagabe bei der Behandlung von **Prostataabszessen** in der Regel nicht ausreicht, muss die Therapie chirurgisch (S. 274) erfolgen. Dabei sind Drainagen, eine Marsupialisation oder Omentalisation beschrieben. Während des Eingriffs sollte eine Tupferprobe entnommen und bakteriologisch untersucht werden. Die Tiere erhalten über mehrere Wochen ein Breitspektrumantibiotikum auf Basis des Resistenztests. Zudem ist ein Analgetikum ist zu verabreichen.

Ist durch eine medikamentelle oder chirurgische Therapie zunächst keine deutliche Verkleinerung des Prostatagewebes zu erreichen, kann das Legen eines **Dauerkatheters** nötig werden, um den Harnabsatz zu gewährleisten. Der Urinabsatz sollte ca. 1–2 ml/kg/Stunde betragen. Der Katheter kann mittels Klebeband oder besser Knopfheften an der Haut befestigt werden. Die Frettchen erhalten außerdem einen Halskragen.

Prognose Da die ursächlich vorliegende Nebennierenerkrankung meist nicht vollständig heilbar ist, können mit einem Rezidiv auch die Prostataveränderungen erneut auftreten.

Prostataabszesse erfordern einen aufwändigen chirurgischen Eingriff, der eine Peritonitis nach sich ziehen kann. In diesen Fällen ist die Prognose sehr vorsichtig zu stellen.

12.20.2 Neoplasien des männlichen Genitaltrakts

Ätiologie Bei mittelalten Frettchen kommen gelegentlich Leydigzelltumoren, Seminome, Sertolizelltumoren oder Karzinome des Hodengewebes vor. Meist sind kryptorchide Hoden betroffen. In Einzelfällen sind auch Metastasierungen in andere Organe möglich.

Sowohl bei kastrierten als auch intakten Rüden können Entartungen der Präputialdrüsen vorkommen. Es sind Adenome und Adenokarzinome beschrieben.

Tumoren der Prostata sind sehr selten.

Klinisches Bild Erkrankte Hoden sind vergrößert und eventuell schmerzhaft. Die Veränderungen können von unterschiedlichster Konsistenz sein. Führt die Neoplasie zu einem Anstieg der Sexualhormone, können ein gesteigertes Sexualverhalten und ein erhöhtes Aggressionspotenzial die Folge sein. Alopezie und Juckreiz wurden in Zusammenhang mit einem Sertolizelltumor beschrieben.

Neoplasien der Präputialdrüsen sind in der Subkutis zu finden und können verschiedene Farbschattierungen der Haut hervorrufen.

Bei massiven Vergrößerungen der Prostata (S. 274) können eine Obstruktion der Harnröhre und eine lebensbedrohliche Dysurie auftreten.

Diagnose Sonografisch kann meist eine Unterscheidung zwischen Orchitis, Abszess und Hodentumor erfolgen. Die physiologische Prostata ist beim Frettchen in der Regel sonografisch kaum zugänglich. Bei massiver Vergrößerung kann sie jedoch kaudodorsal der Blase dargestellt werden.

Eine endgültige Diagnose liefert bei allen Neoplasien jedoch nur die zytologische Untersuchung einer durch Feinnadelaspiration entnommenen Probe oder die histologische Untersuchung des Gewebes.

Therapie Als Therapie der Wahl gilt bei Hodentumoren die Kastration (S. 268). Auch die Neoplasien der Präputialdrüsen sollten chirurgisch entfernt werden.

Liegt eine Dysurie durch eine tumoröse Entartung der Prostata vor, ist die Prognose sehr schlecht, da das die Harnröhre umschließende Gewebe nicht vollständig entfernt werden kann.

12.20.3 Vaginitis

Ätiologie Insbesondere Fähen, die länger in der Ranz sind, trächtige oder laktierende Tiere scheinen prädisponiert zu sein, eine Vaginitis zu entwickeln. Es wurde auch über Entzündungen der Vagina infolge von Fremdkörpereinwirkung (Grassamen oder Grannen) berichtet. Meist sind Staphylokokken-, Streptokokken- oder Proteus-Infektionen an der Erkrankung beteiligt. Nicht behandelte Infektionen können zu Zystitiden und Pyometra führen. Eventuell wird auch die Bildung von Urolithen (S. 208) begünstigt.

Klinisches Bild Ein vaginaler Ausfluss kann zur Verklebung des Felles in der Anogenitalregion führen. Die Schleimhaut zeigt sich zumeist gerötet und geschwollen. In chronischen Fällen können im Randbereich von Vagina und Vulva Nekrosen entstehen. Unbehandelt ist die Entwicklung einer Septikämie möglich.

Diagnose Liegt aufgrund der Klinik der Verdacht einer Vaginitis vor, wird ein Vaginaltupfer entnommen und bakteriologisch untersucht. Sonografisch zeigt sich der Bereich der Vagina eventuell dilatiert.

Therapie Möglicherweise vorhandene Fremdkörper werden entfernt. Die Tiere erhalten außerdem ein Antibiotikum (z. B. Amoxicillin/Clavulansäure) über mindestens 7 Tage. Gegen Schmerzen und die Entzündung wird ein antiphlogistisch und analgetisch wirkendes Medikament (z. B. Meloxicam) verabreicht.

12.20.4 Pyometra

Ätiologie Die Gefahr einer Gebärmutterentzündung ist immer dann gegeben, wenn eine Zystitis (S. 214) oder Vaginitis (S. 221) besteht und die Infektion droht, aufzusteigen. Sie kann auch als Folge einer Pseudogravidität oder des lebensbedrohlichen Hyperöstrogenismus (S. 231) entstehen. Kastrierte Fähen leiden nicht selten an einer Stumpfpyometra. Diese entwickelt sich meist als Folge einer Nebennierenerkrankung (S. 233), seltener durch verbliebenes Ovarrestgewebe. Mikrobiologisch wurden in Zusammenhang mit einer Pyometra *E. coli*, Staphylokokken, Streptokokken und Corynebakterien nachgewiesen.

Klinisches Bild Die Tiere sind lethargisch und inappetent. Fieber und eitriger Vaginalausfluss können ebenfalls vorhanden sein. Bei der geschlossenen Form der Pyometra ist kein Vaginalausfluss vorhanden. Das Allgemeinbefinden ist in der Regel stark reduziert und die Tiere sind gefährdet, eine Septikämie zu entwickeln und einen Schock zu erleiden. Hat sich die Pyometra infolge eines Hyperöstrogenismus entwickelt, sind Symptome einer Knochenmarksdepression möglich.

Bei der Allgemeinuntersuchung fallen bei Vorliegen einer Entzündung des Gebärmutterstumpfs meist Symptome einer Nebennierenerkrankung wie Alopezie und eine Schwellung der Vulva auf.

Diagnose Bei einer Pyometra sind bei Palpation des Abdomens meist flüssigkeitsgefüllte Schlingen fühlbar (▸ Abb. 12.45). Der Uterus muss sehr vorsichtig untersucht werden, da die Gefahr einer Ruptur besteht. Liegt eine offene Form der Pyometra vor, kann nach Betasten des Uterus Eiter aus der Vagina austreten.

Leiden die Tiere unter einer Stumpfpyometra, kann der Gebärmutterstumpf bei Palpation fühlbar sein.

Im Rahmen der Blutuntersuchung ist bei einer Pyometra häufig eine Neutrophilie zu sehen. Liegt ein Hyperöstrogenismus vor, kann aber ebenso eine Panzytopenie vorhanden sein. Die Elektrolyte sollten überprüft werden.

Röntgenologisch können im laterolateralen Strahlengang dorsal und kranial der Harnblase weichteildichte Strukturen erkennbar sein (▸ Abb. 12.46). Mittels Sonografie können Veränderungen sicher der Gebärmutter zugeordnet und der Inhalt der Uterusschlingen näher beurteilt werden. So stellen sich Eiteransammlungen meist nicht komplett anechogen dar.

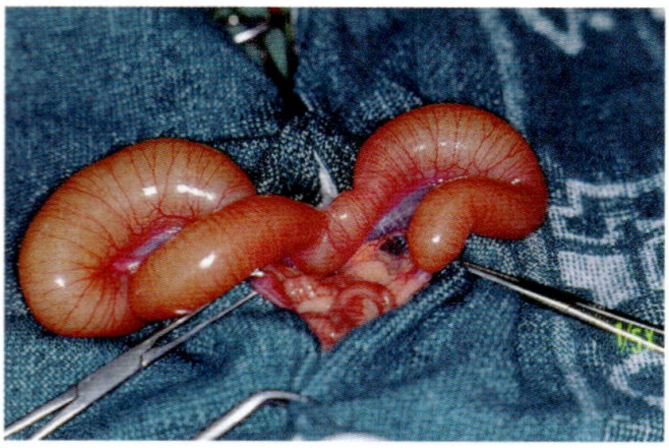

▸ **Abb. 12.45** Dilatierte, mit Eiter gefüllte Uterushörner (Pyometra).

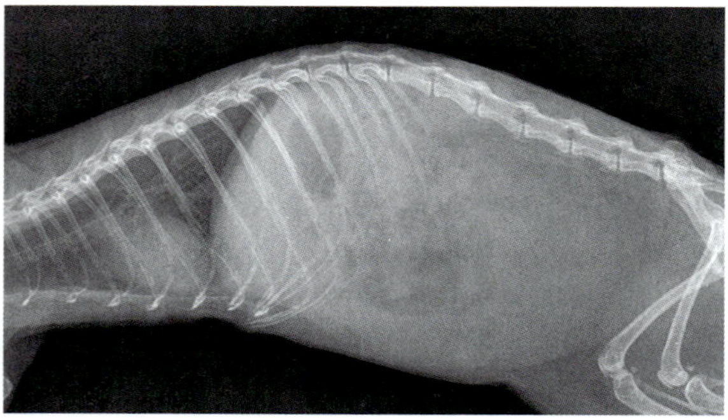

▸ **Abb. 12.46** Homogene Verschattung im kaudalen Abdomen durch eine Pyometra.

Der Verdacht auf eine Stumpfpyometra liegt vor, wenn sich bei der sonografischen Untersuchung eine runde bis ovoide Struktur kraniodorsal der Blase abgrenzen lässt. Es sollte außerdem überprüft werden, ob Nebennierenveränderungen oder Ovarreste vorhanden sind.

Therapie Die Tiere erhalten intravenöse Infusionen zur Rehydratation, ein Breitspektrumantibiotikum und ein Analgetikum. Sind Elektrolytimbalancen vorhanden, werden diese durch die Wahl geeigneter Infusionslösungen ausgeglichen.

Chirurgische Therapie Sobald die Tiere stabilisiert sind, ist eine Ovariohysterektomie (S. 269) durchzuführen. Auch bei einer Stumpfpyometra muss das infizierte Gewebe operativ entfernt werden.

Gleichzeitig werden veränderte Nebennieren bzw. verbliebenes Ovarrestgewebe entfernt. Das infizierte Gewebe sollte mikrobiologisch untersucht werden, um das Antibiotikum ggf. anzupassen.

Schwer an einem Hyperöstrogenismus (S. 231) erkrankte Fähen können nicht ohne Weiteres operiert werden. Zunächst sollte die Ranz sofort unterbrochen und die Tiere stabilisiert werden.

Konservative Therapie Alternativ wird bei einer offenen Pyometra in der Literatur der Einsatz von Prostaglandinen (PGF2α) zur Steigerung der Uterusmotilität und Entleerung des Exsudats genannt. Da die Wirkung des Medikaments nicht sofort eintritt, muss eine konservative Therapie bei stark gestörtem Allgemeinbefinden sorgfältig abgewogen werden. Über den Einsatz des Progesteron-Rezeptor-Blockers Aglepristone, der bei Hunden unter anderem bei offener und geschlossener Pyometra eingesetzt wird, existieren bisher noch keine Berichte oder Studien zur Anwendung beim Frettchen.

Prognose Liegt eine durch Hyperöstrogenismus bedingte Uterusveränderung vor, ist die Prognose sehr vorsichtig.

12.20.5 Mastitis

Entzündungen der Milchdrüsen treten gelegentlich auf.

Ätiologie Mastitiden werden meist durch Staphylokokken und hämolysierende *E. coli* verursacht.

Akute Entzündungen treten meist in den ersten Wochen der Säugezeit auf. Die durch die Zähne der Welpen verursachten Hautläsionen sind besonders anfällig für eine Infektion mit Bakterien. Am häufigsten sind die Drüsenkomplexe in der Inguinalregion betroffen. Unbehandelt besteht die Gefahr einer Beteiligung benachbarter Komplexe und die Entwicklung einer chronischen Mastitis.

Klinisches Bild Bei akuter Mastitis sind die betroffenen Drüsenkomplexe verhärtet, gerötet und warm. Da die Veränderungen sehr schmerzhaft sind, muss die Palpation äußerst vorsichtig erfolgen. Die ermelkbare Milch kann eine veränderte Farbe aufweisen, verklumpt oder von Eiter durchsetzt sein. Eine Abszessbildung ist ebenfalls möglich. Eine akute Mastitis kann innerhalb von Stunden zur Einschmelzung des Gewebes führen. Die Haut über der Milchdrüse verfärbt sich dann schwarz, das Allgemeinbefinden der Tiere verschlechtert sich rapide. Symptome wie Fieber, Schwäche, Dehydratation und Anorexie können auftreten. In fortgeschrittenen Fällen ist eine Septikämie mit letalem Ausgang möglich.

Bei chronischen Mastitiden sind die Symptome häufig unscheinbar. Die betroffenen Komplexe erscheinen verhärtet und vergrößert, bestehen jedoch zum großen Teil aus Narbengewebe. Als Hinweis für die Erkrankung gilt eine zu geringe Gewichtszunahme der Welpen aufgrund zu geringer Milchmenge.

Diagnose Eine akute Mastitis kann in der Regel anhand der klinischen Symptomatik diagnostiziert werden. Eine chronische Erkrankung oder abgekapselte Prozesse müssen differenzialdiagnostisch von Mammatumoren abgegrenzt werden, die beim Frettchen jedoch sehr selten sind. Sonografisch ist ein Abszess durch das Vorliegen von schleierartigen Binnenechos häufig gut von anderen Umfangsvermehrungen zu unterscheiden. Mittels Punktion kann Eiter aspiriert und die Diagnose gesichert werden. Es sollte stets eine mikrobiologische Untersuchung mit Resistenztest eingeleitet werden. In seltenen Fällen muss zur Unterscheidung zwischen chronischen und tumorösen Veränderungen die zytologische oder histologische Untersuchung des Gewebes hinzugezogen werden.

Therapie Fähen mit Mastitiden erhalten Infusionen, ein Breitspektrumantibiotikum (z. B. Amoxicillin + Clavulansäure, 10–20 mg/kg 2 × tägl. p. o.) und werden bei Bedarf zugefüttert. Nach mikrobiologischer Untersuchung mit Antibiogramm wird das Antibiotikum ggf. angepasst. Die Tiere werden außerdem mit einem Analgetikum und Antiphlogistikum (z. B. Meloxicam, 0,2 mg/kg 1 × tägl. p.o, s. c.) behandelt.

Liegt eine gangränöse Veränderung vor, muss die betroffene Milchdrüse und ausreichend umliegendes Gewebe chirurgisch entfernt werden.

Bleiben die Welpen bei der erkrankten Fähe, besteht die Gefahr einer Ausbreitung der Infektion auf bisher gesunde Drüsenkomplexe. Die Welpen können gelegentlich außerdem Durchfälle entwickeln, die mit dem beim Muttertier angewandten Antibiotikum zu behandeln sind. Da die Milchmenge häufig reduziert ist, muss die Gewichtsentwicklung täglich kontrolliert und bei Bedarf zugefüttert werden.

Alternativ werden die Welpen von der Mutter getrennt und per Hand gefüttert. Die mutterlose Aufzucht (S. 33) gestaltet sich bei Frettchen jedoch schwierig. Beim Einsatz einer Amme ist die Ansteckungsgefahr durch die Welpen sehr groß.

Prognose Die Prognose bei akuten und chronischen Mastitiden ist vorsichtig. Häufig findet keine komplette Ausheilung der betroffenen Komplexe statt.

Prophylaxe Wenn eine Fähe im Bestand an Mastitis erkrankt, besteht die Gefahr der direkten oder indirekten Weiterverbreitung der Infektion. Gesunde Tiere sollten deshalb von kranken Tieren getrennt werden. Die Behandlung und Fütterung der erkrankten Tiere sollte zuletzt erfolgen, der Besitzer muss nach jedem Tierkontakt auf eine Reinigung und Desinfektion der Hände achten.

12.20.6 Trächtigkeitstoxikose

Sporadisch auftretende, lebensbedrohliche Erkrankung in den letzten Tagen der Trächtigkeit.

Ätiologie Die Erkrankung tritt zwischen Tag 32 und 42 der Trächtigkeit meist nahe dem Geburtstermin auf. Ursächlich für die Entstehung der Intoxikation ist eine unzureichende Energieversorgung während der Trächtigkeit oder ein stark erhöhter Verbrauch bei sehr großen Wurfgrößen. Plötzliche Futterumstellungen, ein zu geringer Energiegehalt des Futters, begrenzter Zugang zur Futterstelle, jede zu einer Anorexie führende Erkrankung und Stress kommen als Auslöser der Trächtigkeitstoxikose infrage. Erstgebärende Fähen und fettleibige Tiere sind prädisponiert. Um die negative Energiebilanz auszugleichen, beginnt eine Mobilisierung der Fettreserven. Insbesondere die Leber wird in der Folge mit Fettsäuren überschwemmt, eine Leberverfettung (S. 205) beginnt. Durch verstärkten Abbau der Fettsäuren erhöht sich die Konzentration von Ketonkörpern. Anorexieperioden von weniger als 24 Stunden können die Toxikose auslösen.

Klinisches Bild Betroffene Fähen sind meist lethargisch, hypotherm, dehydriert, verlieren an Gewicht und zeigen exzessiven Fellverlust. Gastritiden und Magenulzera (S. 194) mit resultierendem Blutstuhl können möglicherweise ebenfalls beobachtet werden. In schweren Fällen sind die Tiere kaum ansprechbar und haben einen starren Blick. Perakute plötzliche Todesfälle sind möglich.

Diagnose Die Diagnose ergibt sich aus der Anamnese, dem klinischem Bild sowie aus Blut- und Harnuntersuchungen. Im Blutbild und der Blutchemie zeigen sich meist erhöhte Leberwerte, eine Azotämie, eventuell auch Anämie, Hypoglykämie, Hypoproteinämie, Hypokalzämie und Hyperbilirubinämie. Bei Tieren im Endstadium der Erkrankung kann eine Hyperglykämie auftreten.

Bei der Harnuntersuchung mittels Urinstick ist eine Ketonurie feststellbar.

Therapie Die Behandlung muss rasch und aggressiv erfolgen. Die Frettchen sind intravenös mit glukosehaltigen Infusionen (Glukose 2,5 %) und hochkalorischem Futter (z. B. Convalescence support) zu stabilisieren und mögliche Elektrolytimbalancen sind auszugleichen. Näheres dazu siehe Kreislaufschock (S. 174).

Bei Verdacht auf das Vorliegen von Magen-Darm-Ulzera (S. 194) wird der Protonenpumpenhemmer Omeprazol (0,7 mg/kg 1 × tägl. p. o.) und das Antazidum Sucralfat (25 mg/kg) als Schleimhautschutz 10 Minuten vor den Mahlzeiten 2–4 × täglich oral verabreicht.

Meist muss ein Kaiserschnitt (S. 270) erfolgen, um das Leben des Muttertiers zu retten. Die Welpen gelten ab dem 40. Trächtigkeitstag als überlebensfähig.

Nach dem Eingriff müssen die Welpen häufig durch eine Amme oder von Hand gefüttert (S. 33) werden, da in den ersten Tagen post operationem meist keine oder nur wenig Milch vorhanden ist.

Prognose Die Prognose ist sehr vorsichtig zu stellen. Die Überlebenschancen nach dem Kaiserschnitt sind im Vergleich zur rein konservativen Therapie etwas besser einzuschätzen.

Prophylaxe Bei der Trächtigkeitstoxikose kommt der Prophylaxe eine große Bedeutung zu. Die Fähen müssen ausreichend mit Energie versorgt werden. Dabei ist zu beachten, dass im Laufe der Trächtigkeit durch das Wachstum der Früchte immer weniger Platz im Bauchraum zur Verfügung steht. Die Frettchen sollten kalorienreiches, schmackhaftes Futter zur freien Verfügung erhalten. Wird ein großer Wurf erwartet, sind zusätzliche Gaben von energiereicher Paste (z. B. Nutri-Cal®) empfehlenswert.

12.20.7 Dystokie

Ätiologie Gelegentlich setzt bei Frettchen die Geburt nicht ein oder es kommt zu einer Geburtsstockung. Als Richtwert für das Vorliegen einer Geburtsstockung wird in der Literatur eine unproduktive Wehentätigkeit zwischen 12 und 24 Stunden bzw. eine Zeitdauer von mehr als 1 Stunde zwischen der Geburt zweier Welpen genannt. Analog zu anderen Tieren zählen zu große Früchte, eine fehlerhafte Lage oder kongenitale Missbildungen zu den möglichen Ursachen einer Dystokie. Besteht ein Wurf nur aus wenigen Welpen, werden diese häufig relativ groß und die Gefahr von Komplikationen bei der Geburt erhöht sich. Zusätzlich wird vermutet, dass der Stimulus zur Geburtseinleitung bei kleinen Würfen in einigen Fällen nicht stark genug ist. Die Geburt findet bei Erstgebärenden zumeist eher früher, um den 41. Trächtigkeitstag, bei Fähen, die bereits mehrere Würfe hatten, am 42. Tag statt. Ab dem 43. Tag muss mit einem Absterben der Feten gerechnet werden.

Klinisches Bild Ein vermindertes Allgemeinbefinden, Ruhelosigkeit, Schmerzäußerungen und mangelndes Interesse für bereits geborene Welpen können Anzeichen einer Dystokie sein.

Diagnose Eine Untersuchung des Abdomens kann bei einer Geburtsstockung aufgrund der Schmerzhaftigkeit sehr schwierig sein. Die Fähen müssen gut fixiert werden, um Bissverletzungen zu vermeiden. Werden nur wenige Welpen vermutet, sollte deren Größe bei nahendem Geburtstermin röntgenologisch kontrolliert werden. Sehr große Jungtiere sollten per Kaiserschnitt (S. 270) entwickelt werden.

Therapie Abhängig von der vorliegenden Problematik erfolgt die Behandlung der Dystokie konservativ oder operativ.

Konservative Therapie Eine medikamentelle Therapie darf nur bei gutem Allgemeinbefinden des Muttertiers und nach (radiologisch überprüftem) Ausschluss eines mechanischen Geburtshindernisses durchgeführt werden. Ist der 42. Graviditätstag angebrochen, kann die Geburt mit der Gabe von Prostaglandin in einer Dosierung von 0,5–1 mg/Tier i. m. (z. B. Dinolytic®) eingeleitet werden. Setzt die Geburt nicht innerhalb von 3 Stunden ein, werden zusätzlich 0,2–3 IE/kg Oxytocin s. c. oder i. m. verabreicht.

Cave

Bei Lageanomalien oder zu großen Früchten ist die Gabe von Oxytocin immer kontraindiziert, da bei einem zwangsläufig weiterhin stockenden Geburtsvorgang durch die starken Kontraktionen die Gefahr einer Uterusruptur besteht.

Chirurgische Therapie Spätestens 8 Stunden nach Beginn der konservativen Therapie muss bei fehlenden Anzeichen für den Beginn der Geburt ein Kaiserschnitt (S. 270) durchgeführt werden. Auch bei Lageanomalien, zu großen, missgebildeten oder avitalen Früchten sowie bei Fähen mit gestörtem Allgemeinbefinden muss (nach Stabilisierung des Kreislaufs mittels Infusion) eine chirurgische Therapie erfolgen.

12.20.8 Neoplasien des weiblichen Geschlechtstrakts

Ätiologie Bei intakten Fähen sind Tumoren des Geschlechtstrakts häufig zu finden. Der überwiegende Anteil ist von maligner Natur. Am häufigsten treten Leiomyome der Ovarien auf. Auch Granulosazelltumoren, Teratome und Stromatumoren wurden diagnostiziert. Meist werden die Veränderungen in Routinesonografien oder bei der Ovariohysterektomie entdeckt.

Die Gebärmutter kann diverse Neoplasien entwickeln. Zu ihnen zählen unter anderem Leiomyome, Leiomyosarkome, Adenome, Adenokarzinome und Fibromyome.

Mammatumore sind bei Frettchen sehr selten. Es gibt Berichte über Adenome, Fibroadenome und Adenokarzinome, wobei die benignen Veränderungen häufiger auftreten.

Klinisches Bild Je nach Tumorart können die Fähen asymptomatisch sein, in schwereren Fällen aber auch Anzeichen eines Hyperöstrogenismus (S. 231) wie eine Schwellung der Vulva, eine hormonell bedingte Alopezie (S. 147) oder eine Anämie zeigen. Meist sind die Tiere zunehmend lethargisch und anorektisch. Auch eine verminderte Fruchtbarkeit oder Dauerranz kann die Folge sein.

Mammatumoren sind meist als kleine Knötchen im Drüsengewebe fühlbar. Große oder ulzerierte Tumoren sind selten.

Diagnose Große Ovarial- bzw. Uterustumoren fallen bereits während der Palpation des Abdomens sowie bei der röntgenologischen Untersuchung (▶ **Abb. 12.47**) auf. Eine genauere Zuordnung kann mittels Sonografie durchgeführt werden (▶ **Abb. 12.48**). Bei der Palpation auffallende Knoten in der Milchleiste müssen von Abszessen oder chronischen Veränderungen abgegrenzt werden. Hinweise können die Sonografie und die Punktion der Umfangsvermehrung liefern. Bei allen Neoplasien ist eine exakte Diagnose aber nur durch Untersuchung von Zellen oder Gewebe möglich.

Therapie Tumoren der Ovarien oder des Uterus können mittels Ovariohysterektomie (S. 269) in der Regel komplett entfernt werden.

Während bei gutartigen Neoplasien der Mamma meist die Entfernung des Knotens ausreicht, muss bei Adenokarzinomen sehr großzügig reseziert werden.

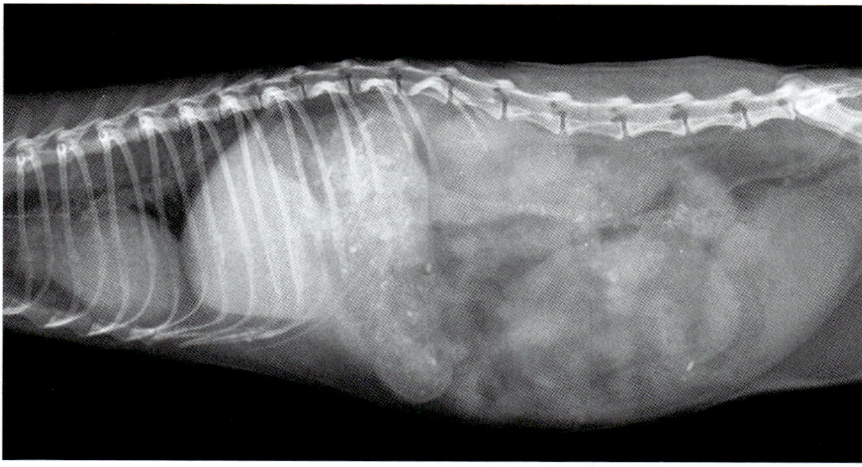

▸ **Abb. 12.47** Weichteildichte, strangartige Verschattung kranial der Harnblase bzw. teilweise am Harnblasenpol überlagernd (Uterustumor).

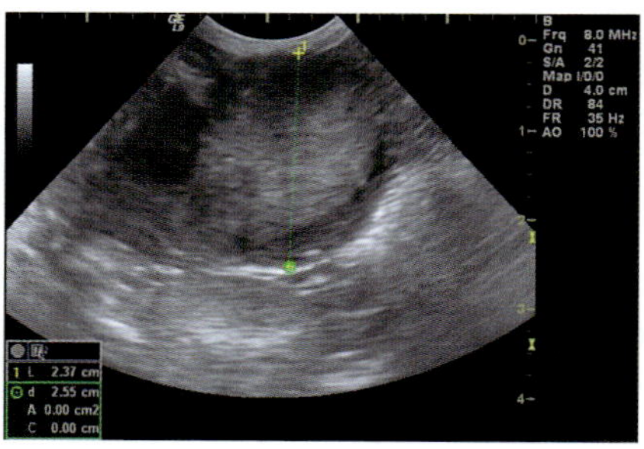

▸ **Abb. 12.48** Sonografisch darstellbare Entartung des Uterus.

12.21 Endokrinologische Erkrankungen

Martina Warschau

12.21.1 Insulinom

Ätiologie Frettchen leiden sehr häufig unter Inselzelltumoren des endokrinen Pankreas (Insulinome). Es handelt sich meist um wenige mm bis 1 cm große benigne Adenome, seltener um Adenokarzinome. Metastasierungen in regionale Lymphknoten, Leber und Milz sind möglich, im Vergleich zu den Verhältnissen bei Hund und Katze jedoch relativ selten. Klinische Anzeichen der Erkrankung zeigen sich meist im Alter von 4–5 Jahren. Durch die willkürliche Ausschüttung von Insulin geraten die Tiere in eine Hypoglykämie. Zusätzlich können schnell ansteigende Glukosespiegel eine exzessive Insulinfreisetzung aus den Tumoren provozieren und zu einer kompletten Stoffwechselentgleisung führen. Ätiologisch werden eine genetische Komponente und eine alimentäre Überversorgung mit Kohlenhydraten diskutiert.

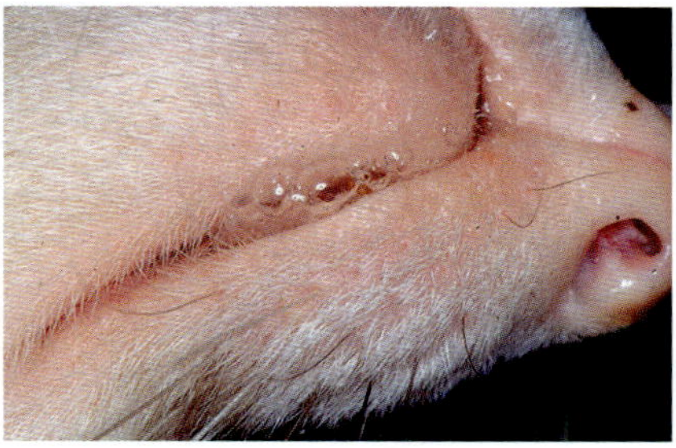

▶ **Abb. 12.49** Vermehrter Speichelfluss, ausgelöst durch eine Hypoglykämie-bedingte Übelkeit.

Klinisches Bild Viele Tiere schlafen vermehrt, verlieren an Gewicht und leiden unter Tremor, Krämpfen, Ataxie oder Hinterhandschwäche. Einige Frettchen sind desorientiert und zeigen Anzeichen von Übelkeit, indem sie vermehrt speicheln (▶ **Abb. 12.49**) und sich mit der Pfote über den Maulbereich wischen.

Im Frühstadium der Erkrankung dauern die Symptome oft nur kurz an und die Frettchen erholen sich zunächst vollständig. Allerdings rezidivieren die Symptome, unbehandelt kommt es zu einem progressiven Verlauf. Typischerweise bessert sich das durch die Hypoglykämie ausgelöste klinische Bild nach Aufnahme von Futter bzw. nach Verabreichung von Glukose sehr schnell. In fortgeschrittenen Fällen kann die Erkrankung auch zu Koma und Tod führen.

Diagnose Eine Bestätigung der Hypoglykämie kann über die Messung der Glukosekonzentration im Plasma erfolgen. Die Tiere sollten vor der Blutentnahme über 3–4 Stunden nüchtern gehalten werden. Auch auf die Vitaminpaste als Hilfe beim Handling muss verzichtet werden. Die **Nahrungskarenz** darf auf keinen Fall länger als 4 Stunden dauern, um eine lebensbedrohliche Hypoglykämie zu vermeiden. Die Nüchtern-Glukosekonzentration liegt bei gesunden Frettchen zwischen 90 und 125 mg/dl. Plasmakonzentrationen unter 70 mg/dl (< 3,9 mmol/l) sind verdächtig, Werte < 60 mg/dl (< 3,4 mmol/l) werden als diagnostisch angesehen. Das Blut muss zügig nach der Entnahme zentrifugiert werden, um Artefakte auszuschließen. Auch die Leberwerte sollten überprüft werden, da die Hypoglykämie zu einer Lipidose (S. 205) mit erhöhtem GLDH- und ALT-Spiegel führen kann.

Weitere Ursachen einer Hypoglykämie wie Lebererkrankung (S. 204), Hunger oder eine Sepsis müssen ausgeschlossen werden. Messungen der Insulinkonzentration gelten nicht als zuverlässiger Parameter zur Diagnoseabsicherung eines Insulinoms.

Sonografisch können die Tumoren aufgrund ihrer geringen Größe nur selten dargestellt werden. Die Ultraschalluntersuchung ist dennoch anzuraten, um Hinweise auf Metastasen oder Begleiterkrankungen zu erhalten.

Die endgültige Diagnose eines Insulinoms kann nur histopathologisch gestellt werden.

Therapie Schwer erkrankte Frettchen, die an Krämpfen leiden oder bereits komatös sind, erhalten so schnell wie möglich nach Diagnostizierung der Hypoglykämie einen kleinen Bolus (0,5–1 mg/kg) 50 %iger Glukoselösung intravenös und im Anschluss Infusionen mit 2,5 %iger Glukoselösung.

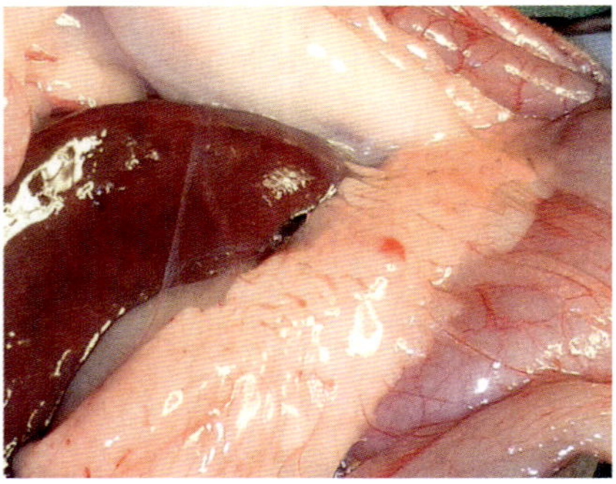

▶ **Abb. 12.50** Rötliche Umfangsvermehrung im Pankreasgewebe (Insulinom).

Chirurgische Therapie Nach Stabilisierung des Patienten sollten die Tumoren chirurgisch (S. 270) entfernt werden, um die unkontrollierte Insulinausschüttung einzudämmen. Im Rahmen der Laparotomie sollten neben der Bauchspeicheldrüse auch die anderen abdominalen Organe, insbesondere Leber und Milz, sorgfältig auf das Vorliegen von Metastasen untersucht werden. Insulinome stellen sich sonografisch oft leicht erhaben und etwas heller als das umgebende Gewebe, in einigen Fällen auch rötlich gefärbt, dar (▶ **Abb. 12.50**). Die Schenkel der Bauchspeicheldrüse sollten außerdem sehr vorsichtig vollständig durchtastet werden, da kleine Knötchen eventuell nicht sichtbar, aber fühlbar sind. Bei multiplem Befall kann auch eine Pankreasteilresektion nötig werden; meist wird dann dessen Milzschenkel reseziert.

Einer Studie zufolge lag die symptomfreie Zeit und die Überlebenszeit bei Nodulektomie in Verbindung mit Teilpankreatektomie höher als bei solitärer Nodulektomie. Eine komplette Tumorfreiheit ist meist nicht zu erreichen, da auch morphologisch unauffälliges Pankreasgewebe bereits Mikrometastasen enthalten kann. Dennoch kann durch Reduktion des Tumorgewebes das krankheitsfreie Intervall verlängert werden.

Konservative Therapie Als Alternative zur Chirurgie (beispielsweise bei Risikopatienten oder sehr alten Tieren) kann die Behandlung auch medikamentell erfolgen. Die Therapie ermöglicht Symptomfreiheit, führt aber nicht zur Verlangsamung des Tumorwachstums. Häufig reicht zunächst eine 1–2× tägliche Gabe von Prednisolon (0,25–2 mg/kg p. o.) aus, um den Zustand der Tiere durch eine Steigerung der Glukoneogenese stabil zu halten. Dabei wird die niedrigste Dosierung gewählt, die einen symptomfreien Zustand ermöglicht, und diese bei Bedarf erhöht. Etwa 1 Woche nach Therapiebeginn wird der Glukosespiegel erneut kontrolliert und die Medikation ggf. angepasst.

Erweist sich die Wirkung von Prednisolon als nicht mehr ausreichend, kann Diazoxid (5–30 mg/kg 1–2 × tägl. p. o.), ein Benzothiadiazin, zusätzlich verabreicht und die Prednisolondosis wieder verringert werden. Diazoxid ist auch zur Initialtherapie geeignet, gilt aber aufgrund des hohen Preises meist als 2. Therapieoption.

Generell sollte der Plasma-Glukosespiegel erkrankter Tiere regelmäßig im Abstand von 3–4 Monaten kontrolliert werden.

Fütterung Einen sehr wichtigen Anteil bei der Stabilisierung von Insulinom-Patienten hat die richtige Fütterung durch den Patientenbesitzer. Das Futter muss aus hochwertigen Proteinen bei gemäßigtem Anteil an Kohlenhydraten bestehen. Um den Insulinspiegel stabil zu halten, ist es sinnvoller, mehrmals täglich kleinere Mengen zu füttern und auf kohlenhydratreiche Leckereien ganz zu verzichten. Den Tierbesitzern ist anzuraten, für den Fall einer rezidivierenden hypoglykämischen Krise zur Erstversorgung immer eine Vitaminpaste oder Traubenzucker zur Verfügung zu haben.

Prognose Die Erkrankung ist in den meisten Fällen nicht heilbar, sondern über einen gewissen Zeitraum kontrollierbar. Es sind Überlebenszeiten von über 2 Jahren möglich. Dabei sind die besten Ergebnisse bei einer Kombination aus chirurgischer und medikamentöser Behandlung zu erwarten.

12.21.2 Hyperöstrogenismus der Fähe bei persistierender Ranz

Cave
Lebensbedrohliche hormonelle Entgleisung bei unkastrierten Fähen!

Ätiologie Während der Ranzzeit (März bis August) findet bei unkastrierten Frettchenfähen nach der Bedeckung durch den Rüden eine induzierte Ovulation statt. Es folgt eine Trächtigkeit oder Scheinträchtigkeit. Findet kein Kontakt zu Rüden statt, bleibt die Ovulation aus. Bis zu 50 % der nicht gedeckten Fähen verharren in einer Dauerranz. Die dann permanent erhöhten Östrogenkonzentrationen im Blut verursachen eine schwere Knochenmarksdepression, die alle Zelllinien betrifft. Bereits eine 1-monatige Ranz kann zu einer schwerwiegenden Erkrankung führen.

Eine weitere, wenn auch sehr seltene Ursache für einen Hyperöstrogenismus, kann das Vorliegen eines Ovarialtumors (S. 227) sein. Ein Hyperöstrogenismus kann auch beim Zurückbleiben von Ovarrestgewebe nach Kastration und bei kastrierten Frettchen beiderlei Geschlechts im Rahmen einer Nebennierenerkrankung (S. 233) auftreten.

! Junge Fähen können bereits in ihrer 1. Brunstsaison an einem Hyperöstrogenismus erkranken.

Klinisches Bild Bei der Allgemeinuntersuchung fällt meist eine deutliche Vulvaschwellung (► **Abb. 12.51**) mit oder ohne Vaginalausfluss auf. Oft liegt ein bilateral symmetrischer, von kaudal nach kranial fortschreitender Haarausfall vor. Bei Vorliegen einer Anämie sind Schleimhäute, Nasenspiegel und Vulva blass bis weiß. Die Tiere sind meist geschwächt und zeigen eventuell Ataxien oder eine Hinterhandschwäche.

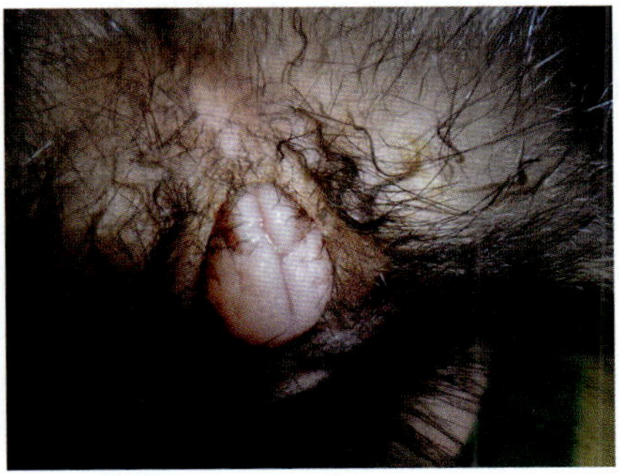

► **Abb. 12.51** Stark geschwollene Vulva aufgrund eines Hyperöstrogenismus.

Ist eine Thrombozytopenie vorhanden, können Gerinnungsstörungen auftreten und Blutungen (z. B. Petechien, Ekchymosen, Hämaturie, Meläna) zu sehen sein. Durch eine Immunsuppression sind die Fähen empfänglich für Infektionen wie eine Pyometra oder Bronchopneumonie.

In fortgeschrittenen Stadien sind die Tiere stark abgemagert, dehydriert und geschwächt. Ohne Behandlung führt die Erkrankung meist infolge von Blutungen zum Tod.

Diagnose Der Verdacht, dass ein Hyperöstrogenismus vorliegt, besteht bei Fähen, die sich anamnestisch bereits über mehrere Wochen in der Ranz befinden. Durch die typische Klinik erhärtet sich der Verdacht. Eine Diagnose sollte schließlich mittels Blutuntersuchung erfolgen. Hämatokritwerte < 20 % gelten als beweisend. Zu Beginn der Erkrankung kann möglicherweise eine milde Thrombozytose oder Leukozytose vorhanden sein. Im weiteren Verlauf entwickeln sich schließlich eine nicht regenerative Anämie, eine Thrombozytopenie und eine Leukopenie.

In Zusammenhang mit der Anämie sind regelmäßig auch systolische Herzgeräusche auskultierbar.

Sonografisch sind die Nebennieren nach Hyperplasien oder tumorösen Veränderungen und die Ovarien nach Tumoren zu untersuchen. Im kaudalen Abdomen wird auf Anzeichen eines infektiösen Geschehens geachtet.

Therapie Die Tiere müssen zunächst mit Infusionen stabilisiert und ggf. zugefüttert werden und erhalten zum Schutz vor Sekundärinfektionen ein Breitspektrumantibiotikum.

Tiere mit einem Hämatokrit < 15 % haben eine sehr schlechte Prognose. Zur Stabilisierung sind (möglicherweise mehrmalige) Bluttransfusionen (S. 174) nötig. Ist eine Operation aufgrund des kritischen Zustands des Tieres noch nicht möglich, können hCG (50–100 IE/Tier i. m.) oder GnRH (20 µg/Tier s. c. oder i. m.) injiziert werden, um die Ranz zu beenden. Nach 3–4 Tagen sollten die typischen Ranzsymptome abklingen. Ist der Rückgang der Symptomatik nach 7 Tagen nur unzureichend erfolgt, kann die hCG-Injektion wiederholt werden. Der Effekt des Hormons ist allerdings immer nur vorübergehend. Nach Übergang in die Pseudogravidität folgt der nächste Zyklus.

Sobald die Fähen stabil genug sind, ist die Durchführung einer Ovarioektomie oder Ovariohysterektomie (S. 269) zur dauerhaften Verhinderung der Brunst anzuraten. Auch nach der chirurgischen Entfernung von Ovarien und Gebärmutter kann es Wochen bis Monate dauern, bis sich das Blutbild normalisiert hat. Zur Kontrolle der Regeneration sind regelmäßige Blutkontrollen sinnvoll.

Da die Kastration bei Frettchen als eine der Ursachen für das Auftreten einer Nebennierenerkrankung gilt, wird nach weiteren Möglichkeiten gesucht, um die Brunst medikamentell zu unterdrücken.

Als Alternative zur Ovarektomie/Ovariohysterektomie werden in der Literatur die Zusammenführung mit einem kastrierten Rüden oder die Gabe von Proligeston (50 mg/Tier s. c.) zu Beginn der Brunstsaison genannt. Bei wiederholtem Einsatz dieses Progestativums besteht jedoch die Gefahr der Entstehung einer Endometritis oder einer Pyometra (S. 221).

Ein weiterer vielversprechender Ansatz ist die subkutane Implantation eines GnRH-Agonisten (Suprelorin®, 4,7 mg/Implantat). Die Schwellung der Vulva nimmt 1–2 Wochen nach Einsatz des Chips deutlich ab. Die Futteraufnahme bessert sich innerhalb von 5–7 Wochen. Eine Scheinträchtigkeit mit anschließendem erneuten Östrus wurde in der Literatur bisher nicht beobachtet. Die Dauer der Östrusunterdrückung mittels Implantat wird mit mindestens 22–35 Monaten angegeben.

Prognose Eine Einschätzung erfolgt anhand des Hämatokritwerts. Je geringer der Wert, desto schlechter ist die Prognose. Bei Hämatokritwerten < 15 % ist der Ausgang meist letal.

Prophylaxe Fähen, die nicht zur Zucht eingesetzt werden sollen, sind unbedingt vor der 1. Ranz zu kastrieren oder mit einem Implantat zu versehen. Zuchttiere dürfen **nie länger als 2–4 Wochen** in der Brunst bleiben.

! Eine frühzeitige Prophylaxe kann die Ausbildung der Erkrankung verhindern!

12.21.3 Nebennierenerkrankung

Ätiologie Eine der häufigsten Erkrankungen bei kastrierten Frettchen ist der **Hyperadrenokortizismus** (ferret adrenal syndrome). Dieser darf jedoch nicht mit dem v. a. bei Hunden häufig auftretenden Morbus Cushing verwechselt werden. Die Symptomatik wird bei Frettchen nicht durch einen Hyperkortisolismus, sondern durch eine übermäßige Ausschüttung von Geschlechtshormonen bestimmt. Betroffen sind Frettchen im mittleren Alter und alte Tiere. Eine Geschlechtsprädisposition besteht nicht. Pathohistologisch werden Hyperplasien, Adenome und Adenokarzinome der Nebennieren diagnostiziert. Die Veränderungen sind meist unilateral, können aber auch beidseits auftreten. In manchen Fällen zeigen die Tumoren invasives Wachstum und metastasieren in andere Organe.

Als prädisponierender Faktor für die Erkrankung gilt die Kastration der Frettchen. Dabei scheint das Alter bei Kastration linear mit dem Alter bei Auftreten der klinischen Symptome zu korrelieren. Es wird angenommen, dass nach Entfernung der Gonaden die negative Rückkopplung auf den Hypothalamus entfällt und zu hohen Konzentrationen an FSH und LH führt. Die kontinuierliche Stimulation von LH-Rezeptoren in der Nebennierenrinde resultiert in einer Hyperplasie und/oder tumorösen Entartung der Drüse.

Auch eine künstlich verlängerte Lichtperiode durch Wohnungshaltung könnte eine Rolle bei der Entwicklung einer Nebennierenerkrankung spielen. Die Bildung des antigonadotropen Hormons Melatonin wird durch Licht gehemmt, was zu einem Anstieg der Gonadotropine führt.

Eine genetische Komponente wird ebenfalls angenommen. Derzeit wird außerdem diskutiert, ob ein mutiertes Tumorsuppressorgen mit der Progression der Tumorentwicklung in Verbindung steht.

Klinisches Bild Häufig auftretende Symptome sind eine bilaterale Alopezie (▸ **Abb. 8.8**, ▸ **Abb. 12.52**), die im Schwanzbereich beginnt und sich progressiv nach kranial aus-

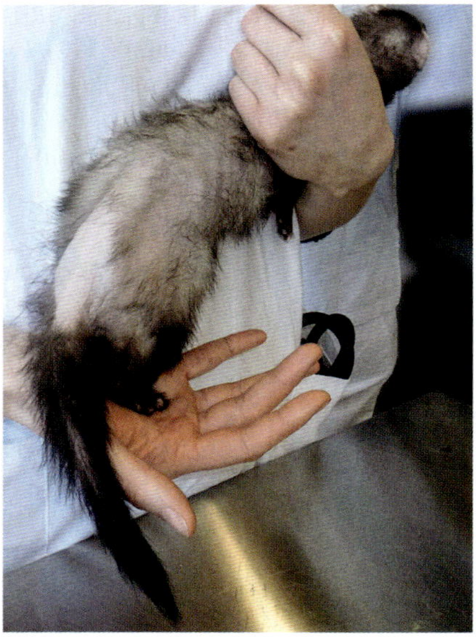

▶ **Abb. 12.52** Bilateral symmetrische Alopezie entlang des Rückens aufgrund einer Nebennierenerkrankung.

breitet, dünne trockene Haut und eine geschwollene Vulva bei kastrierten Fähen. Seltener leiden die Tiere unter Juckreiz und Hinterhandschwäche. Auch ein gesteigertes Sexualverhalten und ein erhöhtes Aggressionspotenzial konnten beobachtet werden.

In einigen Fällen kann sich beim weiblichen Frettchen eine Stumpfpyometra (S. 221) entwickeln. Bei Rüden können Hyperplasien und Zysten paraurethral sowie in der Prostata (S. 218) entstehen. In der Folge kann eine Kompression der Harnröhre mit daraus resultierender Strangurie/Dysurie auftreten. Die Frettchen können nur kleine Mengen oder bei komplettem Verschluss keinen Urin mehr absetzen.

Bei kontinuierlicher Hormonausschüttung besteht die Gefahr eines Hyperöstrogenismus (S. 231). In diesem Fall sind die Frettchen stark geschwächt und weisen häufig Anzeichen einer Anämie auf.

Diagnose Die Palpation einer veränderten Nebenniere ist nur im Falle einer deutlichen Größenzunahme möglich. Häufig sind die Veränderungen weder fühlbar noch röntgenologisch darstellbar. Liegt bereits eine Obstruktion des Harntrakts durch eine vergrößerte Prostata vor, stellt sich das Abdomen bei Palpation meist stark angespannt und schmerzhaft dar.

Als hilfreich erweist sich bei der Nebennierenerkrankung die abdominale Sonografie (▶ **Abb. 12.53**). Sie ermöglicht mit etwas Übung die Beurteilung von Größe, Struktur und Form der Nebennieren. Verdächtig für das Vorliegen einer Nebennierenerkrankung sind eine vergrößerte Organdicke (> 3,9 mm), eine rundliche Form, eine heterogene Struktur und über die Drüsenoberfläche ragende Knoten.

Hat bereits ein Übergriff der Nebenniere auf benachbarte Gefäße begonnen, ist von einer Malignität auszugehen. Das Abdomen kann sonografisch außerdem nach Anzeichen von Metastasen und oft mit der Krankheit einhergehenden Veränderungen von Uterus oder Prostata abgesucht werden. Es sollte eine Blutuntersuchung, bestehend aus Blutbild, Blutchemie und endokrinologischem Profil, eingeleitet werden. Ergebnisse

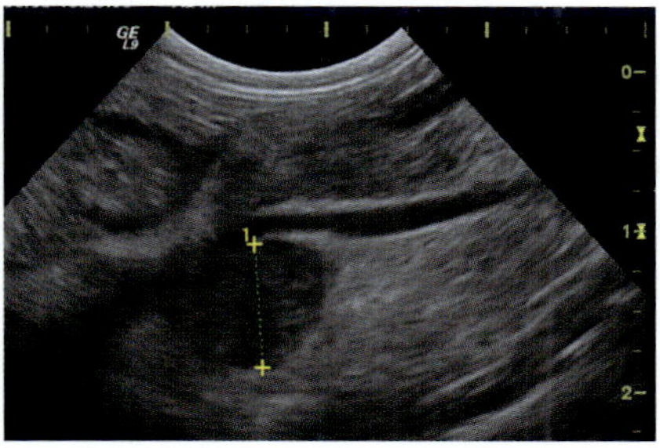

▶ **Abb. 12.53** Sonografisch darstellbare Vergrößerung und Formveränderung der rechten Nebenniere.

von Blutbild und Blutchemie sind bei Nebennierenveränderungen meist unspezifisch, können aber Hinweise auf weitere Erkrankungen, z. B. Insulinome (S. 228), und schwerwiegende Komplikationen wie eine Panzytopenie oder Anämie infolge eines Hyperöstrogenismus geben. Mittlerweile bieten einige Labore die Messung der Geschlechtshormone Androstendion, Östradiol und 17-β-Hydroxyprogesteron an (endokrinologisches Frettchenprofil). Zur Bestimmung der Konzentrationen sind ca. 0,5 ml Serum nötig. Sind ein oder mehrere Hormonwerte erhöht, deutet dies auf eine Nebennierenerkrankung hin. Auch wenn alle Werte im Referenzbereich liegen, ist die Erkrankung nicht auszuschließen. Eine endgültige Diagnose liefert die histopathologische Untersuchung der chirurgisch entfernten Nebenniere.

Therapie Ziel der Therapie ist es, die hohen Spiegel an Sexualhormonen zu senken und die Tiere über einen möglichst langen Zeitraum von der damit einhergehenden Symptomatik zu befreien.

Chirurgische Therapie Eine Möglichkeit besteht in der Exstirpation der erkrankten Nebenniere (S. 272). Dabei gestaltet sich die Entfernung der rechten Nebenniere durch ihre Lage unter dem kaudalen Leberlappen und nahe der V. cava caudalis schwieriger. Bei beidseits veränderten Drüsen können diese vollständig oder partiell entnommen werden. Häufig ist die Symptomfreiheit auch nach erfolgreicher Operation nicht von Dauer, da die kontralaterale Nebenniere weiterhin stimuliert wird und im Laufe der Zeit meist ebenfalls entartet.

Medikamentelle Therapie Zusätzlich zur Operation, oder bei Risikopatienten alternativ zu ihr, ist eine medikamentelle Therapie der Nebennierenerkrankung möglich. Der Besitzer muss im Vorfeld darüber aufgeklärt werden, dass durch ausschließliche Medikation zwar eine Verbesserung der Lebensqualität erzielt wird, eine Progression der Tumorerkrankung und eine potenzielle Metastasierung medikamentell aber nicht aufgehalten werden können.

Ein mittlerweile sehr häufig angewandtes Verfahren ist die subkutane Implantation eines Deslorelin-Chips (Suprelorin®). Deslorelin ist ein synthetisches GnRH-Analogon. Die kontinuierliche Freisetzung des Wirkstoffs führt zu einer Herunterregulation der GnRH-Rezeptoren, reduziert die Ausschüttung von Gonadotropinen und sorgt für eine geringere Produktion von Östrogen, Progesteron und Testosteron. Das Implantat (4,7 mg) wird wie ein Mikrochip unter die Haut zwischen den Schulterblättern gesetzt. Abhängig vom Temperament des Frettchens kann eine kurze Sedation nötig sein. Innerhalb von 2–6 Wochen kommt es zum Abfall der Hormonkonzentration und zum Verschwinden der klinischen Symptome. Die Dauer bis zum Wiederauftreten der Symptomatik liegt zwischen 3 und 30 Monaten.

Auch die Injektion des Wirkstoffs Leuprorelin, ebenfalls ein GnRH-Agonist (100 µg/kg i. m.) bewirkt beim Frettchen eine signifikante Reduktion der Geschlechtshormone. Die Wirkung hält zwischen 1,5 und 8 Monaten an.

Die orale Anwendung des Hormons Melatonin (0,5 mg/Tier 1 × tägl.) wurde ebenfalls beschrieben. Dabei sorgte die tägliche orale Gabe für eine Besserung des klinischen Bildes, führte aber zu erhöhten Hormonkonzentrationen und Tumorwachstum. Nach etwa 8 Monaten wurden rezidivierende Symptome der Erkrankung festgestellt.

Leidet das männliche Frettchen unter Hyperplasien, paraurethralen Zysten oder zystischen Veränderungen der Prostata (S. 218) mit resultierender Strangurie/Dysurie, besteht die Gefahr eines Blasenrisses. Es sollte mittels Zystozentese (S. 77) (intraoperativ oder unter sonografischer Kontrolle) oder durch Katheterisierung eine Entlastung der Harnblase stattfinden und eventuell eine Aspiration von Zysteninhalt erfolgen. Die komprimierte Urethra kann das Legen eines Harnkatheters deutlich erschweren. Um eine Remission der raumfordernden Prozesse zu unterstützen, sollte so schnell wie möglich eine chirurgische oder medikamentelle Therapie erfolgen. Besteht zusätzlich der Verdacht einer Prostataentzündung, sollte ein Aspirat entnommen, mikrobiologisch untersucht und eine antibiotische Therapie eingeleitet werden.

Prognose Liegen bereits schwerwiegende Blutbildveränderungen wie Anämien/Panzytopenien, Prostataveränderungen oder Metastasierungen vor, ist die Prognose schlecht.

Die Überlebensraten liegen nach chirurgischer Therapie bei 1–2 Jahren. Die Prognose bei dauerhafter konservativer Therapie oder einer Kombination aus beiden Behandlungen ist bisher kaum abschätzbar, da Langzeituntersuchungen bisher noch ausstehen.

12.21.4 Diabetes mellitus

Ätiologie Frettchen erkranken nur sehr selten an Diabetes mellitus. Welcher Diabetes-Typ vorliegt, ist zudem bislang nicht geklärt. Vorübergehende Hyperglykämien treten insbesondere als postchirurgische Komplikation nach der operativen Entfernung von Insulinomen (S. 270) auf. Auch die vermehrte Fütterung sehr kohlenhydrathaltiger Lebensmittel scheint ein Risikofaktor zu sein.

Klinisches Bild Betroffene Tiere können unter Polydipsie und Polyurie leiden, sind eventuell lethargisch und anorektisch. Auch sehr unspezifische Symptome wie Hinterhandschwäche und Ataxien sind möglich. Länger andauernde Hyperglykämien können Herzinfarkt, Nierenerkrankungen und Ischämien nach sich ziehen. Diabetogene Katarakte (S. 160) wurden ebenfalls beschrieben. Tiere, die zusätzlich unter Infektionen oder renalen Erkrankungen leiden, haben ein erhöhtes Risiko eine diabetische Ketoazidose zu entwickeln. In diesen Fällen zeigen sich die Frettchen zunehmend lethargisch, atmen frequent und können gastrointestinale Symptome wie Vomitus oder Dolenz im Abdomen entwickeln.

Diagnose Verdächtig für einen Diabetes mellitus sind Blutzuckerwerte > 400 mg/dl (22 mmol/l) in Verbindung mit einer Glukosurie und typischen klinischen Symptomen. Liegt bereits eine Ketoazidose vor, sind Ketonkörper im Harn (Urinstick) und Blut nachweisbar und das Allgemeinbefinden deutlich gestört. Bei Stress tritt ebenfalls eine ausgeprägte Hyperglykämie im Blut auf, jedoch keine begleitende Glukosurie.

Therapie Hyperglykämien im Anschluss an die Insulinom-Resektion benötigen meist keine spezifische Therapie, da in einem Zeitraum von Tagen, selten bis wenigen Wochen, eine Autoregulation stattfindet.

Liegt ein spontaner Diabetes mellitus vor, besteht auch beim Frettchen die Möglichkeit einer subkutanen Insulintherapie. Die Behandlung ist aber nur möglich, wenn der Besitzer in der Lage ist, regelmäßige Kontrollen des Urins mittels Harnstick sowie die subkutanen Insulininjektionen durchzuführen.

Zur Einstellung sollten die Tiere, wenn möglich, stationär aufgenommen werden, um den Plasma-Glukosespiegel und das Vorhandensein von Glukose und Ketonen im Harn mehrmals täglich zu kontrollieren. Die subkutane Verabreichung von Insulin erfolgt 1–2 × am Tag in einer niedrigen Dosierung (0,5–2 IE/kg), die bei Bedarf gesteigert wird. Das Frettchen wird entlassen, sobald eine Stabilisierung des Blutzuckerspiegels erreicht werden konnte. Eine Woche nach Therapiebeginn und anschließend in regelmäßigen Abständen (alle 2–4 Monate) sollte der Nüchtern-Blutglukosespiegel überprüft werden. Der Besitzer muss angehalten werden, täglich auf Abweichungen von Allgemeinbefinden, Trink- und Harnmenge zu achten.

Um eine lebensbedrohliche Hypoglykämie zu vermeiden, wird im Optimalfall vor jeder Insulininjektion per Harnstick überprüft, ob eine Glukosurie vorliegt. Da dies häufig wenig praktikabel ist, sollten die Frettchen kurz vor der Injektion gefüttert werden.

Therapiebegleitend muss die Fütterung auf ein hochwertiges Futter mit hohem Proteinanteil und niedrigem Kohlenhydratanteil umgestellt werden.

Prognose Tritt die Hyperglykämie direkt nach einer Insulinom-Operation auf, ist sie meist nur vorübergehender Natur und die Prognose gut.

Frettchen, die unabhängig oder mehrere Wochen nach der Operation einen Diabetes mellitus entwickeln, haben aufgrund der schwer einstellbaren Therapie eine fragliche bis schlechte Prognose.

12.22 Neurologische Erkrankungen

Anja Ewringmann

Primäre neurologische Erkrankungen kommen bei Frettchen selten vor. Klinische Anzeichen wie Schwäche oder Lähmungserscheinungen der Hinterhand, Ataxien, Krämpfe oder Bewusstseinsstörungen sind oftmals Symptome einer Allgemeinerkrankung (S. 93) und nicht einer isolierten Erkrankung des Nervensystems. Daher kommt bei neurologischen Ausfallerscheinungen einer ausgedehnten Diagnostik entscheidende Bedeutung zu. Einer gründlichen Anamneseerhebung und klinischen Allgemeinuntersuchung sollte sich ein Blutscreening anschließen, das sowohl ein Blutbild als auch die wichtigsten blutchemischen Parameter umfasst. Weitere diagnostische Maßnahmen (z. B. Sonografie, Röntgen) ergeben sich in Abhängigkeit der ermittelten Befunde.

Eine **Schwäche der Hinterhand** ist ein häufiges und unspezifisches Symptom bei Frettchen. Sie kann prinzipiell bei allen Erkrankungen auftreten, die mit einer Schwächung des Patienten einhergehen. In solchen Fällen kommt es zu einem Verlust der normalen Körperspannung, die üblicherweise den langen Frettchenkörper in einem leichten Bogen anspannt, sodass ein Abfall der hinteren Körperhälfte resultiert. Auch abdominale Schmerzen können dazu führen, dass die Hinterbeine nicht ordnungsgemäß belastet werden. Eine neurologische Erkrankung kann zudem durch Krankheiten des Muskel- (S. 168) und Skelettsystems vorgetäuscht werden. Schädigungen des Rückenmarks, die mit Paresen einhergehen, können in Zuge von Infektionen (S. 239), Traumata (S. 100) oder Neoplasien (S. 241) beobachtet werden.

Ataxien können verschiedenste Ursachen haben, wobei auch hier systemische Erkrankungen sowie Erkrankungen, die ihren Ursprung außerhalb des ZNS haben, im Vordergrund stehen. So werden Ataxien u. a. bei Herzerkrankungen (S. 177), Intoxikationen (S. 247), Stoffwechselentgleisungen oder auch Allgemeininfektionen, z. B. Staupe (S. 112), beschrieben.

Prinzipiell werden verschiedene Formen der Ataxie unterschieden:

- Zerebelläre Ataxien werden durch eine Unterbrechung von Impulsen ausgelöst, die normalerweise vom Vestibularsystem, der Großhirnrinde oder dem Rückenmark über das Kleinhirn weitergeleitet werden. Da das Kleinhirn für die Koordination der motorischen Aktivitäten verantwortlich ist, kommt es bei Patienten mit zerebellärer Ataxie in erster Linie zu unkoordinierten Bewegungsabläufen.
- Vestibuläre Ataxien entstehen bei Schädigung des Vestibularapparats im Innenohr. Motorische Aktivitäten werden hier normalerweise verfeinert und koordiniert. Bei einem Funktionsverlust kommt es zu einem Verlust des Gleichgewichts. Betroffene Patienten fallen oft auf die Seite oder weisen eine Kopfschiefhaltung auf. Auch Manegebewegungen und Nystagmus sind möglich.
- Propriozeptive Ataxien werden durch Schädigungen des Rückenmarks hervorgerufen. Es kommt zu propriozeptiven Defiziten, die der geschädigten Region zugeordnet werden können. Ursachen für solche Ausfälle sind Traumata (S. 100), Diskopathien (S. 240) oder Neoplasien (S. 241).

Auch **Krämpfe** und **Bewusstseinsstörungen** können zahlreiche Ursachen haben. Neben Infektionen des ZNS, z. B. bei Infektion mit dem caninen Staupevirus (S. 112), kommen beim Frettchen als Auslöser v. a. Stoffwechselentgleisungen vor, z. B. Hepatopathie (S. 204), Nephropathie (S. 208), Insulinom (S. 228). Als seltenere Ursachen sind Traumata (S. 100), Intoxikationen (S. 247) und Neoplasien (S. 241) zu nennen.

Im Folgenden werden die wichtigsten Ursachen für neurologische Störungen kurz aufgelistet. Nähere Informationen zu den Erkrankungen sind den jeweils ausgewiesenen Kapiteln zu entnehmen.

12.22.1 Allgemeininfektionen mit Beteiligung des ZNS

Als **virale Infektionen** mit Manifestation im zentralen Nervensystem sind die Tollwut (S. 111), die Staupe (S. 112) und die Aleutenkrankheit (S. 115) zu nennen. Zudem konnten bei Frettchen mit neurologischen Störungen Coronaviren isoliert werden, die das sog. systemische granulomatös-entzündliche Syndrom (S. 117) (systemic granulomatous inflammatory syndrome, SGIS) auslösen und die dem Erreger der FIP bei Katzen ähneln.

Staupeinfektionen können zu Übererregbarkeit, Muskelzittern und Krämpfen führen. Bei Frettchen, die an Tollwut erkrankt sind, werden neurologische Symptome wie Hyperaktivität, Parästhesien, Ataxien, Blasenatonie, Muskelzittern, Krämpfe und Paralysen beschrieben. Bei der Aleutenkrankheit kommen milde bis ausgeprägte Ataxien, Muskelzittern und Paresen vor. Beim SGIS werden, neben Symptomen, die andere Organsysteme betreffen, auch neurologische Störungen wie Hinterhandschwächen, Muskelzittern und Krämpfe beobachtet.

Zudem sind Systemmykosen (S. 132) wie die Kryptokokkose und die Blastomykose als Ursachen für neurologische Symptome (Nackensteifheit, Ataxien) beschrieben.

Als **parasitäre Erkrankung** mit möglicher neurologischer Manifestation ist die Toxoplasmose (S. 136) zu nennen. Sie kann mit Ataxien, Muskelzittern, Krämpfen und Lähmungserscheinungen einhergehen.

Bakterielle Infektionen verschiedenster Art können sowohl zu Otitis media (S. 166) als auch zu Enzephalitis und Meningitis führen. Eine Otitis interna geht mit Kopfschiefhaltung, Kreisbewegungen, Gleichgewichtsstörungen und Nystagmus einher. Bei Enzephalitis und Meningitis können Bewusstseinsstrübungen, Muskelzittern und Krämpfe auftreten.

12.22.2 Stoffwechselerkrankungen mit neurologischen Symptomen

Die häufigste Stoffwechselerkrankung, die bei Frettchen zu neurologischen Symptomen führt, ist das Insulinom (S. 228), wobei die klinischen Symptome durch eine anhaltende und ausgeprägte Hypoglykämie ausgelöst werden.

Nephropathien (S. 208) führen über Harnstoffretention letztlich auch zu Schädigungen des ZNS. Eine weitere relativ oft beobachtete Problematik stellen Enzephalopathien als Folge einer Hepatopathie (S. 204) dar.

Da die meisten neurologischen Störungen bei Frettchen Folge einer Stoffwechselerkrankung sind, sollte bei Patienten mit entsprechenden Symptomen stets ein Blutscreening eingeleitet werden, das sowohl ein Blutbild als auch stets Nierenwerte, Leberenzyme und den Blutglukosewert einschließen muss. Abhängig von den ermittelten Werten sind weitere Untersuchungen anzuschließen.

12.22.3 Vergiftungen mit neurologischen Symptomen

Ätiologie und Pathogenese Verschiedene Toxine (S. 247) können zu neurologischen Störungen führen:

- Koffein und Theobromin (enthalten in Schokolade)
- Nikotin
- Polyine (enthalten in verschiedenen Giftpflanzen)
- Ibuprofen

Klinisches Bild Die Symptome reichen, je nach Toxinart und abhängig von der aufgenommenen Menge, von Ataxien über Muskelzittern und Krämpfen bis hin zu Lähmungserscheinungen und Bewusstseinstrübungen.

Diagnose Der sichere Nachweis einer Intoxikation ist in der Regel nicht möglich. Eine Diagnose kann sich allenfalls ergeben, wenn die Giftaufnahme beobachtet wurde.

Therapie Da Antidote meist nicht verfügbar sind, muss eine rasche Elimination des Toxins sowie eine stabilisierende Behandlung des Patienten mit gezielter Behandlung auftretender Symptome erfolgen.

12.22.4 Neoplasien des ZNS

Ätiologie und Pathogenese Neoplasien (S. 241) des Gehirns oder des Rückenmarks sind bei Frettchen extrem selten. Fallberichte und -beschreibungen von Myeloblastomen, Astrozytomen, Meningiomen und Gliomen liegen vor.

Zudem sind Neoplasien (Osteome) der Schädelknochen und der Wirbel beschrieben, die durch eine Komprimierung des Gehirns bzw. des Rückenmarks neurologische Ausfallerscheinungen induziert haben. Auch eine Metastasierung von Lymphomen in Wirbelkörper ist möglich, sodass infolge osteolytischer Veränderungen sekundär Schädigungen des Rückenmarks resultieren können.

Klinisches Bild Klinische Symptome bei Komprimierung des Gehirns reichen von Kopfschiefhaltung und Ataxien sowie Paresen unterschiedlicher Ausprägung bis hin zu Krämpfen und Bewusstseinsstörungen. Neoplasien im Bereich des Rückenmarks bzw. der Wirbel gehen mit Ataxien und Paresen einher.

Diagnose Eine Diagnose kann intra vitam lediglich durch CT oder MRT und Zytologie erfolgen, bei einer Knochenbeteiligung gelingt dies auch röntgenologisch.

Therapie und Prognose Eine Therapie ist nicht möglich; erkrankte Patienten sollten euthanasiert werden.

12.22.5 Diskopathie

Vorkommen Spontane Bandscheibenvorfälle treten bei Frettchen nur sehr selten auf.

Klinisches Bild Es kommt zur Parese der Hintergliedmaßen mit deutlichen propriozeptiven Defiziten kaudal des Vorfalls.

Diagnose In Nativröntgenaufnahmen kann, falls ein größerer Anteil der Bandscheibe vorgefallen ist, eventuell eine Verengung des entsprechenden Zwischenwirbelspalts nachgewiesen werden. Eine weitere Diagnostik kann über Myelografie oder mithilfe eines MRT erfolgen.

Therapie Bei geringgradigem Vorfall mit leichten Ausfallerscheinungen kann eine entzündungshemmende Behandlung mit nicht steroidalen Antiphlogistika oder Kortikoiden versucht werden. Über eine erfolgreiche Hemilaminektomie mit Beseitigung des vorgefallenen Bandscheibenmaterials wird berichtet.

12.23 Neoplasien

Michael Fehr

Verschiedene in den letzten Jahren erschiene Studien beim Frettchen dokumentieren das gesteigerte Interesse an Frettchen und deren neoplastischen Erkrankungen. Dabei zeigt der Vergleich größerer Fallzahlen zwischen einer Studie über Neoplasien in Nordamerika (n = 574, [75]) und einer Studie aus Japan (n = 945, [83]) große Übereinstimmungen hinsichtlich Inzidenz und Tumortyp. Mit Ausnahme der Respirationsorgane (S. 173) waren am häufigsten endokrine Organe mit 44 % (Insulinom (S. 228) 22 %, Nebennierentumor (S. 233) 21 %), die Haut und Anhangsorgane mit 20 % und die Blut-/Lymphorgane mit 19 % (Lymphom 16 %, ▸ **Abb. 12.54**) betroffen. Eine Zusammenstellung über Frettchen mit 763 Hauttumoren (S. 153) [65] zeigt, dass Mastzelltumoren zu 33 %, Epitheliome zu 30 % (Basalzell-, Plattenepithelkarzinome), kutane Hämangiome zu 8 % und Präputialdrüsentumoren zu 4 % auftreten. Daneben scheinen auch dermale Leiomyosarkome [80] und meist das Schwanzende betreffende chondroide Chordome häufiger aufzutreten [25]. Fallberichte zu Schilddrüsenadenokarzinomen, Polypen und Adenokarzinomen des Magen-Darm-Trakts (S. 202), Nierenadenokarzinom (S. 217) oder Sertolizelltumor (S. 220) liegen vor.

! Neoplasien sollten zytologisch und/oder durch Biopsie abgeklärt werden. Je nach Befund ist ein Staging (Lymphknoten-, Röntgen- und Ultraschalluntersuchung) notwendig, um Metastasierungen oder weitere, andersartige neoplastische Erkrankungen nachzuweisen bzw. auszuschließen.

Ätiologie Während frühere Studien Tumoren der Reproduktionsorgane gefolgt von Lymphomen als häufigste Neoplasien [4] nannten, wird der aktuelle Rückgang dieser Tumoren bei gleichzeitigem Anstieg endokriner Tumoren mit der vermehrt durchgeführten Kastration in Verbindung gebracht. Zahlreiche Frettchen weisen Hauttumoren unterschiedlicher Art zum gleichen Zeitpunkt auf, zudem liegen häufiger gleichzeitig Neoplasien anderer Organsysteme vor. Bisher wird erst über einen Fall eines Vakzination-assoziierten Fibrosarkoms beim Frettchen berichtet [65]. Zudem liegt ein Fallbericht über ein Papilloma-Virus-induziertes multizentrisches Plattenepithelkarzinom der Haut vor [103].

Klinisches Bild Hauttumoren wachsen etwa zur Hälfte warzenartig exophytisch, teilweise ulzerierend (▸ **Abb. 12.55**) oder plaqueähnlich bzw. endophytisch [90]. Mastzelltumoren erscheinen häufig als dunkel pigmentierter Hautbezirk, manchmal knotenförmig mit blutender Oberfläche oder als flache, alopezische Plaques, teilweise auch erythematös und mit Juckreiz verbunden. Leiomyosarkome der Haut sind durch eine

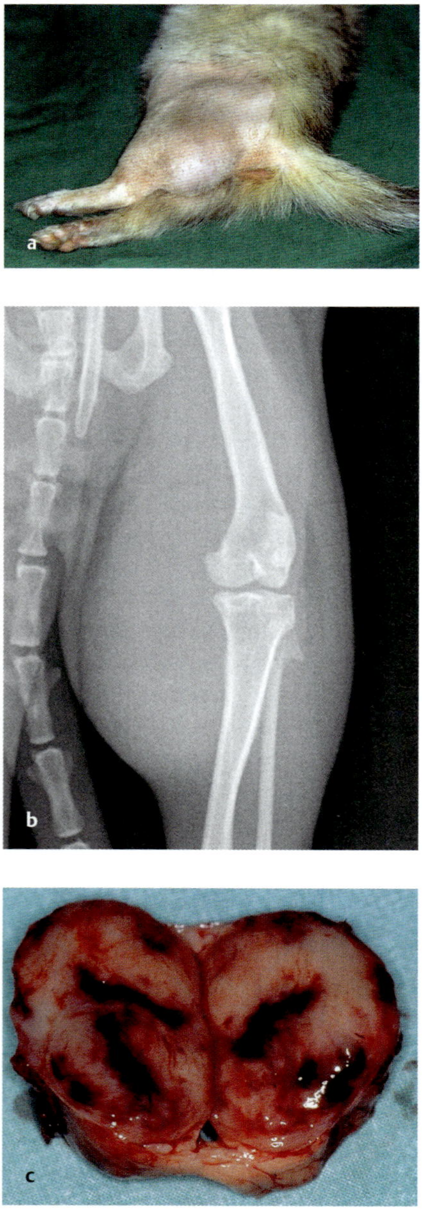

► **Abb. 12.54** Lymphosarkom kaudal des linken Kniegelenks.
a Fotografie.
b Röntgenbild.
c Makroskopie des eröffneten Tumors.

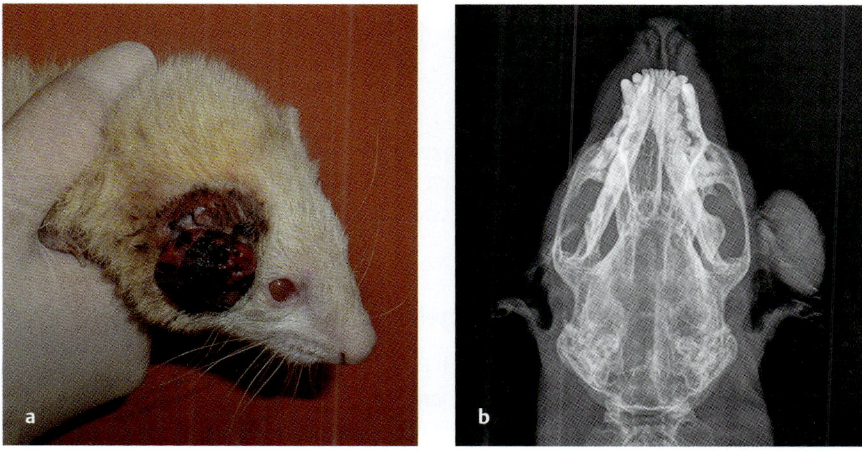

▶ **Abb. 12.55** Ulzerierende Neoplasie der Haut im Bereich der Ohrbasis (Verdacht auf mesenchymalen Tumor).

rosafarbene, knotenförmige Hauterhabenheit gekennzeichnet. Hämangiome der Haut erscheinen als schwarz oder rot gefärbte rundliche Hautumfangsvermehrung [65]. Präputialtumoren (S. 220) entstammen den dort lokalisierten apokrinen Drüsen und erscheinen zunächst als kleinerer Hautknoten in der Nähe der Präputialöffnung.

Diagnose Die Diagnose von Neoplasien stützt sich auf die Befunde der klinischen Untersuchung, der bildgebenden Verfahren, der Zytologie und pathohistologischen Untersuchungen.

Therapie Zur Tumortherapie bei Frettchen liegen nur begrenzte Erfahrungen und Hinweise vor. Prinzipiell können die Erfahrungen bei Hund und Katze mit vergleichbarer Indikation bezüglich operativer Maßnahmen, Chemotherapie oder Bestrahlung übernommen werden. Die Mehrzahl von Neoplasien sollte zumindest exzidiert werden. Gelegentlich schließt dies eine Gliedmaßenamputation [115] oder eine Maxillektomie [46] mit ein.

Eine Chemotherapie beim **Lymphom** ist etabliert. Von einer **Plattenepithelkarzinom**-Reduktion nach wöchentlicher Bleomycingabe (10–20 IE/m^2 s. c.) wird berichtet [47]. **Mastzelltumoren** der Frettchen sind benigne, sie zeigen keine Metastasierungstendenz [109]. **Präputialtumoren** sollten großzügig, teils kombiniert mit einer Penisamputation exzidiert werden, da ein potenziell invasives Wachstum und eine Lymphknotenbeteiligung vorkommt [65], [92].

Die medikamentelleTherapie von **Insulinomen** basiert auf der Gabe von Dioxazid, Diätvorschlägen und Glukokortikoiden. Wenn ein chirurgischer Eingriff (S. 265) als Therapieoption ausfällt, wird im Fall von Nebennierenneoplasien (S. 233) die Gabe von Leuprorelin, Deslorelin oder von Melatonin angeraten [16].

12.24

Angeborene Erkrankungen

Anja Ewringmann

Angeborene und vererbte Erkrankungen spielen bei Frettchen keine große Rolle. Missbildungen der Welpen kommen gelegentlich vor und führen aufgrund von Deformationen (z. B. des Kopfes) entweder zu Geburtsstörungen oder die Jungtiere sterben innerhalb der ersten Lebenstage.

12.24.1 An Felllänge und -farbe gekoppelte Gendefekte

Es ist bekannt, dass Frettchen bestimmter Farbvarianten bzw. bestimmter Felllängen gehäuft Gendefekte aufweisen. So findet man eine **angeborene Taubheit** insbesondere bei Tieren, die sehr helles oder rein weißes Fell besitzen, ohne gleichzeitig rote Augen zu haben, z. B. bei Dark Eye White, Pandafrettchen oder Dachsfrettchen. Eine Einschränkung des Hörvermögens ist zudem auch bei Albinos bekannt.

Bei Tieren der Farbschläge Black Solid und Blackself wird vermehrt **Kryptorchismus** beobachtet.

Bei Fähen mit Lang- oder Halblanghaar tritt gehäuft eine abweichende Zusammensetzung der **Milch** auf. Diese enthält keine ausreichenden Mengen an Protein, sodass eine erfolgreiche Nachzucht nur durch Ammentiere möglich ist.

12.24.2 Herzerkrankungen

Herzerkrankungen (S. 177) sind bei Frettchen in der Regel erworbene Krankheiten, die sich erst im Laufe des Lebens entwickeln. Es existieren jedoch Einzelfallberichte über angeborene Herzerkrankungen wie einen atrialen und einen ventrikulären Septumdefekt sowie eine Fallot'sche Tetralogie.

12.24.3 Augenerkrankungen

Als Augenerkrankungen bei Welpen und Jungtieren sind hereditäre **Katarakte** beschrieben, die mit vollständiger Erblindung einhergehen. Zudem kommen angeborene Dermoide der Kornea sowie Mikrophthalmien vor.

Bekannt sind zudem Fälle einer **persistierenden fetalen intraokulären Vaskularisierung** (PFIV). Hierbei handelt es sich um eine offensichtlich hereditär bedingte Augenanomalie, bei der die embryonalen Blutgefäße sich nicht zurückentwickeln.

Eine gelegentlich bei Neugeborenen vorkommende Augenerkrankung ist die Ophthalmia neonatorum (S. 158). Durch Keimbesiedlung von Kornea und Konjunktiven bei noch geschlossenen Lidern kommt es zu Entzündungen mit Lidschwellung und Ausfluss im Bereich der Augenwinkel. Ursache für diese Problematik sind meist bakterielle Infektionen. Der Infektionsweg ist bisher nicht abschließend geklärt, allerdings scheinen Mastitiden der Fähen die Erkrankung zu begünstigen. Bei derart erkrankten Welpen müssen die Lider operativ geöffnet werden. Bakteriologische Untersuchungen sind empfehlenswert, um gezielt nach Antibiogramm behandeln zu können. Eine Therapie erfolgt zunächst durch sorgfältige Reinigung des Auges mit Kochsalzlösung sowie anschließende antibiotische Behandlung mit Augentropfen.

12.24.4 Nierenerkrankungen

Zystische Nierenerkrankungen (S. 214) können bei Frettchen angeboren sein, wobei Zysten solitär, selten auch multipel auftreten können und meist in der Nierenrinde lokalisiert sind. Meist werden zunächst keine klinischen Symptome sichtbar. Bei fortschreitender Zystenbildung besteht jedoch die Möglichkeit einer chronischen Niereninsuffizienz (S. 212).

12.24.5 Brachyzephalie

In einigen Frettchenlinien wurden vermehrt Fälle von Brachyzephalie beobachtet. Durch die Verkürzung des Kiefers kommt es bei solchen Tieren insbesondere zu Fehlstellungen der Zähne.

12.25 Zoonosen

Anja Ewringmann

Im Folgenden sind häufige Zoonoseerreger beim Frettchen dargestellt (▶ **Tab. 12.3**).

▶ **Tab. 12.3** Zoonoseerreger beim Frettchen.

Erreger	pathologische Veränderungen und klinische Erscheinungen beim Frettchen	Pathogenität für den Menschen
Bakterien		
• Campylobacter jejuni (S. 121)	• Apathie • Inappetenz • Fieber • Exsikkose • Durchfall	• hohe Pathogenität • Ansteckung erfolgt aber meist über kontaminierte Nahrung und Wasser
• E. coli	• Fieber, Anorexie, Lethargie • Mastitis • Durchfallerkrankungen • Pneumonie	• Infektion v. a. durch Schmierinfektion • Erkrankungen v. a. bei geschwächtem Immunsystem
• Mycobacterium bovis • Mycobacterium avium • Mycobacterium tuberculosis	• Inappetenz • Apathie • Gewichtsverlust • gastrointestinale Symptome: Durchfall und Vomitus • Hepatomegalie • vergrößerte Lymphknoten	• hohe Pathogenität • Ansteckung v. a. über Aerosole, aber auch durch direkten Hautkontakt
• Mycoplasma spp.	• Pneumonie	• Übertragung v. a. durch Tröpfcheninfektion • mäßige Kontagiosität • respiratorische Infekte
• Salmonella enteritidis • Salmonella typhimurium	• Apathie • Inappetenz • Gewichtsverlust	• Übertragung auf fäkal-oralem Weg

▸ **Tab. 12.3** Fortsetzung.

Erreger	pathologische Veränderungen und klinische Erscheinungen beim Frettchen	Pathogenität für den Menschen
(Fortsetzung) • Salmonella enteritidis • Salmonella typhimurium	• Exsikkose • Fieber • Durchfall • Erbrechen • Bauchschmerzen • vergrößerte Mesenteriallymphknoten • Konjunktivitis	• Erkrankungsfälle abhängig vom Immunstatus
Pilze		
• Trichophyton mentagrophytes • Trichophyton verrucosum • Microsporum canis	• Haarbruch • runde, haarlose Hautareale mit Schuppenbildung • Krusten • Entzündungen oder Hautverdickungen	• mäßige Pathogenität • Infektion erfolgt v. a. durch direkten Kontakt • Erkrankungsfälle abhängig vom Immunstatus
Viren		
• humanes Influenzavirus (S. 114) Typ A und Typ B	• Apathie • Inappetenz • Fieber • respiratorische Symptome: Niesen, Nasenausfluss, Konjunktivitis	• Infektion v. a. über Aerosole • Erkrankungsfälle abhängig vom Immunstatus
• Tollwut	• neurologische Symptome: Paralyse, Ataxie, Tremor • Fieber, Anorexie, Kachexie	• hohe Pathogenität • Infektion v. a. durch Bisse
Parasiten		
• Cryptosporidium parvum (S. 135)	• meist subklinischer Verlauf • selten chronische Durchfälle	• Infektion erfolgt auf fäkal-oralem Weg • Erkrankungen v. a. bei Immunsuppresion
• Giardia intestinalis (S. 136)	• meist subklinischer Verlauf • selten chronische Durchfälle	• Infektion auf fäkal-oralem Weg
• einige Nematodenspezies	• meist asymptomatisch • bei geschwächtem Immunsystem Durchfall, Erbrechen, Bauchschmerzen, Dehydratation, Lethargie möglich	• Übertragung auf fäkal-oralem Weg • meist asymptomatisch • Magen- und Darmsymptomatik möglich • sehr selten Nährstoffmangel, Anämie oder Organschäden
• Sarcoptes scabiei (S. 143)	• Juckreiz • Alopezie • Haut gerötet und verdickt • krustige bis nässende Hautläsionen	• geringe Pathogenität • Infektion erfolgt durch direkten Kontakt, meist aber nur bei massivem Befall des eigentlichen Wirtstiers

12.26 Vergiftungen

Anja Ewringmann

Beim Frettchen können verschiedenste Substanzen für Intoxikationen verantwortlich sein, z. B. Reinigungs- und Waschmittel, Giftpflanzentoxine, Rodentizide und Insektizide, Arzneimittel oder auch Schokolade. Klinische Symptome einer Vergiftung sind meist sehr unspezifisch und vom jeweilig aufgenommenen Toxin abhängig.

Frettchen sind eigentlich prädestiniert für Vergiftungen, da sie sehr neugierig sind, an allem herumbeißen und aufgrund ihrer geringen Größe und schmalen Körperform auch durch kleinste Lücken passen (z. B. durch unvollständig geschlossene Schranktüren). Dennoch kommen Vergiftungsfälle in der Praxis nur relativ selten vor.

Patientenbesitzer neigen bei vielen Symptomen dazu, einen Vergiftungsverdacht zu äußern, insbesondere wenn die Erkrankung akut aufgetreten ist. Durch sorgfältige Anamneseerhebung muss dann zunächst geklärt werden, ob tatsächlich eine Intoxikation vorliegen kann: Wurde eine Giftaufnahme beobachtet? Fehlen Teile einer Giftpflanze? Wurden Verpackungen von Medikamenten, Reinigungsmitteln etc. angefressen? Wurde eine Aufnahme toxischer Substanzen nicht beobachtet und ergeben sich aus der Anamnese auch keine anderen Hinweise auf eine Intoxikation, so muss ein ausführliches Gesundheitsscreenig erfolgen, um die Ursache der Symptomatik abzuklären.

12.26.1 Allgemeine Maßnahmen

Ist tatsächlich eine Giftaufnahme erfolgt, so sollten Art und Menge des Toxins möglichst genau ermittelt werden. Zudem sollte möglichst exakt der Zeitpunkt der Intoxikation erfragt werden.

Bei frisch aufgenommenen Substanzen kann ein **Erbrechen** mit Apomorphin (0,04 mg/kg s. c., i. m.) induziert werden. Kontraindikation hierfür ist allerdings die Aufnahme ätzender Substanzen (Säuren, Laugen), die bei Regurgitation wiederholt zu massiven Verätzungen der Schleimhäute führen können. Auch sollte bei herzkranken und geschwächten Tieren kein Apomorphin eingesetzt werden, da Erbrechen eine erhebliche Kreislaufbelastung darstellt. Bei Patienten die Bewusstseinsstörungen aufweisen besteht zudem die Gefahr einer Aspiration. Je nach Zeitdauer zwischen Aufnahme des Giftes und Vorstellung in der Praxis kann auch eine Magenspülung in Narkose erwogen werden. Dabei muss das Frettchen intubiert werden, um eine Aspiration zu verhindern.

Ist ein Erbrechen kontrainduziert, so sollte eine **Verdünnung** bzw. **Neutralisierung** der aufgenommenen Substanz vorgenommen werden, indem dem Frettchen Wasser, Milch oder Joghurt angeboten werden. Dies sollte jedoch in immer wieder kleinen Mengen erfolgen, um ein Spontanerbrechen zu verhindern.

Die Gabe von Aktivkohle (1–3 mg/kg p. o.) kann eine **Giftresorption unterbinden**. Aktivkohle sollte aber wirklich nur dann eingesetzt werden, wenn eine Vergiftung sicher ist. Aktivkohle ist unwirksam bei Vergiftungen mit ätzenden Substanzen und Schwermetallen. Wurden Substanzen aufgenommen, die dem enterohepatischen Kreislauf unterliegen, so sollte die Applikation von Aktivkohle mehrmals im Abstand von 6–8 Stunden in halbierter Dosis wiederholt werden.

Bestehen bereits klinische Symptome, so gilt es v. a. eine **symptomatische Behandlung** einzuleiten, um den Patienten zu stabilisieren, da spezifische Antidote für die meisten der aufgenommenen Substanzen nicht verfügbar sind. Neben einer Stabilisierung des Flüssigkeits- und Elektrolythaushalts gilt es v. a. eventuelle kardiologische, respiratorische oder neurologische Symptome zu behandeln sowie ggf. die Leber- und Nierenfunktion zu unterstützen.

Als **präventive Maßnahmen** bei Vergiftungen können die Gabe eines Antibiotikums (zur Vermeidung bakterieller Sekundärinfektionen) sowie die Applikation eines Säurehemmers sinnvoll sein. Letztere dienen zur Vermeidung von Magenulzera (S. 194).

Bei Vergiftungspatienten muss zudem ein sorgfältiges **Monitoring** erfolgen, um Veränderungen des Zustands und das Auftreten neuer Symptome sofort erkennen und unmittelbar eingreifen zu können. Neben einer Überwachung der Herz-Kreislauf-Funktionen und der Atmung sollte auch die Körpertemperatur regelmäßig kontrolliert werden. Es empfehlen sich zudem Blutuntersuchungen bei denen Blutbild, Elektrolyte, Leber- und Nierenwerte sowie der Blutzuckerspiegel überprüft werden.

12.26.2 Vergiftung durch Reinigungs- oder Waschmittel

Ätiologie In den meisten üblichen Haushaltsreinigern und Waschmitteln befinden sich anionische und nicht ionische Tenside, die zu Schleimhautirritationen führen, jedoch keine systemische Vergiftung hervorrufen. Stärker reizende, alkalische Produkte (z. B. Bleichmittel) können zu massiven Korrosionen der Schleimhäute führen.

Klinisches Bild Es stehen gastrointestinale Symptome wie Übelkeit, Erbrechen und Durchfall im Vordergrund.

Therapie Erste Maßnahme bei Aufnahme solcher Substanzen ist eine Neutralisierung durch Gabe von Wasser oder Milch. Das Herbeiführen von Erbrechen ist bei ätzenden Substanzen absolut kontraindiziert! Aktivkohle zeigt keine ausreichende Bindungsfähigkeit.

Bei starken Durchfällen muss eine Flüssigkeitstherapie eingeleitet werden. Zudem ist eine antibiotische Abschirmung des Patienten sinnvoll. Sucralfat wird in einer Dosierung von 25 mg/kg etwa alle 6 Stunden oral verabreicht. Es besitzt eine ausgeprägte zytoprotektive Wirkung auf der Magenschleimhaut und bildet spezifisch auf Ulkusläsionen eine Schutzschicht aus.

Die Fütterung sollte mit weichem/breiigem Futter erfolgen, um weitere Schleimhautirritationen zu vermeiden.

12.26.3 Nikotinvergiftung

Ätiologie Nikotin kann aus Tabakprodukten oder auch Nikotinkaugummis stammen. Abhängig von der Menge des aufgenommenen Toxins kann es zu weitreichenden Vergiftungserscheinungen mit Todesfolge kommen.

Klinisches Bild Zu klinischen Symptomen kommt es meist sehr schnell (ca. 15–45 min) nach Giftaufnahme. Zunächst ist ein Stadium der Übererregung mit Tachypnoe, Salivation, Erbrechen und Durchfall zu beobachten. Im weiteren Verlauf treten Muskelschwäche und -zuckungen, Tachykardie und flache Atmung auf. Es kommt zu fortschreitender Depression mit Koma bis hin zum Tod durch Atem- und Herzstillstand.

Therapie Bei frisch erfolgter Giftaufnahme sollte so schnell wie möglich ein Erbrechen induziert werden. Bestehen bereits Symptome einer Exzitation ist dies jedoch kontraindiziert, da bei solchen Patienten erhöhte Gefahr einer Aspiration besteht. Aktivkohle sollte eingegeben werden, um eine vollständige und weitere Resorption des Giftes zu verhindern.

Das weitere Vorgehen zielt auf eine Erhaltung der Vitalfunktionen ab, wobei eine ständige Überwachung der Atmung und Herz-Kreislauf-Funktionen erfolgen muss.

12.26.4 Vergiftung mit Schokolade

Ätiologie Schokolade enthält die Methylxanthine Koffein und Theobromin, die zu einer Stimulierung des zentralen Nervensystems führen. Hierbei gilt, dass sich mit steigendem Kakaogehalt einer Schokolade auch der Gehalt an Methylxanthine erhöht.

Klinisches Bild Eine Vergiftung kann mit verschiedenen Symptomen einhergehen. Neben gastrointestinalen (Durchfall, Erbrechen) und kardialen Symptomen (Tachykardie, Arrhythmien) werden zudem Hyperaktivität und Krämpfe sowie außerdem Polyurie und Polydipsie beobachtet.

Therapie Nach frisch erfolgter Aufnahme von Schokolade sollte Erbrechen eingeleitet werden. Dies darf auf keinen Fall mehr erfolgen, wenn bereits Anzeichen einer ZNS-Stimulierung vorliegen.

Aktivkohle kann eine Giftresorption verhindern oder minimieren. Weiterhin muss eine stabilisierende symptomatische Behandlung durchgeführt werden.

12.26.5 Pflanzenvergiftungen

Ätiologie Frettchen können sowohl in der Wohnung als auch auf Balkon oder Terrasse sowie im Garten oder bei Spaziergängen mit Pflanzen in Berührung kommen.

Viele Pflanzen sind potenziell toxisch und es existiert eine große Anzahl verschiedener Pflanzengifte (z. B. Alkaloide, Saponine, Polyine, Terpene, toxische Aminosäuren, Proteine und Peptide) mit unterschiedlichsten Wirkungsmechanismen.

Als kardiotoxische Pflanzen sind z. B. Oleander, Fingerhut und Maiglöckchen zu nennen, die Digitaloide enthalten. Einige Pflanzenarten, z. B. Rhabarber (nur die Blätter), Dieffenbachia-Arten oder manche Liliengewächse, besitzen hohe Gehalte an Oxalsäure und haben dadurch ein nephrotoxisches Potenzial. Neurologische Symptome, v. a. Krämpfe, sind z. B. nach Aufnahme von Efeu- und Doldengewächsen (z. B. Wasserschierling) zu beobachten. Solche enthalten Polyine, die zentral angreifende Krampfgifte darstellen.

Klinisches Bild Bei den meisten Pflanzentoxinen stehen gastrointestinale Störungen im Vordergrund. Pflanzengifte mit neurotoxischem Potenzial können verschiedenste

Störungen wie Krämpfe, Lähmungen oder Bewusstseinsstörungen zur Folge haben. Nach der Aufnahme von Digitaloiden aus Pflanzenteilen werden verschiedene kardiogene Symptome (z. B. Tachykardien, Arrhythmien) beobachtet. Eine nierenschädigende Wirkung von Giftpflanzen kann sich anfänglich durch Polyurie und Polydypsie, letztlich in Anurie äußern.

Diagnose Bei jeder vorberichtlichen Aufnahme von Pflanzenteilen sollten die zugehörige Pflanze möglichst zügig bestimmt und deren Inhaltsstoffe ermittelt werden. Hier können sowohl Giftpflanzenbücher als auch Giftzentralen behilflich sein.

Therapie Nach soeben erfolgter Aufnahme der Pflanzenteile können diese oft durch Erbrechen entfernt werden. Ist dies nicht mehr möglich oder bestehen bei dem Patienten Kontraindikationen für das Auslösen eines Erbrechens, sollte Aktivkohle appliziert werden, um eine Giftresorption so gering wie möglich zu halten. Enthält die Giftpflanze Toxine, die den enterohepatischen Kreislauf durchlaufen, muss die Gabe von Aktivkohle mehrfach wiederholt werden.

Bestehen bereits Vergiftungssymptome, so muss eine intensiv unterstützende Behandlung eingeleitet werden, die sich an der klinischen Symptomatik orientiert.

12.26.6 Insektizidvergiftungen

Ätiologie Insektizide können von Frettchen v. a. durch das Zerkauen von Tuben/Ampullen mit in der Veterinärmedizin gebräuchlichen Präparaten zur Floh- und Milbenbehandlung aufgenommen werden. Auch das Zerbeißen und Fressen von Ameisenködern ist möglich.

Die in solchen Präparaten verwendeten Inhaltsstoffe (z. B. Avermectine, Fipronil, Pyrethroide) sind allerdings für Säugetiere erst in hoher Dosierung toxisch. Es sind Vergiftungsfälle bekannt, bei denen Kleinsäuger Zubereitungen für Pferde aufnehmen.

Klinisches Bild und Therapie In der Regel werden keine klinischen Symptome beobachtet, sodass auch keine Behandlung erforderlich wird.

12.26.7 Rodentizidvergiftungen

Ätiologie Als Rodentizide in Form von Fraßködern sind in Deutschland derzeit nur Antikoagulanzien zugelassen. Ihre Wirkung beruht auf einem Eingriff in die Blutgerinnungsvorgänge, wobei die Synthese von Prothrombin in der Leber verhindert wird. Gleichzeitig kommt es zu verstärkter Permeabilität der Gefäßwände.

Klinisches Bild Klinische Symptome setzen verzögert etwa 3–7 Tage nach Giftaufnahme ein. Antikoagulanzien führen zu Blutungen. Mögliche Folgen sind Schwäche, blasse Schleimhäute, petechiale Blutungen in Haut und Unterhaut, Dyspnoe, Husten sowie geschwollene Gelenke.

Therapie Liegt die Aufnahme von Antikoagulanzien noch nicht länger als 4 Stunden zurück, so sollte Erbrechen herbeigeführt werden und zudem unterstützend Aktivkohle gegeben werden.

Vitamin K_1 wird in einer Dosis von 1–10 mg/kg/d verabreicht, wobei eine Aufteilung auf 2–3 tägliche Gaben erfolgen sollte. Da sowohl die intravenöse als auch die subkutane Applikation einen anaphylaktischen Schock auslösen kann, ist eine orale Applikation vorzuziehen. Hierfür können Vitamin-K-Injektionslösungen verwendet werden. Um die Resorption von Vitamin K zu fördern und gleichzeitig den Geschmack der Präparate zu neutralisieren, sollten diese mit etwas fettiger Nahrung (z. B. Katzendosenfutter) vermischt und verabreicht werden.

12.26.8 Arzneimittelvergiftungen

Ätiologie Intoxikationen können daraus resultieren, dass Frettchen ungesichert herumliegende Medikamente fressen. Sie können aber auch Folge einer „Eigenmedikation" durch den Besitzer sein. Nicht selten werden Frettchen insbesondere Analgetika verabreicht, die für die Anwendung bei dieser Tierart absolut ungeeignet sind.

Ibuprofen, ein für den menschlichen Gebrauch weit verbreitetes nicht steroidales Antiphlogistikum mit antipyretischer Wirkung, kann bei Frettchen bereits in geringen Dosen (< 18 mg/kg) Vergiftungserscheinungen hervorrufen.

Auch das in der Humanmedizin oft gebräuchliche p-Aminophenol-Derivat Paracetamol, das eine analgetische und antipyretische Wirkung besitzt, kann bei Frettchen schon in niedrigen Dosen (ab 10 mg/kg) toxisch wirken. Es wird vermutet, dass – ähnlich wie bei der Katze – p-Aminophenol-Derivate nicht ausreichend durch Glukuronidierung entgiftet werden können. Als Folge kommt es zu Methämoglobinbildung und massiver Leberschädigung.

Klinisches Bild Eine Vergiftung mit Ibuprofen kann mit verschiedenen Symptomen einhergehen. Neben Apathie, Inappetenz, Exsikkose, Hypothermie und metabolischer Azidose treten gastrointestinale Störungen wie Erbrechen, Durchfall und blutiger Kot auf. Neurologische Ausfallerscheinungen wie Bewusstseinsstörungen, Ataxien, Muskelschwäche und Krämpfe werden ebenfalls häufig beobachtet. Als Anzeichen einer Nierenschädigung können Polyurie und Polydipsie ebenso auftreten wie Dysurien.

Symptome einer Paracetamol-Vergiftung sind Folge einer Methämoglobinbildung und Leberschädigung. Es kommt zu allgemeiner Schwäche, Hypothermie, Tachypnoe, Dyspnoe, Zyanose, Ikterus, Erbrechen sowie Ödembildung am Kopf und an den Pfoten.

Therapie Bei frisch erfolgter Medikamentenaufnahme sollte ein Erbrechen induziert oder eine Magenspülung durchgeführt werden. Gaben von Aktivkohle können die Resorption des Wirkstoffs verhindern. Ist bereits eine Resorption erfolgt, so richtet sich die unterstützende Behandlung nach den auftretenden Symptomen.

Im Falle einer Paracetamol-Vergiftung kann Acetylcystein als Antidot eingesetzt werden. Es führt zu einer erhöhten Synthese von Glutathion, das Methämoglobin in Hämoglobin zurückführen kann. Aufgrund seiner antioxidativen Eigenschaften wirkt es zudem lokal entzündungshemmend und kann die Bildung von Lebernekrosen verhindern. Eine Behandlung mit Acetylcystein ist allerdings nur sinnvoll, so lange die Giftaufnahme nicht länger als 8 Stunden zurückliegt. Anschließend kann keine ausreichende Wirkung mehr erzielt werden. Als Initialdosis für Acetylcystein werden 140 mg/kg oral oder subkutan verabreicht, anschließend noch 3–5 × 70 mg/kg alle 4 Stunden. Die Behandlung mit Acetylcystein sollte durch Gaben von Vitamin C (30 mg/kg p. o. alle 6–12 h) und Cimetidin (5–10 mg/kg p. o., s. c. alle 8 h) unterstützt werden.

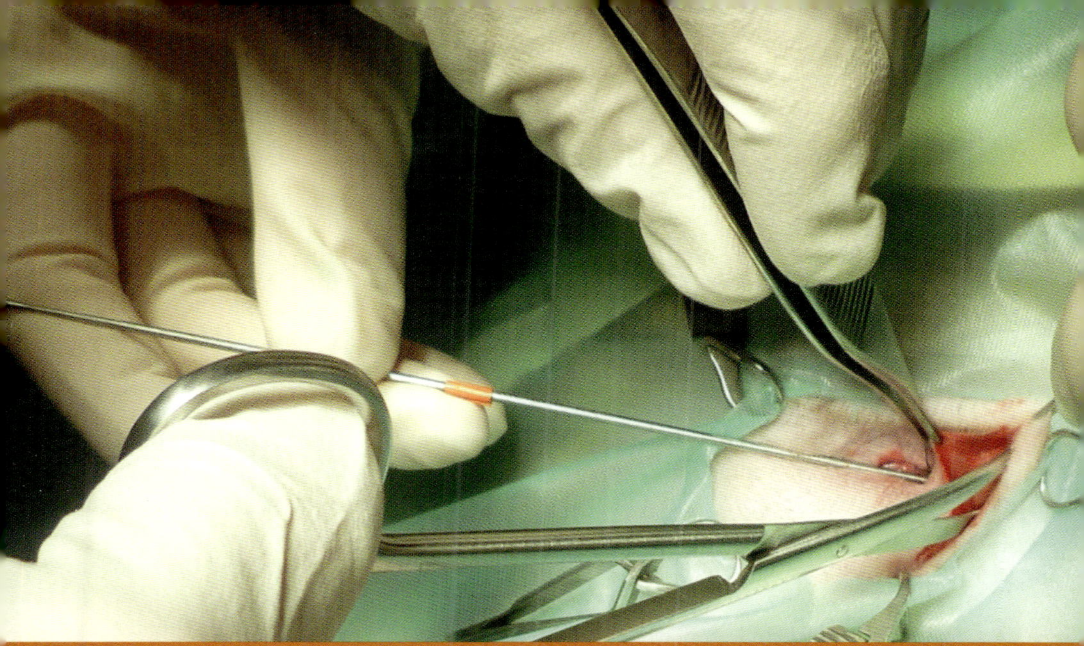

Teil 3
Narkose und OP

13 Analgesie, Narkose und Sedation

Anja Ewringmann

13.1 Physiologische Besonderheiten

Die geringe Körpergröße und die dazu im Vergleich große Körperoberfläche bei dieser Tierart bergen während der Narkose ein hohes Risiko einer Auskühlung. Daher muss eine kontinuierliche Wärmezufuhr während der Anästhesie erfolgen, um eine lebensbedrohliche Hyperthermie zu verhindern.

Bei Frettchen kommt es in Stresssituationen (z. B. durch Narkose und Operationen) zu einem ausgeprägten Vagusreflex. Dieser hat verschiedene Folgen:

- Am Herzen nehmen Frequenz, Kontraktionskraft, Leitungsgeschwindigkeit und Automatie ab, sodass eine erhöhte Gefahr bradykarder Arrhythmien besteht.
- Es kommt zu einer Gefäßdilatation mit den Folgen eines Blutdruckabfalls.
- Die Bronchialmuskulatur kontrahiert sich und die Bronchialdrüsen sezernieren verstärkt.
- Im Gastrointestinaltrakt kommt es zu Motilitätssteigerung bei gleichzeitiger Relaxation der Sphinkteren sowie zu einer verstärkten Sekretion. Dies führt bei Frettchen v. a. zu ösophagealem Reflux mit der Gefahr von Ulzerationen der Schleimhäute.

! Um dem Risiko von Nebenwirkungen entgegenzuwirken, müssen Frettchen vor der Narkose Atropin als Prämedikation erhalten.

Bei länger andauernden Anästhesien kann zudem, abhängig von den Parametern der Herz-Kreislauf-Funktion, eine Nachdosierung des Parasympatholytikums erforderlich werden.

Weiterhin wird in Stresssituationen bei Frettchen in großen Mengen Histamin ausgeschüttet. Dies führt über H_2-Rezeptoren zu einer Zunahme der Magensaftsekretion, wodurch Ulzerationen der Magenschleimhaut begünstigt werden. Daher sollten Frettchen vor Narkosen einen H_2-Rezeptor-Blocker (z. B. Cimetidin) erhalten.

13.2 Indikationen für Narkose oder Sedation

Kurze Sedationen ohne Analgesie können für bestimmte diagnostische Verfahren (z. B. bestimmte Röntgenprojektionen) erforderlich sein. Für schmerzhafte diagnostische Eingriffe (z. B. Feinnadelbiopsien) werden Sedationen mit analgetischer Komponente bzw. mit analgetischer Prämedikation erforderlich.

Bei chirurgischen Eingriffen jeder Form muss ein entsprechendes Narkose- und Schmerzmanagment erfolgen. Dieses beinhaltet eine systemische analgetische Prämedikation sowie eine ausreichend tiefe Anästhesie.

13.3 Narkosevorbereitung

13.3.1 Nahrungskarenz

Da Frettchen, ebenso wie Hunde und Katzen, erbrechen können und dadurch die Gefahr einer Aspiration besteht, sollte ihnen etwa 4–6 Stunden vor Narkoseeinleitung die Nahrung entzogen werden. Eine Fastenphase von 8 Stunden sollte keinesfalls überschritten werden, da es bei den kleinen Tieren mit ihren hohen Stoffwechselraten andernfalls bereits zu Stoffwechselentgleisungen kommen kann.

13.3.2 Untersuchung auf Narkosefähigkeit

Vor jeder Sedation oder Narkose muss eine gründliche klinische Allgemeinuntersuchung (S. 60) durchgeführt werden. Da viele Frettchen unter Herzerkrankungen leiden, die z. T. auch subklinisch verlaufen, sollte eine besonders gründliche Auskultation erfolgen. Werden hierbei auffällige Befunde erhoben, so empfiehlt sich zunächst eine kardiologische Abklärung, sofern keine Notfallsituation vorliegt, die eine sofortige Narkose unumgänglich macht.

Bei älteren Patienten empfiehlt sich zudem ein Blutcheck, bei dem zumindest das Blutbild, die Leber- und Nierenwerte sowie der Blutzuckerspiegel überprüft werden.

13.3.3 Prämedikation

Infusionen müssen insbesondere bei Tieren verabreicht werden, deren Flüssigkeitshaushalt unausgewogen ist. Hier muss entweder ausreichend früh vor einer Narkose eine subkutane Flüssigkeitszufuhr erfolgen oder es wird ein venöser Zugang gelegt, sodass dann auch intra operationem eine weitere Flüssigkeitszufuhr möglich ist. Ein venöser Zugang ist in jedem Fall sinnvoll bei längerer Operationsdauer oder wenn mit stärkeren Blutungen zu rechnen ist.

Aber auch bei Frettchen mit ausgewogenem Flüssigkeitshaushalt und bei kürzeren Eingriffen hat sich die prämedikative Gabe subkutaner Infusionen (ca. 20 ml/kg) bewährt.

Vor jedem schmerzhaften Eingriff muss eine **analgetische Prämedikation** verabreicht werden. Dies sollte ausreichend früh erfolgen, damit beim Eintritt der ersten Schmerzen bereits eine ausreichende Wirkung vorhanden ist. Folgende Wirkstoffgruppen stehen zur Verfügung:

- nicht steroidale Antiphlogistika (z. B. Meloxicam, Carprofen): Diese Wirkstoffe entfalten eine vorwiegend periphere Wirkung und sind entzündungshemmend. Eine zentrale Wirkung ist dagegen kaum vorhanden. Sie dienen daher vorwiegend dafür, postoperative Schmerzen auszuschalten, haben jedoch praktisch keinen Effekt bei intraoperativ auftretendem Schmerz.
- Pyrazolon-Derivate (z. B. Novalgin®): Novalgin hat eine stark ausgeprägte zentrale und eine geringer ausgebildete periphere Wirkung. Es führt zu einer effektiven Ausschaltung von intraoperativen Schmerzen. Die Wirkung bei postoperativen, entzündlich bedingten Schmerzen ist dagegen weniger ausgeprägt.

- Opioide (z. B. Buprenorphin, Butorphanol): Diese Wirkstoffe greifen v. a. im Gehirn und im Rückenmark an, indem sie die Erregungsübertragung polysynaptischer Bahnen hemmen. Sie haben eine starke analgetische, jedoch keine entzündungshemmende Wirkung.

Um sowohl den intraoperativen Schmerz als auch die postoperativ auftretenden, entzündungsbedingten Schmerzen ausreichend hemmen zu können, müssen Kombinationen dieser Präparate eingesetzt werden.

Da die Wirkstoffe der verschiedenen Gruppen unterschiedliche Wirkungsmechanismen haben, kommt es bei einer Kombination von Präparaten aus den Gruppen nicht zu einer Wirkungspotenzierung. Die Präparate können daher in normaler Dosierung parallel eingesetzt werden. Auf keinen Fall dürfen dagegen verschiedene Präparate aus derselben Gruppe gleichzeitig eingesetzt werden, da es nicht nur zu einer Potenzierung der Wirkung, sondern auch der Nebenwirkungen kommen würde.

Atropin (0,02–0,05 mg/kg s. c., i. m.) sollte bei Frettchen vor Narkosen und Operationen immer als Prämedikation verabreicht werden, um dem bei dieser Tierart unter Stress besonders ausgeprägten Vagusreflex entgegenwirken zu können.

Da Frettchen in Stresssituationen auch zu verstärkter Histaminausschüttung neigen, empfiehlt sich zudem die präoperative Gabe eines **Säuresekretionshemmers** (z. B. Cimetidin, Ranitidin).

13.4 Lokalanästhesie

Lokalanästhesien können bei Frettchen v. a. bei Zahnextraktionen eingesetzt werden, um bei mäßiger Narkosetiefe eine Schmerzausschaltung zu gewährleisten. Hierbei erfolgt eine Nervenblockade des entsprechenden Zahnes mit 1 % oder 2 % Lidocain in einer Dosierung von 1–2 mg/kg.

Lokalanästhesien können prinzipiell auch für andere Indikationen, z. B. für die Entnahme von Hautbiopsien oder das Versorgen von oberflächlichen Verletzungen, herangezogen werden. Da Frettchen jedoch in der Regel wenig geduldig sind und meist nur sehr kurze Zeit stillhalten und nur unter großem Stress zufriedenstellend fixiert werden können, wird für solche Indikationen meist eine Kurznarkose mit einem Inhalationsanästhetikum bevorzugt.

13.4.1 Lumbosakrale Epiduralanästhesie

Eine spezielle Form der Lokalanästhesie stellt die lumbosakrale Epiduralanästhesie dar. Sie dient v. a. der Einsparung von Allgemeinanästhetika bei schmerzhaften Eingriffen der hinteren Körperhälfte. Als Lokalanästhetika können beim Frettchen z. B. Lidocain (4,4 mg/kg) oder Bupivacain (1,1 mg/kg) verwendet werden. Auch die Kombination eines dieser Lokalanästhetika mit Morphin (0,1 mg/kg) ist möglich, sodass auch eine zusätzliche postoperative Schmerzausschaltung für ca. 12–24 Stunden gewährleistet wird.

Die Technik der Epiduralanästhesie beim Frettchen entspricht der bei Hund und Katze. Die Injektion muss so steril wie möglich durchgeführt werden (Rasur, Desinfektion des Punktionsgebiets). Der ausreichend anästhesierte Patient wird in Brust-Bauch-Lage mit leicht aufgekrümmter hinterer Rückenpartie gelagert, damit sich der Lumbosakralspalt möglichst weit öffnet. Punktionsstelle ist die Mitte zwischen dem letzten Lendenwirbel und dem 1. Sakralwirbel auf Höhe der Hüfthöcker. Zur Punktion wird eine dünne Nadel (z. B. 25 Gauge) verwendet, die senkrecht in den Wirbelspalt eingeführt wird. Ein Widerstand beim Auftreffen auf das Lig. interarcuatum ist bei den kleinen Frettchen längst nicht so deutlich ausgeprägt wie bei Hunden und Katzen.

13.5 Injektionsnarkose

Die Injektionsnarkose ist bei Frettchen, ebenso wie auch bei anderen Tierarten, im Vergleich zur Inhalationsnarkose kostengünstiger. Allerdings steht dem geringen Kostenaufwand bei den meisten Injektionsnarkosen eine schlechte Steuerbarkeit gegenüber, da allenfalls eine Teilantagonisierung möglich ist. Zudem reagieren Frettchen individuell sehr unterschiedlich auf identische Dosen von Injektionsnarkotika. Die einzige gut steuerbare Injektionsnarkose ist die sog. Triple-Narkose (Midazolam + Medetomidin + Fentanyl), die vollständig antagonisiert werden kann.

Generell gilt für jede Form der Injektionsnarkose, dass die Tiere während der Anästhesie eine Sauerstoffzufuhr erhalten sollten.

Sedativa und Narkotika werden bei Frettchen üblicherweise intramuskulär in die Oberschenkelmuskulatur (M. biceps femoris) appliziert. Durch die hohen Stoffwechselraten der kleinen Tiere sind die Wirkstoffe meist jedoch auch bei subkutaner Injektion recht schnell wirksam.

13.5.1 Sedativa und Narkotika

Ketamin ist kein Narkotikum im klassischen Sinne, sondern ein Anästhetikum, das zu einem Zustand führt, der durch oberflächlichen Schlaf und Katalepsie gekennzeichnet ist (dissoziative Anästhesie). Es führt zu hochgradiger motorischer Antriebslosigkeit bei gleichzeitig erhöhtem Muskeltonus. Der Wirkstoff hat eine analgetische Wirkung, es wird jedoch kein Toleranzstadium erreicht, sodass Ketamin auf keinen Fall alleine für schmerzhafte Eingriffe verwendet werden darf. Fehlende Abwehrreaktionen wären nicht auf eine ausreichende Schmerzausschaltung zurückzuführen, sondern allein auf eine Bewegungsunfähigkeit des kataleptischen Patienten.

Bei der Verwendung von Ketamin für Injektionsnarkosen müssen daher weitere sedative, muskelrelaxierende sowie analgetische Wirkstoffe ergänzt werden.

Benzodiazepine (z. B. Diazepam, Midazolam) wirken dosisabhängig sedierend, hypnotisch, anxiolytisch, antikonvulsiv, antiaggressiv und zentral muskelrelaxierend. Sie haben keine periphere Wirkung, sodass Nebenwirkungen wie Atemdepression und Herz-Kreislauf-Versagen bei sachgemäßer Anwendung nicht auftreten. Bei zu schneller intravenöser Applikation kann es allerdings durch die zentrale Muskelrelaxation zum Atemstillstand kommen.

Beim Frettchen werden Benzodiazepine v. a. in Kombination mit Ketamin eingesetzt, um der kataleptischen Wirkung des Ketamins entgegenzuwirken und eine ausreichende Muskelentspannung zu erzielen. Midazolam ist zudem Bestandteil der Triple-Narkose.

Acepromacin ist ein Neuroleptikum und wirkt ausgeprägt antiaggressiv und sedativ-hypnotisch bei gleichzeitig erhöhtem Muskeltonus. Es kann allein oder in Kombination mit Ketamin bei Frettchen zur Sedation bzw. Anästhesieeinleitung vor Inhalationsnarkosen eingesetzt werden. Da Acepromacin zu einer Beeinträchtigung der Kreislaufregulation führt (α-adrenolytische Wirkung), sollte es nur bei herzgesunden und kreislaufstabilen Patienten zum Einsatz kommen.

Xylazin ist ein α-Sympathomimetikum mit ausgeprägter analgetischer und sedativ/hypnotischer Wirkung. Es wird beim Frettchen gelegentlich in Kombination mit Ketamin eingesetzt. Nachteil des Wirkstoffs sind seine möglichen Nebenwirkungen in Form von starkem Blutdruckabfall (nach anfänglichem Anstieg), Bradykardie und Arrhythmien. Von einem Einsatz bei herzkranken Frettchen sollte daher auf jeden Fall abgesehen werden.

Medetomidin ist ein Sedativum vom Typ des Xylazins, das neben einer sedativen auch eine gute analgetische Wirkung besitzt. Die Nebenwirkungen entsprechen prinzipiell denen des Xylazins.

13.5.2 Medikamentendosierung

Vorschläge zur Injektionsanästhesie finden sich in ▶ **Tab. 13.1**.

▶ **Tab. 13.1** Vorschläge zur Injektionsanästhesie.

Wirkstoff (Handelsname)	Dosierung	Bemerkungen
Acepromacin (Vetranquil®)	• 0,1(–0,5) mg/kg s. c., i. m. [2]	• als sedative Prämedikation
Diazepam (Ziapam®)	• 0,5–2 mg/kg s. c., i. m., i. p., i. v. [1]	• sedativ-hypnotische Wirkung • muskelrelaxierend • keine Analgesie
Ketamin (Ketasel®)	• 10–20 mg/kg i. m. [1]	• milde Sedation • schwache Analgesie
Ketamin (Ketasel®) + Acepromacin (Vetranquil®)	• 20–35 mg/kg + 0,2–0,3 mg/kg i. m. [2]	• zur Anästhesieeinleitung
Ketamin (Ketasel®) + Diazepam (Diazepam)	• 10–20 mg/kg + 1–2 mg/kg i. m. [1] • 25–35 mg/kg +2–3 mg/kg i. m. [1]	• leichte Anästhesie, schwache Analgesie • etwas tiefere Anästhesie, keine Analgesie
Ketamin (Ketasel®) + Medetomidin (Domitor®)	• 5–8 mg/kg + 0,08–0,1 mg/kg i. m. [1] • 5 mg/kg + 0,1 mg/kg i. m. [2] • 25 mg/kg + 0,06 mg/kg i. m. [2]	• leichte Anästhesie und Analgesie • Gefahr von Blutdruckabfall und Atemdepression • Medetomidin antagonisierbar mit Atipamezol (0,4–1 mg/kg s. c., i. m., i. p., i. v.) • chirurgische Toleranz für ca. 15 Minuten

▶ **Tab. 13.1** Fortsetzung.

Wirkstoff (Handelsname)	Dosierung	Bemerkungen
Ketamin (Ketasel®) + Midazolam (Midazolam)	• 5–10 mg/kg + 0,25 mg/kg i. m.[1] • 10 mg/kg + 0,05 mg/kg i. m.[2]	• tiefe Sedation
Ketamin (Ketasel®) + Medetomidin (Domitor®) + Midazolam (Midazolam)	• 7–10 mg/kg + 0,02 mg/kg + 0,5 mg/kg i. m.[2]	• Anästhesie ausreichend für chirurgische Eingriffe
Ketamin (Ketasel®) + Xylazin (Xylariem®)	• 10–20 mg/kg + 0,5–1 mg/kg i. m.[1] • 25 mg/kg + 1 mg/kg i. m.[2]	• Sedation • milde Analgesie • Gefahr von Blutdruckabfall, Arrhythmien und Bradykardie
Medetomidin (Domitor®)	• 0,08–0,1 mg/kg s. c., i. m.[1]	• leichte Sedation • Gefahr von Blutdruckabfall und Atemdepression
Medetomidin (Domitor®) + Butorphanol (Turbogesic®)	• 0,08 mg/kg + 0,1 mg/kg i. m.[1]	• Anästhesie • Gefahr von Blutdruckabfall und Atemdepression • Medetomidin antagonisierbar mit Atipamezol (0,4–1 mg/kg s. c., i. m., i. p., i. v.)
Medetomidin (Domitor®) + Midazolam (Midazolam) + Fentanyl (Durogesic®)	• 0,07 mg/kg + 0,33 mg/kg + 0,007 mg/kg i. m.	• Anästhesie • anfangs ½–⅓ der Dosis, nach Bedarf nachdosieren
Midazolam (Midazolam)	• 0,25–0,3 mg/kg i. m., i. v.[1]	• sedativ-hypnotische Wirkung • muskelrelaxierend • keine Analgesie
Tiletamin + Zolazepam (Zoletil®)	• 5–10(–22) mg/kg i. m.[2]	• Sedation, Anästhesieeinleitung

[1] Johnson-Delaney [57], [2] Erhardt et al. [27].

13.6 Inhalationsnarkose

Die Inhalationsnarkose ist im Vergleich zur Injektionsnarkose mit einem höheren apparativen Aufwand verbunden und die verwendeten Narkotika sind deutlich kostenintensiver. Demgegenüber steht jedoch eine wesentlich bessere Steuerbarkeit der Anästhesie mit kurzen Einschlaf- und Aufwachphasen. Ein weiterer Vorteil der Inhalationsanästhesie ist, dass der Patient über die gesamte Dauer der Narkose mit Sauerstoff versorgt wird.

In der Regel werden bei Frettchen kombinierte Injektions- und Inhalationsnarkosen durchgeführt. Nach sedativer Prämedikation erfolgt eine Gaszufuhr entweder über eine Narkosemaske oder über einen Endotrachealtubus (▶ **Abb. 13.1**).

▶ **Abb. 13.1** Inhalationsnarkose beim Frettchen.

13.6.1 Inhalationsanästhetika

Isofluran ist das derzeit gebräuchlichste Inhalationsnarkotikum für Frettchen. Aufgrund seines hohen Partialdrucks und seiner geringen Blutlöslichkeit sind die Einleitungszeiten gering. Die geringe Blutlöslichkeit bedingt zudem eine schnelle Elimination des Anästhetikums bei Beendigung der Gaszufuhr, mit der Folge kurzer Aufwachphasen. Nachteil des Isoflurans ist, dass es einen unangenehm stechenden Geruch hat, sodass es in der Einleitungsphase bei nur schwach sedierten Tieren kurzfristig zu heftigen Abwehrreaktionen kommen kann.

Nebenwirkungen von Isofluran können bei zunehmender Narkosetiefe eine Atemdepression sowie ein Blutdruckabfall sein.

Die erforderlichen Konzentrationen für Isofluran sind von der sedativen Prämedikation abhängig. Ist das Frettchen unsediert, so sind in der Einleitungsphase 4–5 Vol% erforderlich, für die Erhaltung werden etwa 2 Vol% benötigt. Bei bereits sedierten Patienten sind in der Regel Anfangskonzentrationen von 2,5–3 Vol% ausreichend und für die Aufrechterhaltung kann die Zufuhr auf 1,5 Vol% gesenkt werden. Diese Werte gelten jedoch nur als ungefähre Anhaltspunkte. Abhängig vom Individuum sowie von dessen konditioneller Verfassung können die Isoflurankonzentrationen, die für ein Toleranzstadium benötigt werden, erheblich variieren. Reflexe und Vitalfunktionen müssen daher während der Narkose ständig überprüft werden, um die Zufuhr an Narkosegas auf den jeweiligen Patienten abstimmen zu können.

13.6.2 Intubation

Um den Patienten intubieren zu können, muss zunächst eine ausreichende Narkosetiefe erzielt werden. Dies erfolgt durch entsprechende Injektionsnarkotika oder, nach nur leichter Sedation, durch anfängliche Gaszufuhr über eine Maske. Zur Erleichterung der Intubation kann zudem eine Lokalanästhesie des Larynx mit Lidocainspray (ca. 0,1 ml) durchgeführt werden. Zur Intubation von Frettchen eignen sich, abhängig von der Größe des Tieres, Tuben mit einer Größe von 2–3. Verwendet werden können Tuben mit und ohne Cuff, wobei Tuben ohne Manschette vorzuziehen sind. Bei Verwendung eines Tubus mit Manschette sollte darauf geachtet werden, dass diese nicht zu stark aufgebläht wird, da andernfalls Schleimhautnekrosen resultieren können.

Die Intubationstechnik entspricht weitestgehend der bei der Katze. Das Tier wird in Brust-Bauch-Lage verbracht und der Hals leicht überstreckt. Der Fang kann mithilfe kleiner Maulspreizer mit Feder oder mithilfe von Mullbinden, die um Ober- und Unterkiefer gelegt werden, geöffnet werden. Zur besseren Darstellung des Larynxbereichs kann ein kleines Laryngoskop verwendet werden. Um den Tubus besser einführen zu können, kann dieser mit einem Mandrin versehen werden. Zudem wird das Einführen erleichtert, wenn die Tuben vor Verwendung im Kühlschrank gelagert wurden, sodass sie etwas steifer sind. In der Inspirationsphase wird der Tubus dann sanft in die Stimmritze eingeführt. Der korrekte Sitz ist durch leichtes Beschlagen eines durchsichtigen Tubus zu erkennen. Zudem hebt sich bei vorsichtigem Einblasen der Thorax.

Der Tubus wird abschließend mit leicht zu lösendem Klebeband oder einer Mullbinde fixiert. Maulgatter sollten danach zügig entfernt werden, um zu starke Dehnungen der Kiefermuskulatur zu verhindern.

13.7 Narkoseüberwachung

13.7.1 Reflexe und Muskeltonus

Zur Überprüfung der Narkosetiefe werden verschiedene Reflexe herangezogen. Im chirurgischen Toleranzstadium besteht eine gute Muskelentspannung. Umweltreize sowie schmerzhafte Reize lösen keine Reaktionen aus. Der Lid- und der Kornealreflex sollten noch schwach ausgebildet sein. Die Pupillen sind eng gestellt.

Während der Narkose sollten insbesondere der Lid- und der Kornealreflex sowie die Weite der Pupille ständig kontrolliert werden. Ein Ausfall von Lid- und Kornealreflex sowie eine Erweiterung der Pupille sind Anzeichen einer zu tiefen Narkose (Depressionsstadium).

13.7.2 Kreislaufparameter

Eine sichere Überwachung der Herzfunktion erfolgt durch das EKG. Der Blutdruck kann mithilfe von Manschetten, die auch bei Katzen eingesetzt werden, am Vorderbein oder dem Schwanz gemessen werden. Stehen entsprechende Überwachungsmethoden nicht zur Verfügung, so muss eine regelmäßige Auskultation der Herzfunktion erfolgen. Zudem sind die Schleimhäute zu kontrollieren.

13.7.3 Atemparameter

Bei intubierten Frettchen erfolgt die Überwachung der Atmung mittels Kapnograf. Pulsoximeter sind bei den kleinen Frettchen in der Regel nicht zufriedenstellend einsetzbar, da sie zum Anbringen an Zunge, Ohr oder Wange zu groß sind und keine verlässlichen Ergebnisse liefern. Bei Injektionsnarkosen oder Inhalation über eine Maske, muss daher die Atemtätigkeit visuell überprüft werden, wobei sorgfältig auf Frequenz, Atemtiefe und Regelmäßigkeit der Atmung zu achten ist. Um eine entsprechende Sicht auf den Patienten zu gewährleisten, sollten durchsichtige OP-Tücher verwendet werden.

13.7.4 Körpertemperatur

Frettchen besitzen hohe Stoffwechselraten und im Vergleich zu ihrer geringen Größe eine große Körperoberfläche. Sie kühlen daher in Narkose leicht aus, sodass während einer Anästhesie eine kontinuierliche Wärmezufuhr erfolgen muss. Die geschieht am besten durch Wärmequellen, die eine konstante Temperatur gewährleisten, z. B. (Induktions-)Wärmematten. Alternativ sind jedoch auch erwärmte Gelscheiben (Snugglesafe®) oder -kissen sowie Wärmflaschen einsetzbar. Bei längeren Narkosen muss die Temperatur solcher Wärmequellen jedoch überprüft werden.

Auch die Körpertemperatur des Patienten muss, insbesondere bei länger andauernden Eigriffen, regelmäßig überprüft werden und sollte nicht unter 38 °C absinken.

13.8 Narkosezwischenfälle

Maßnahmen, die im Falle eines Narkosezwischenfalls ergriffen werden sollten, finden sich in ▸ **Tab. 13.2**.

▸ **Tab. 13.2** Maßnahmen bei Narkosezwischenfällen.

Narkosezwischenfall	Maßnahme	Bemerkungen/Dosierungen
Herzstillstand	Beendigung der Narkose	Antagonisierung bzw. Abstellen der Gaszufuhr
	Herzdruckmassage	Umfassen des Brustkorbs auf Herzhöhe (6.–8. Rippe), vorsichtiges rhythmisches Zusammendrücken (mindestens 10–15 ×)
	Adrenalin	0,02 mg/kg i. c., i. v.
Bradykardie nach Herzstillstand	Atropin	0,05 mg/kg i. v.
Atemstillstand	Beendigung der Narkose	Antagonisierung bzw. Abstellen der Gaszufuhr
	Druckmassage Thorax	bei auf dem Rücken liegendem Tier: Thorax mit der Hand umgreifen und vorsichtig rhythmisch zusammendrücken bei auf der Seite liegendem Tier: Hand auf Thoraxwand legen und vorsichtig rhythmisch Druck ausüben
	Doxapram	5–10 mg/kg i. v., i. c., intralingual, intratracheal Angaben in der Literatur schwanken zwischen 1 und 11 mg/kg
	Beatmung	bei intubierten Patienten: maschinelle Beatmung oder Beatmung über Atembeutel bei Patienten ohne Tubus: entweder sofort intubieren oder Mund-zu-Nase-Beatmung
Hypothermie	Wärmequelle überprüfen	–
	körperwarme Infusionslösung	kann i. v. gegeben oder bei abdominaler OP direkt in die Bauchhöhle verbracht werden
	ggf. Beendigung der Narkose	Antagonisierung bzw. Abstellen der Gaszufuhr

13.9 Narkosestadien

Eine Klassifizierung der unterschiedlichen Narkosestadien erfolgt beim Frettchen ebenso wie bei anderen Säugetieren:

- **Anästhesiestadium I** (Analgesiestadium): mäßige Schläfrigkeit, zielgerichtete Handlungen sind noch möglich, leichter Nickhautvorfall, leichtes Hängen des Oberlids, Hängen des Schwanzes, Blutdrucksenkung, Anstieg von Herzfrequenz und Blutdruck unter Schmerzreizen
- **Anästhesiestadium II** (Exzitationsstadium): Patienten reagieren auf Reize (Schmerz, Lärm, Licht) mit unkoordinierten Reaktionen (z. B. Muskelzittern, Krämpfe, Schreien); Herzfrequenz und Blutdruck steigen an
- **Anästhesiestadium III**:
  - Anästhesiestufe III_1 (Hypnosestadium): Bewusstlosigkeit mit guter Muskelrelaxation, Reaktionslosigkeit auf Umweltreize, aber noch ausgeprägtes Schmerzempfinden, Bulbusrotation, anfangs Nystagmus, Nickhautvorfall, regelmäßige ruhige, tiefe Atmung
  - Anästhesiestufe III_2 (chirurgisches Toleranzstadium): Bewusstlosigkeit mit guter Muskelentspannung, Reaktionslosigkeit auf Umwelt- und Schmerzreize, Bulbusrotation bei eng gestellter Pupille, kein Nystagmus mehr, fortgeschrittener Nickhautvorfall, Lid- und Kornealreflex meist noch auslösbar
  - Anästhesiestufe III_3 (Depressionsstadium): beginnende Atem- und Kreislaufdepression mit Blutdruckabfall, Bulbus starr zentral gestellt, Pupillen geweitet, nur noch Pupillarreflex vorhanden, flache Atmung
- **Anästhesiestadium IV** (Asphyxiestadium): Atemstillstand, Dekompensation des Herz-Kreislauf-Systems, Ausfall sämtlicher Reflexe, starrer Bulbus, Pupillen maximal geweitet

13.10 Aufwachphase

Auch während der Aufwachphase müssen die Vitalfunktionen und Reflexe (S. 261) sorgfältig und regelmäßig überprüft werden.

Weiterhin ist sicherzustellen, dass die Tiere nicht auskühlen. Unmittelbar nach Beendigung der Operation sollte die Körpertemperatur gemessen werden. Abhängig sowohl von den Messwerten als auch von der Art der Narkose und der damit zu erwartenden Dauer des Nachschlafs müssen geeignete Maßnahmen ergriffen werden, um eine Hypothermie zu verhindern.

Nach reiner Inhalationsnarkose oder Inhalationsanästhesie mit nur geringer sedativer Prämedikation und gleichzeitig stabiler Körpertemperatur ist es meist ausreichend, den Patienten in eine Decke einzuwickeln, um die Körpertemperatur stabil zu halten. Nach einem solchen Narkoseregime sind die Nachschlafzeiten meist sehr gering und der Patient ist schnell wieder im Besitz einer guten Thermoregulation.

Nach Injektions- oder Inhalationsnarkosen mit tieferer vorangegangener Sedation ist dagegen eine deutlich verlängerte Nachschlafphase zu erwarten, sodass eine Wärmequelle erforderlich ist, um die Temperatur des Patienten stabil zu halten. Wie auch während einer Operation eignen sich hier am besten Induktionswärmematten oder entsprechend temperierte Gelkissen oder -scheiben. Auch Wärmflaschen können verwendet werden; allerdings kühlen diese vergleichsweise schneller aus und müssen ggf. erneuert werden. Vorsicht ist geboten bei Rotlichtlampen, die bei zu geringem Abstand schnell zu einer Überhitzung führen können.

13.11 Postoperative Analgesie

Eine adäquate postoperative Versorgung mit Analgetika trägt entscheidend zum Erfolg eines chirurgischen Eingriffs bei (▶ **Tab. 13.3**). Erfolgt keine ausreichende analgetische Behandlung, so verlängern sich die Zeiten bis zur Erholung des Patienten und bis zu einer selbstständigen Futteraufnahme drastisch.

Auch bei der postoperativen Analgesie können, abhängig von der Art des chirurgischen Eingriffs, verschiedene Schmerzmittel eingesetzt und auch miteinander kombiniert werden. Der Beginn einer postoperativen Schmerztherapie richtet sich nach der analgetischen Prämedikation (S. 255).

Bei sehr starken Schmerzzuständen (z. B. nach Osteosynthesen) eignen sich Opioide, die, wenn sie nach der Operation appliziert werden, das Tier für einige Stunden schmerzfrei halten.

Da es sich bei postoperativen Schmerzen vorrangig um einen Entzündungsschmerz handelt, eignen sich v. a. nicht steroidale Antiphlogistika für die Weiterbehandlung. Nach Operationen an der Blase oder dem Gastrointestinaltrakt können diese in den ersten 24 Stunden post operationem sinnvoll durch die Gabe von Metamizol ergänzt werden, da dieser Wirkstoff auch eine spasmolytische Wirkung auf die glatte Muskulatur hat.

Die Dauer einer postoperativen Schmerzbehandlung sollte jedem Patienten angepasst werden. Während nach der Kastration (S. 268) von Rüden oder nach kleinen Eingriffen im Hautbereich in der Regel eine 24-stündige Analgesie ausreichend ist, sollte nach schwereren chirurgischen Eingriffen die Schmerztherapie zumindest so lange aufrechterhalten werden, bis der Patient ein gutes Allgemeinbefinden aufweist und selbstständig frisst.

▶ **Tab. 13.3** Vorschläge zur Analgesie.

Wirkstoff (Handelsname)	Dosierung	Bemerkungen
Acetylsalicylsäure (Aspirin®)	40–80 mg/kg p.o	• NSAID
Buprenorphin (Buprenovet®)	0,01–0,03 mg/kg i. m., s. c.	• synthetisches Opioid • Wirkungsdauer 8–12 h
Butorphanol (Turbogesic®)	0,05–0,5 mg/kg i. m., s. c.	• synthetisches Opioid • Wirkungsdauer 2–6 h
Carprofen (Rimadyl®)	4 mg/kg 1 × tägl. s. c., p. o.	• NSAID
Flunixin meglumin (Finadyne®)	1–2,5 mg/kg 1 × tägl. s. c.	• NSAID
Meloxicam (Metacam®)	0,2 mg/kg, weiblich: 2 × tägl., männlich: 1 × tägl. s. c., p. o.	• NSAID
Metamizol (Novalgin®)	20–50 mg/kg 4–6 × tägl. s. c., p. o.	• Pyrazolon-Derivat • spasmolytische Wirkung

14 OP-Techniken

Michael Fehr

14.1 OP-Vorbereitung

Für erfolgreiche, chirurgische Eingriffe beim Frettchen sind sehr grazile Instrumente erforderlich. Auch eine Lupenbrille kann bei diffizilen Eingriffen gute Dienste leisten. Es ist empfehlenswert zur Abdeckung des OP-Felds, anstelle von Tüchern, durchsichtige Folien zu verwenden, da so die Atmung des Tieres überwacht werden kann. Resorbierbare Gelatineschwämme (z. B. Gelastypt®) und Stieltupfer sollten bereit gelegt werden, falls eine Blutstillung notwendig wird. Für den Wundverschluss und zum Setzen von Ligaturen sind feine Nahtmaterialien der Stärken 3–0 bis 6–0 zu empfehlen.

14.1.1 Präoperative Maßnahmen

Die Frettchen sind ausreichend analgetisch (S. 254) und bei Bedarf bereits vor oder zu Beginn des Eingriffs antibiotisch zu versorgen.

Es ist stets ratsam, Frettchen zu intubieren (S. 260). Die Technik ist einfach erlernbar und ermöglicht neben der Durchführung einer Inhalationsnarkose (S. 259) eine effektive Beatmung im Falle einer Apnoe. Auch eine Präoxygenierung während der Vorbereitung des Operationsfelds ist empfehlenswert, um die Sauerstoffkonzentration im Körper zu maximieren.

Neben der Intubation sollte bei anspruchsvolleren, chirurgischen Eingriffen eine kontinuierliche, intraoperative Flüssigkeitszufuhr durch das Legen eines Venenverweilkatheters gesichert werden. Neben der Unterstützung des Kreislaufs kann durch Auswahl einer körperwarmen Lösung die Körpertemperatur stabilisiert werden.

Das Operationsfeld wird sorgfältig rasiert. Sehr wichtig ist die Regel „so viel wie nötig, aber so wenig wie möglich" einzuhalten, da Frettchen trotz operationsbegleitender Wärmemaßnahmen, aufgrund ihrer im Verhältnis zur Körpermasse großen Körperoberfläche, stark zum Auskühlen tendieren. Im Anschluss an die Rasur erfolgt die Reinigung der Haut mit einer milden Reinigungslösung. Da auch das großzügige Aufbringen von Alkohol eine Hypothermie provozieren kann, muss das Desinfektionsmittel sparsam angewandt werden.

Beim Wärmemanagement ist zu bedenken: Es ist immer einfacher die Körpertemperatur durch prophylaktische Maßnahmen stabil zu halten, als hypotherme Tiere wieder aufzuwärmen.

14.1.2 Postoperative Maßnahmen

Die Körpertemperatur wird direkt nach dem Eingriff überprüft und einer Hypothermie wird durch den Einsatz von Wärmematten, temperierten Gelscheiben (SnuggleSafe®), mit warmem Wasser gefüllten OP-Handschuhen oder Inkubatoren entgegengewirkt.

Die Hautwunde wird vorsichtig mit einer milden Waschlösung von Blut- und Wundsekreten gesäubert. Danach kann zum Schutz vor bakterieller Besiedlung des Wundbereichs ein luftdurchlässiges Verbandspray (Silberspray) aufgebracht werden.

In der Regel erwachen Frettchen, insbesondere nach Inhalationsnarkose oder vollständig antagonisierbarer Anästhesie, sehr zügig und komplikationslos. Nach vollständigem Erlangen des Bewusstseins – eine stabile Körpertemperatur vorausgesetzt – kann der Patient zurück in seinen Käfig verbracht werden. Unter die halbe Grundfläche des Käfigs wird eine Wärmematte gelegt. Die Stabilisierung der Körpertemperatur wird somit weiter unterstützt, eine Überhitzung kann aber durch die Rückzugsmöglichkeit in den nicht gewärmten Abschnitt vermieden werden. Falls das Frettchen direkt auf sein Partnertier trifft, ist darauf zu achten, dass das frisch operierte Tier nicht gestresst wird und keine Manipulation an den Wunden erfolgt. Auch wenn sich der soziale Kontakt positiv auf das Allgemeinbefinden auswirkt, ist in diesen Fällen eine vorübergehende Trennung nötig.

Ist eine Manipulation an den frischen Operationswunden, beispielsweise bei eingelegter Drainage im Wundbereich, durch den Patienten selbst sehr wahrscheinlich, muss vorübergehend ein Halskragen verwendet werden.

Da Frettchen, insbesondere mit noch nicht diagnostiziertem Insulinom (S. 228), zu einer Hypoglykämie neigen bzw. diese okult aufweisen können, sollte die erste Futteraufnahme bereits erfolgen, sobald das Tier vollständig aus der Narkose erwacht ist. Präoperativ ist deshalb ebenfalls die parenterale Applikation einer 5 %igen Glukoselösung ratsam. In Abhängigkeit von der Grunderkrankung und dem Glukosewert kann es auch ratsam sein, eine Glukose-Bolusinjektion (10 %ige Lösung) zu verabreichen. Dies gilt nicht für Insulinompatienten, eine Triggerung des Pankreas sollte vermieden werden.

14.2 Operationen

14.2.1 Laparotomie

Indikation Die Indikation zur explorativen Laparotomie besteht, wenn die Grenzen der Diagnostik erreicht sind und kein Aufschluss über die vorhandene Erkrankung vorliegt. Häufig erbringt nur die Untersuchung von Gewebebiopsien ein eindeutiges Ergebnis.

Durchführung Der **Hautschnitt** erfolgt je nach vermuteter Lokalisation der Erkrankung vom Xiphoid bis zum Schambein, bei Rüden zunächst in der Medianen bis kranial, danach parallel zu Präputium und Penis bis fingerbreit vor dem Beckeneingang. Haut- und Unterhautschnitt sind nur mit leichtem Druck zu eröffnen. Bei Frettchen mit relativ wenig Unterhautfettgewebe kann die Linea alba problemlos identifiziert werden (► **Abb. 14.1**).

Die Bauchdecke wird mittig rechts und links der Linea alba vorsichtig unter Verwendung von Pinzetten angehoben und durch eine kleine **Inzision** eröffnet. Nach beidseitiger Fixation der Bauchdecke mittels Klemmen wird der Schnitt unter Sichtkontrolle mit der Schere vorsichtig nach kranial und kaudal erweitert. Wird für die Offenhaltung des Operationsfelds mit Retraktoren gearbeitet, dürfen diese nur ein sehr geringes Gewicht haben.

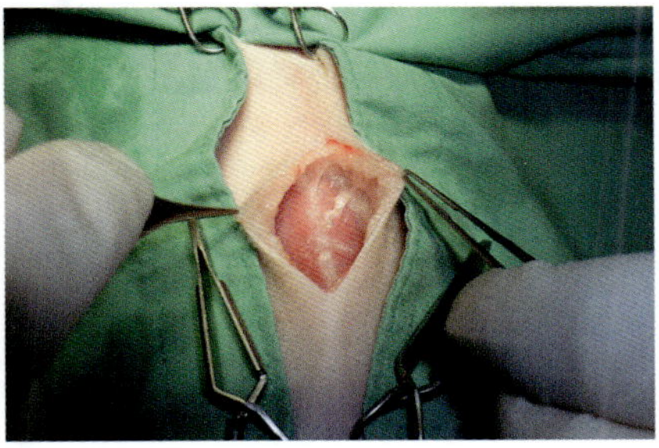

▶ **Abb. 14.1** Blick auf die Bauchdecke im Bereich der Linea alba nach Eröffnung von Haut und Unterhaut.

Es folgt die **Exploration** der gesamten Bauchhöhle. Insbesondere morphologisch veränderte Organe, wie die beim Frettchen häufig vergrößerte Milz, müssen sehr vorsichtig untersucht werden, um Blutungen oder Organrisse zu vermeiden.

Die **Entnahme von Proben** von Leber oder Milz findet meist mittels Stanzbiopsie statt. Verändertes Gewebe an den Organrändern kann auch mithilfe von Ligaturen oder nach Kompression des Gewebes mit Klemmen abgesetzt werden. Lymphknoten sind, falls möglich, stets komplett zur exstirpieren. Das Parenchym der Bauchspeicheldrüse ist für die Stanzbiopsie zu weich. Verdächtige Areale werden vorsichtig stumpf abgetrennt und die Blutung wird mittels Ligatur, mit einem Gelatineschwamm oder durch Wundkompression mit Stieltupfern gestillt.

Komplikationen und deren Vermeidung Bei einem sehr großen Hautschnitt steigt die Gefahr einer Hypothermie bei Frettchen deutlich an. Auch intraoperativ sollte mehrmals die Körpertemperatur überprüft und bei Bedarf erhöht werden. Hierzu kann, neben äußerlich angebrachten Wärmemaßnahmen, beispielsweise körperwarme, sterile NaCl-Lösung in die Bauchhöhle verabreicht werden.

Wundverschluss Im Anschluss an die Untersuchung und ggf. an eine Probenentnahme erfolgt ein 3-schichtiger Wundverschluss. Bauchdecke und Unterhaut werden mit resorbierbarem Nahtmaterial (3–0 oder 4–0) in 2 Schichten (z. B. Kürschnernaht) fortlaufend vernäht. Der Verschluss der Haut erfolgt idealerweise per Intrakutannaht (▶ **Abb. 14.2**) unter Verwendung sehr feiner Nahtmaterialien (5–0). Eine Alternative dazu sind Einzelknopfhefte.

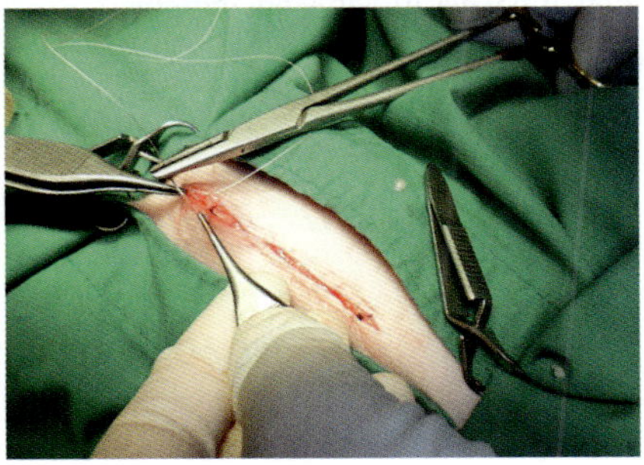

▶ **Abb. 14.2** Verschluss der Haut mit einer Intrakutannaht.

14.2.2 Kastration männlich

Indikation Eine Kastration reduziert beim Rüden in der Regel die Geruchsbelastung. Der typische Frettchengeruch ist allerdings nicht beeinflussbar, da er hauptsächlich durch das Sekret der Talgdrüsen verursacht wird. Das bei männlichen Frettchen v. a. in der Ranz erhöhte Aggressionspotenzial kann durch den Eingriff meist gesenkt werden. Kastrierte Tiere können dann problemlos ganzjährig in der Gruppe gehalten werden.

Die Kastration findet bei Frettchenrüden meist im Alter von 3–4 Monaten statt und erfolgt analog zum Eingriff beim Kater.

Durchführung Das Skrotum wird durch einen kleinen, längs verlaufenden Schnitt über dem Hoden inzidiert. Im Anschluss werden Unterhautgewebe und der Processus vaginalis jeder Seite vorsichtig eröffnet. Der Hoden wird vorgelagert (▸ **Abb. 14.3**) und das Lig. caudae epididymidis wenn möglich stumpf abgetrennt.

Nach Ligatur von Gefäß und Samenstrang wird der Hoden abgesetzt. Der Processus vaginalis wird mittels fortlaufender Naht (resorbierbares Nahtmaterial, 4–0) verschlossen.

Eine präskrotale Inzision mit Vorlagerung beider Hoden ist beim Frettchen ebenfalls beschrieben. Bei dieser Technik werden die Hoden nacheinander in die präskrotale Region an der Basis des Penis geschoben und kastriert. Von Vorteil bei der präskrotalen Methode ist der kleinere Wundbereich.

Alternativ zu den beschriebenen offenen Techniken bleibt der Processus vaginalis bei der gedeckten Kastration unversehrt, folglich besteht kein Zugang zur Bauchhöhle. Es wird eine Massenligatur nahe des Anulus inguinalis um Gefäß, Samenstrang und Processus vaginalis gesetzt und der Hoden im Anschluss entfernt.

Wundverschluss Das Skrotum wird in allen Fällen abschließend mit Einzelheften (resorbierbares Nahtmaterial, 4–0 bis 5–0) bzw. mit Gewebekleber verschlossen.

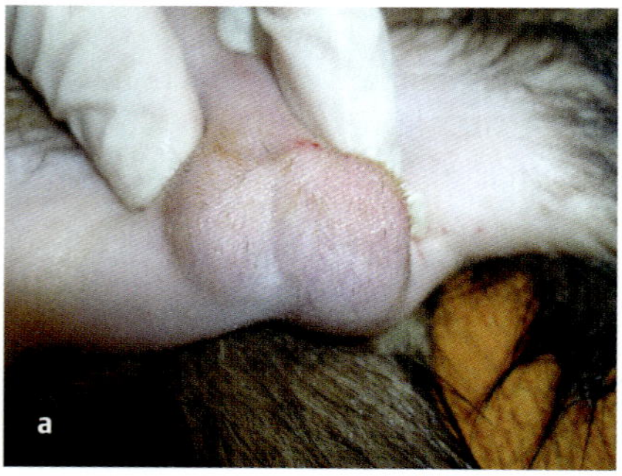

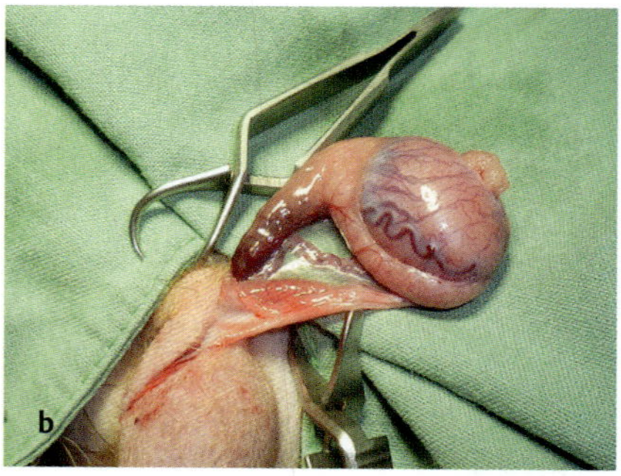

▸ **Abb. 14.3** Kastration des männlichen Tieres. Darstellung der Hoden prä operationem und nach Vorlagerung aus dem Skrotum.

14.2.3 Ovariohysterektomie

Indikation Da Fähen bereits ab der 1. Ranz einen lebensbedrohlichen Hyperöstrogenismus (S. 231) entwickeln können, sollten sie, sofern kein Nachwuchs erwünscht ist, kastriert werden. Weitere Indikationen sind Neoplasien des Geschlechtstrakts (S. 227) und Pyometra (S. 221).

Durchführung Die Ovariohysterektomie erfolgt analog zur Technik bei der Katze. Die Eröffnung der Bauchhöhle über die bei Frettchen gut erkennbare Linea alba erfolgt etwa 1 cm kaudal des Nabels und reicht bis etwa 2 cm kranial des vorderen Schambeinrands.

Direkt dorsal der Harnblase liegt der Uterus bicornis mit dem relativ kurzen Corpus uteri. Durch Palpation entlang der Uterushörner nach kranial können die Ovarien aufgefunden werden (▸ **Abb. 14.4**), die relativ locker aufgehängt und in eine stark fettgewebshaltige Bursa gebettet sind. Nach Vorlagerung eines Eierstocks werden A. und V. ovarica im Mesovar abgeklemmt, ligiert (resorbierbares Nahtmaterial, 4–0) und das Ovar abgetrennt. Anschließend wird die A. uterina mit Anteilen des Lig. latum uteri ebenfalls abgeklemmt, ligiert und abgesetzt. Mit der kontralateralen Seite wird analog verfahren.

Die Vagina ist mit einer Darmklemme kaudal der Zervix zu fixieren und unter Durchstechen der Vaginalwand zu ligieren. Kranial der Ligatur wird eine 2. Klemme gesetzt, eine weitere nahe des Übergangs Zervix zur Vagina, zwischen beiden Klemmen wird die Vagina durchtrennt (▸ **Abb. 14.5**, ▸ **Abb. 14.6**).

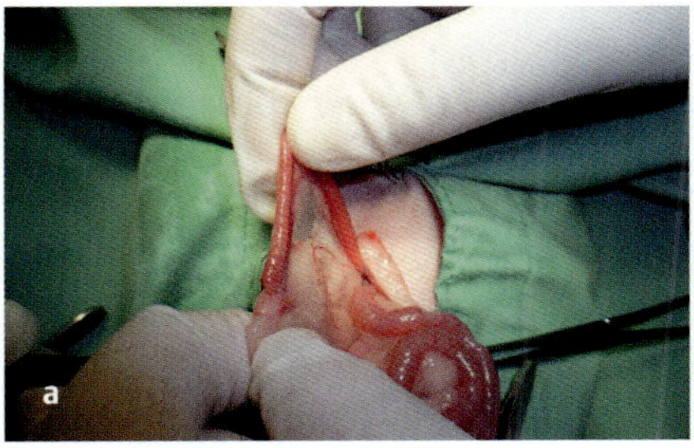

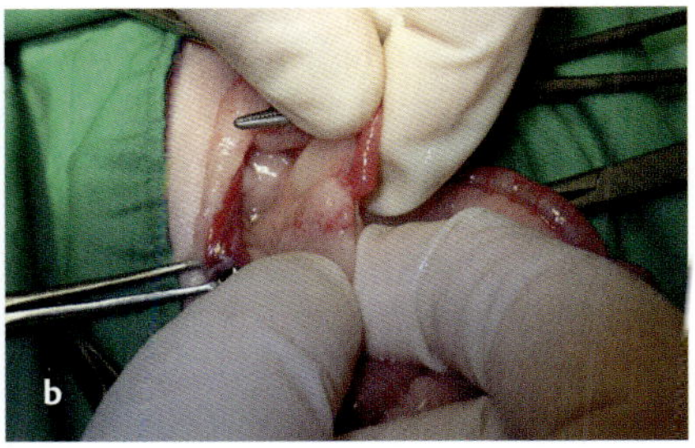

▸ **Abb. 14.4** Ovariohysterektomie.
a Vorsichtige Palpation entlang des Uterushorns.
b Darstellung von Uterushornspitze und in der Bursa eingebettetem Ovar.

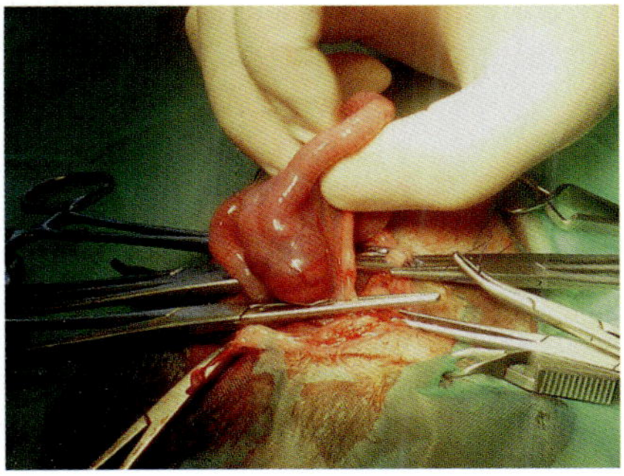

▸ **Abb. 14.5** Abklemmen der Vagina im kaudalen Bereich der (hier deutlich veränderten) Zervix.

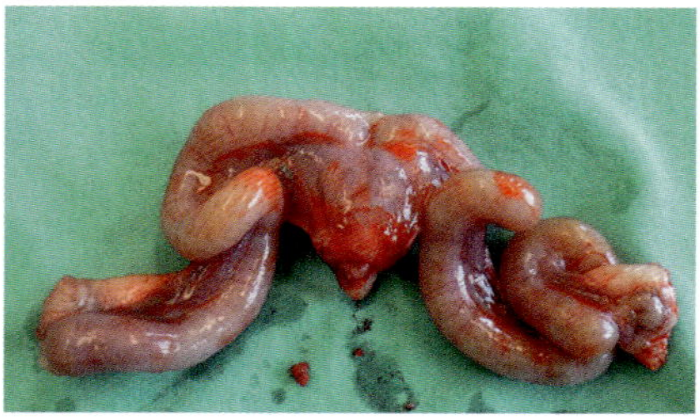

▸ **Abb. 14.6** Exstirpierter, insbesondere im Bereich der Zervix entarteter Uterus (Frettchen, 2 Jahre).

Wundverschluss Die Wundflächen des Stumpfes werden einstülpend vernäht. Es folgt ein 3-schichtiger Wundverschluss analog zur Laparotomie (S. 266).

14.2.4 Kaiserschnitt

Indikation Hauptindikation ist die Dystokie (S. 226) beispielsweise durch zu große Früchte, fehlerhafte Lage der Welpen oder kongenitale Missbildungen. Werden nur wenige Welpen vermutet, sollte deren Größe bei nahendem Geburtstermin röntgenologisch kontrolliert werden; sehr große Jungtiere sollten per Kaiserschnitt entwickelt werden.

Durchführung Der mit Welpen gefüllte Uterus wird mit Bauchtüchern rechts und links von den übrigen Bauchhöhlenorganen isoliert. Die Inzision erfolgt nahe der Bifurkation, dabei ist darauf zu achten, den hervortretenden Welpen nicht durch den Schnitt zu verletzen. Die Welpen werden nun der Reihe nach einschließlich Plazenta jeweils alternierend aus dem rechten und linken Uterushorn unter vorsichtiger Massage über die Inzision entwickelt.

Wundverschluss Die Uterusinzision wird fortlaufend mittels Schmiedennaht (1-schichtig, z. B. Vicryl 4/0) verschlossen. Der Bauchverschluss erfolgt wie üblich.

Nachsorge In den meisten Fällen erholen sich die Fähen gut von der Operation und zeigen keine Beeinträchtigung bei der Laktation und der Pflege der Jungtiere. Sobald das Muttertier komplett aus der Anästhesie erwacht ist, werden die (bis dahin warm gehaltenen) Welpen mit in die Nistbox gelegt. Wichtig bei der Nachsorge ist, auf eine ausreichende Analgesie und Hydratation durch subkutane, warme Infusionen zu achten. Die Muttertiere müssen, ebenso wie die Neonaten, warm gehalten werden. Dem Muttertier wird in der Nistbox schmackhaftes Futter angeboten.

14.2.5 Insulinom-Operation

Indikation Bei mittelalten Frettchen besteht ein hohes Risiko, Tumoren der Bauchspeicheldrüse – Insulinome (S. 228) – zu entwickeln. Betroffene Tiere leiden, bedingt durch die Hypoglykämie, unter Schwächeanfällen. Durch die Verabreichung von Glukose bessert sich das Allgemeinbefinden der Frettchen in kürzester Zeit. Die Erkrankung verläuft allerdings progressiv und führt unbehandelt meist zum Koma und Tod.

Eine Heilung ist prinzipiell nur durch die chirurgische Entfernung der Insulinome möglich. In vielen Fällen liegen jedoch bereits Mikrometastasen in morphologisch noch unauffälligen Arealen des Pankreas vor. Eine Reduktion der Tumormasse kann die Lebensqualität durch Verlängerung des symptomfreien Intervalls verbessern und den Bedarf an Medikamenten senken oder auch beseitigen.

Durchführung Während des Eingriffs erhalten die Frettchen glukosehaltige, 5 %ige Infusionslösungen im Erhaltungsbedarf. Da Insulinome in andere Organe metastasieren können, sollte zuvor sonografisch, später stets im Rahmen der Laparotomie (S. 266) eine gründliche Adspektion der Bauchhöhlenorgane stattfinden, insbesondere von Leber, Milz und regionalen Lymphknoten. Auch auf Abnormitäten der Nebennieren ist zu achten, da bei einem Teil der Frettchen Tumoren in beiden Organsystemen gleichzeitig vorliegen. Bei Bedarf sollten Gewebebiopsien für die histologische Untersuchung entnommen werden.

Milz- und Duodenalschenkel des Pankreas werden sorgfältig begutachtet. Insulinome sind meist etwas heller als das umliegende Gewebe und leicht erhaben. In einigen Fällen haben sie auch eine rötliche Farbe. Die Neoplasien sind meist sehr klein und in einigen Fällen nicht sichtbar, aber palpierbar. Hierbei wird das Pankreasgewebe zwischen Daumen und Mittelfinger vorsichtig durchgetastet, damit keine Pankreatitis durch die Manipulation entsteht.

Einzelne Knötchen können unter Zuhilfenahme von Arterienklemmen und Stieltupfern weitestgehend stumpf vom übrigen Gewebe isoliert und abgetrennt werden. Bei kleineren Blutungen ist häufig keine Ligatur nötig.

Sind bereits multiple Knötchen in beiden Pankreasschenkeln vorhanden, ist eine Teilresektion des am stärksten befallenen Areals empfehlenswert. Der zu entfernende Bereich des Schenkels wird zunächst vom Netz freipräpariert. Im Anschluss wird eine Ligatur (z. B. Monocryl 4–0) im gesunden Gewebe, wenn möglich mit einem Mindestabstand von 5 mm zur ersten Umfangsvermehrung gesetzt. Der Organanteil distal der Ligatur wird danach abgesetzt. Insbesondere ein Abzweig der A. lienalis am Milzschenkel, die A. und V. pancreaticoduodenalis am Duodenalschenkel und der nahe am Scheitelpunkt der Pankreasschenkel lokalisierte Ausführungsgang der Bauchspeicheldrüse müssen geschont werden.

Wundverschluss Während des Eingriffs entstandene Läsionen in Netz oder Mesenterium sollten in jedem Fall verschlossen werden, um die Bildung einer Hernie und das Einklemmen von Darmabschnitten zu vermeiden. Danach ist die Wunde analog zur Laparotomie (S. 266) zu verschließen.

Nachsorge Sobald die Frettchen vollständig aus der Narkose erwacht sind, erfolgt eine Umstellung der glukosehaltigen Infusion auf Vollelektrolytlösung und die Tiere erhalten das erste Futter.

In den ersten Tagen post operationem sollte die Glukosekonzentration überprüft werden, um auf eine potenzielle Hyperglykämie schnell reagieren zu können. Ein postoperativer Diabetes mellitus (S. 236) ist allerdings sehr selten. Etwa 7–10 Tage nach dem Eingriff, und im weiteren Verlauf lebenslang, ist alle 3–4 Monate der Glukose-Nüchternwert zu bestimmen.

Wurde die Tumorlast nicht ausreichend reduziert, kann die Hypoglykämie bestehen bleiben und eine zusätzliche medikamentelle Behandlung erforderlich machen. Um ein möglichst langes, symptomfreies Intervall zu erreichen, ist außerdem ein angepasstes Fütterungsregime (S. 228) durch den Patientenbesitzer von großer Wichtigkeit.

14.2.6 Adrenalektomie

Indikation Die hyperplastische oder tumoröse Entartung der Nebennieren (S. 233) ist eine der häufigsten Erkrankungen beim Frettchen. Die chirurgische Entfernung der veränderten Drüse ist die einzige kurative Therapie des Hyperadrenokortizismus (S. 233) (▸ **Abb. 14.7**). Die Heilung kann allerdings nur von vorübergehender Dauer sein, da sich die kontralaterale Nebenniere ebenfalls verändern kann.

Durchführung Die Laparotomie erfolgt in der Linea alba vom Xiphoid bis zum Schambein. Da Nebennierenveränderungen häufig zu weiteren Organveränderungen, z. B. Metaplasien der Prostata oder Uterushyperplasien, führen und tumoröse Entartungen der Nebennieren auch metastasieren können, sollten alle Bauchhöhlenorgane sorgfältig untersucht werden. Bei mittelalten Frettchen kommen auch Insulinome (S. 228) und Lymphome (S. 241) regelmäßig vor. Daher ist insbesondere auf Veränderungen von Pankreas und Mediastinallymphknoten zu achten.

Um die **linke Nebenniere** aufsuchen zu können, müssen Milz und Dünndarm zunächst vorgelagert werden. Die Organe sind mit warmer Kochsalzlösung warm und feucht zu halten. Die linke Nebenniere ist kraniomedial der linken Niere im retroperitonealen Fett eingebettet und von einer dünnen Schicht Peritoneum überzogen. Mithilfe von Stieltupfern wird das Organ vorsichtig freigelegt. Gesunde Nebennieren sind weißlich bis rosa gefärbt und ca. 2–3 mm breit und 6–8 mm lang. Die kleinen Organe sollten auch bei unauffälliger Morphologie palpiert werden, um mögliche knotige Gewebeveränderungen auffinden zu können.

Ist eine Entfernung angezeigt, wird die Drüse unter Erhaltung der Kapsel von kaudal nach kraniomedial stumpf freipräpariert. Die Nebenniere ist sehr gut mit Gefäßen versorgt. Die V. abdominalis cranialis verläuft von medial nach lateral über die Organoberfläche und sollte beidseits ligiert werden. Um die freigelegte und angehobene Nebenniere wird dorsal eine weitere Ligatur gesetzt und das Organ entfernt (▸ **Abb. 14.8**). Alternativ wird auch die Vereisung des Organs mit einer -196° C Kältesonde angeraten. Dabei sollte ein gefrosteter Gewebesaum von 8–10 mm um die Nebennieren erreicht werden, damit alle Tumorzellen eine Mindesttemperatur von -20 bis -30° C erreichen,

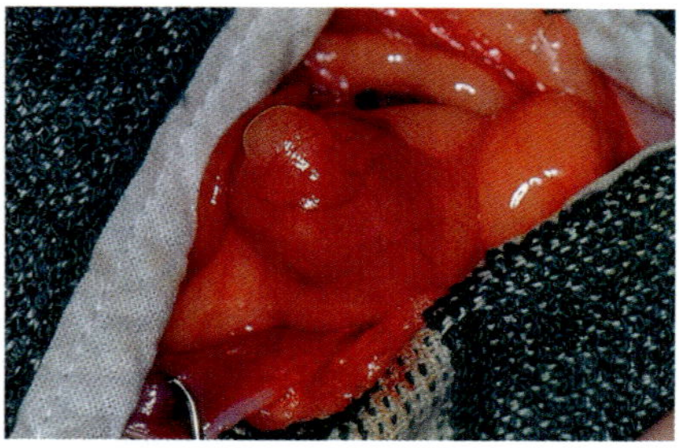

▸ **Abb. 14.7** Tumoröse Entartung der Nebenniere.

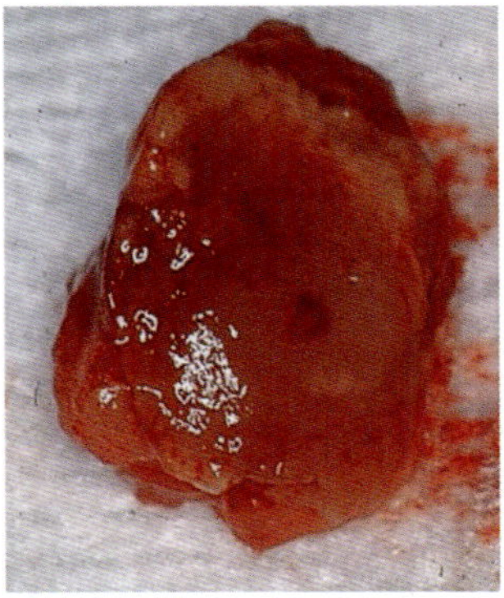

▶ **Abb. 14.8** Exstirpiertes Nebennierenkarzinom.

um zerstört zu werden. Der Vereisungsvorgang sollte 2–3 × wiederholt werden. Danach wird die Bauchhöhle mit warmer Ringer-Lösung gespült und wie üblich verschlossen.

Das Vorgehen verläuft bei der **rechten Nebenniere** prinzipiell analog, ist aber durch die Nähe zum kaudalen Leberlappen, und insbesondere zur V. cava caudalis, erschwert. Häufig kann das Organ nicht vollständig vom Gefäß abgetrennt werden. Bei maligner Entartung ist auch ein Einbruch in die Gefäßwand möglich. Da in diesen Fällen Anteile der großen Vene mitentfernt werden müssen, ist der Eingriff deutlich komplizierter und in einigen Fällen auch nicht erfolgreich durchführbar. Ein kompletter Verschluss der V. cava caudalis sollte möglichst vermieden werden.

Um die rechte Nebenniere aufsuchen zu können, müssen zunächst das Lig. hepatorenale zwischen Leber und Niere vorsichtig durchtrennt und der kaudale Leberlappen angehoben werden. Das Organ ist in retroperitonealem Fett eingebettet und kraniomedial der rechten Niere, kaudal des rechten kaudalen Leberlappens und medial bis dorsal der V. cava caudalis lokalisiert. Zur optimalen Beurteilung des Organs muss auch auf der rechten Seite das Peritoneum stumpf durchtrennt werden und die rechte Nebenniere vorsichtig nach medial und ventral zurückgezogen werden.

Ist eine **bilaterale Adrenalektomie** angezeigt, besteht die Gefahr eines postoperativen Glukokortikoid- und Mineralokortikoidmangels. Hier ist, in Abhängigkeit von den Ergebnissen der Blutuntersuchung, eventuell die vorübergehende (oder langfristige) Verabreichung von Gluko-, ggf. auch von Mineralokortikoiden notwendig.

Um eine Medikation zu umgehen, empfehlen einige Autoren neben der totalen Entfernung einer Drüse nur eine partielle Resektion des kontralateralen Organs. Liegen Imbalancen der Kalzium- und Natriumspiegel oder klinische Anzeichen eines Hypoadrenokortizismus (S. 233) vor, wird die vorübergehende orale Verabreichung von Fludrokortison (0,05–0,1 mg/kg 1 × tägl.) empfohlen. Die subtotale Entfernung einer Nebenniere kann per Inzision, durch Anwendung eines Clips oder durch teilweises Ausschaben des Organinhalts nach longitudinaler Eröffnung der Kapsel erfolgen.

Die zusätzliche **Implantation eines Hormonchips** (Suprelorin®) nach Entfernung einer Nebenniere kann das Wiederauftreten von Symptomen eventuell verzögern.

Wundverschluss Analog zur Laparotomie (S. 266).

Nachsorge War bei beidseits Lymphomen (S. 241) oder veränderten Nebennieren (S. 233) nur eine partielle Entfernung einer oder beider Drüsen möglich, kann zusätzlich die Gabe von Leuprorelin oder Deslorelin sinnvoll sein.

In der Regel erholen sich Frettchen sehr schnell von der Operation. Die Futteraufnahme kann erfolgen, sobald der Patient komplett aus der Narkose erwacht ist. Sofern das Allgemeinbefinden des Tieres weiterhin beeinträchtigt ist, sollte ein komplettes Blutbild mit besonderem Augenmerk auf Elektrolytverschiebungen, Hypoglykämie und Veränderungen der Leber- und Nierenwerte eingeleitet werden. Die Schwellung der Vulva bei Fähen verschwindet in der Regel innerhalb von 2 Wochen post operationem. Das Fell wächst meist im Zeitraum von 4 Wochen bis 6 Monaten nach.

Regelmäßige Kontrollen des Allgemeinbefindens und bei Bedarf auch des Blutes sind im Anschluss an die Operation und im Rahmen der konservativen Therapie (bzw. bei Kombination beider Verfahren) angezeigt.

14.2.7 Prostatazysten/Prostataabszess

Indikation Erkrankungen der Prostata (S. 218) treten v. a. bei kastrierten Rüden mittleren Alters auf, die an einer Nebennierenerkrankung (S. 233) leiden. Durch den Anstieg der Sexualhormone kann es zu Hyperplasien, zystischen Veränderungen, squamösen Metaplasien und Abszessen der Vorsteherdrüse (▶ **Abb. 14.9**) kommen.

OP-Vorbereitung Vor dem geplanten chirurgischen Eingriff sollte eine abdominale Sonografie (▶ **Abb. 12.44**) durchgeführt werden, um morphologische Abweichungen der Bauchhöhlenorgane, insbesondere der Nebennieren, feststellen zu können.

Durchführung Die Eröffnung der Bauchhöhle muss ausreichend groß gewählt werden, da die abdominalen Organe während der Operation auf verändertes Nebennieren- und Pankreasgewebe und auf Metastasen hin untersucht werden müssen. Morphologisch abweichende Nebennieren bzw. knotig verändertes Pankreasgewebe sollten entfernt werden. Bereits wenige Tage nach der Adrenalektomie (S. 272) ist eine Verkleinerung der Prostata inklusive der Zysten zu erwarten.

Eine chirurgische Therapie ist bei allen Prostataveränderungen angezeigt, die ausgeprägte Harnabsatzstörungen verursachen bzw. bei Vorliegen eines Prostataabszesses, da dieser in der Regel medikamentell nicht zu beeinflussen ist. Komplette Harnröhrenobstruktionen sind als Notfälle zu behandeln und erfordern eine zügige Entlastung der

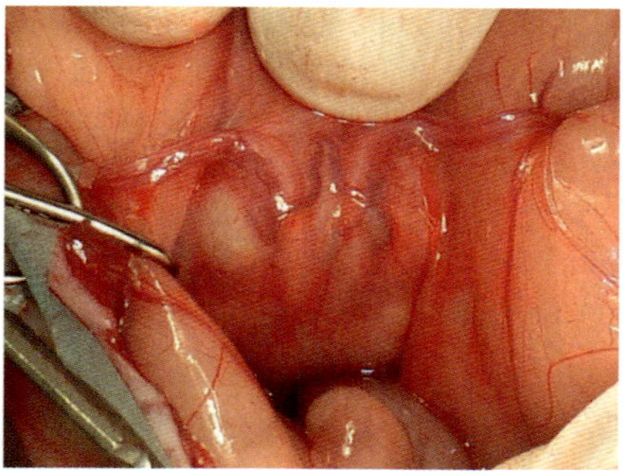

▶ **Abb. 14.9** Umfangsvermehrung der Prostata (Metaplasie und Entzündung).

Harnblase durch eine **Katheterisierung**. Das Einbringen eines Harnkatheters sollte erst nach Narkoseeinleitung oder nach Gabe eines Muskelrelaxanz stattfinden. Ist die Katheterisierung nicht möglich, muss eine Zystozentese oder Zystotomie erfolgen. Zudem sollte abgeklärt werden, ob eine Azotämie und/oder Elektrolytstörungen vorliegen. Der Kreislauf ist vor einer Operation durch intravenöse Infusionen zu stabilisieren.

Liegen Prostatazysten vor, können diese meist bereits durch Aspiration ihres Inhalts deutlich verkleinert werden. Die Kanüle muss ausreichend groß gewählt werden, da der Zysteninhalt häufig zähflüssig ist. Eine bakteriologische Untersuchung der gewonnenen meist grünlichen, übel riechenden Flüssigkeit ist anzuraten. Ebenso sollte etwas Gewebe entnommen und histologisch untersucht werden, um primäre Prostataerkrankungen auszuschließen.

Im Rahmen einer **Marsupialisation** wird die Zyste eröffnet und mittels resorbierbaren Nahtmaterials an der Haut befestigt. Dabei ist es wichtig, dass nur prostatisches oder paraprostatisches Gewebe, jedoch kein Gewebe der Harnblase erfasst wird, da es andernfalls zu einem permanenten Urinträufeln kommen kann. Durch eine kleine Öffnung wird der Zysten- bzw. Abszessinhalt über mehrere Tage drainiert und kann mit einer milden, desinfizierenden Lösung gespült werden. Die Wundheilung erfolgt schließlich sekundär.

Zysten oder Abszesse können auch **omentalisiert** werden (▸ **Abb. 14.10**). Bei diesem Prozedere wird nach Drainage der Flüssigkeit und, falls möglich nach partieller Entfernung der Kapsel, ein Teil des großen Netzes in die Zysten- oder Abszesshöhle eingeführt und mit resorbierbarem Nahtmaterial an der Zystenwand befestigt. Das eingebrachte Netzgewebe soll Flüssigkeit absorbieren, zur Blutstillung und Gewebeadhäsion beitragen und die lokale Immunabwehr unterstützen. Durch vorsichtigen Druck auf die Harnblase wird geprüft, ob die Zyste bzw. der Abszess sicher verschlossen ist. Tritt Urin aus, muss der Vorgang wiederholt und eine größere Menge an Netzgewebe eingebracht werden.

Sowohl bei einer Marsupialisation als auch bei einer Omentalisation besteht die Gefahr, dass Zysten- oder Abszessinhalt in die Bauchhöhle gelangt und eine lebensbedrohliche Peritonitis entsteht. Zudem steigt das Risiko eines persistierenden oder rezidivierenden Abszesses bei ungenügender Entfernung der Abszesskapsel.

Unterstützend zur Operation wird in der Literatur das kostenintensive, humanmedizinische Zytostatikum Flutamid (10 mg/kg 1–2 × tägl. p. o.) empfohlen. Konnte die meist beteiligte veränderte Nebenniere nicht komplett entfernt werden, ist die Implantation eines Hormonchips (Suprelorin®) anzuraten.

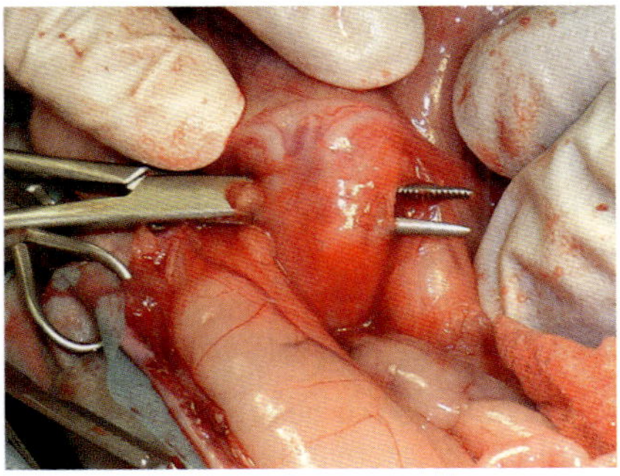

▸ **Abb. 14.10** Omentalisierung des Prostataabszesses: Penetration der Drüse kurz vor Einbringen des Netzmaterials.

Wundverschluss Analog zur Laparotomie (S. 266).

Nachsorge Wenn durch den Eingriff keine deutliche Verkleinerung von Prostatazysten oder -abszess erreicht werden kann, muss ein Dauerkatheter gelegt werden, um den Urinabsatz zu gewährleisten. Dabei sollten pro Stunde mindestens 1–2 ml/kg abgesetzt werden. Der Katheter wird mit Klebeband oder Knopfheften an der Haut befestigt. Die Frettchen erhalten zudem einen Halskragen.

Post operationem sind regelmäßige sonografische Untersuchungen des Abdomens anzuraten, um Komplikationen wie Peritonitiden oder Rezidive frühzeitig erkennen zu können.

14.2.8 Gastrointestinale Fremdkörper

Indikation Insbesondere junge Frettchen neigen zur Aufnahme von Fremdkörpern (S. 192), vorzugsweise aus Gummi oder Schaumstoffen. Die Fremdmaterialien sind meist im Magen oder Dünndarm lokalisiert. Auch Trichobezoare können insbesondere bei Langhaarfrettchen vorkommen.

Durchführung Nach Eröffnen der Bauchhöhle wird das Abdomen zunächst nach Anzeichen für einen perforierenden Fremdkörper, wie Aszites (▸ **Abb. 14.11**), untersucht. Kann Flüssigkeit in der Bauchhöhle festgestellt werden, sollte eine Probe entnommen und diese zytologisch und mikrobiologisch untersucht werden. In diesem Fall ist im Anschluss an die Entfernung des Fremdkörpers eine mehrmalige peritoneale Spülung mit steriler, körperwarmer NaCl-Lösung durchzuführen. Zum Wundverschluss sollten die Handschuhe, Tücher und das Instrumentarium gewechselt werden.

Auf der Suche nach dem Fremdmaterial werden Magen, Dünn- und Dickdarm von proximal nach distal sorgfältig abgetastet (▸ **Abb. 14.12**).

Ist eine **Gastrotomie** angezeigt, sollte die Magenwand mit 2 Haltezügeln stabilisiert und wenn möglich, partiell aus der Bauchhöhlenöffnung gehalten werden. Die Eröffnung findet, wenn möglich, über dem ertasteten Fremdkörper, an einer relativ gering mit Blutgefäßen versorgten Zone der Magenoberfläche statt. Die übrigen Organe der

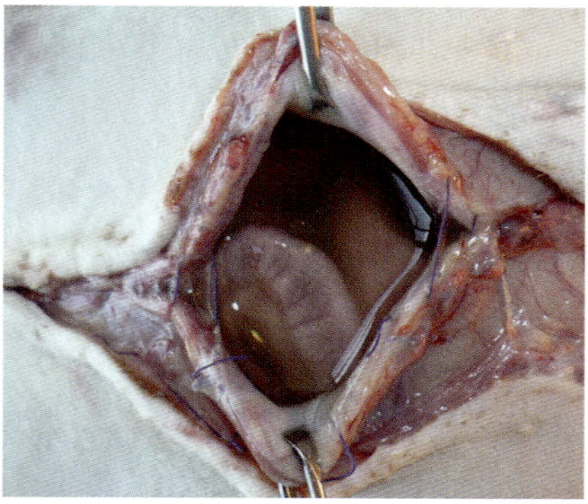

▸ **Abb. 14.11** Aszites, Re-OP nach Fremdkörperoperation.

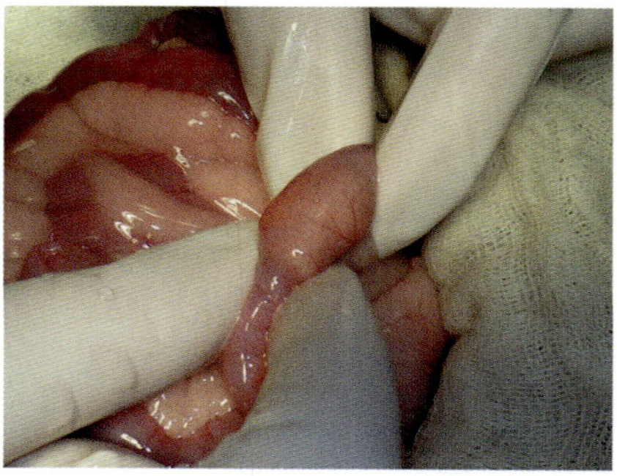

▸ **Abb. 14.12** Vorsichtige Palpation des Darmes zum Auffinden des Fremdkörpers.

Bauchhöhle werden mittels NaCl-getränkter Bauchtücher oder feuchter Kompressen vor dem Austrocknen und einer potenziellen Kontamination durch den Mageninhalt geschützt. Der Fremdkörper wird entfernt, zuvor wird, soweit möglich, vorhandene Magenflüssigkeit abgesaugt. Das Organ wird anschließend mit einer einstülpenden Schmiedennaht in Kombination mit einer abdeckenden Lembertnaht oder einer doppelten Lembertnaht unter Verwendung von resorbierbarem, monofilen Nahtmaterial (4–0) verschlossen. Kleinere Fremdkörper können auch ohne Eröffnung des Magens über eine im Magen platzierte Sonde entfernt werden.

Bei einer **Enterotomie** wird die Bauchhöhle nach Vorlagerung des betreffenden Darmanteils analog zur Gastrotomie mit feuchten Tüchern oder Kompressen abgedeckt. Der Darm wird proximal und distal der Obturationsstelle mit Darmklemmen oder durch einen Assistenten, der jeweils mit der rechten und linken Hand den Darm durch Fingerkompression abklemmt, gesichert. Die Darmwand wird dann durch einen longitudinalen, antimesenterialen Schnitt distal des Fremdkörpers eröffnet (▸ **Abb. 14.13**). Das Fremdkörpermaterial wird durch die Öffnung entfernt (▸ **Abb. 14.14**) und die Darmwand mit einer fortlaufenden, einstülpenden Naht (z. B. Schmiedennaht) oder mit Einzelheften 1-schichtig mit monofilem Faden (4–0 oder 5–0) verschlossen.

Sind Anteile des Darmes nekrotisch, müssen diese vollständig entfernt werden. Zunächst werden die Mesenterialgefäße des zu resezierenden Darmabschnitts ligiert und durchtrennt. Das nekrotische Darmstück wird proximal und distal mit Darmklemmen isoliert. Anschließend werden 2 weitere Klemmen im gesunden Gewebe gesetzt und der zu entfernende Darmabschnitt zwischen den Klemmen abgetrennt. Der Verschluss der gesunden Enden erfolgt durch End-zu-End- oder kombinierte End-zu-Seitanastomosen. Über die Darmnähte wird anschließend etwas Netz gelegt und mit Einzelheften fixiert.

Wundverschluss Analog zur Laparotomie (S. 266).

Nachsorge Die Fütterung der Frettchen sollte bereits nach dem vollständigem Erwachen beginnen, um einer Hypoglykämie vorzubeugen. In den ersten Tagen nach einem chirurgischen Eingriff am Verdauungstrakt ist es sinnvoll, zunächst nur kleinere Mengen in häufiger Frequenz zu füttern.

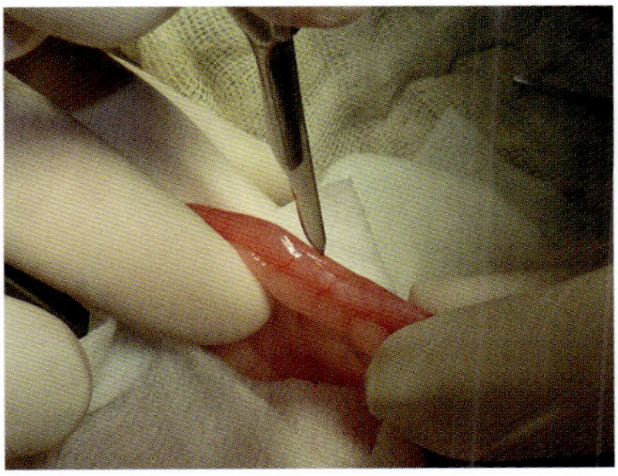

▸ **Abb. 14.13** Longitudinale, antimesenteriale Eröffnung des Darmes distal des Fremdkörpers.

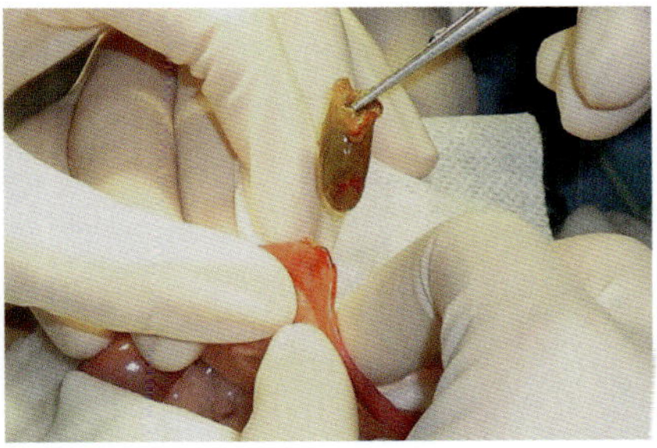

▸ **Abb. 14.14** Vorsichtige Entnahme des Fremdmaterials.

14.2.9 Zystotomie

Indikation Frettchen leiden gelegentlich unter Urolithen der Harnblase (S. 106).

Durchführung Die notwendige Zystotomie erfolgt nach den gleichen Kriterien wie bei Hund und Katze. Nach einer Laparotomie (S. 266) kaudal des Nabels bis zum Schambein bzw. parallel zum Verlauf des Penis wird die Harnblase aufgesucht und mit Haltezügeln stabilisiert.

Nach Absaugen des Urins mittels Spritze und Inzision der Blasenwand werden die Konkremente lokalisiert und abgesaugt bzw. mit einer Pinzette entnommen. Sowohl die Harnblase als auch die Urethra werden während der Zystotomie bzw. retrograd gespült, um auch kleinste Konkremente oder Kristalle aus Harnröhre oder Harnblasenhals zu entfernen.

Wundverschluss Die Harnblasenwand wird einstülpend vernäht. Zur Kontrolle der Dichtigkeit wird abschließend sterile NaCl-Lösung in das Organ injiziert. Anschließend Wundverschluss analog zur Lapartomie.

14.2.10 Analbeutelexstirpation

Indikation Frettchen leiden gelegentlich unter Entzündungen oder Abszessen der Analbeutel (S. 150).

! Eine Entfernung der Analbeutel beim Frettchen ist in Deutschland aus Tierschutzgründen ausschließlich bei vorliegender medizinischer Indikation (z. B. Entzündung, Abszess, Neoplasie) erlaubt.

Zur Exstirpation können die Ausführungsgänge der Analbeutel aufgesucht und fixiert werden. Dabei hat es sich bewährt, zuvor eine dünne Knopfkanüle oder Sonde darin zu platzieren. Die Öffnungen liegen auf etwa 3–4 und 8–9 Uhr neben dem Anus. Dabei wird 1–2 mm um die Öffnung eine Schleimhautinzision vorgenommen und der Ausführungsgang sowie der Analbeutel vom umliegenden Analsphinkter freipräpariert (▸ **Abb. 14.15**). Vor allem die Trennung vom Muskel muss sehr vorsichtig durchgeführt werden, um Komplikationen, z. B. Rektumprolaps oder Kotinkontinenz, zu vermeiden. Analbeutel und Analdrüse werden schließlich nach Entfernen der Knopfkanüle und Verschluss der Öffnung mittels einer Klemme vollständig exstirpiert.

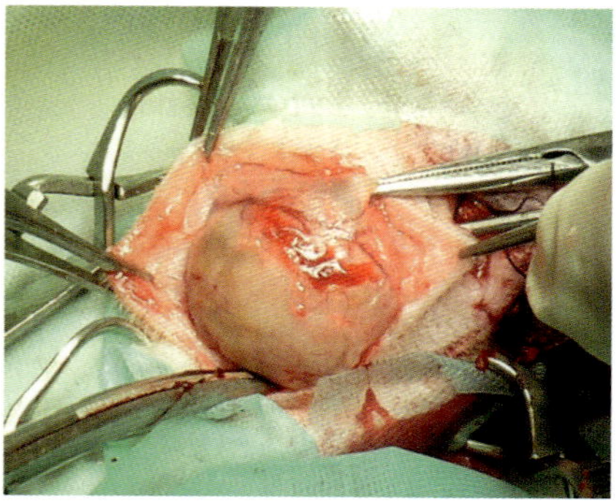

▸ **Abb. 14.15** Freipräparation eines Analbeutelabszesses.

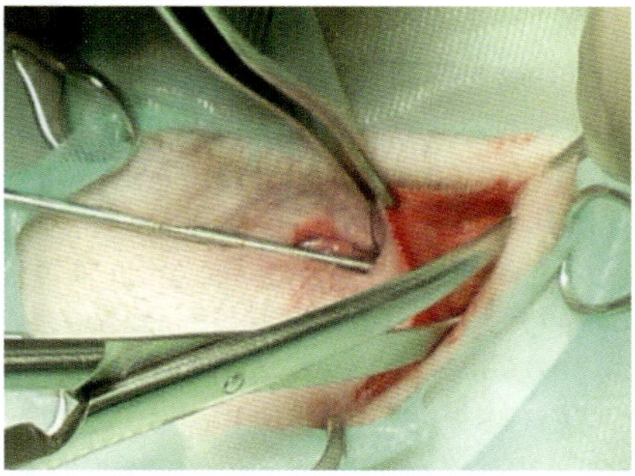

▶ **Abb. 14.16** Einbringen einer Sonde in den Ausführungsgang des Analbeutels und Eröffnung der Haut.

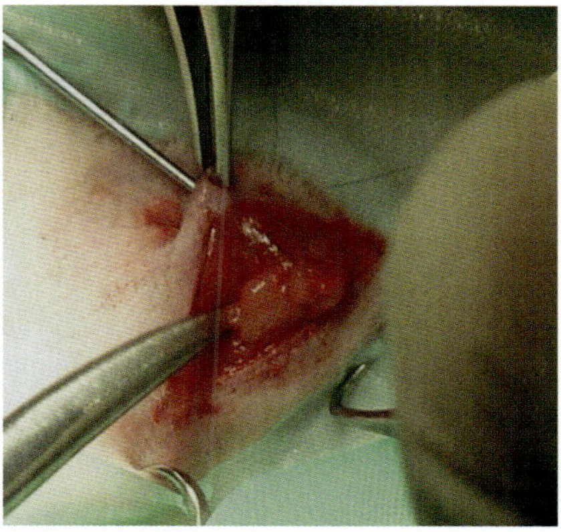

▶ **Abb. 14.17** Freipräparation des veränderten Analbeutels.

Bleiben Gewebereste zurück, ist eine Fistelbildung möglich. In diesen Fällen wird nachreseziert, die Wundhöhle sollte abschließend mit einer milden Desinfektionslösung gespült werden. Die Heilung erfolgt sekundär.

Alternativ kann auch nach Platzieren einer Knopfkanüle im Ausführungsgang ein Hautschnitt etwa 1 cm lateral der Analbeutelöffnung erfolgen (▶ **Abb. 14.16**). Der Analbeutel wird dann stumpf bis zum Ausführungsgang freipräpariert (▶ **Abb. 14.17**), um den Gang eine Ligatur platziert, danach werden Drüse und Gang exstirpiert und die Hautwunde verschlossen.

Komplikationen Die Operation wird häufig von Wundheilungsstörungen und Entzündungen begleitet. Daher sollte nach Entnahme einer Probe für die mikrobiologische Untersuchung sofort mit der Verabreichung eines Breitspektrumantibiotikums begonnen werden. Es muss insbesondere darauf geachtet werden, dass der Inhalt des beteiligten Analbeutels nicht in das umliegende Gewebe gelangt.

Wundverschluss Die Hautöffnung wird nach Spülung des Wundareals mittels Einzelheften verschlossen. Die Heilung erfolgt sekundär.

Nachsorge Ist das umliegende Gewebe infiziert, folgt im Anschluss an die chirurgische Versorgung meist eine langwierige Wundbehandlung, die häufig das Einlegen einer Drainage bzw. mehrmals tägliche Spülungen mit einer milden Desinfektionslösung (z. B. ProntoVet®-Lösung) und eine feuchte Wundabdeckung (z. B. mit ProntoVet®-Gel) bis zum sekundären Wundverschluss erfordert.

14.2.11 Splenektomie

Indikation Bei vielen Frettchen wird eine sehr große Milz diagnostiziert. Häufig sind reaktive Veränderungen die Ursache, seltener liegt ein tumoröses Geschehen vor. Da auch weitere Erkrankungen, wie Kardiomyopathien, mit einer Vergrößerung des Organs einhergehen können, muss vor einem chirurgischen Eingriff stets die Grunderkrankung abgeklärt werden.

Eine Splenektomie ist angezeigt, falls eine massiv vergrößerte Milz das Allgemeinbefinden des Tieres einschränkt und eine konservative Therapie keine ausreichende Wirkung zeigte. Zudem wird eine zytologische Untersuchung angeraten. Bei neoplastischen Veränderungen, z. B. einem Hämangiosarkom (S. 207), liegt eine Indikation zur Entfernung des Organs vor.

Durchführung Zur Darstellung der Milz erfolgt die Eröffnung der Bauchhöhle etwa 2 cm kranial und kaudal des Nabels. Da das vergrößerte Organ häufig direkt unter der Bauchdecke liegt, muss sehr vorsichtig vorgegangen werden, um Organinzisionen und nachfolgende Blutungen zu vermeiden. Die Milz kann nun vorgelagert und untersucht werden. Die Splenektomie erfolgt analog zu Hund und Katze. Alle versorgenden Gefäße sind möglichst nahe am Organ doppelt zu ligieren. Anschließend kann die Milz entnommen werden.

Wundverschluss Analog zur Laparotomie (S. 266).

14.2.12 Zahnoperationen

Zahnextraktionen sind im Kapitel Erkrankungen der Zähne (S. 183) beschrieben.

15 Euthanasie

Michael Fehr

15.1 Allgemeines

Leidet ein Frettchen unter schweren Verletzungen, einer chronischen, auszehrenden Erkrankung, einer gefährlichen Infektionskrankheit oder an einem Organversagen, kann es durch eine Euthanasie von seinem Leiden erlöst werden.

Sehr wichtig ist, die Tierbesitzer, die häufig eine sehr enge Bindung zu ihrem Frettchen aufgebaut haben, in den gesamten Prozess des Einschläferns einzubeziehen. Es sollte behutsam erklärt werden, aus welchen Gründen die Euthanasie anzuraten ist und wie der Vorgang genau abläuft. In jedem Fall sollten die Besitzer, sofern sie dies wünschen, ihr Tier auf dem letzten Weg begleiten dürfen und ausreichend Zeit bekommen, sich zu verabschieden. Die Möglichkeiten zum Verbleib des Tierkörpers (Richtlinien beim Vergraben im Garten, Tierkörperbeseitigung oder Tierkrematorium) sollten ebenfalls angesprochen werden.

15.2 Durchführung

Der Vorgang der Euthanasie sollte für Tier und Tierbesitzer so stressfrei wie möglich vonstatten gehen.

! Da auch bei sedierten oder narkotisierten Frettchen reflexartige Abwehrbewegungen oder Bisse nicht ausgeschlossen werden können, sollten Injektionen nie auf dem Arm des Besitzers durchgeführt werden.

15.2.1 Sedation/Narkose

Es ist stets empfehlenswert, die Frettchen vor der Gabe des Barbiturats zu **sedieren** oder zu **narkotisieren**. Hierzu kann die in der Praxis üblicherweise angewandte Medikation für Frettchen 2- bis 3-fach überdosiert werden.

Bei **schwer verletzten Tieren** sollte die Sedation/Narkose sehr schnell einsetzen. Liegt bereits ein Venenkatheter, ist die intravenöse Verabreichung eine einfache und schmerzfreie Möglichkeit, um eine schnelle Bewusstlosigkeit zu erlangen. Muss erst ein Venenkatheter gelegt werden, ist dies bei wachen oder sehr kreislauflabilen Tieren mit viel Stress verbunden und häufig sehr schwierig. In diesen Fällen ist die intramuskuläre Injektion (z. B. in die kraniale Oberschenkelmuskulatur) zu empfehlen. Es dürfen in jedem Fall keine zu großen Boli verabreicht werden, da dies volumenbedingt zu unnötigen Schmerzen führen kann.

Eine sanfte Methode ist die subkutane oder intraperitoneale Verabreichung des Narkosemittels (paramedian in die kaudalen Quadranten des Abdomens). Die Patienten können anschließend in der Obhut der Besitzer sanft einschlafen. Problematisch sind die Applikationsorte bei sehr kreislaufschwachen Tieren durch die meist verlängerten Resorptionszeiten des Narkotikums und den somit verzögerten Wirkungseintritt.

15.2.2 Euthanasie

Zur Euthanasie von Frettchen werden meist überdosierte Injektionsnarkotika nach vorheriger Sedation/Narkose verwendet. Als Mittel der Wahl gilt das Barbiturat Pentobarbital (z. B. Narcodorm®, Fa. CP-Pharma) in einer Dosierung von 200–800 mg/kg (intravenös, intrakardial oder intraperitoneal). Die intrakardiale Verabreichung sollte stets in tiefer Narkose durchgeführt werden. Zu beachten ist, dass das Medikament zu den Betäubungsmitteln zählt, daher dem Betäubungsmittelgesetz unterliegt und die BTM-Zulassung des Tierarztes erfordert.

Muss auf dem Operationstisch festgestellt werden, dass die Prognose für das Tier infaust ist, kann nach Zustimmung des Besitzers auch die Inhalationsnarkose überdosiert werden, bis ein Atemstillstand und ein Kreislaufversagen eintritt. Die für das Frettchen in diesem Fall sanfte Methode hat den Nachteil, dass sie längere Zeit beansprucht und dem Tierbesitzer keine Zeit bleibt, um sich von seinem Tier zu verabschieden.

15.2.3 Feststellung des Todes

Der Tod des Tieres muss durch Adspektion, Palpation und Auskultation zweifelsfrei festgestellt werden. Nach Eintreten des Herz-Kreislauf-Stillstands ist der Tierkörper erschlafft, die Pupillen stellen sich geweitet und reaktionslos dar. Die Prüfung der Schmerzreaktionen fällt negativ aus. Palpatorisch ist kein Puls fühlbar und adspektorisch sind keine Atembewegungen zu sehen. Bei der Auskultation sind keine Atemgeräusche und kein Herzschlag mehr feststellbar. Zur Absicherung kann eine sonografische Herzuntersuchung beitragen.

Teil 4
Anhang

16 Therapiegrundsätze

Anja Ewringmann, Michael Fehr, Martina Warschau

Nur wenige Arzneimittel sind speziell für Frettchen zugelassen. Daher müssen meist für andere Tierarten zugelassene Medikamente oder Präparate aus der Humanmedizin umgewidmet werden. Voraussetzung für die Umwidmung ist ein Therapienotstand.

§ Arzneimittelgesetz

Prinzipiell dürfen verschreibungs- und apothekenpflichtige Arzneimittel nur angewendet werden, wenn sie für die entsprechende Tierart sowie das entsprechende Anwendungsgebiet zugelassen sind (§ 56a Abs. 1 AMG). Steht ein solches Präparat nicht zur Verfügung, darf eine Umwidmung gemäß der „Umwidmungskaskade" (§ 56a Abs. 2 AMG) erfolgen.

Bei der Umwidmung gilt:

- Primär muss auf Arzneimittel ausgewichen werden, die für die zu behandelnde Tierart, aber für ein anderes Anwendungsgebiet zugelassen sind.
- Steht ein derartiges Präparat nicht zur Verfügung, darf ein für eine andere Tierart zugelassenes Arzneimittel verwendet werden.
- Existiert auch dieses nicht oder sind die darin enthaltenen Wirkstoffkonzentrationen oder die Applikationsformen für die zu behandelnde Tierart ungeeignet, so darf ein Präparat aus der Humanmedizin herangezogen werden.

Bei einer antibiotischen Behandlung sind folgende Punkte zu bedenken:

- Antibiotika sollten generell möglichst gezielt nach Antibiogramm eingesetzt werden. Dies gilt insbesondere für neuere „Reserveantibiotika" (z. B. Pradofloxacin), deren unbedachter und ungezielter Einsatz schnelle Resistenzentstehungen fördern kann. Zudem dürfen Antibiotika mit potenziell toxischen Wirkungen (z. B. Aminoglykoside) nur bei strenger Indikationsstellung verwendet werden. Erfordert eine Erkrankung den unmittelbaren Beginn einer antibiotischen Therapie, so sollten zuvor Proben für eine bakteriologische Untersuchung entnomen werden, um die Behandlung ggf. gezielt umstellen zu können, falls sich keine Besserung einstellt.
- Sind laut Antibiogramm verschiedene Antibiotika wirksam, so sollte vorzugsweise ein Wirkstoff mit möglichst schmalem Spektrum, großer therapeutischer Breite und einer guten Gewebegängigkeit ausgewählt werden. Bei Patienten mit Immunsuppression sind zudem stets Antibiotika mit bakterizider Wirkung vorzuziehen.
- Kontraindikationen von Antibiotika müssen unbedingt beachtet werden. So dürfen z. B. bestimmte Antibiotika (z. B. Sulfonamide, Chloramphenicol, Cephalosporine, Aminoglykoside) bei Patienten mit eingeschränkter Leber- und/oder Nierenfunktion auf keinen Fall zum Einsatz kommen.
- Perakut verlaufende Erkrankungen oder bakterielle Mischinfektionen können eine Kombination von Antibiotika erforderlich machen. Es dürfen jedoch nur Wirkstoffe kombiniert werden, die sich tatsächlich in ihrer Wirkung ergänzen. Hier sind v. a. Kombinationen aus bakterizid wirksamen Antibiotika zu nennen (z. B. Fluorchinolone + β-Lactam-Antibiotika). Bakteriostatika und bakterizid wirksame Antibiotika

sollten hingegen auf keinen Fall parallel eingesetzt werden, da eine Hemmung des Bakterienwachstums durch das Bakteriostatikum die Wirkung des Bakterizids blockiert.
- Eine antibiotische Behandlung sollte, wie auch bei anderen Tierarten, eine Dauer von 7–8 Tagen auf keinen Fall unterschreiten. Kürzere Therapieintervalle sind nicht nur unsinnig in Bezug auf den Behandlungserfolg, sie fördern zudem eine Entstehung von Resistenzen.

Soll ein Analgetikum eingesetzt werden, ist auf Folgendes zu achten:
- NSAID (z. B. Metacam®) sind insbesondere bei entzündlich bedingten Schmerzen (v. a. des Bewegungsapparats) hilfreich. Neben der analgetischen Komponente ist, je nach Wirkstoff in unterschiedlicher Ausprägung, eine antiphlogistische oder antipyretische Wirkqualität vorhanden. Sie gelten allerdings als schleimhautreizend und sollten daher nicht bei Erkrankungen des Magen-Darm-Trakts eingesetzt werden. Auch bei Nierenerkrankungen muss auf andere Wirkstoffgruppen ausgewichen werden, da die Nierenfunktion durch die NSAID beeinträchtigt wird.
- Als Alternative steht das Nicht-Opioid-Analgetikum Metamizol (Novalgin®) zur Verfügung, das eine starke analgetische und antipyretische Wirkung hat. Da es zusätzlich spasmolytisch wirkt, ist es das Mittel der Wahl bei krampfartigen Schmerzen, insbesondere des Gastrointestinaltrakts.
- Zur Anwendung von Schmerzmitteln im Rahmen von chirurgischen Eingriffen siehe Narkosevorbereitung (S. 255).

17 Medikamentenverzeichnis

Anja Ewringmann, Michael Fehr, Martina Warschau

Im Folgenden sind die häufigsten beim Frettchen eingesetzten Medikamente aufgeführt:

- Antibiotika (▸ Tab. 17.1)
- Antiparasitika (▸ Tab. 17.2)
- Antimykotika (▸ Tab. 17.3)
- Harnwege (▸ Tab. 17.4)
- Herz-Kreislauf-System (▸ Tab. 17.5)
- Respirationstrakt (▸ Tab. 17.6)
- Auge (▸ Tab. 17.7)
- Hormone (▸ Tab. 17.8)
- Kortikoide (▸ Tab. 17.9)
- Leber (▸ Tab. 17.10)
- Infusionslösungen (▸ Tab. 17.11)
- Analgetika (▸ Tab. 17.12)
- Verdauungstrakt (▸ Tab. 17.13)
- Vitamine (▸ Tab. 17.14)
- Wundbehandlung (▸ Tab. 17.15)
- künstliche Ernährung (▸ Tab. 17.16)
- Paramunitätsinducer (▸ Tab. 17.17)
- Parasympathomimetika (▸ Tab. 17.18)
- Narkotika, Narkoseprämedikation, Euthanasie (▸ Tab. 17.19)

▶ **Tab. 17.1** Antibiotika.

Wirkstoff	Handelsname (Beispiele)	Dosierung	Applikation	Intervall/Behandlungsdauer	Bemerkungen, Indikation
Amikacin	Amikacin®	10–15 mg/kg	s. c., i. m.	• 2 × tägl.	• Einsatz nur nach Antibiogramm • oto- und nephrotoxisch
Amoxicillin	Amox 15 %®, Duphamox LA®	10–20 mg/kg	p. o., s. c.	• 2 × tägl.	• nicht bei Penicillinüberempfindlichkeit! • wirksam auch gegen Anaerobier • bakterizides Breitspektrumantibiotikum • selten Magen- und Darmstörungen
		30 mg/kg	p. o.	• 2 × tägl. in Kombination mit Metronidazol und Bismuthsubsalicylat über mindestens 3 Wochen	• nicht bei Penicillinüberempfindlichkeit! • wirksam auch gegen Anaerobier • bakterizides Breitspektrumantibiotikum • selten Magen- und Darmstörungen • *Helicobacter mustelae*
		35 mg/kg	p. o.	• 1 x tägl. in Kombination mit Clarithromycin über 2 Wochen	
Amoxicillin + Clavulansäure	Synulox®	10–20 mg/kg	p. o.	• 2 × tägl.	• nicht bei Penicillinüberempfindlichkeit! • wirksam auch gegen Anaerobier
		20 mg/kg	s. c.	• 1 × tägl.	
Ampicillin	Ampisan®	5–30 mg/kg	s. c.	• 2 × tägl.	• nicht bei Penicillinüberempfindlichkeit! • wirksam auch gegen Anaerobier
Cefalexin	Rilexine®	15–25 mg/kg	p. o.	• 2–3 × tägl.	• Einsatz nur nach Antibiogramm • potenziell nephrotoxisch
Chlor-amphenicol	Chloromycetin Palmitat®	25–50 mg/kg	p. o.	• 2 × tägl.	• liquor- und knochengängig • bakteriostatisches Breitspektrumantibiotikum • gegen *Lawsonia intracellularis* über mindestens 2 Wochen • bei disseminierter, idiopathischer Myofasciitis in Kombination mit Prednisolon und Cyclophosphamid über 6–8 Wochen
Ciprofloxacin	Ciprobay®	5–15 mg/kg	p. o.	• 1 × tägl.	• knochen- und ZNS-gängig • nicht bei Jungtieren im Wachstum

▶ **Tab. 17.1** Fortsetzung.

Wirkstoff	Handelsname (Beispiele)	Dosierung	Applikation	Intervall/Behandlungsdauer	Bemerkungen, Indikation
Clarithromycin	Clarithromycin® (25 mg/ml Suspension)	8–10 mg/kg	p. o.	• 2 × tägl.	• bakterielle Infektionen durch Mykobakterien spp.
		50 mg/kg	p. o.	• 1 × tägl.	• gegen *Helicobacter mustelae* in Kombination mit Amoxicillin
Clindamycin	Cleorobe®	5–10 mg/kg	p. o.	• 2 × tägl.	• nur bei erhaltener Leber- und Nierenfunktion! • knochengängig • wirksam auch gegen Anaerobier
Enrofloxacin	Baytril®	10 mg/kg	p. o., s. c.	• 1–2 × tägl.	• knochen- und ZNS-gängig • Fluorchinolon • bakterizides Breitspektrumantibiotikum (außer Anaerobier) • nicht bei Jungtieren im Wachstum • nicht in Trächtigkeit oder Säugezeit
Erythromycin	Erythrocin vet®	10 mg/kg	p. o.	• 4 × tägl.	• Gefahr schneller Resistenzentwicklung
Gentamicin	Vetogent®	2–4 mg/kg	p. o., s. c.	• 2 × tägl.	• Einsatz nur nach Antibiogramm • oto- und nephrotoxisch
Lincomycin	Albiotic®	11 mg/kg	p. o.	• 3 × tägl.	• knochengängig
Marbofloxacin	Marbocyl®	5 mg/kg	p. o., s. c.	• 1 × tägl.	• knochen- und ZNS-gängig • nicht bei Jungtieren im Wachstum
Metronidazol	Metronidazol Sandoz® 250 mg-Filmtabletten	15–20 mg/kg	p. o.	• 2 × tägl.	• wirksam gegen Anaerobier • gegen grampositive, gramnegative Bakterien und Protozoen • gut gegen Anaerobier • bei Infektionskrankheiten und akuten Gastroenteritiden • Vorsicht bei Leber- und ZNS-Erkrankungen
		50–75 mg/kg	p. o.	• 1 × tägl.	
		20 mg/kg	p. o.	• 2 × tägl. über mindestens 2 Wochen	• *Lawsonia intracellularis* • Giardiose

▶ **Tab. 17.1** Fortsetzung.

Wirkstoff	Handelsname (Beispiele)	Dosierung	Applikation	Intervall/Behandlungsdauer	Bemerkungen, Indikation
Metronidazol (Fortsetzung)				• 2 × tägl. in Kombination mit Amoxicillin und Bismuthsubsalicylat über mindestens 3 Wochen	• *Helicobacter mustelae*
Neomycin	Neomycinsulfat®	10–20 mg/kg	p. o.	• 4 × tägl.	• nephro- und ototoxisch
Oxytetracyclin	Ursocyclin®	20 mg/kg	p. o.	• 3 × tägl.	• nur bei intakter Leber- und Nierenfunktion
		10 mg/kg	s. c., i. m.	• 2 × tägl.	
Penicillin G (Benzylpenicillin)	Penicillin-G-Natrium (205 mg/ml Pulver zur Herstellung einer Injektionslösung)	20 000–40 000 IE/kg	s. c., i. m., i. v.	• 1 × tägl.	• nicht bei Penicillinüberempfindlichkeit! • wirksam auch gegen Anaerobier • nur nach Antibiogramm
Pradoflaxacin	Veraflox®	5 mg/kg	p. o.	• 1 × tägl.	• nur als Reserveantibiotikum nach Antibiogramm einsetzen! • Wirksamkeit auch gegen Anaerobier
Sulfadiazin-Trimethoprim-Kombinationen	Borgal 24 %-Injektionslösung, TSO®-Tabletten	20–30 mg Sulfonamid/kg	p. o., s. c.	• 1–2 × tägl. • bei Kokzidiose über mindestens 2 Wochen	• Infektionen durch grampositive oder -negative Bakterien (nach Antibiogramm) • Kokzidiose
		30 mg Sulfonamid/kg	s. c.	• bei Toxoplasmose 1 × tägl. über mindestens 2 Wochen	• Toxoplasmose • nicht bei Erkrankungen, die mit Flüssigkeitsdefiziten einhergehen • nur bei intakter Leber- und Nierenfunktion • nicht bei Neonaten oder trächtigen Tieren
Tetracyclin	Tetraseptin®	20–25 mg/kg	p. o.	• 2 × tägl.	• nur bei intakter Leber- und Nierenfunktion
Tylosin	Norotyl LA®	5–10 mg/kg	p. o., s. c., i. m.	• 2–3 × tägl.	• nur bei intakter Leber- und Nierenfunktion • Gefahr schneller Resistenzentwicklung

▶ **Tab. 17.2** Antiparasitika.

Wirkstoff	Handelsname (Beispiele)	Dosierung	Applikation	Intervall/Behandlungsdauer	Bemerkungen, Indikation
Amprolium	Amprolium Albrecht®	1 ml/kg	p. o.	• 2 x tägl. über 5–7 Tage	• Kokzidiose
Fenbendazol	Panacur®	50 mg/kg	p. o.	• an 3 aufeinanderfolgenden Tagen • bei Giardiose mindestens über 10 Tage	• Anthelmintikum • Nematodenbefall, Giardiose • nicht in Trächtigkeit und Laktation
Imidacloprid (100 mg/ml)/ Moxidectin (10 mg/ml)	Advocate®-Lösung zum Auftropfen für Katzen und Frettchen	Ampulle bis 4 kg	Spot-on	• 2 × im monatlichen Abstand	• adultizid, larvizid • nicht unter 800 g anwenden • Befall durch Flöhe, Milben, Mikrofilarien und Nematoden
				• vor der Reise in ein Endemiegebiet, dann monatlich	• Herzwurmprophylaxe
Ivermectin	Ivomec® (10 mg/ml)	0,2–0,4 mg/kg	s. c.	• 2–3 × im Abstand von 7–14 Tagen	• nicht ovozid • Infektion mit Milben, Flöhen und Nematoden
		0,25 mg/kg (1:10 mit Propylenglykol verdünnt)	lokal	• 2 × im Abstand von 14 Tagen	• Ohrmilben
Melarsamin	derzeit kein Präparat verfügbar	2,5 mg/kg	tief i. m.	• 1 × zu Therapiebeginn • nach 30 Tagen 2 Injektionen im Abstand von 24 Stunden	• Herzwurmbefall • adultizid
Praziquantel	Droncit®, VetBancid®	5–10 mg/kg	p. o., s. c.	• 2 × im Abstand von 14 Tagen	• Zestoden

▶ **Tab. 17.2** Fortsetzung.

Wirkstoff	Handelsname (Beispiele)	Dosierung	Applikation	Intervall/Behandlungsdauer	Bemerkungen, Indikation
Selamectin	Stronghold®	6–10 mg/kg	Spot-on	• 1 × • Wiederholung im Abstand von 14 Tagen	• Infektion mit Flöhen, Milben, Mikrofilarien und Nematoden • ab einem Alter von 6 Wochen anwendbar
				• vor der Reise in ein Endemiegebiet, dann monatlich	• Herzwurmprophylaxe • ab einem Alter von 6 Wochen anwendbar
Thiacetarsemid	derzeit kein Präparat erhältlich	2,2 mg/kg	i. v.	• 2 × tägl. über 2 Tage • in Verbindung mit einer Thromboseprophylaxe	• Anthelmintikum • adultizid (Herzwurmbefall)
Toltrazuril	Baycox® 5 %	10 mg/kg	p. o.	• 3 Tage Eingabe, 3 Tage Pause, 3 Tage Eingabe	• Kokzidiose

▸ **Tab. 17.3** Antimykotika.

Wirkstoff	Handelsname (Beispiele)	Dosierung	Applikation	Intervall/Behandlungsdauer	Bemerkungen, Indikation
Enilconazol	Imaverol® (100 mg/ml Lösung)	0,2 %ige Lösung	kutan	• Waschung alle 4 Tage bis keine Symptome mehr vorhanden sind	• Dermatophytosen
Itraconazol	Itrafungol® (10 mg/ml Lösung)	5–10 mg/kg	p. o.	• Dermatophytose: 3 Behandlungsperioden von je 7 Tagen (dazwischen immer 1 Woche Pause)	• Dermatophytosen • Systemmykose • verursacht erhöhte Leberenzymaktivität • gleichzeitige Gabe von Antazida schränkt die Wirkung ein • nicht bei eingeschränkter Leber- und Nierenfunktion
		21–27 mg/kg	p. o.	• systemische Mykose: tägl. Gabe über Monate möglich	

▸ **Tab. 17.4** Medikamente bei Harnwegserkrankungen.

Wirkstoff	Handelsname (Beispiele)	Dosierung	Applikation	Intervall/Behandlungsdauer	Bemerkungen, Indikation
Furosemid	Dimazon® (50 mg/ml Injektionslösung)	1–5 mg/kg	p. o., s. c., i. m., i. v.	• 3–4 × tägl.	• Schleifendiuretikum • bei Ödemen und akutem Nierenversagen • in hohen Dosen Hypokaliämie möglich • nicht bei Leber- oder Nierenerkrankungen mit Anurie

▸ **Tab. 17.5** Medikamente bei Herz-Kreislauf-Erkrankungen.

Wirkstoff	Handelsname (Beispiele)	Dosierung	Applikation	Intervall/ Behandlungsdauer	Bemerkungen, Indikation
Acetylsalicylsäure	ASS 100 Hexal Tabletten	22 mg/kg	p. o.	• 1 × tägl.	• Antikoagulanz • Thromboseprophylaxe bei Herzwurmbehandlung
Adrenalin	Suprarenin® (1 mg/ml Injektionslösung)	0,02 mg/kg	s. c., i. m., i. v., i.t.	• 1-malig	• Sympathomimetikum • bei Herzstillstand und anaphylaktischem Schock • nicht bei Tachykardie, Herzinsuffizienz, Hypertonie und hgr. Niereninsuffizienz
Atenolol	Atenolol® (25 mg Tabletten)	1,25–2,5 mg/kg	p. o.	• 1–2 × tägl.	• β-Blocker • bei hypertropher Kardiomyopathie • nicht bei Herzinsuffizienz, Arrhythmien und Gravidität
Atropin	Atropin sulfuricum 0,25 mg	0,04–0,05 mg/kg	s. c., i. m., i. v.		• Sinusbradykardie, Herzstillstand
		0,1 mg/kg	i.t.		
		0,05–0,1 mg/kg	s. c., i. m.	• 1-malig	• Narkoseprämedikation
Benazepril	Fortekor®	0,25 mg/kg	p. o.	• 1 × tägl.	• ACE-Hemmer
Digoxin	Lenoxin®	0,005–0,01 mg/kg	p. o.	• 1–2 × tägl.	• Herzglykosid, positiv inotrop • bei dilatativer Kardiomyopathie, supraventrikulärer Rhythmusstörung • nicht bei AV-Block, Elektrolytstörungen, Niereninsuffizienz, Kammertachykardie und hypertropher Kardiomyopathie

▶ **Tab. 17.5** Fortsetzung.

Wirkstoff	Handelsname (Beispiele)	Dosierung	Applikation	Intervall/ Behandlungsdauer	Bemerkungen, Indikation
Diltiazem	Dil-Sanorania® (60 mg Tabletten)	1,25–2,5 mg/kg	p. o.	• 2–3 × tägl.	• Kalziumkanalblocker • bei hypertropher Kardiomyopathie und Vorhofflimmern • nicht bei dekompensierter Herzinsuffizienz oder AV-Block
Diphenhydramin-hydrochlorid	Diphenhydramin Hevert®	1–2 mg/kg	s. c. oder langsam i. v.	–	• anaphylaktischer Schock
Enalapril	Enacard®	0,25–0,5 mg/kg	p. o.	• 1 × tägl. alle 1–2 Tage	• ACE-Hemmer
Furosemid	Dimazon®	1–5 mg/kg	p. o., s. c., i. m., i. v.	• 2–3 × tägl.	• Schleifendiuretikum • bei Ödemen • in hohen Dosen Hypokaliämie möglich • nicht bei Leber- oder Nierenerkrankung mit Anurie • nicht bei Klappenstenosen
Heparin	Heparin-Natrium-ratiopharm®	100 IE/Tier (0,45–1,35 kg)	s. c.	• 1 × tägl. über 3 Wochen	• nicht bei Thrombozytopenie oder Magen- und Darmulzera
Imidaprilhydrochlorid	Prilium®	0,125–0,25 mg/kg	p. o.	• 1 × tägl.	• ACE-Hemmer
Metildigoxin	Lanitop®	0,005–0,01 mg/kg	p. o.	• 1 × tägl.	• bei dilatativer Kardiomyopathie
Pimobendan	Vetmedin®	0,25–0,5 mg/kg	p. o. (1–1,5 Stunden vor der Fütterung)	• 2 × tägl.	• Inodilator • bei dilatativer Kardiomyopathie und Herzklappeninsuffizienz • nicht bei hypertropher Kardiomyopathie und hgr. Lebererkrankungen
Ramipril	Vasotop®	0,125 mg/kg	p. o.	• 1 × tägl.	• ACE-Hemmer

▸ **Tab. 17.6** Medikamente bei Atemwegserkrankungen.

Wirkstoff	Handelsname (Beispiele)	Dosierung	Applikation	Intervall/ Behandlungsdauer	Bemerkungen, Indikation
Acetylcystein	ACC®, NAC®	5 mg/kg	p. o., s. c.	• 2–3 × tägl.	• Mukolytikum • Injektionslösungen können auch zur Inhalation verwendet werden
	ACC® 10 %ige Lösung	0,1–0,2 ml	Inhalation in 10 ml NaCl-Lösung	• 1–2 × tägl.	
Bromhexin	Bisolvon®	0,5 mg/kg	p. o.	• 2–3 × tägl.	• Mukolytikum
Doxapram	Dopram®	5–10 mg/kg	i. v., i. c., intralingual, intratracheal	• 1-malig	• Atemstimulans
Theophyllin	Solosin®, Euphylong®	4,25–5 mg/kg	p. o., s. c.	• 2–3 × tägl.	• Bronchospasmolytikum • Expektorans • nicht bei Magen-Darm-Ulzera und Herzrhythmusstörungen • 2 Stunden zeitversetzt zur Antibiotikagabe (kann die Wirkung einiger Antibiotika verringern)

▸ **Tab. 17.7** Medikamente zur Anwendung am Auge.

Wirkstoff	Handelsname (Beispiele)	Dosierung	Applikation	Intervall/Behandlungsdauer	Bemerkungen, Indikation
Atropinsulfat	Atropin-POS® 1 %	–	–	• 2–3 × tägl.	• Mydriatikum • bei schmerzhaften Entzündungen • zur Lösung von Ziliarspasmen • zur Lösung von Synechien
Carbomer	Thilo Tears®	–	–	• mehrmals tägl.	• Befeuchtung der Kornea, z. B. bei Exophthalmus oder während der Narkose
Chloramphenicol	Posifenicol® C 1 %-Augensalbe	–	–	• mehrmals tägl.	• bei bakteriellen Infektionen der vorderen Augenabschnitte
Dexamethason	Dexagel®, Dexa EDO®	–	–	• 2–3 × tägl.	• bei nicht infektiösen Entzündungen der vorderen Augenabschnitte • nur bei intakter Kornea!
Dexpanthenol	Corneregel®	–	–	• 2–3 × tägl.	• bei Haut- und Schleimhautläsionen am Auge
Dorzolamid	Dorzolamid Avtavis	–	–	• 2–3 × tägl.	• Glaukom
Fusidinsäure	Fucithalmic-Vet Gel®	–	–	• mehrmals tägl.	• bei bakteriellen Infektionen der vorderen Augenabschnitte
Gentamicin	Refobacin®	–	–	• mehrmals tägl.	• bei bakteriellen Infektionen der vorderen Augenabschnitte
Hämodialysat aus Kälberblut	Actihaemyl®	–	–	• mehrmals tägl.	• bei Hornhautulzera und -verletzungen
Norfloxacin	Chibroxin®	–	–	• mehrmals tägl.	• bei bakteriellen Infektionen der vorderen Augenabschnitte
Ofloxacin	Floxal®	–	–	• mehrmals tägl.	• bei bakteriellen Infektionen der vorderen Augenabschnitte

▶ **Tab. 17.7** Fortsetzung.

Wirkstoff	Handelsname (Beispiele)	Dosierung	Applikation	Intervall/Behandlungsdauer	Bemerkungen, Indikation
Oxytetracyclin	Oxytetracyclin-Augensalbe Jenapharm®	–	–	• mehrmals tägl.	• bei bakteriellen Infektionen der vorderen Augenabschnitte
Prednisolonacetat	Ultracortenol®, Inflanefran®	–	–	• mehrmals tägl., ggf. stündl.	• bei schweren nicht infektiösen Entzündungen des Auges • nur bei intakter Kornea!
Proximetacain	Proparakain POS® 0,5 %	–	1 Tropfen in den Konjunktivalsack	• ggf. Wiederholung sobald Wirkung nach ein paar Minuten nachlässt	• zur kurzfristigen Oberflächenanästhesie oder Fremdkörperentfernung • die Anästhesie setzt nach wenigen Sekunden ein • Gefahr von Hornhautschäden bei Dauergebrauch
Vitamin A	Vitagel®, Oculotect®	–	–	• 3 × tägl.	• bei Hornhauterosionen
Vitamin A + Thiamin + Ca-Panthotenat	Regepithel®	–	–	• 3 × tägl.	• bei Hornhautdefekten und -erosionen
Kombinationspräparate: Antibiotikum + Kortikoid	Isopto-Max®, Terracortril®, Dexa-Polyspectran®	–	–	• mehrmals tägl.	• bei Konjunktivitis, Dacryocystitis und Entzündungen der vorderen Augenabschnitte • nur bei intakter Kornea! • bei Dacryocystitis Augentropfen verwenden!

► **Tab. 17.8** Medikamente bei endokrinologischen Erkrankungen.

Wirkstoff	Handelsname (Beispiele)	Dosierung	Applikation	Intervall/Behandlungsdauer	Bemerkungen, Indikation
Deslorelin	Suprelorin®	4,7 mg Implantat	s. c. zwischen Schulterblätter	• neues Implantat bei Wiederauftreten der Symptome	• bei Nebennierenerkrankung und Hyperöstrogenismus • sehr variable Wirkungsdauer • eventuell fetotoxisch
Diazoxid	Proglycem® (25 mg Hartkapsel)	5–30 mg/kg	p. o.	• 1–2 × tägl.	• bei Insulinom • mit niedriger Dosierung beginnen • mit Prednisolon kombinierbar • nicht bei Herzinsuffizienz, Diabetes mellitus, trächtigen oder säugenden Tieren
Flutamid	Flutamid® (250 mg Tablette)	10 mg/kg	p. o.	• 1–2 × tägl.	• Zytostatikum • Reduktion der Prostata bei Nebennierenerkrankung
GnRH (Gonadotropin-Releasing-Hormon)	Fertagyl®	20 µg/Tier	s. c., i. m.	• Wiederholung bei Bedarf nach 7 Tagen	• Ovulationsinduktion • nicht in Trächtigkeit
hCG (humanes Choriongonadotropin)	Ovogest®	50–100 IE/Tier	i. m.	• Wiederholung bei Bedarf nach 7 Tagen	• Ovulationsinduktion • nicht in Trächtigkeit
Insulin	Caninsulin®	0,5–2 IE/kg	s. c.	• 1–2 × tägl.	• Diabetes mellitus • Gefahr einer Hypoglykämie
Leuprorelin	Eligard® (7,5 mg Pulver zur Herstellung einer Injektionslösung)	100 µg/kg	i. m.	• alle 1,5–8 Monate (je nach Wiederauftreten der Symptomatik)	• Nebennierenerkrankung • sehr variable Wirkungsdauer
Melatonin	Circadin® (2 mg Retardkapsel)	0,5 mg/Tier	p. o.	• 1 × tägl.	• Nebennierenerkrankung

▶ **Tab. 17.8** Fortsetzung.

Wirkstoff	Handelsname (Beispiele)	Dosierung	Applikation	Intervall/Behandlungsdauer	Bemerkungen, Indikation
Oxytocin	Oxytocin® (10 IE/ml Injektionslösung)	0,2–3 IE/kg	s. c., i. m.	• 1-malig	• Geburtseinleitung nach vorangehender Gabe von Prostaglandin
Proligeston	Delvosteron®	50 mg/Tier	s. c.	• 1-malig	• Östrusunterdrückung • bei wiederholtem Einsatz Endometritis und Pyometra möglich • nicht in Trächtigkeit oder bei Endometritis
Prostaglandin F2α	Dinolytic® (5 mg/ml Injektionslösung)	0,1–0,5 mg/Tier	i. m.	• bei Bedarf	• offene Pyometra • steigert Uterusmotilität • Gefahr der Uterusruptur bei geschlossener Pyometra
		0,5–1 mg/Tier			• Einleitung der Geburt

▶ **Tab. 17.9** Glukokortikoide und Mineralokortikoide.

Wirkstoff	Handelsname (Beispiele)	Dosierung	Applikation	Intervall/Behandlungsdauer	Bemerkungen, Indikation
Dexamethason	Dexamethason®, Dexasel®	0,5–1 mg/kg	p. o., s. c., i. m., i. v.	• 1 × tägl.	• bei nicht infektiösen Entzündungen • Immunsuppression bei längerer Anwendung
Fludrokortison	Astonin®	0,05–0,1 mg/kg	p. o.	• 1 × tägl.	• bei Mineralokortikoidmangel nach bilateraler Adrenalektomie
Prednisolon	Prednisolon 5 mg Tabletten	0,25–2 mg/kg	p. o.	• 1–2 × tägl.	• bei nicht infektiösen Entzündungen, Lymphom, Insulinom und Autoimmunerkrankungen
	Prednisolonacetat 1 %		i. m.		
	Solu-Decortin® H 50 mg	10 mg/kg	i. v.	• 1-malig	• bei allergischem Schock
Prednison	Decortin®	0,1–2,5 mg/kg	p. o., s. c., i. m.	• 1–2 × tägl.	• bei Insulinom und eosinophiler Gastroenteritis

▶ **Tab. 17.10** Medikamente bei Leberfunktionsstörungen.

Wirkstoff	Handelsname (Beispiele)	Dosierung	Applikation	Intervall/Behandlungsdauer	Bemerkungen, Indikation
biologisches Kombinationspräparat	Hepar comp.®	0,5 ml/Tier	p. o., s. c.	• 1 × tägl.	• bei degenerativen und entzündlichen Erkrankungen der Leber zur Unterstützung und Regeneration der Organfunktion
Ursodeoxycholsäure = Ursodiol	Ursochol®	15 mg/kg	p. o.	• 2 x tägl.	• bei chronischen Hepatopathien

▶ **Tab. 17.11** Infusionslösungen.

Wirkstoff	Handelsname (Beispiele)	Dosierung	Applikation	Intervall/Behandlungsdauer	Bemerkungen, Indikation
Glukose	Glukose 50 %	0,5–1 mg/kg	i. v.	• bis zur Symptomfreiheit	• bei Hypoglykämie
	Glukose-Lösung 5 % ad us. vet.	Erhaltungsbedarf (3–4 ml/kg/h)	i. v.	• prä- und intraoperativ	• zur Vorbeugung einer intraoperativen Hypoglykämie
	Glucose 2,5 % (Mischung aus Glucose 5 % und Kristalloidlösung im Verhältnis 1:1	Erhaltungsbedarf (3–4 ml/kg/h)	i. v., s. c.	• Erhaltungsbedarf, zusätzliche Volumenverluste und Defizite müssen addiert werden	• bei Hypovolämie • nicht bei Schädel-Hirn-Trauma
hypertone Natriumchloridlösung 7,5 %	Hypertone Natriumchlorid-Lösung 7,5 g/100 ml	3 ml/kg über 10 Minuten	langsam i. v.	• Bolus kann bei Bedarf wiederholt werden	• Kristalloidlösung • Schocktherapie (**außer** kardiogener Schock) • nicht bei Lungenödem, Herzinsuffizienz, Nierenversagen, Elektrolytstörung oder Blutungen
isotone Natriumchloridlösung	Natriumchlorid-Lösung 0,9 %	(3–4 ml/kg/Stunde)	s. c., i. v., i. p.	• Erhaltungsbedarf, zusätzliche Volumenverluste und Defizite müssen addiert werden	• bei vorliegender Hyponatriämie und Hyperkaliämie • Kristalloidlösung
Ringer-Lösung	Stereofundin® ISO	(3–4 ml/kg/Stunde)	s. c., i. v., i. p.	• Erhaltungsbedarf, zusätzliche Volumenverluste und Deifzite müssen addiert werden	• Kristalloidlösung • bei Hypovolämie und Elektrolytverlusten • nicht bei Herzinsuffizienz, Lungenödem, Hypernatriämie, Hyperchlorämie

► **Tab. 17.12** Analgetika.

Wirkstoff	Handelsname (Beispiele)	Dosierung	Applikation	Intervall/Behandlungsdauer	Bemerkungen, Indikation
Acetylsalicylsäure	Aspirin®	5–20 mg/kg	p. o.	• 1 × tägl.	• NSAID
Buprenorphin	Buprenovet®	0,01–0,03 mg/kg	s. c., i. m.	• 2–3 × tägl.	• synthetisches Opioid • Wirkungsdauer 8–12 Stunden
Butorphanol	Turbogesic®	0,05–0,5 mg/kg	s. c., i. m.	• bei Bedarf mehrmals tägl.	• synthetisches Opioid • Wirkungsdauer 2–6 Stunden
Carprofen	Rimadyl®	4 mg/kg	p. o., s. c.	• 1 × tägl.	• NSAID
Flunixin meglumin	Finadyne®	1–2,5 mg/kg	s. c.	• 1 × tägl.	• NSAID
Meloxicam	Metacam®	0,2 mg/kg	p. o., s. c.	• 1 × tägl.	• NSAID • nicht bei Herz- und Nierenerkrankung
Metamizol	Novalgin®, Novaminsulfon®	20–50 mg/kg	p. o., s. c., i. m., langsam i. v.	• 4–6 × tägl.	• Pyrazolon-Derivat • spasmolytische Wirkung • wirkt nur 4–6 Stunden
Tramadol	Tramagit®	5 mg/kg	p. o., s. c.	• 1–2 × tägl.	• Opioid

▸ **Tab. 17.13** Medikamente bei Verdauungsstörungen.

Wirkstoff	Handelsname (Beispiele)	Dosierung	Applikation	Intervall/ Behandlungsdauer	Bemerkungen, Indikation
Apomorphin	Apomorphinhydrochlorid-Lösung 0,5 %	0,04 mg/kg	s. c., i. m.	• 1-malig	• zum Auslösen von Erbrechen bei frischer Aufnahme von Fremdkörpern oder Giften • Kontraindikation: ätzende Gifte, scharfkantige Fremdkörper
Aktivkohle	–	1–3 mg/kg	p. o.	• 1-malig	• zur Toxinbindung im Darm • mehrmalige Anwendung (alle 6–8 Stunden) bei Giften, die dem enterohepatischen Kreislauf unterliegen • unwirksam bei Vergiftungen mit ätzenden Substanzen und Schwermetallen
Bariumsulfat	Bariumsulfat	5–15 mg/kg	p. o.	• 1-malig	• Röntgenkontrastmittel • kontraindiziert bei perforiertem Magen-Darm-Trakt
Bismuthsubsalicylat	derzeit keine Präparate verfügbar	17,5 mg/kg	p. o.	• 2 × tägl. • in Kombination mit Metronidazol und Amoxicillin über mindestens 3 Wochen	• Adstringens • Adsorbens • bei Helicobacterinfektion
Cimetidin	Cimetidin	5–10 mg/kg	p. o., s. c., i. m., i. v.	• 3 × tägl.	• H_2-Rezeptor-Blocker • bei Magen-Darm-Ulzera und Urämie • protrahierte Ausscheidung vieler Arzneimittel • Resorption in Anwesenheit von Futter verzögert
Famotidin	Famotidin	0,25–0,5 mg/kg	p. o., s. c., i. v.	• 1 × tägl.	• H_2-Rezeptor-Blocker • bei Magenulzera und Gastritis sowie zu deren Prophylaxe

Tab. 17.13 Fortsetzung.

Wirkstoff	Handelsname (Beispiele)	Dosierung	Applikation	Intervall/ Behandlungsdauer	Bemerkungen, Indikation
Lactulose	Lactulose Albrecht®	2 ml/kg	p. o.	• 2–3 × tägl.	• bei gastrointestinalem Fremdkörper ohne oder mit unvollständigem Ileus
Maropitant	Cerenia®	1 mg/kg	s. c.	• 1 × tägl.	• bei Vomitus • nicht unter einem Alter von 16 Wochen • nicht bei schweren Leber- oder Herzerkrankungen
Metoclopramid	Emeprid® (1 mg/ml)	0,2–1 mg/kg	p. o., s. c.	• 3–4 × tägl.	• zur Förderung der gastrointestinalen Motorik bei Vomitus, Entleerungsstörungen des Magens und Refluxösophagitis • nicht bei Magen-Darm-Ulzera oder schweren Leber- und Nierenerkrankungen
Omeprazol	GastroGard®	0,7 mg/kg	p. o.	• 1 × tägl.	• Antazidum • bei Magen-Darm-Ulzera und Gastritis • nicht bei stark eingeschränkter Funktion von Nieren und Leber
Ranitidin	Ranitidin®	3,5 mg/kg	p. o.	• 2 × tägl.	• H_2-Rezeptor-Blocker • bei Magen-Darm-Ulzera und Gastritis • nicht bei trächtigen oder säugenden Tieren
Sucralfat	Ulcogant®	25 mg/kg	p. o.	• 3–4 × tägl., 10 Minuten vor den Mahlzeiten	• Antazidum • Zytoprotektivum • bei Magen-Darm-Ulzera, Gastritis und Refluxösophagitis • nicht bei eingeschränkter Nierenfunktion

▶ **Tab. 17.14** Vitamine.

Wirkstoff	Handelsname (Beispiele)	Dosierung	Applikation	Intervall/Behandlungsdauer	Bemerkungen, Indikation
Vitamin B_{12}	Vitamin-B_{12} 1000 µg inject®	20–50 µg/kg	s. c.	• 1 × tägl.	• unterstützend bei ZNS-Störungen und gastrointestinalen Störungen
Vitamin C	Ursovit C-Pulver®	30 mg/kg	p. o.	• 2–4 × tägl.	• zur unterstützenden Behandlung bei Paracetamol-Vergiftung
Vitamin K	Konakion®	1–10 mg/kg	i. m.	• 1 × tägl.	• bei Cumarinvergiftung und schweren Resorptionsstörungen

► **Tab. 17.15** Medikamente zur Wundbehandlung und bei Erkrankungen der Maulhöhle und Zähne.

Wirkstoff	Handelsname (Beispiele)	Dosierung	Applikation	Intervall/Behandlungsdauer	Bemerkungen, Indikation
Chlorhexidin-Gluconat	Clorexyderm® Spot-Gel	–	lokal auf betroffene Hautstellen, in den Gehörgang	• 2–3 × tägl.	• zur Hautpflege bei Pyodermien oder Otitis
	Dentisept® Gel	–	lokale Applikation auf die Maulschleimhaut	• 2–3 × tägl.	• zur lokalen Behandlung von Schleimhautläsionen in der Maulhöhle
	Hexarinse® Spüllösung	–	lokale Applikation auf Maulschleimhaut und Zähne	–	• zur Keimreduktion vor, während und nach Eingriffen in der Maulhöhle
Dexpanthenol	Bepanthen® Wund- und Heilsalbe	–	lokal auf Wundflächen	• mehrmals tägl.	• Adjuvans bei Hautläsionen
Dexpanthenol + Chlorhexidin	Bepanthen® antiseptische Wundcreme	–	lokal auf Wundflächen	• mehrmals tägl.	• bei infizierten Hautläsionen
enzymhaltige Salbe (Trypsin, Chymotrypsin, Papain)	Nekrolyt®, Pana Veyxal®	–	lokal auf Wundflächen	• 1- bis mehrmals tägl.	• zur Behandlung von nässenden und ulzerierenden Wunden
Ethacridinlactat	Rivanol®	–	lokal auf Wundflächen	• 0,01 %ig	• lokales Antiseptikum zur Wundbehandlung und Spülung von Wundhöhlen
Framycetin/Lidocain	Leukase N Kegel	–	Instillation in schmerzhafte, infizierte Wundhöhlen	• 1 × tägl.	• eventuell pulverisieren

► **Tab. 17.15** Fortsetzung.

Wirkstoff	Handelsname (Beispiele)	Dosierung	Applikation	Intervall/Behandlungsdauer	Bemerkungen, Indikation
Glukoseoxidase, Laktoperoxidase, Kaliumthiozyanat	C.E.T.® Zahnpasta	–	Reinigung der Zähne mittels Fingerzahnbürste oder Wattestäbchen	• im Idealfall täglich	• zur Vorbeugung von Gingivitis und Zahnsteinbildung
Hämodialysat aus Kälberblut	Actihaemyl® Gelee oder Salbe	–	lokal auf Wundflächen	• mehrmals tägl.	• fördert die Reepithelisierung
Hexetidin	Hexoral®	–	lokal auf Schleimhautläsionen in der Maulhöhle	• 2–3 × tägl. 1 Sprühstoß	• zur lokalen Behandlung von Schleimhautläsionen in der Maulhöhle
Lebertran, Zinkoxid	Desitin® Salbe	–	lokal auf Wundflächen	• 1–2 × tägl.	• Salbe zur Abdeckung flächiger, entzündlicher Hautveränderungen
Octenidin-HCL	Octenivet Wundgel oder Lösung	–	lokal auf Wundflächen	• 1 × tägl.	• zur feuchten Wundbehandlung und zur Spülung infizierter Wunden
Polyhexanidum/Macrogolum	Lavasept®	–	lokal auf Wundflächen	• 1 × tägl.	• lokales Antiseptikum zur Wundspülung
Povidon-Iod	Braunol®, Polysept®, Betaisodona®	–	lokal auf Wundflächen	• mindestens 1:5 verdünnt	• lokales Antiseptikum • bevorzugt wässrige Lösungen verwenden! • Wundbehandlung und Spülung von Wundhöhlen
Undecylenamidopropyl-Betain, Polihexamid	Prontovet®	–	lokal auf Wundflächen	–	• lokales Antiseptikum zur Wundbehandlung und Spülung von Wundhöhlen

► **Tab. 17.16** Künstliche Ernährung.

Wirkstoff	Handelsname (Beispiele)	Dosierung	Applikation	Intervall/ Behandlungsdauer	Bemerkungen, Indikation
Alleinfuttermittel für karnivore Heimtiere	Carnivore Care®	–	p. o.	–	• Applikation auch über Sonde möglich
kommerzielles Futtermittel zur Unterstützung der Rekonvaleszenz	Convalescence support®	–	zur oralen Aufnahme, kann bei Bedarf per Spritze oral verfüttert werden	–	• bei geschwächten, anorektischen Tieren; bei gesteigertem Energiebedarf • Applikation auch über Sonde möglich

► **Tab. 17.17** Paramunitätsinducer, Präparate zur Beeinflussung des Immunsystems.

Wirkstoff	Handelsname (Beispiele)	Dosierung	Applikation	Intervall/Behandlungsdauer	Bemerkungen, Indikation
Azathioprin	Azathioprin	0,9 mg/kg	p. o.	• 1 × tägl.	• Immunsuppressivum • bei Autoimmunerkrankungen und chronischer Hepatitis
biologisches Kombinationspräparat	Engystol	0,5 ml/Tier	p. o., s. c.	• 1 × tägl. über 7–10 Tage	• zur Förderung der unspezifischen Immunabwehr
	Echinacea comp.	0,5 ml/Tier	p. o., s. c.	• 1 × tägl. über 7–10 Tage	• zur Förderung der unspezifischen Immunabwehr
Bleomycin	BLEO-cell® (3 000 IE/ml Injektionslösung)	10–20 IE/m^2	s. c.	• wöchentliche Gabe zur Therapie eines Plattenepithelkarzinoms	• Zytostatikum und Antibiotikum
Cyclophosphamid	Endoxan®	10 mg/kg	s. c.	• am 1. und 14. Tag • anschließend alle 4 Wochen bis zur Heilung	• Immunsuppressivum und Zytostatikum • bei disseminierter, idiopathischer Myofasciitis in Kombination mit Chloramphenicol und Prednisolon
Parapoxvirus ovis	Zylexis®	1 ml/Tier	s. c.	• 2 × im Abstand von 24–48 Stunden • 3. Injektion nach 1 Woche	• Paramunitätsinducer
attenuiertes Staupevirus	Febrivac DIST®	1 ml/Tier	s. c. oder i. m.	• Erstimpfung ab der 8. Lebenswoche, Booster 4 Wochen später, Wiederholung 1 × jährlich	• bei Erstimpfung nach der 10. Lebenswoche reicht eine Impfung zur Grundimmunisierung
inaktiviertes Tollwutvirus	Nobivac® T	1 ml/Tier	s. c.	• Impfung ab der 12. Lebenswoche, Wiederholung 1 × jährlich	–

▶ **Tab. 17.18** Parasympathikomimetika.

Wirkstoff	Handelsname (Beispiele)	Dosierung	Applikation	Intervall/Behandlungsdauer	Bemerkungen, Indikation
Neostigmin	Konstigmin®	0,04 mg/kg	s. c.	• 1-malig	• zur Diagnostik einer Myasthenia gravis
Pyridostigmin	Mestinon®	1 mg/kg	p. o.	• 2–3 × tägl.	• bei Myasthenia gravis

▶ **Tab. 17.19** Narkotika, Narkoseprämedikation, Euthanasie.

Wirkstoff	Handelsname (Beispiele)	Dosierung	Applikation	Intervall/ Behandlungsdauer	Bemerkungen, Indikation
Acepromacin	Vetranquil®	0,1(–0,5) mg/kg	s. c., i. m.	–	• als sedative Prämedikation
Atipamezol	Antisedan®	0,33 mg/kg	i. m.	–	• Antagonist für Medetomidin
Bupivacain + Morphin	Bupivacain 0,25 % + Morphin Injektionslösung	1,1 mg/kg + 0,1 mg/kg	epidural	–	• zur lumbosakralen Epiduralanästhesie • in dieser Kombination postoperative Schmerzausschaltung für 12–24 h
Diazepam	Ziapam®	0,5–2 mg/kg	s. c., i. m., i. p., i. v.	–	• sedativ-hypnotische Wirkung • muskelrelaxierend • keine Analgesie
		2–5 mg/kg	i. m.	• 1-malig	• Krämpfe
Flumazenil	Anexate®	0,033 mg/kg	i. m.	–	• Antagonist für Midazolam
Ketamin	Ketasel®	10–20 mg/kg	i. m.	–	• milde Sedation • schwache Analgesie
Ketamin + Acepromacin	Ketasel® + Vetranquil®	20–35 mg/kg + 0,2–0,3 mg/kg	i. m.	–	• zur Anästhesieeinleitung

▶ **Tab. 17.19** Fortsetzung.

Wirkstoff	Handelsname (Beispiele)	Dosierung	Applikation	Intervall/ Behandlungsdauer	Bemerkungen, Indikation
Ketamin + Diazepam	Ketasel® + Ziapam®	10–20 mg/kg + 1–2 mg/kg	i. m.	–	• leichte Anästhesie • schwache Analgesie
		25–35 mg/kg + 2–3 mg/kg			• etwas tiefere Anästhesie • keine Analgesie
Ketamin + Medetomidin	Ketasel® + Domitor®	5–8 mg/kg + 0,08–0,1 mg/kg 5 mg/kg + 0,1 mg/kg 25 mg/kg + 0,06 mg/kg	i. m.	–	• leichte Anästhesie und Analgesie • Gefahr von Blutdruckabfall und Atemdepression • Medetomidin antagonisierbar mit Atipamezol (0,4–1 mg/kg s. c., i. m., i. p., i. v.) • chirurgische Toleranz für ca. 15 Minuten
Ketamin + Midazolam	Ketasel® + Midazolam	5–10 mg/kg + 0,25 mg/kg 10 mg/kg + 0,05 mg/kg	i. m.	–	• tiefe Sedation
Ketamin + Medetomidin + Midazolam	Ketasel® + Domitor® + Midazolam	7–10 mg/kg + 0,02 mg/kg + 0,5 mg/kg	i. m.	–	• Anästhesie ausreichend für chirurgische Eingriffe
Ketamin + Xylazin	Ketasel® + Xylariem®	10–20 mg/kg + 0,5–1 mg/kg 25 mg/kg + 1 mg/kg	i. m.	–	• Sedation • milde Analgesie • Gefahr von Blutdruckabfall, Arrhythmien und Bradykardie
Lidocain	Lidocain®	1–2 mg/kg	i. m.	–	• zur Lokalanästhesie
		4,4 mg/kg			• zur Epiduralanästhesie
Naloxon	Naloxon ratiopharm®	0,01 mg/kg	i. m.	–	• Antagonist für Fentanyl

▶ **Tab. 17.19** Fortsetzung.

Wirkstoff	Handelsname (Beispiele)	Dosierung	Applikation	Intervall/ Behandlungsdauer	Bemerkungen, Indikation
Medetomidin	Domitor®	0,08–0,1 mg/kg	s. c., i. m.	–	• leichte Sedation • Gefahr von Blutdruckabfall und Atemdepression
Medetomidin + Butorphanol	Domitor® + Turbogesic®	0,08 mg/kg + 0,1 mg/kg	i. m.	–	• Anästhesie • Gefahr von Blutdruckabfall und Atemdepression • Medetomidin antagonisierbar mit Atipamezol (0,4–1 mg/kg s. c., i. m., i. p., i. v.)
Medetomidin + Midazolam + Fentanyl	Domitor® + Midazolam + Durogesic®	0,07 mg/kg + 0,33 mg/kg + 0,007 mg/kg	i. m.	–	• anfangs ½–⅓ der Dosis, nach Bedarf nachdosieren • vollständig antagonisierbar mit Atipamezol + Flumazenil + Naloxon
Midazolam	Midazolam	0,25–0,3 mg/kg	i. m., i. v.	–	• sedativ-hypnotische Wirkung • muskelrelaxierend • keine Analgesie
Pentobarbital	Narcoren®	200–800 mg/kg	i. v., i. p., i. c.	–	• Betäubungsmittel • Dosisangaben zur Euthanasie! • i. c.-Gabe nur nach vorheriger tiefer Sedation!
Tiletamin + Zolazepam	Zoletil®	5–10(–22) mg/kg	i. m.	–	• Sedation • Narkoseeinleitung

18 Literaturverzeichnis

Anja Ewringmann, Michael Fehr, Martina Warschau

[1] Antinoff N, Giovanella CJ. Muscoskeletal and neurologic diseases. In: Quesenberry KE, Carpenter JW, eds. Ferrets, Rabbits, and Rodents. Clinical Medicine and Surgery. 3rd ed. St. Louis, Missouri: Elsevier; 2012: 132–140

[2] Bartlett LW. Ferret soft tissue surgery. Semin Avian Exot Pet Med 2002; 11: 221–230

[3] Batchelder MA, Bell JA, Erdmann SE et al. Pregnancy toxemia in the European ferret. Lab Anim Sci 1999; 49: 372–379

[4] Beach JE, Greenwood B. Spontanious neoplasia in the ferret (Mustela putorius furo). J Comp. Pathol. 1993 Feb; 108(2): 133–47

[5] Bell JA. Congenital problems and genetic defects. Im Internet: http://www.peteducation.com; Stand: Mai 2014

[6] Berkovitz BK, Silverstone LM. The dentition of the albino ferret. Caries Res 1969; 3: 369–376

[7] Blanco MC, Fox JG, Rosenthal K et al. Megaesophagus in nine ferrets. J Am Vet Med Assoc 1994; 205: 444–447

[8] Boonyapakorn C. Cardiologic examinations in ferrets with and without heart disease [Dissertation]. Berlin: FU Berlin Fachbereich Veterinärmedizin; 2007

[9] Boyce SW, Zingg BM, Lightfoot TL. Behaviour of Mustela putorius furo (the domestic ferret). Vet Clin North Am Exot Anim Pract 2001; 4: 697–712

[10] Bradley Bays T. Behaviour of small mammals. In: Quesenberry KE, Carpenter JW, eds. Ferrets, Rabbits, and Rodents. Clinical Medicine and Surgery. 3rd ed. St. Louis, Missouri: Elsevier; 2012: 545–556

[11] Brodthagen E. Alternative Frettchenhaltung. Rodentia 2002; 5: 42–45

[12] Bublot I, Randolph RW, Chalvet-Monfray K et al. The surface electrocardiogram in domestic ferrets. J Vet Cardiol 2006; 8: 87–93

[13] Burgess M. Ferret gastrointestinal and hepatic diseases. In: Lewington JH, ed. Ferret Husbandry, Medicine, and Surgery. 2nd ed. Philadelphia: Elsevier; 2007: 203–223

[14] Burgess M, Garner MM. Clinical aspects of inflammatory bowel disease in ferrets. Exotic DVM 2011; 12 (4): 21–25

[15] Carpenter JW, Kolmstetter CM. Fütterung kleiner Säuger. In: Hand MS, Thatcher CD, Remillard RL, Roudebush P, Hrsg. Klinische Diätetik für Kleintiere. 4. Aufl. Hannover: Schlütersche; 2003: 1445–1448

[16] Chen S. Advanced diagnostic approaches and current medical management of insulinomas and adrenocortical disease in ferrets (Mustela putorius furo). Vet.Clin. North Am Exot Pract. 2010 Sep; 13(3): 439–52. doi:10.1016/j.cvex.2010.05.002

[17] Chitty J. Ferrets: biology and husbandry. In: Keeble E, Meredith A, eds. BSAVA Manual of Rodents and Ferrets. Gloucester: British Small Animal Veterinary Assiciation; 2009: 193–204

[18] Church B. Special Anatomy. In: Lewington JH, ed. Ferret Husbandry, Medicine, and Surgery. 2nd ed. Philadelphia: Elsevier; 2007: 465–485

[19] Church B. Ferret dentition and pathology. In: Lewington JH, ed. Ferret Husbandry, Medicine, and Surgery. 2nd ed. Philadelphia: Elsevier; 2007: 467–485

[20] Couturier J, Huynh M, Boussarie D et al. Autoimmune myasthenia gravis in a ferret. J Am Vet Med Assoc 2009; 235 (12): 1462–1466

[21] Diaz-Figueroa O, Smith MO. Clinical neurology of ferrets. Vet Clin North Am Exot Anim Pract 2007; 10: 759–773

[22] Di Girolamo N, Critelli M, Zeyen U et al. Ventricular septal defect in a ferret (Mustela putorius furo). J Small Anim Pract 2012; 53: 549–553

[23] Dudás-Györki Z, Szabó Z, Manczur F et al. Echocardiographic and electrocardiographic examination of clinically healthy, conscious ferrets. J Small Anim Pract 2011; 52 (1): 18–25

[24] Dunayer E. Toxicology of ferrets. Vet Clin North Am Exot Anim Pract 2008; 11 (2): 301–314

[25] Dunn DG, Harris RK, Meis JM, Sweet DE. A histomorphologic and immunohistochemical study of chordoma in twenty ferrets (Mustela putorius furo). Vet.Pathol. 1991 Nov; 28(6): 467–73

[26] Eickhoff M. Zahn-, Mund- und Kieferheilkunde bei Klein- und Heimtieren. Stuttgart: Enke; 2005

[27] Erhardt W, Henke J, Haberstroh J, Baumgartner C, Tacke S. Anästhesie und Analgesie beim Klein- und Heimtier. 2. Aufl. Stuttgart: Schattauer; 2012

[28] Eshar D, Wyre NR, Brown DC. Urine specific gravity values in clinically healthy young pet ferrets (Mustela furo). J Small Anim Pract 2012; 53 (2): 115–119

[29] Evans HE, An NQ. Anatomy of the ferret. In: Fox JG, ed. Biology and Diseases of the Ferret. 2nd ed. Baltimore, Maryland: Lippincott Williams & Wilkins; 1998: 19–70

[30] Fazakas S. Eosinophilic gastroenteritis in a domestic ferret. Can Vet J 2000; 41: 707–709

[31] Fehr M. Zahnerkrankungen beim Frettchen. Rodentia 2007; 7 (1): 58–59

[32] Fehr M. Tierschutzgerechte Euthanasie bei Kaninchen, Meerschweinchen, kleinen Nagern und Reptilien. Prakt Tierarzt 2002; 83 (2): 128–135

[33] Fehr M, Köstlinger S. Ectoparasites in small exotic mammals. Vet Clin North Am Exot Anim Pract 2013; 16 (3): 611–657

[34] Fehr M, Mallig C, Rieken A et al. Zahnerkrankungen beim Frettchen. Kleintierprax 2007; 52 (11): 702–707

[35] Fehr M, Sassenburg L, Zwart P, Gabrisch K. Krankheiten der Heimtiere. 7. Aufl. Hannover: Schlütersche; 2007

[36] Fehr M, Thiele A, Gerdwilker A et al. Speichelzyste der Glandula zygomatica bei einem Frettchen (Mustela purorius furo L.). Kleintierprax 2006; 51 (4): 210–215

[37] Fisher PG. Erythema multiforme in a ferret (Mustela putorius furo). Vet Clin North Am Exot Anim Pract 2013; 16 (3): 599–609

[38] Fox JG. Diseases of the gastrointestinal system. In: Fox JG, ed. Biology and Diseases of the Ferret. 2nd ed. Baltimore, Maryland: Lippincott Williams & Wilkins; 1998: 273–290

[39] Fox JG, McLain DE. Nutrition. In: Fox JG, ed. Biology and Diseases of the Ferret. 2nd ed. Baltimore, Maryland: Lippincott Williams & Wilkins; 1998: 149–173

[40] Frettchenclub Berlin e. V. Unsere Frettchen – liebenswerte Hausgenossen. Eigen-Verlag 1995

[41] Frings B. Abdominale Sonografie beim Frettchen (Mustela putorius f. furo L. 1758) [Dissertation]. München: Tierärztliche Fakultät LMU München; 2005

[42] Frohne D, Pfänder HJ. Giftpflanzen. 3. Aufl. Stuttgart: Wissenschaftliche Verlagsgesellschaft mbH; 1987

[43] Garcia A, Erdmann SE, Xu S et al. Hepatobiliary inflammation, neoplasia and argyrophilic bacteria in a ferret colony. Vet Pathol 2002; 39 (2): 173–179

[44] Garner MM, Ramsell K, Schoemaker NJ et al. Myofasciitis in the domestic ferret. Vet Pathol 2007; 44 (1): 25–38

[45] Gorell C. Zahnmedizin bei Klein- und Heimtieren. München: Urban & Fischer; 2006

[46] Graham J, Fidel J, Mison M. Rostral maxillectomy and radiation therapy to manage squamous cell carcinoma in a ferret. VetClin North Am Exot Anim Pract. 2006 Sep; 9(3): 701–6

[47] Hamilton TA, Morrison WB. Bleomycin chemotherapy for metastatic squamous cell carcinoma in a ferret. J Am Vet Med Assoc. 1991 Jan 1; 198(1):107–8

[48] Harms CA, Andrews GA. Megaesophagus in a domestic ferret. Lab Anim Sci 1993; 43: 506–508

[49] Harms CA, Sladky KK, Horne WA et al. Epidural analgesia in ferrets. Exotic DVM 2002; 4 (3): 40–42

[50] Hein J, Spreyer F, Sauter-Louis C et al. Reference ranges for laboratory parameters in ferrets. Vet Rec 2012; 171: 218

[51] Henke G. Frettchen. 4. Aufl. München: Gräfe und Unzer; 2008

[52] Hesse B. Frettchen brauchen Frettchen – Grundregeln zur friedlichen Zusammenführung. Rodentia 2008; 42: 35–37

[53] Hoefer HL, Fox JG, Bell JA. Gastrointestinal diseases In: Quesenberry KE, Carpenter JW, eds. Ferrets, Rabbits, and Rodents. Clinical Medicine and Surgery. 3rd ed. St. Louis, Missouri: Elsevier; 2012: 27–45

[54] Humburg S. Sonderfarben-Zucht bei Frettchen – Die Problematik von Gendefekten. Rodentia 2013; 13 (5): 49–51

[55] Ivey E, Morrisey J. Ferrets. Examination and preventive medicine. Vet Clin North Am Exot Anim Pract 1999; 2: 471–494

[56] Johnson-Delaney CA. Anal/rectal prolapse in ferrets. Exotic DVM 2010; 11 (2): 13–14

[57] Johnson-Delaney CA. Ferrets: digestive system disorders. In: Keeble E, Meredith A, eds. BSAVA Manual of Rodents and Ferrets. Gloucester: British Small Animal Veterinary Assiciation; 2009: 245–253, 275–281

[58] Johnson-Delaney CA. Diagnosis and treatment of dental disease in ferrets. J Exotic Pet Med 2008; 17: 132–137

[59] Johnson-Delaney CA. Ferret dental disorders: pictorial of common clinical presentations. Exotic DVM 2007; 9: 40–43

[60] Johnson-Delaney CA. The ferret gastrointestinal tract and Helicobacter mustelae infection. Vet Clin North Am Exot Anim Pract 2005; 8 (2): 197–212

[61] Johnson-Delaney CA. A clinician's perspective on ferret diarrhea. Exotic DVM 2004; 6 (3): 27–28

[62] Jonhnson-Delaney CA. Presurgical and surgical support of ferrets. Exotic DVM 2004; 6 (6): 25–28

[63] Johnson-Delaney CA, Nelson W. A rapid procedure for filling fractured canine teeth of ferrets. J Small Exotic Anim Med 1992; 3: 100–102

[64] Johnston MS. Clinical approaches to analgesia in ferrets and rabbits. Semin Avian Exot Pet Med 2005; 14 (4): 229–235

[65] Kanfer S, Reavill DR. Cutaneous neoplasia in ferrets, rabbits, and guinea pigs. Vet Clin North Am Exot Anim Pract 2013; 16 (3): 579–598

[66] Keeble E, Meredith A. BSAVA Manual of Rodents and Ferrets. Hoboken: John Wiley & Sons; 2009

[67] Kerkmann M, Kerkmann U. Frettchenhaltung. Rodentia 2001; 2: 22–25

[68] Kuijten AM, Schoemarker NJ, Voorhout G. Ultrasonographic visualization of the adrenal glands of healthy ferrets and ferrets with hyperadrenocorticism. J Am Anim Hosp Assoc 2007; 43 (2): 78–84

[69] Kraft W, Emmerich IU, Hein J, Hrsg. Dosierungsvorschläge für Arzneimittel bei Kleinnagern, Kaninchen und Frettchen. Stuttgart: Schattauer; 2012

[70] Krautwald-Junghans ME, Pees M, Reese S, Tully T. Atlas der bildgebenden Diagnostik bei Heimtieren: Vögel –Kleinsäuger – Reptilien. Hannover: Schlütersche; 2009

[71] Lennox AM. Gastrointestinal diseases of the ferret. Vet Clin North Am Exot Anim Pract 2005; 8 (2): 213–226

[72] Lewington JH. Ferret Husbandry, Medicine, and Surgery. 2nd ed. Philadelphia: Elsevier; 2007

[73] Lewington HJ. Parasitic diseases of ferrets. In: Lewington JH, ed. Ferret Husbandry, Medicine, and Surgery. 2nd ed. Philadelphia: Elsevier; 2007: 224–257

[74] Lewis W. Ferrets: nervous and muscoskeletal disorders. In: Keeble E, Meredith A, eds. BSAVA Manual of Rodents and Ferrets. Gloucester: British Small Animal Veterinary Assiciation; 2009: 303–310

[75] Li X, Fox JG, Padrid PA. Neoplastic diseases in ferrets: 574 cases (1968–1997). J Am Vet Med Assoc 1998; 212 (9): 1402–1406

[76] Lichtenberger M. Shock, fluid therapy, anesthesia and analgesia in the ferret. Exotic DVM 2006; 7 (2): 24–30

[77] Lindeberg H, Wirmer S. Reproduction of the female ferret (Mustela putorius furo). Reprod Domest Anim 2008; 43: 150–156

[78] Lipsitz L, Ramsey DT, Render JA et al. Persistant fetal intraocular vasculature in the European ferret (Mustela putorius): clinical and histological aspects. Vet Ophthalmol 2001; 4: 29–33

[79] Lu D, Lamb CR, Patterson-Kane JC et al. Treatment of a prolapsed lumbar intervertebral disc in a ferret. J Small Anim Pract 2004; 45 (10): 501–503

[80] Mikaelian I, Garner MM. Solitary dermal leiomyosarcomas in 12 ferrets. J Vet Diagn Invest. 2002 May; 14(3): 262–5

[81] Miller PE. Ferret ophthalmology. Semin Avian Exot Pet Med 1997; 6: 146–151

[82] Mitchell MA, Tully TN. Zoonotic diseases In: Quesenberry KE, Carpenter JW, eds. Ferrets, Rabbits, and Rodents. Clinical Medicine and Surgery. 3rd ed. St. Louis, Missouri: Elsevier; 2012: 557–565

[83] Miwa Y, Kurosawa A, Ogawa H, Nakayama H, Sasai H, Sasaki N. Neoplastic diseases in ferrets in Japan: a questionnaire study for 2000 to 2005. J Vet Med Sci. 2009 Apr; 71(4): 397–402

[84] Montiani-Ferreira F. Ferrets: ophthalmology. In: Keeble E, Meredith A, eds. BSAVA Manual of Rodents and Ferrets. Gloucester: British Small Animal Veterinary Assiciation; 2009: 311–319

[85] Montiani-Ferreira F, Mattos BC, Russ HH. Reference values for selected ophthalmic diagnostic tests of the ferret (Mustela putorius furo). Vet Ophthalmol 2006; 9 (4): 209–213

[86] Moore GE, Glickmann NW, Ward MP et al. Incidence of and risk factors for adverse events associated with distemper and rabies vaccine administration in ferrets. J Am Vet Med Assoc 2005; 226 (6): 909–912

[87] Moormann-Roest H. Frettchen. In: Fehr M, Sassenburg L, Zwart P, Gabrisch K. Krankheiten der Heimtiere. 7. Aufl. Hannover: Schlütersche; 2007

[88] Morera N, Valls X, Mascort J. Intervertebral disk prolapse in a ferret. Vet Clin North Am Exot Anim Pract 2006; 9: 667–671

[89] Orcutt CJ. Ferret urogenital diseases. Vet Clin North Am Exot Anim Pract 2003; 6 (1): 113–138

[90] Parker GA, Picut CA. Histopathologic features and post-surgical sequelae of 57 cutaneous neoplasms in ferrets (Mustela putorius furo L.). Vet Pathol. 1993 Nov; 30(6):499–504.

[91] Pignon C, Mayer J. Zoonoses of ferrets, hedgehogs, and sugar gliders. Vet Clin North Am Exot Anim 2011; 14: 533–549

[92] Pinches MD, Liebenberg G, Stidworthy MF. What is your diagnosis? Preputial mass in a ferret. Vet Clin Pathol. 2008 Dec; 37(4): 443–6. doi: 10.1111/j.1939–165X.2 008 00 074.x

[93] Powers LV. Bacterial and parasitic diseases of ferrets. Vet Clin North Am Exot Anim Pract 2009; 12 (3): 531–561

[94] Powers LV, Brown SA. Basic anatomy, physiology, and husbandry In: Quesenberry KE, Carpenter JW, eds. Ferrets, Rabbits, and Rodents. Clinical Medicine and Surgery. 3rd ed. St. Louis, Missouri: Elsevier; 2012: 1–12

[95] Powers LV, Winkler K, Garner MM et al. Omentalization of prostatic abscesses and large cysts in ferrets (Mustela putorius furo). J Exotic Pet Med 2007; 16 (3): 186–194

[96] Quesenberry KD, Carpenter JW. Ferrets, Rabbits and Rodents: Clinical Medicine and Surgery. 3th ed. Philadelphia: Saunders; 2012

[97] Ramsell KD, Garner MM. Disseminated idiopathic myofasciitis in ferrets. Vet Clin North Am Exot Anim Pract 2010; 13 (3): 561–575

[98] Reichert M. Untersuchungen ausgewählter Nierenkrankheiten beim Frettchen (Mustela putorius f. furo L. 1758) [Dissertation]. München: Tierärztliche Fakultät LMU München; 2005

[99] Richardson J. Managing ferret toxicoses. In: Lewington JH, ed. Ferret Husbandry, Medicine, and Surgery. 2nd ed. Philadelphia: Elsevier; 2007: 380–389

[100] Richardson J, Balabuszko RA. Ibuprofen ingestion in ferrets. Exotic DVM 2001; 3 (2): 3

[101] Richardson J, Balabuszko RA. Managing ferret toxicoses. Exotic DVM 2000; 2 (4): 23–26

[102] Richardson J, Gwaltney-Brant SM. Tips for treating anticoagulant rodenticides toxicity in small mammals. Exotic DVM 2002; 4 (1): 5

[103] Rodrigues A, Gates L, Payne HR, Kiupel M, Mansell J. Multicentric squamous cell carcinoma in situ associated with papillomavirus in a ferret. Vet Pathol. 2010 Sep;47(5):964–8. doi: 10.1177/030 098 5 810 369 899. Epub 2010 May 13.

[104] Roth L, Daunderer M, Kormann K. Giftpflanzen, Pflanzengifte. 6. Aufl. Landsberg: ecomed; 2012

[105] Sapienza JS, Porcher D, Collins BR et al. Tonometry in clinically normal ferrets (Mustela putorius furo). Prog Vet Compar Ophthalmol 1991; 1: 291–294

[106] Seiferheld B. Sozialer Wohnungsbau – Eine Heimstatt für Frettchen. Rodentia 2012; 66: 17–19

[107] Selbitz HJ, Truyen W, Valentin-Weigand P. Tiermedizinische Mikrobiologie, Infektions- und Seuchenlehre. 9. Aufl. Stuttgart: Enke; 2010

[108] Sledge DG, Bolin SR, Lim A et al. Outbreaks of severe enteric disease associated with Eimeria furonis infection in ferrets (Mustela putorius furo) of 3 densely populated groups. J Am Vet Med Assoc 2011; 239: 1584–1588

[109] Stauber E, Robinette J, Basaraba R, Riggs M, Bishop C. Mast cell tumors in three ferrets. J Am Vet Med Assoc. 1990 Mar 1;196(5): 766–7.

[110] Stepien RL, Benson KG, Forrest LJ. Radiographic measurement of cardiac size in normal ferrets. Vet Radiol Ultrasound 1999; 40 (6): 606–610

[111] Stepien RL, Benson KG, Wenholz LJ. M-mode and Doppler echocardiographic findings in normal ferrets sedated with ketamine hydrochloride and midazolam. Vet Radiol Ultrasound 2000; 41 (5): 452–456

[112] Stockinger A. Frettchen – Haltung und Zucht. Reutlingen: Oertel & Spörer; 2011

[113] Tobias R, Skrodzki M, Schneider M. Kleintierkardiologie kompakt. Hannover: Schlütersche; 2008

[114] Van Schaik-Gerritsen KM, Schoemaker NJ, Kik MJL et al. Atrial septal defect in a ferret (Mustela putorius furo). J Exot Pet Med 2013; 22: 70–75

[115] Van Zeeland YR, Harnandez-Divers SJ, Blasier MW, Vila-Garcia G, Delong D, Stedman NL. Carpal myxosarcoma and forelimb amputation in a ferret (Mustela putorius furo). Vet Rec. 2006 Dec 2; 159(23): 782–5

[116] Wagner R, Finkler MR. Diagnosing gastric hairballs in ferrets. Exotic DVM 2009; 10 (2): 13–19

[117] Whary MT, Andrews PLR. Physiology of the ferret. In: Fox JG, ed. Biology and Diseases of the Ferret. 2nd ed. Baltimore, Maryland: Lippincott Williams & Wilkins; 1998: 103–148

[118] Williams DL. Diseases of the ferret. In: Ophthalmology of Exotic Pets. Hoboken: John Wiley & Sons; 2012: 73–84

[119] Williams JG, Graham JE, Laste NJ et al. Tetralogy of fallot in a young ferret (Mustela putorius furo). J Exot Pet Med 2011; 20: 232–236

[120] Williams BH, Kiupel M, West KH et al. Coronavirus-associated epizootic catarrhal enteritis in ferrets. J Am Vet Med Assoc 2000; 217: 526–530

[121] Wirmer S. Kleine Räuber mit großen Ansprüchen – Frettchenhaltung in der Wohnung. Rodentia 2005; 24: 19–23

19 Abbildungsverzeichnis

Dr. Anja Ewringmann, Berlin:
► Abb. 2.1b, ► Abb. 2.1d

Simone Fiebig-Succar und Kay Succar, Berlin:
► Abb. 2.1e, ► Abb. 3.1, ► Abb. 5.2

Birgit Köbernik, Berlin:
► Abb. 2.1a, ► Abb. 2.1c, ► Abb. 3.2, ► Abb. 3.3, ► Abb. 5.1, ► Abb. 5.3

Dr. Nikola Pantchev, Ludwigsburg:
► Abb. 12.8, ► Abb. 12.9, ► Abb. 12.10, ► Abb. 12.11, ► Abb. 12.13

Prof. Franz-Viktor Salomon, Leipzig:
► Abb. 7.2, ► Abb. 7.3

Peter Wenzel, Frankenburg:
► Abb. 1.1

alle anderen Abbildungen:
Kleintierklinik Hannover, Stiftung Tierärztliche Hochschule Hannover

Sachverzeichnis

V

W

Z